iegelarten hin.)

W0290737

3DF	4DF	5DF	6DF	7,5DF	8DF	10DF	12DF	16DF
■		■ [1]						
■		■						
■		■ [4]	■ [5]	■ [3]	■ [6]	■ [7]	■ [8]	■ [9]
■		■ [4]	■ [10]	■ [11]	■ [12]	■ [7]	■ [8]	
■								
■								
■	■	■						
■					■ [13]	■ [14]	■ [15]	■ [16]

1) 30,0 · 24,0 · 11,3

2) Scherbenrohdichte

3) 30,0 · 17,5 · 23,8

4) 24,0 · 30,0 · 11,3 bzw.
30,0 · 24,0 · 11,3

5) 24,0 · 36,5 · 11,3 bzw.
36,5 · 11,5 · 23,8 bzw.
37,2 · 11,5 · 23,8

6) 24,0 · 24,0 · 23,8 bzw.
24,7 · 24,0 · 23,8 bzw.
49,0 · 11,5 · 23,8 bzw.
49,7 · 11,5 · 23,8

7) 30,0 · 24,0 · 23,8
30,7 · 24,0 · 23,8
24,0 · 30,0 · 23,8
24,7 · 30,0 · 23,8

8) 24,0 · 36,5 · 23,8
24,7 · 36,5 · 23,8
36,5 · 24,0 · 23,8
37,2 · 24,0 · 23,8

9) 49,0 · 24,0 · 23,8
49,7 · 24,0 · 23,8
24,0 · 49,0 · 23,8
24,7 · 49,0 · 23,8

10) 24,0 · 36,5 · 11,3

11) 30,0 · 17,5 · 23,8 bzw.
30,7 · 17,5 · 23,8

12) 24,0 · 24,0 · 23,8
24,7 · 24,0 · 23,8

13) 24,0 · 24,0 · 23,8

14) 24,0 · 30,0 · 23,8

15) 36,5 · 24,0 · 23,8

16) 49,0 · 24,0 · 23,8

Taschenbuch Bauberufe

Krause

HOCHBAU

TASCHENBUCH BAUBERUFE

HOCHBAU

von

Dipl.-Ing. Dr. Karl Heinz Krause

Cornelsen
BAUWESEN

Normen werden wiedergegeben mit Erlaubnis des DIN Deutsches Institut für Normung e. V. Maßgebend für das Anwenden der Norm ist deren Fassung mit dem neuesten Ausgabedatum, die bei der Beuth Verlag GmbH, Burggrafenstraße 6, 1000 Berlin 30, erhältlich ist.

Für den Gebrauch an Schulen
© 1992 Cornelsen Verlag für Bauwesen, Berlin
Alle Rechte vorbehalten

Bestellnummer 433021

1. Auflage
Druck 4 3 2 1 / 95 94 93 92
Alle Drucke derselben Auflage sind im Unterricht parallel verwendbar.

Vertrieb: Cornelsen Verlagsgesellschaft, Bielefeld
Einbandgestaltung: *Wenzel Schmidt*, Essen
Satz: INTERDRUCK Leipzig GmbH
Druck und Bindearbeiten: Parzeller, Fulda

ISBN 3-464-43302-1

VORWORT

Die Arbeit der Facharbeiter, Poliere, Meister und Bauhandwerker bestimmt in einem hohen Maß die Qualität der Bauausführung. Können und Wissen sind die Grundlage ihrer Arbeit.
Das Taschenbuch für Bauberufe enthält in kurzen Texten, vielen Tabellen und zahlreichen Zeichnungen das Wissen, das zur Ausführung von Bauarbeiten benötigt wird. Es ist sowohl eine Hilfe *für die Berufsausbildung* als auch *für die Arbeit auf der Baustelle.*
Mit diesem Buch wird eine gemeinsame Fachsprache zwischen Theorie und Praxis angestrebt. Es vermittelt anschaulich und praxisbezogen die Anwendungen der neuesten DIN-Normen und berücksichtigt ebenso die moderne Bautechnik.

Das Taschenbuch für Bauberufe enthält z. B.

Tabellen zum Stein- und Mörtelbedarf, zu den Mischungsverhältnissen von Mauermörtel und Putz, zur Schnittlängenberechnung;

Auszüge aus DIN-Normen zu den Baustoffen, zum Mauerwerksbau und Stahlbetonbau;

Arbeitsregeln zum Mauern, zum Bewehren und Betonieren.

Für dieses Buch stellten u. a.

der Bundesverband der Deutschen Ziegelindustrie,
die Kalksandstein-Information,
der Fachverband Betonstahlmatten,
der Bundesverband der Porenbetonindustrie

Unterlagen zur Auswertung zur Verfügung.

Der Verfasser bedankt sich bei den Verbänden und beim Gutachter Herrn Dipl.-Ing.-Päd. *H. Lampe*, Lehrer für Bautechnik im Hans-Böckler-Berufsbildungszentrum, Mainz, für die freundliche Unterstützung und Beratung.

K. H. Krause

Aus der *Musterbauordnung der Bundesrepublik:*
§ 3
„Bauliche Anlagen ... sind so anzuordnen, zu errichten, zu ändern und zu unterhalten, daß die öffentliche Sicherheit oder Ordnung, insbesondere Leben oder Gesundheit nicht gefährdet werden; sie müssen ihrem Zweck entsprechend ohne Mißstände zu benutzen sein. Die allgemein anerkannten Regeln der Technik sind zu beachten.
...
Als allgemein anerkannte Regel der Technik gelten auch die von der obersten Bauaufsichtsbehörde oder der von ihr bestimmten Behörde durch öffentliche Bekanntmachung eingeführten Technischen Baubestimmungen."

Ähnliche Abschnitte enthalten die Bauordnungen der einzelnen Länder.
Zu den Technischen Baubestimmungen gehören besonders die DIN-Normen und Richtlinien, deren Anwendung von der jeweiligen Landesregierung festgelegt wurde.

Das *Taschenbuch für Bauberufe* nennt anerkannte Regeln der Technik zur Herstellung von Baustoffen, zur Ausführung von Bauarbeiten und zum Aufbau von Baukonstruktionen.
Soweit diese Regeln in DIN-Normen oder Richtlinien erfaßt sind, wird auf die Nummer der DIN-Norm oder auf das Ausgabedatum der Richtlinie verwiesen.
Im Zweifelsfall ist immer der wörtliche Text der jüngsten Ausgabe der jeweiligen DIN-Norm oder Richtlinie heranzuziehen.

INHALTSVERZEICHNIS

1 BAUZEICHNUNGEN

1

1 BAUZEICHNUNGEN

1

Normen:
DIN 1356 (7. 1974)
DIN 1356, Teil 1 (E; 10. 1988)
DIN 1356, Teil 2 (E; 10. 1988)
DIN 1356, Teil 3 (E; 10. 1988)

1.1 Arten und Aufgaben

Bauzeichnungen dienen zur Verständigung zwischen dem *Architekten und Ingenieur* (Entwurfsverfasser) und

- dem *Bauherrn*, der das Bauwerk in Auftrag gibt;
- der *Bauaufsichtsbehörde*, die die Baugenehmigung erteilt und z. B. die Standsicherheit des Bauwerks an Hand der Bauzeichnungen und Berechnungen vor Baubeginn überprüft;
- dem *Bauunternehmer*, der die Bauarbeiten ausführt.

Der Maurer, Betonbauer oder Zimmermann arbeitet nach Bauzeichnungen. Er muß diese Zeichnungen lesen können und ihnen die Angaben (Maße, Höhen, Baustoffe usw.) entnehmen, die er zur Ausführung seiner Arbeit benötigt.

Auf der Baustelle werden u. a. folgende Bauzeichnungen verwendet:

- Aus dem **Lageplan** kann die Lage des Bauwerks im Gelände, seine höhenmäßige Einordnung und seine Lage im Verhältnis zu den Himmelsrichtungen entnommen werden.
  Maßstab: 1:500
- **Entwurfszeichnungen** stellen das gesamte Bauwerk in Ansichten und Grundrissen dar. Sie zeigen das Aussehen des Bauwerks, die Größe und Lage der einzelnen Räume, Treppen, Türen, Fenster usw., ohne Details aufzuführen. Maßstab:
  Freianlagen: 1:500 bis 1:100
  Bauwerke: 1:100
  Raumbildende Ausbauten: 1:50 bis 1:20.
- **Ausführungszeichnungen** zeigen alle zur Bauausführung notwendigen Einzelheiten, z. B.: Maße von Wänden und Pfeilern; Schichtenfolgen von Fußböden; Details von Holzverbindungen. Maßstab:
  Freianlagen: 1:200 bis 1:50
  Zeichnungen von Baukonstruktionen: 1:50 bis 1:1.
- **Schalpläne** sind spezielle Zeichnungen des Beton-, Stahlbeton- oder Spannbetonbaus. Sie stellen die Form, die Maße und wenn erforderlich die Höhenlage des einzuschalenden Bauteils dar. Maßstab: 1:50.
- **Bewehrungszeichnungen** sind spezielle Zeichnungen des Stahlbeton- oder Spannbetonbaus. Sie geben in vereinfachter Darstellung Form und Lage der einzelnen Bewehrungsstäbe an. Nach den Bewehrungszeichnungen wird die Bewehrung gebogen und verlegt.
  Maßstab: 1:20; 1:25 und 1:50.
- **Fertigteilzeichnungen** enthalten alle Angaben, die zur Herstellung eines Fertigteils benötigt werden.
  Maßstab: 1:20; 1:25.
- **Verlegezeichnungen** dienen dem Einbau der Fertigteile auf der Baustelle. Sie enthalten u. a. Angaben zur Lage der Fertigteile im Bauwerk, zur Reihenfolge des Einbaus, zur Stellung eventuell erforderlicher Hilfsstützen (Montagestützen).
  Maßstab: 1:50.
- **Bestandszeichnungen** sind die zeichnerische Darstellung des *vorhandenen* Bauwerks. Sie sind die Grundlage für Arbeiten zur Instandhaltung und Instandsetzung und wenn erforderlich zur Planung des Umbaus. Maßstab: nach Bedarf.

Im Bauwesen werden die Bezeichnungen „Zeichnung" und „Plan" häufig für die gleiche Darstellung verwendet, z. B. Schal*plan* und Schal*zeichnung*.

Bauzeichnungen enthalten

- Ansichten, auch Aufrisse genannt, (Bild 11.2);

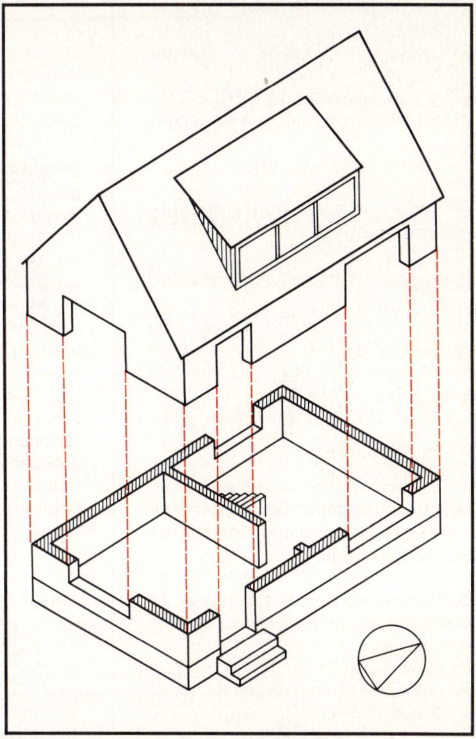

Bild 11.1
Waagerechter Schnitt an einem Gebäude, siehe auch Bild 11.2 und 12.1

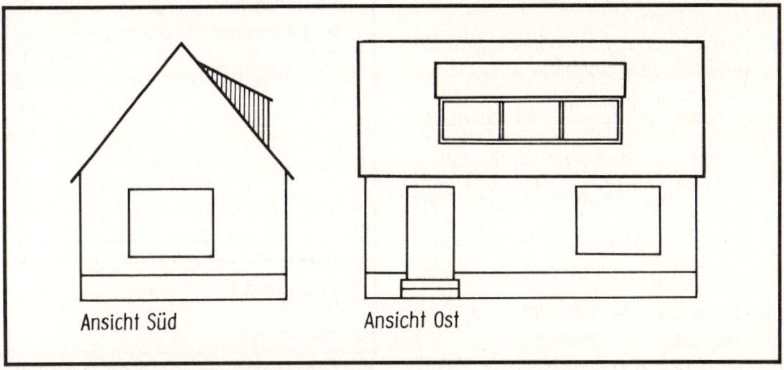

Bild 11.2 Zwei Ansichten zum Gebäude nach Bild 11.1

- Grundrisse (horizontale Schnitte, Bild 12.1; [2]);
- Schnitte (vertikale Schnitte, Bild 12.1; [1]) und
- Draufsichten (Bild 12.1; [3]).

↪ ausführlich Abschnitt 1.8 Schnittführung.

1.2 Blattgrößen, Blatteinteilung und Blattfaltung

Blattgrößen. Die Blattgrößen sind genormt (Tabelle 13.1).
Das Zeichnungsblatt DIN A0 hat eine Fläche von 1 m^2.
Das Zeichnungsblatt DIN A1 entsteht durch Halbieren des Blattes DIN A0.
Das Blatt DIN A1 in zwei gleich große Blätter geschnitten ergibt das Blatt DIN A2 usw. (Bild 14.1; [1]).
Für besonders lange Zeichnungen werden auch mehrere Zeichnungsblätter nebeneinander gelegt und zu einem langen Blatt vereinigt.

Blatteinteilung. Bild 14.1; [2] zeigt die Anordnung des Randes, Heftrandes und Schriftfeldes.

- Rand: 5 mm
- Heftrand: 15 mm bei DIN A4, sonst 20 mm.

Jede Zeichnung muß ein Schriftfeld enthalten, das folgende Angaben in übersichtlicher Form aufführt:

- Firma (auch Architekt, Ingenieur, Behörde oder Schule)
- Bauvorhaben
- Darstellung (dargestellte Konstruktion)
- Datum
- Name des Zeichners mit Unterschrift
- Name des Prüfers mit Unterschrift
- Zeichnungsnummer (Plannummer).

Die Aufteilung des Schriftfeldes kann z. B. nach Bild 13.1 erfolgen.
Auch an der zusammengefalteten Zeichnung muß das vollständige Schriftfeld

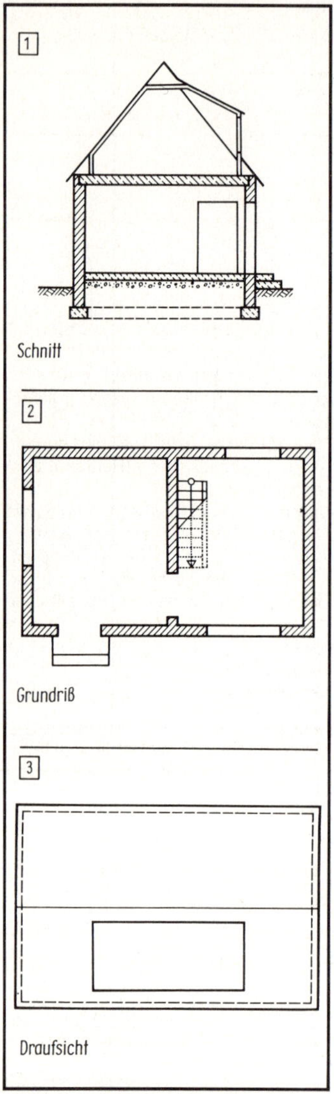

Bild 12.1 Schnitt, Grundriß und Draufsicht zum Gebäude nach Bild 11.1

sichtbar bleiben. Dadurch wird die Breite des Schriftfeldes begrenzt:

Format	Maximale Breite des Schriftfeldes
DIN A4	190 mm
DIN A3	185 mm
DIN A2	187 mm

Faltung.

Norm:
DIN 824 (3.1981)

Zeichnungen werden entweder abgeheftet oder in Taschen und Fächern aufbewahrt.
Zum Abheften bestimmte Zeichnungen erhalten am linken Rand (Heftrand) zwei Lochungen.
Zeichnungen mit Formaten größer als DIN A4 werden so zusammen gefaltet, daß sie im Format DIN A4 (210 mm × 297 mm) abgeheftet werden können (Bild 14.1; [3]). Es ist zweckmäßig, auf der Zeichnung Faltmarken anzubringen, die die Lage der Faltkanten festlegen.
Bild 14.1; [3] gibt die zweckmäßige Reihenfolge an, in der Zeichenblätter DIN A3 und DIN A2 zum Zwecke der Abheftung zu falten sind.

Zeichnungen sind so zu falten, daß sie abgeheftet auf- und zusammengefaltet werden können, daß das Schriftfeld oben liegt und auch im zusammengefalteten Zustand vollständig lesbar ist.

Werden Zeichnungen in Fächern oder Taschen gesammelt, entfällt der Heftrand; sie werden ebenfalls auf das Format DIN A4 zusammengelegt.

1.3 Maßstäbe

Im allgemeinen werden Baukonstruktionen verkleinert gezeichnet (Tabelle 15.1). Der Maßstab sollte so gewählt werden, daß die Zeichnung übersichtlich ist und Einzelheiten im erforderlichen Umfang gut erkennbar sind.

Tabelle 13.1 Maße der Zeichnungsblätter

Kurzzeichen	Unbeschnittenes Blatt	Beschnittenes Blatt	Fläche
DIN A0	880 mm · 1 230 mm	841 mm · 1 189 mm	1 m^2
DIN A1	625 mm · 880 mm	594 mm · 841 mm	0,5 m^2
DIN A2	450 mm · 625 mm	420 mm · 594 mm	0,25 m^2
DIN A3	330 mm · 450 mm	297 mm · 420 mm	0,125 m^2
DIN A4	240 mm · 330 mm	210 mm · 297 mm	0,062 m^2

<table>
<tr><td></td><td>Datum</td><td>Name</td><td>Unterschrift</td><td colspan="2" rowspan="3">Firma</td></tr>
<tr><td>Gezeichnet</td><td>24.4.1991</td><td>Unbekannt</td><td></td></tr>
<tr><td>Geprüft</td><td>1.9.1991</td><td>Ungenannt</td><td></td></tr>
<tr><td>Maßstab
1:25</td><td colspan="4">Bauvorhaben Schwimmhalle Kleinstadt
Darstellung Bewehrungszeichnung Schwimmbecken</td><td>Zeichnungs-Nr.
21.4.D</td></tr>
</table>

Bild 13.1 Mögliche Gestaltung des Schriftfeldes

1

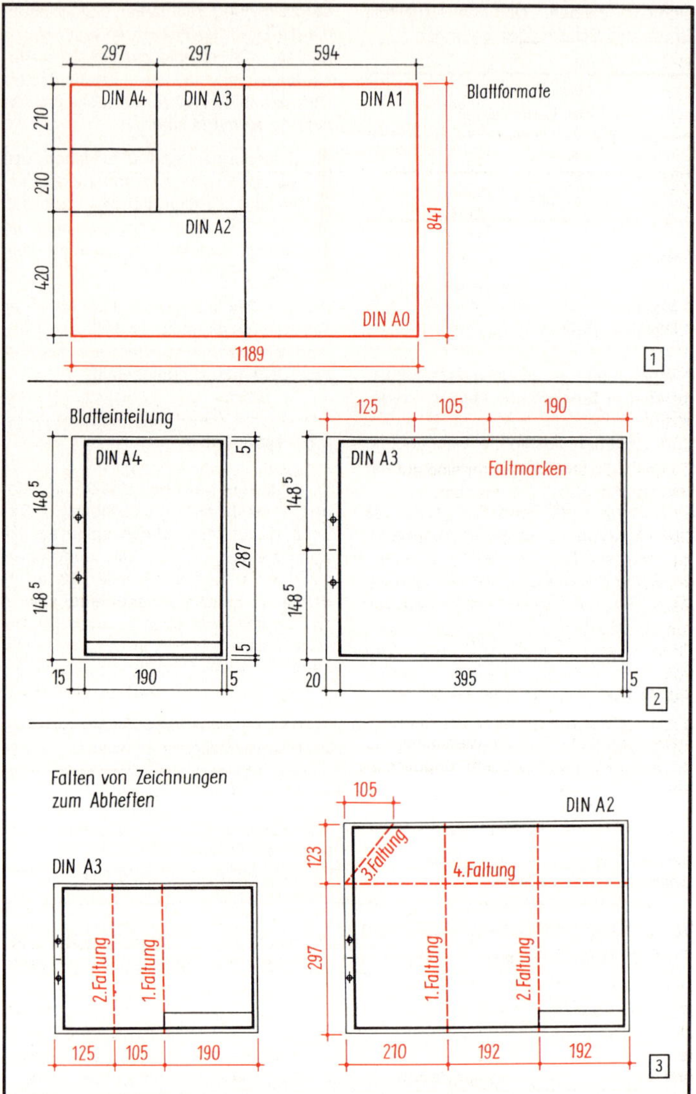

Bild 14.1 Zeichnungsblätter: Blattformate, Blatteinteilung und Blattfaltung

Tabelle 15.1 Maßstäbe für Bauzeichnungen

Maßstab	**Umrechnung**	
	100 cm = 1 m an der Baukonstruktion sind auf der Zeichnung	1 cm = 10 mm auf der Zeichnung sind an der Baukonstruktion:
1:1	100 cm	1 cm
1:2,5	40 cm	2,5 cm
1:5	20 cm	5 cm
1:10	10 cm	10 cm
1:20	5 cm	20 cm
1:25	4 cm	25 cm
1:50	2 cm	50 cm
1:100	1 cm	100 cm
1:200	0,5 cm	200 cm
1:500	0,2 cm	500 cm

Zu große Zeichnungsblätter sind auf der Baustelle schlecht handhabbar.

Durch die unterschiedlichen Verfahren zur Vervielfältigung von Zeichnungen können diese auch verkleinert werden. Dabei wird im Regelfall eine Verkleinerung um 50 % genutzt (2:1). Aus diesem Grund sollte der Maßstab 1:25 anstelle von 1:20 bevorzugt verwendet werden. Aus Zeichnungen im Maßstab 1:25 entstehen dann Zeichnungen im Maßstab 1:50. Dagegen führt die Verkleinerung im Maßstab 1:20 zu dem unüblichen Maßstab 1:40.

1.4 Linienarten und Linienbreiten

Verschieden breite Linien und unterschiedliche Ausführung der Linien als

- Vollinie
- Strichlinie
- Strichpunktlinie
- Punktlinie

erleichtern es, den Inhalt der Zeichnung zu erfassen und helfen, Verwechslungen zu vermeiden.

Es werden die Linienbreiten

- breit
- schmal
- fein

unterschieden.

Tabelle 16.1 ordnet ausgewählte Linienbreiten den Maßstäben zu und führt Anwendungsbeispiele auf.
Innerhalb einer Liniengruppe verhalten sich die einzelnen Linienbreiten zueinander wie 2:1:0,7.

> Auf *einer* Zeichnung sind immer die Linienbreiten einer Liniengruppe zu verwenden (Tabelle 16.1).

Die Liniengruppen II und III sind bevorzugt anzuwenden.
Die Liniengruppe I enthält die Linienbreite 0,18 mm. Diese Linie wird bei der Mikroverfilmung nicht erfaßt.
Zeichnungen mit dieser Linienbreite sind daher für Mikroverfilmungen nicht geeignet.
Die Liniengruppe IV enthält sehr breite Linien. Diese Liniengruppe wird nur für Zeichnungen verwendet, die anschließend im Verhältnis 2:1 verkleinert werden und in die nachträglich Linien der Liniengruppe III einzutragen sind.

Tabelle 16.1 Linienarten und Linienbreiten

Linienarten	Ausführung	Beispiele für Anwendung	**Linienbreiten** in mm für Maßstäbe 1:500; 1:200; 1:100		für Maßstäbe 1:50; 1:25; 1:20; 1:10; 1:5; 1:2,5; 1:1		Bemerkungen
			Liniengruppe I[1])	II	III	IV	
Vollinie, breit		Begrenzung von Schnittflächen; Bewehrungsstäbe	0,5	0,7	1,0	1,4	
Vollinie, schmal		Sichtbare Kanten und Umrisse; Begrenzung von Schnittflächen	0,25	0,35	0,5	0,7	
Vollinie, fein		Maßlinien; Schraffuren; Rasterlinien; Begrenzungslinien von Ausschnitten	0,18	0,25	0,35	0,5	DIN 1356 T. 1 (E; 10. 1988): Begrenzung von Schnitt- und Ansichtsflächen
Strichlinie, schmal		Nicht sichtbare, verdeckte Kanten und Umrisse	0,25	0,35	0,5	0,7	
Strichpunktlinie, breit		Kennzeichnung der Lage der Schnittebenen	0,5	0,7	1,0	1,4	
Strichpunktlinie, fein		Achsen, z. B. Symmetrieachsen	0,18	0,25	0,35	0,5	
Punktlinie, schmal		Kanten und Umrisse von Bauteilen, die über oder vor der Schnittebene liegen	0,25	0,35	0,5	0,7	Nach DIN 1356, T. 1 (E; 10. 1988)
Freihandlinie, fein		Kennzeichnung von Holz im Schnitt	0,18	0,25	0,35	0,5	DIN 15, T. 2 (6. 1984): Begrenzung von abgebrochenen Ansichten
Zickzacklinie, fein		Begrenzung von abgebrochen oder unterbrochen dargestellten Ansichten oder Schnitten	0,18	0,25	0,35	0,5	Nach DIN ISO 4069 (8. 1984) und DIN 15, T. 2 (6. 1984)
Vollinie mit Kreuzen, schmal		Umrißlinie von bestehenden Bauteilen, die abzubrechen sind	0,25	0,35	0,5	0,7	Nach DIN ISO 7518 (11. 1986)

1) Nicht für Mikroverfilmung geeignet.

1.5 Kennzeichnung von Schnittflächen

Zur Kennzeichnung der Baustoffe in Schnittflächen können Schraffuren verwendet werden (Bild 17.1).
Schnittflächen können weiß bleiben (Bild 17.2; [1]), eine Schraffur erhalten (Bild 17.2; [2] und [3]) oder farbig oder grau getönt werden.
Wenn eine Schraffur verwendet wird, genügt es bei großen Schnittflächen die Schraffur nur am Rand des Schnittes einzuzeichnen (Bild 17.2; [3]).

1.6 Schrift

Norm:
DIN 6776 (4. 1976)

Texte und Zahlen auf Bauzeichnungen müssen *eindeutig* und *gut lesbar* sein.

> Die Zahlen und Buchstaben müssen sich deutlich voneinander unterscheiden, um Verwechslungen zu vermeiden.
> Die Schrifthöhe sollte 2,5 mm nicht unterschreiten.

Für Bauzeichnungen werden folgende Schriftformen verwendet:

- Schriftform A nach DIN 6776; Linienbreite: $h/10$
- Schriftform B nach DIN 6776; Linienbreite: $h/14$
- senkrechte Bauschrift.

Alle drei Schriften werden sowohl freihändig, mit Schablone oder mit besonderen elektronischen Schreibgeräten geschrieben.
Die Schriftformen A und B nach DIN 6776 können sowohl senkrecht (vertikal) als auch leicht geneigt (75°; kursiv) ausgeführt werden.
Die Schriftform B nach DIN 6776 wird häufig angewendet. Sie ist gut lesbar und erfüllt die Anforderungen der Mikroverfilmung. Maße der Schriftform B ↪ Tabelle 18.1 und Bilder 18.1; 19.1 und 19.2).

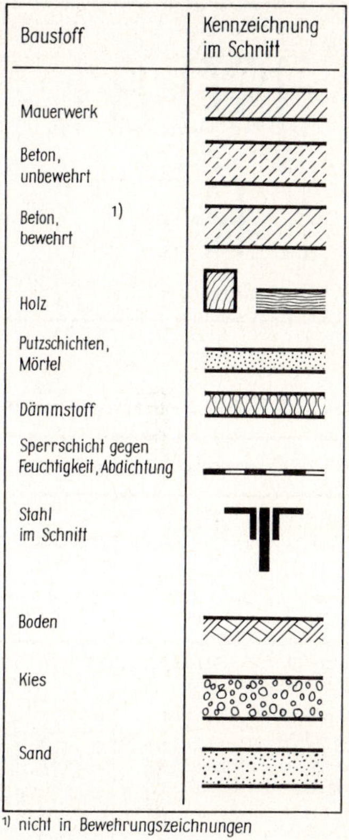

1) nicht in Bewehrungszeichnungen

Bild 17.1 Kennzeichnung von Baustoffen in Schnittflächen

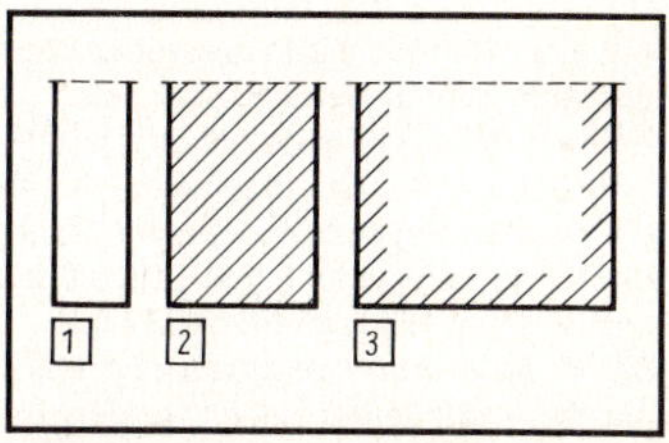

Bild 17.2 Kennzeichnung von Schnittflächen aus Mauerwerk

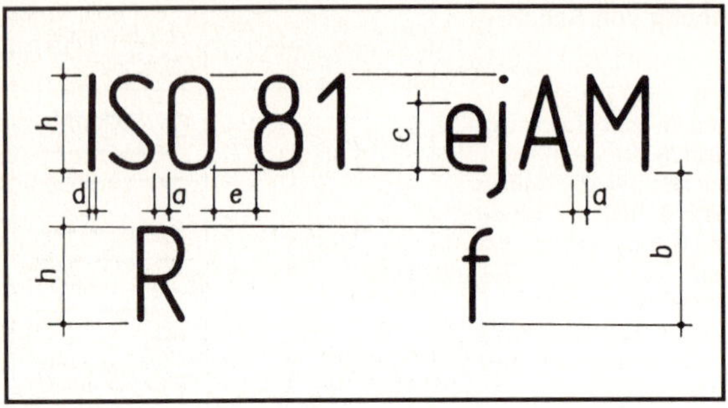

Bild 18.1
Zu Tabelle 18.1

Tabelle 18.1 Maße zur Schriftform B nach DIN 6776, siehe auch Bild 18.1

Beschriftungsmerkmal	**Verhältnis**	**Maße** in mm						
Schriftgröße								
Höhe der Großbuchstaben *h*	(10/10) *h*	2,5	3,5	5	7	10	14	20
Höhe der Kleinbuchstaben (ohne Ober- und Unterlängen) *c*	(7/10) *h*	–	2,5	3,5	5	7	10	14
Mindestabstand zwischen Schriftzeichen *a*	(2/10) *h*	0,5	0,7	1	1,4	2	2,8	4
Mindestabstand zwischen Grundlinien *b*	(14/10) *h*	3,5	5	7	10	14	20	28
Mindestabstand zwischen Wörtern *e*	(6/10) *h*	1,5	2,1	3	4,2	6	8,4	12
Linienbreite *d*	(1/10) *h*	0,25	0,35	0,5	0,7	1	1,4	2

Auf einer Bauzeichnung muß jedes Wort und jede Zahl eindeutig lesbar sein.
Um den Arbeitsaufwand bei der Herstellung der Zeichnung zu senken, werden die meisten Bauzeichnungen von Hand, d. h. ohne Verwendung von Schablonen und anderen Hilfsmitteln, beschriftet.
Die in Tabelle 18.1 angegebenen Maße müssen nicht genau befolgt werden. Sie sind eine Vorgabe, um eine gut lesbare Schrift zu erhalten.

Insbesondere ist darauf zu achten, daß die Ziffern

4 und 9
1 und 7

sorgfältig geschrieben werden, um Verwechslungen zu vermeiden.
Um die 7 von der 1 zu unterscheiden, wird die 7 häufig mit einem kleinen Querstrich versehen (Bild 19.1 und 19.2).

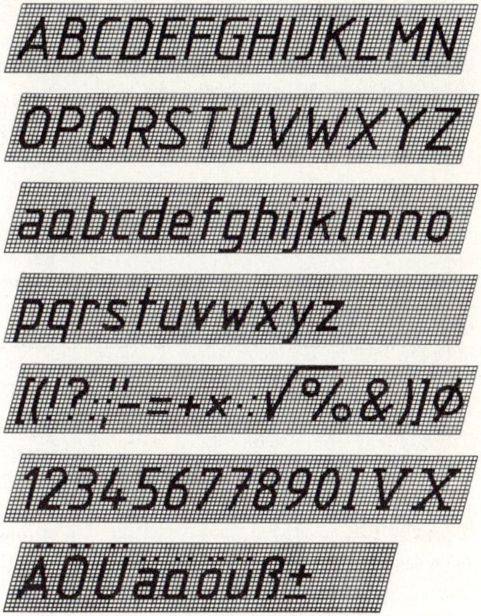

Bild 19.1
Schrift nach DIN 6776:
Schriftform B, kursiv
Neigungswinkel: 75°;
Strichbreite: *h*/10;
übliche Schrifthöhen:
3,5 mm, z. B. bei M 1:100
5,0 mm, z. B. bei M 1:50; M 1:25

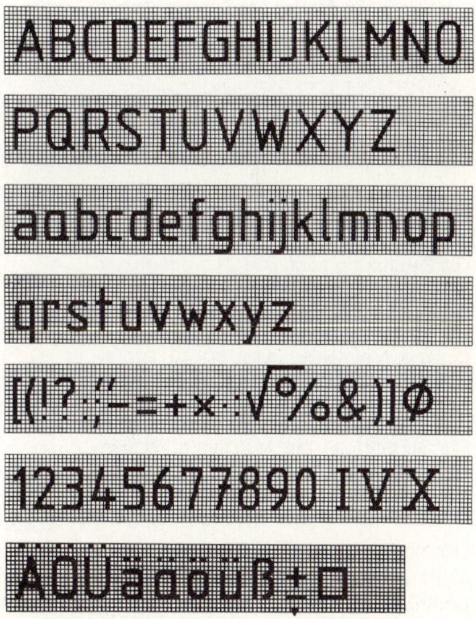

Bild 19.2
Schrift nach DIN 6776:
Schriftform B, vertikal
Neigungswinkel: 90°;
Strichbreite: *h*/10;
übliche Schrifthöhen:
3,5 mm, z. B. bei M 1:100
5,0 mm, z. B. bei M 1:50; M 1:25

1.7 Bemaßung

Längenangaben. In Bauzeichnungen (Bild 21.1) werden die Maße mit Hilfe von

- Maßlinien [1]
- Maßzahlen [2]
- Maßhilfslinien [3]
- Maßlinienbegrenzungen [4]

angegeben.

An den Maßzahlen stehen keine Einheiten. Als Einheiten werden verwendet: mm, cm und m. Es ist zulässig, in *einer* Zeichnung die Maßzahlen auf cm *und* m zu beziehen, siehe Musterzeichnung in Bild 21.1.

> Die in der Zeichnung verwendeten Einheiten sind im Schriftfeld anzugeben [5].

Sind in *einer* Zeichnung Angaben in cm *und* in m vorhanden, dann gelten folgende Regeln:
- Alle Maße gleich oder größer als 1 m werden in m [6] und
- alle Maße kleiner als 1 m werden in cm [7]

angegeben.

Die Angabe der Millimeterwerte kann durch eine kleinere, hochgestellte Zahl erfolgen [8], [9].

An unterbrochen dargestellten Bauteilen wird die Maßlinie durchgezogen und die Maßzahl unterstrichen [10].
Die Zeichnung nach Bild 21.1 bringt zum Ausdruck, daß die Wand [11] abzureißen ist, siehe auch Tabelle 16.1.

> Die Maßzahlen sind so zu schreiben, daß sie von unten oder von rechts gelesen werden können [16].

Die Schrifthöhe der Maßzahlen ist dem Maßstab anzupassen. Sie soll 2,5 mm nicht unterschreiten.

Die *Maßhilfslinien* [3] verlaufen rechtwinklig zur gekennzeichneten Strecke des Bauteils. Sie enden etwa 2 mm vor der zeichnerischen Darstellung des Bauteils.

Als *Maßlinienbegrenzung* [4] werden verwendet:
- kurze Schrägsstriche, Strichbreite schmal, [12]
- Punkte [13].

Das Zeichnen von Kreisen [14] oder Pfeilen [15] ist arbeitsaufwendig und wird daher nur noch selten angewendet.
Pfeile werden zur Darstellung von Radien verwendet [17]. Es ist aber auch möglich, Radien mit dem Buchstaben **r** zu kennzeichnen [22] (DIN 1356, T. 1 (E; 10.1988)).

Rechtecke werden teilweise ohne Maßhilfslinien bemaßt. Auf einem Bezugsstrich wird die Breite und darunter die Höhe angegeben [18]. Ähnlich erfolgt die Angabe der Maße einer Tür [19] oder eines Fensters [20].
Auf der Maßlinie steht das Maß der Breite, unter der Maßlinie das Maß der Höhe.

Die Maße werden in Maßketten angeschrieben. Dabei beziehen sich die Maßhilfslinien
- auf Körperkanten [7], [8] oder
- auf die Achsen von Öffnungen [20].

Zur Bemaßung von Bewehrungsstäben ↪ Abschnitt 1.9.3

Angabe von Höhen. (Bild 22.1) Es wird unterschieden zwischen
- Höhen nach Ausführung der Rohbauarbeiten (Rohkonstruktion), z. B. Höhe der Oberfläche einer Stahlbetondecke ([1]; [6]) und
- Höhen nach Fertigstellung der Ausbauarbeiten (Fertigkonstruktion), z. B. Höhe der Oberfläche eines Fußbodens ([2]; [5]).

Als Bezugshöhe wird eine Höhe ±0,00 [3], z. B. die Höhe der Oberfläche des Erdgeschoßfußbodens gewählt.
Die Geländehöhe wird als Höhe über Meeresspiegel (Höhe über NN) beschrieben [4].

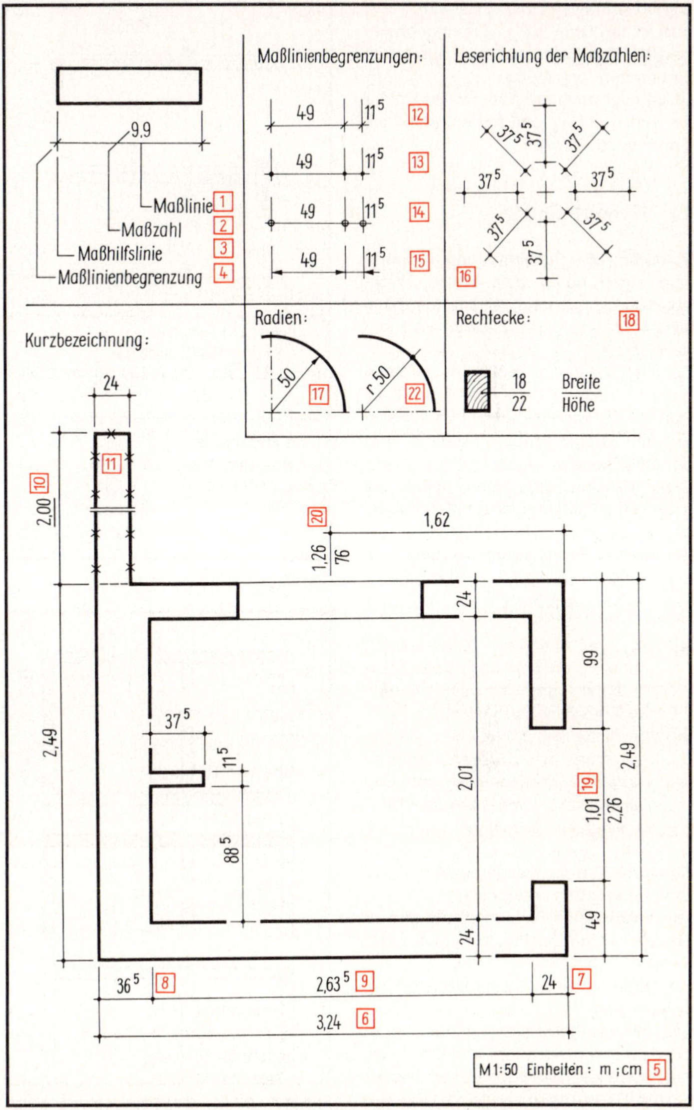

Bild 21.1 Maßangaben auf Bauzeichnungen

Die Höhen können in den Schnitt [1], [2] oder in den Grundriß [5], [6] eingetragen werden. Das Höhenmaß wird von vielen Firmen in m angegeben.
Es ist aber auch möglich, Höhen kleiner als 1 cm in cm [7] und Höhen größer als 1 m in m zu notieren.

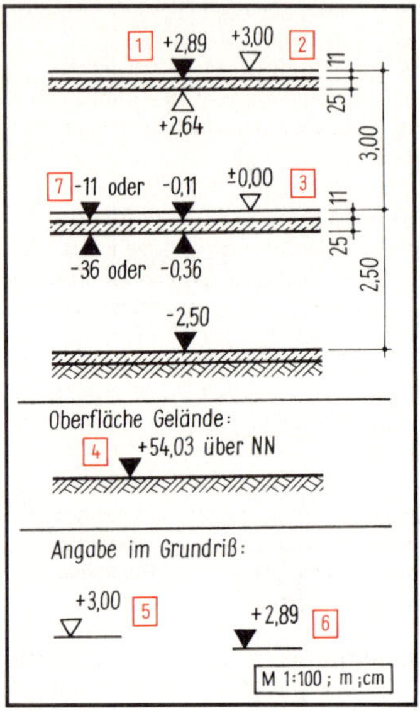

Bild 22.1 Angaben zur Höhenlage

1.8 Schnittführung

Schnitte. Die Schnittführung (Schnittspur) wird durch eine breite Strichpunktlinie dargestellt (Bild 22.2), dabei wird auch häufig die Blickrichtung eingezeichnet [1].
Schnitte werden mit großen Buchstaben benannt: Schnitt C-C, oder kurz: C-C. Der Schnitt kann gerade [1] oder abgewinkelt (verspringend) [2] geführt werden. Es genügt, Ausschnitte aus der Schnittführung anzugeben, wenn sie den Schnittverlauf eindeutig beschreiben.
Senkrechte *Schnittebenen* ergeben die sog. Schnitte (Bild 12.1 und 22.2).

Darstellungsregeln:

- Alle geschnittenen Körperkanten und alle *von vorn* sichtbaren Körperkanten und Umrisse werden durch Vollinien dargestellt [3], [4].
- Alle hinter der Schnittebene liegenden verdeckten, d. h. *von vorn nicht sichtbaren* Körperkanten und Umrisse werden – wenn erforderlich – als Strichlinie gezeichnet [5].

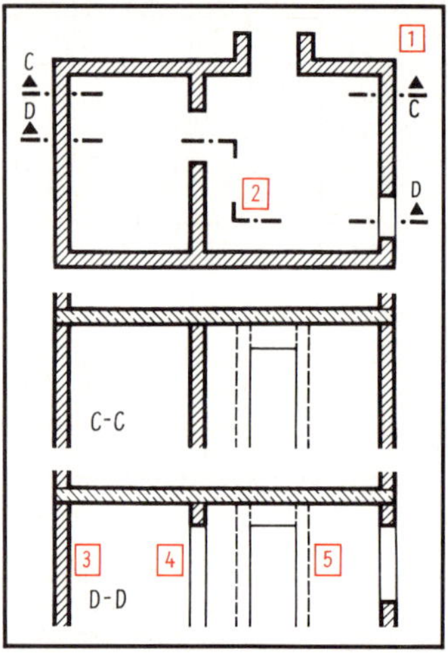

Bild 22.2 Gerade und verspringende Schnittführung

Grundriß Typ A. Waagerechte Schnittebenen ergeben Grundrisse.
Die waagerechte Schnittführung wird im Regelfall in der Zeichnung nicht angegeben.
Es werden zwei Darstellungsweisen unterschieden.
Die Grundrißdarstellung vom Typ A (Bild 23.1) wird vor allem vom Objektplaner (Architekt) verwendet. Der waagerechte Schnitt wird so gelegt, daß alle wesentlichen Teile des Bauwerks, z. B.

Tür- und Fensteröffnungen, Treppen usw., geschnitten werden.
Die *Blickrichtung* zeigt *nach unten*.
Auf diese Weise wird die Decke oder der Fußboden *unterhalb* des Schnittes gesehen.

Darstellungsregeln:

- Alle geschnittenen Körperkanten [1] oder *von oben sichtbaren* Körperkanten [2] oder Umrisse werden als Vollinie dargestellt.
- Alle unterhalb der Schnittlinie liegenden von *oben nicht sichtbaren* Körperkanten [3] und Umrisse werden als Strichlinie gezeichnet.

Wenn es notwendig ist, können Körperkanten und Umrisse, die *oberhalb* der Schnittebene liegen, als Punktlinie angedeutet werden.

Grundriß Typ B. Die Grundrißdarstellung Typ B (Bild 23.2) wird vor allem zur Darstellung von tragenden Bauteilen oder von Schalplänen verwendet.
Der Grundriß B-B setzt sich zusammen aus der

- Darstellung der tragenden Bauteile (Wände, Pfeiler) im waagerechten Schnitt B_2-B_2 und der
- Darstellung der Unteransicht, der *über dem Schnitt* liegenden tragenden Bauteile (Decken, Balken) B_1-B_1.

Darstellungsregeln:

- Die Körperkanten der geschnittenen tragenden Bauteile werden als Vollinie dargestellt [1], [2].
- Die *von unten sichtbaren* Kanten und Umrisse der tragenden Bauteile über dem Schnitt werden als Vollinien gezeichnet [5].
- Körperkanten [3], [4] und Umrisse, die *von unten* mit dem Blick nach oben nicht sichtbar sind, werden – wenn erforderlich – als verdeckte Kanten mit Strichlinien angegeben.

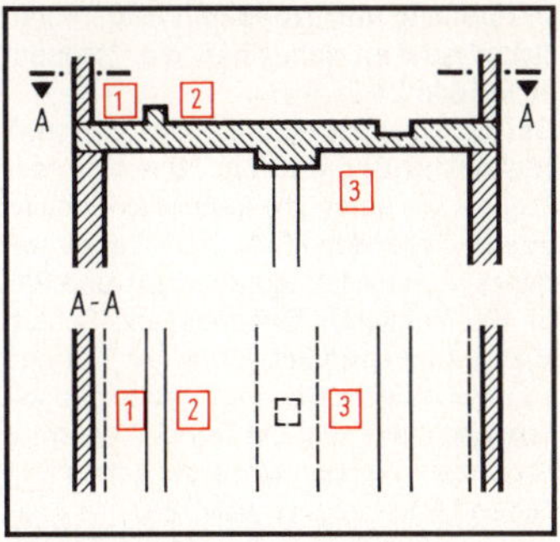

Bild 23.1 Grundriß Typ A: Blick von oben auf den waagerechten Schnitt

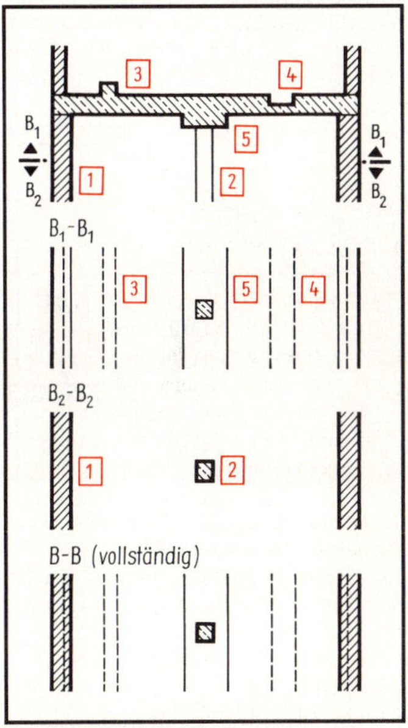

Bild 23.2 Grundriß Typ B: gespiegelte Unteransicht (B_1–B_1) einer Decke mit waagerechten Schnitt (B_2–B_2) der tragenden Bauteile unter der Decke kombiniert

Darstellung von Treppen. Waagerechte Schnittebenen schneiden die Treppenläufe (Bild 24.1; [1]).
Bei der Treppe im untersten Geschoß (Schnitt C-C) wird der Grundriß der Treppe [4] durch die *über* der Schnittebene liegenden Teile der Treppe ergänzt (Punktlinie), sichtbar: G1 und P1.
In den mittleren Geschossen (Schnitt B-B) ist im Grundriß immer ein Teil des vom jeweiligen Geschoß ansteigenden Treppenlaufes und ein Teil des darunter liegenden Treppenlaufes zu sehen [3]: G2 und P1.
Im obersten Geschoß kann die Treppe im Grundriß vollständig abgebildet werden [2]; sichtbar: G3 und P2.

> Die Lauflinie weist immer nach oben und wird durch einen Pfeil gekennzeichnet.

Die Vorderkante der Antrittstufe einer Treppe ist an einem Kreis zu erkennen, von dem die Lauflinie ausgeht [6].
An die Lauflinie wird auch die Anzahl der Steigungen und Auftritte geschrieben [5]:

Anzahl der Steigungen × Steigung/Auftritt.

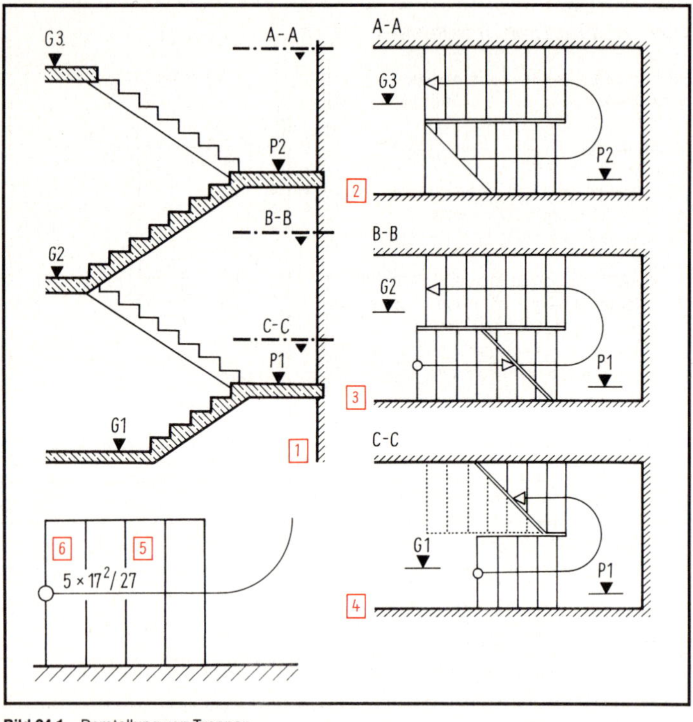

Bild 24.1 Darstellung von Treppen
G1: Höhe Geschoß 1; *P1:* Höhe Podest 1 usw.

1.9 Besondere Darstellungsweisen

1.9.1 Zeichnerische Darstellung von Bodenschichten

Norm:
DIN 4022 (5. 1984)

Die Zusammensetzung des Baugrundes wird z. B. durch Bohrungen erkundet. Die Ergebnisse werden z. B. als *Bohrprofil* (Bild 25.1; [1]) notiert.

Der Höhenmaßstab beträgt 1:100, seltener 1:200. In der zeichnerischen Darstellung eines Bohrprofiles sind enthalten:

- Folge der Bodenarten, zeichnerische Darstellung und/oder Kurzzeichen (S; mG)
- Höhenangaben in Bezug auf den Meeresspiegel (NN) oder auf einen Festpunkt
- Beschaffenheit des Bodens: [3]
- Entnahme von Proben: [4]
- Grundwasserstand: [2]

Ein leeres Dreieck gibt die Höhe an, bei der beim Bohren das Grundwasser angetroffen wurde. Ein halbgefülltes Dreieck nennt die Höhe des Grundwassers zum Abschluß der Bohrarbeiten.
Das Datum der Beobachtung nennen!

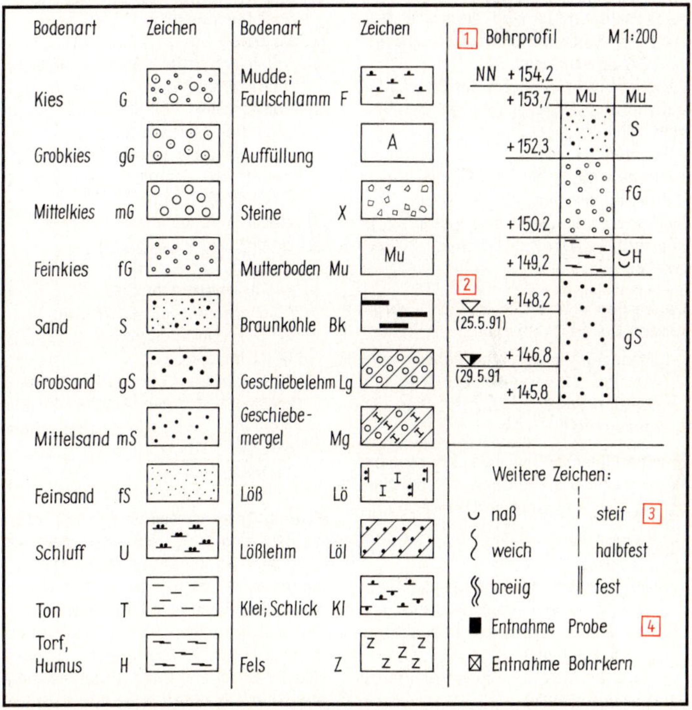

Bild 25.1 Zeichnerische Darstellung von Ergebnissen der Baugrunderkundung

1

1.9.2 Flurkarten, Lagepläne und Feldrisse

Norm:
DIN 18702 (3.1976)

Flurkarten und Lagepläne. In Flurkarten und Lageplänen (Geländeplänen) werden

- die Form der Flurstücke und die Lage von Grenzsteinen und Flurstücksgrenzen,
- die Lage von Gebäuden, Wegen und Straßen,
- der Verlauf von Bächen und die Lage von Teichen u. a. Wasserflächen

eingezeichnet. Es wird auch die Nutzung der Flächen beschrieben: Gartenland, Nadelwald usw.
Außerdem wird die Form der Oberfläche angegeben, insbesondere werden Böschungen dargestellt.
Flurkarten und Lagepläne enthalten einen Nordpfeil, der die Einordnung in die Himmelsrichtungen gestattet.
Flurkarten und Lagepläne werden z. B. in den Maßstäben 1:1000 oder 1:500 gezeichnet.

Es werden u. a. die in Bild 27.1 aufgeführten Zeichen verwendet:

1 Böschung in der Draufsicht
An der Oberkante der Böschung werden zusätzlich kurze Linien eingezeichnet.

Die Linien zur Kennzeichnung einer Böschung stehen immer rechtwinklig zur Oberkante der Böschung.

2 Damm
3 Einschnitt
4 Anschüttung mit Angabe der Höhe in m über Meeresspiegel (NN)
5 Höhenlinie, Angaben in m über Meeresspiegel (NN)
6 Flurstücksgrenze, Eigentumsgrenze
7 Strittige Grenze
8 Hecke
9 Zaun
10 Wohnhaus mit Hausnummer und Wohnhaus mit Hausnummer und Durchfahrt
11 Weg mit Grenzlinie, Bach mit Fließrichtung und Grenzlinie, Teich
12 Nutzung des Geländes
13 Trigonometrischer Punkt: Festpunkt im Gelände, der der Landesvermessung dient
14 Grenzstein
15 Meßpunkt:
Pf Pfahl — Fl Flasche
R Rohr — B Bolzen
D Dränrohr — N Nagel
Kr Kreuz, gemeißelt
St Stein, kein Grenzstein
16 Mauerbolzen mit Höhenangabe über Meeresspiegel (NN)
17 Nordpfeil
18 Unmaßstäblicher Feldriß, Erläuterung siehe unten
19 Polygonseite: Teil eines zusammengesetzten Linienzuges, der ein Vieleck (Polygon) bildet; Polygonzüge dienen der Vermessung größerer Geländeabschnitte
20 Meßlinie, Anwendung siehe 18
21 Unterirdische Leitungen
Zusätze:
A Abwasser — G Gas
FG Ferngas — E Elektrizität
F Fernmeldeleitungen
W Trinkwasser
22 Oberirdische Leitungen mit Stahlrohrmast, daneben Zeichen für Maste (von links nach rechts): Stahlrohrmast, Stahlgittermast, Stahlbetonmast, Holzmast.

Feldriß. Beim Aufmaß eines Flurstückes werden eine oder mehrere Meßlinien über das Flurstück gelegt und die vorhandenen Abstände werden z. B. mit einem Stahlbandmaß aufgemessen.
Die Meßergebnisse werden in einem unmaßstäblichen Feldriß notiert.
Bild 27.1; 18 zeigt das Ergebnis einer Messung. Die Messung wurde an einem Grenzstein eröffnet und an einem anderen beendet.

- Der Anfangspunkt der Messung wird mit 0,0 bezeichnet.
- Der Endpunkt der Messung (120,22) wird doppelt unterstrichen.

Alle Maße werden in m angegeben. Das Anfangsmaß, Endmaß und alle Zwischenmaße werden rechtwinklig zur Meßlinie mit dem Fuß zum Anfangspunkt eingetragen.

Alle Zwischenmaße werden mit einem Punkt gekennzeichnet.
Von diesem Punkt kann eine neue Meßlinie ausgehen. So z. B. die Meßlinie, die zur Ecke des Hauses führt: Angabe 9,22 am Wohnhaus, Endpunkt bei 18,62.

- Einzellängen werden unmittelbar an die jeweilige Meßlinie geschrieben. Sie stehen parallel zur Meßlinie mit dem Fuß zur Meßlinie.

Rechtwinklig zur Meßlinie angelegte neue Meßlinien weden entweder nach Augenmaß (Zeichnung: ein Viertelkreis im rechten Winkel) oder mit Hilfe von optischen Instrumenten (Zeichnung: zwei Viertelkreise im rechten Winkel) angelegt.

Nach den Angaben des Feldrisses wird ein maßstäblicher Lageplan gezeichnet. Die Längen werden mit einem Bandmaß ermittelt.

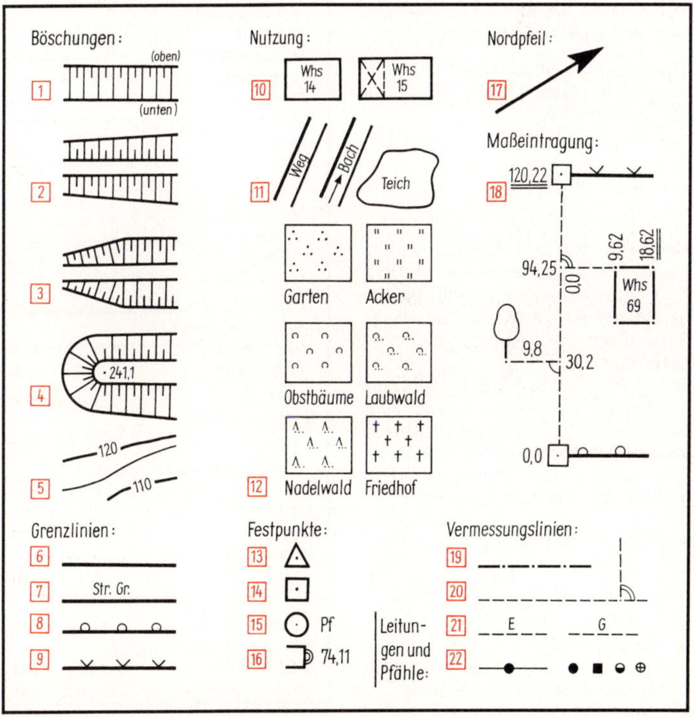

Bild 27.1 Zeichen in Flurkarten, Lageplänen und Feldrissen

1.9.3 Bewehrungszeichnungen

Normen:
DIN 1356, T. 10 (2.1991)
DIN 1045 (7.1988)

Aufgaben. Bewehrungszeichnungen geben die Form und Lage der Bewehrung von Stahlbetonbauteilen an. Nach den Angaben der Bewehrungszeichnungen werden die Bewehrungsstähle geschnitten, gebogen und verlegt.
Bewehrungszeichnungen werden in großer Anzahl angefertigt. Es werden daher Darstellungsweisen gewählt, die den Zeichenaufwand möglichst gering halten.
In der Praxis werden unterschiedliche Darstellungsweisen verwendet.

Biegeformen ↪ Abschnitt 8.3.3
Formenliste, Gewichtsliste, Biegeliste ↪ Abschnitt 8.3.3.
Biegerollendurchmesser ↪ Abschnitt 8.3.1
Schnittlängenberechnung ↪ Abschnitt 8.3.3

Maßstäbe und Linienbreiten. Bewehrungszeichnungen werden im Maßstab 1:50 angefertigt. Komplizierte Bewehrungsführungen im M 1:25. Schwierige Detailpunkte werden im M 1:10 und 1:5 gezeichnet.
Im M 1:50 und 1:25 werden die Bewehrungsstäbe vereinfacht als *eine* Linie dargestellt. Im M 1:10 und M 1:5 werden die Bewehrungsstäbe in ihrer wirklichen Form und mit *zwei* Körperkanten abgebildet. Linienbreiten ↪ Tabelle 29.1.

Vereinfachte Darstellung. Bewehrungszeichnungen im M 1:50 und M 1:25 werden in einer vereinfachten Darstellungsweise gezeichnet (Bild 28.1 und 29.1):

- Es wird nur die Stabachse eingetragen. Der Bewehrungsstab wird also nur durch *eine* Linie dargestellt.
- Die Rundungen am Haken 1, 2 und an den Abbiegungen 5, 6

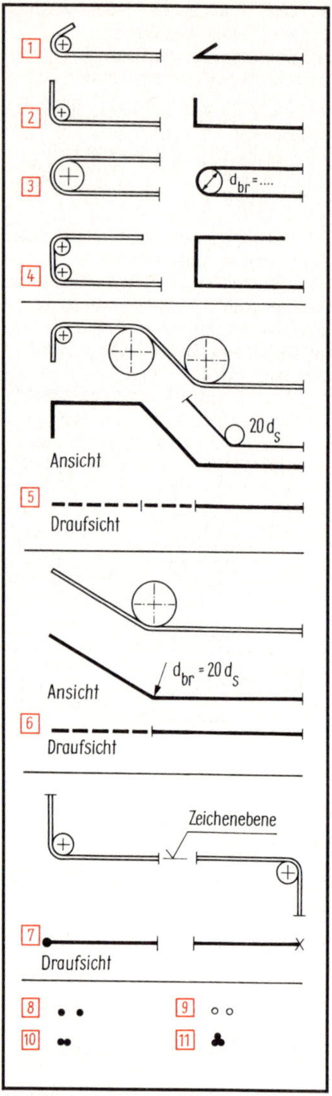

Bild 28.1 Details von Einzelstabbewehrungen: Ausführung – Zeichnung

werden eckig gezeichnet. Im Knick kann der Biegerollendurchmesser angeschrieben werden 5, 6.

- Nur bei besonders großen Biegerollendurchmessern, z. B. beim Biegen von Schlaufen, wird der Stab in seiner runden Form dargestellt 3.
- Aufgebogene Stäbe erscheinen in der Draufsicht als Strichlinie 5, 6.
- Die Darstellung nach Bild 28.1; 7 für rechtwinklig aus der Zeichenebene ab- oder aufgebogene Stäbe wird nur verwendet, wenn sie zum Verständnis unbedingt erforderlich ist.
- Geschnittene Bewehrungsstäbe erscheinen als Vollkreise. Die geschnittenen Stäbe der Anschlußbewehrung, die bereits auf einer anderen Bewehrungszeichnung erfaßt worden sind, sind als leere Kreise anzugeben.
- Im Bewehrungsstoß wird die Darstellung nach Bild 29.1 verwendet. Kurze Schrägstriche mit der Positionsnummer bezeichnen das Ende des Bewehrungsstabes.

Bemaßung. Für jeden Bewehrungsstab sind die Teillängen und die Biegewinkel anzugeben. Die Teillängen werden ohne Maßlinien angeschrieben (Bild 29.2).

Tabelle 29.1 Mögliche Linienbreiten in Bewehrungszeichnungen

	M 1:50 M 1:25	M 1:10 M 1:5
Bewehrungsstab	0,7 1)	0,35 2)
Anschlußbewehrung	0,35 1)	0,35 2)
Bauteilkanten	0,35	0,35
Maßhilfslinien, Maßlinien, Bezugsstriche, Matten	0,25	0,25

1) Einzellinie 2) Doppellinie

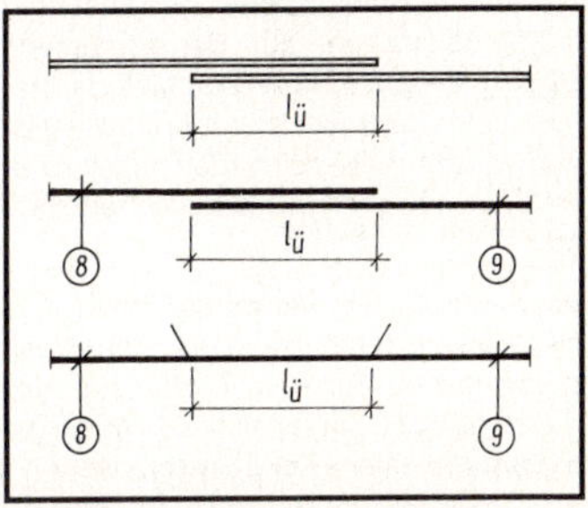

Bild 29.1 Übergreifungsstoß von Bewehrungsstäben: Ausführung – Zeichnung
$l_ü$ Übergreifungslänge

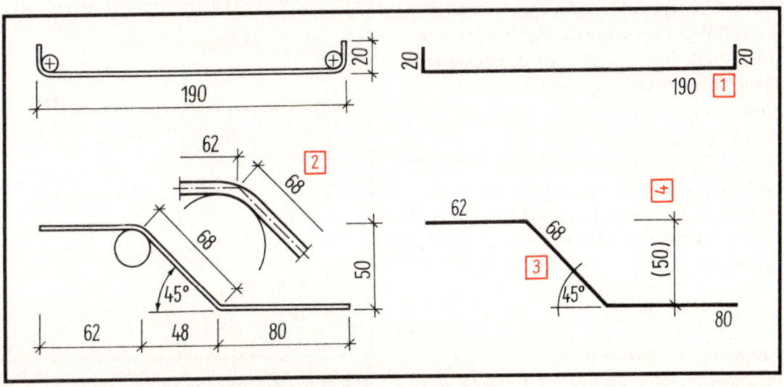

Bild 29.2 Maße an Bewehrungsstäben: Ausführung – Zeichnung

Biegemaße sind Außenmaße [1]. Ausnahme: Die Maße an Abbiegungen mit einem Winkel kleiner als 90° beziehen sich auf den Abstand der Schnittpunkte der Tangenten der Stabachsen [2]. Das gilt z. B. für das Maß der Schmiege [3].

Zwangsmaße sind Maße, die unbedingt einzuhalten sind, die auf keinen Fall größer als angegeben ausgeführt werden dürfen. Zwangsmaße werden auf Bewehrungszeichnungen in ( ) gesetzt.

Die Maße von Haken und Biegerollendurchmessern müssen nur dann aufgeschrieben werden, wenn sie von den genormten Mindestmaßen (↪ Abschnitt 8.3.2) abweichen. Zur Bemaßung von Bügeln siehe Bild 30.1. Das Maß der Haken kann *über*schritten werden. Die Haken werden nebeneinander gezeichnet. Im Bauteil liegen sie jedoch hintereinander.

Bezeichnung der Biegepositionen. Alle Bewehrungsstäbe erhalten eine Positionsnummer. Auf der Zeichnung wird die Positionsnummer von Bewehrungsstäben mit einem Kreis umschlossen.

Bewehrungsstäbe mit gleichem Durchmesser, gleicher Betonstahlsorte und gleicher Form erhalten eine gemeinsame Positionsnummer.

Weitere Angaben werden unterhalb der Zeichnung des Bewehrungsstabes notiert (Bild 30.2). Dabei wird eine Kurzform [1] und eine ausführliche Schreibweise unterschieden [2].
Achtung:
In einer Zeile sind Angaben in mm, cm und m enthalten!
Wenn es erforderlich ist, kann die Lage des Bewehrungsstabes durch Buchstaben näher erläutert werden:

u unten **v** vorn
o oben **h** hinten

Angaben zum Beton und Betonstahl. Auf jeder Bewehrungszeichnung sind unbedingt aufzuführen:

- Betonstahlsorte, z. B. IV S

Es genügt, die Betonstahlsorte nur einmal auf jeder Bewehrungszeichnung aufzuführen. Wenn mehrere Betonstahlsorten auf einer Bewehrungszeichnung vorkommen, ist für jeden Bewehrungsstab die Stahlsorte anzugeben.

- Festigkeitsklasse des Betons, z. B. B 35
- Nennmaß der Betondeckung, z. B. nom c = 35 mm
- Mindestmaß der Biegerollendurchmesser.

Diese Angabe kann entfallen, wenn der Biegerollendurchmesser an jeder einzelnen Biegeposition aufgeführt wird.

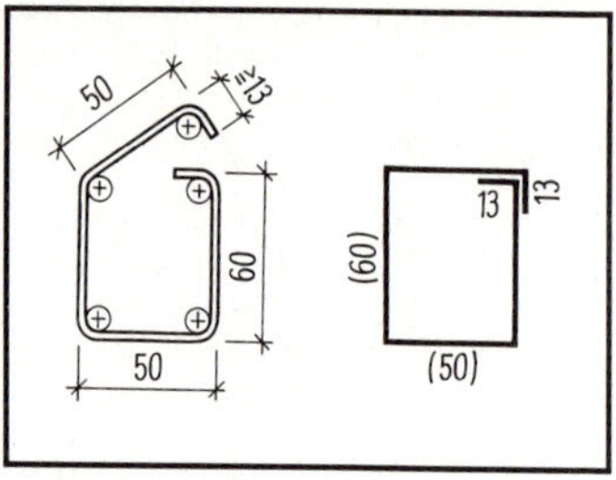

Bild 30.1 Maße am Bügel: Ausführung – Zeichnung

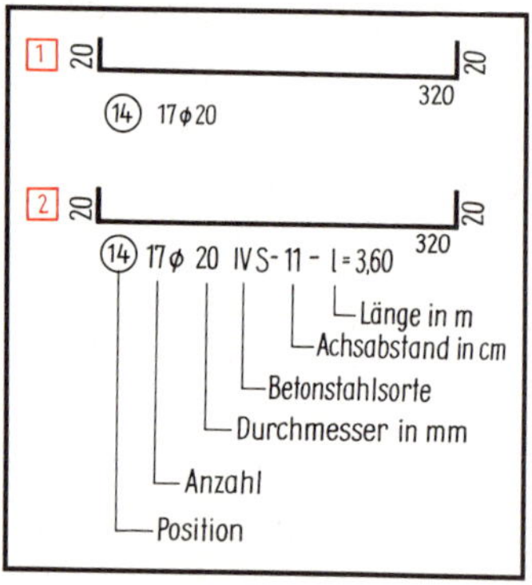

Bild 30.2 Bezeichnung einzelner Biegepositionen

Angaben zur Lage der Bewehrung. Die Stahlabstände werden auf die Achsen der Bewehrungsstäbe bezogen (Bild 31.1; [1]). Da nur die Stabachsen gezeichnet werden, wird in der Zeichnung dieser Sachverhalt nicht deutlich [2].
Um den Zeichenaufwand zu senken, wird bei vereinfachten Darstellungen nur *ein Stab* gezeichnet und es wird die Anzahl der zu verlegenden Stäbe und der Stababstand angegeben [3].
Der Verlegebereich wird durch einen Querstrich festgelegt und bemaßt.

Mattenbewehrung. Betonstahlmatten (Bild 31.2) bestehen aus rechtwinklig zueinander liegenden Betonstahlstäben, die durch eine Punktschweißung miteinander verbunden sind [1], ↪ Abschnitt 5.5.3.
Die Matten werden nur als Rechteck mit einer Diagonalen gezeichnet [2].
Beim Verlegen der Matten müssen sie sich in den Randbereichen etwas überdecken: Übergreifungslänge $l_{ü}$ [3].
Das Maß $l_{ü}$ ist auch auf der vereinfachten Darstellung [4] anzugeben.

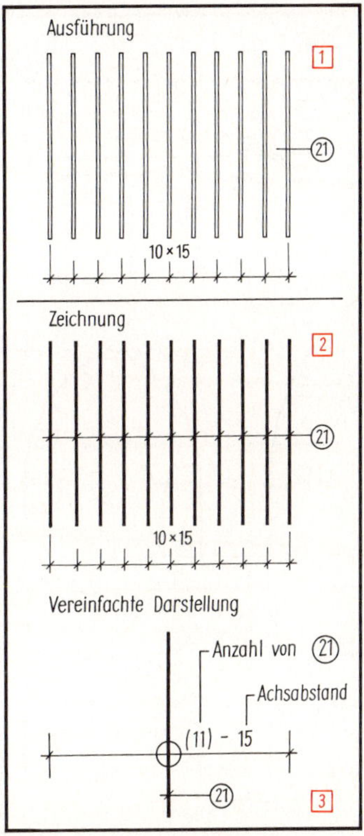

Bild 31.1 Angaben zur Lage der Einzelstabbewehrung

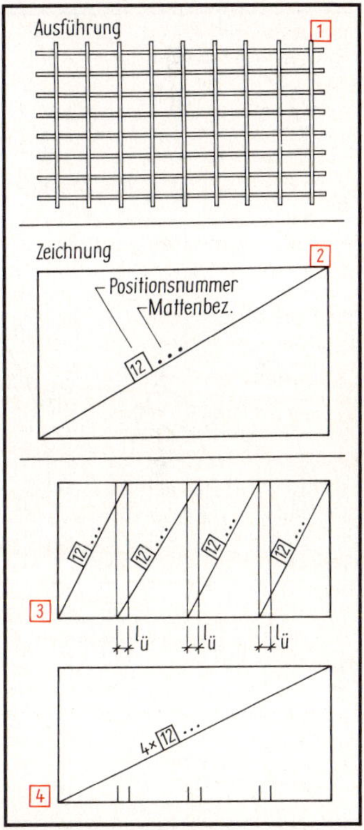

Bild 31.2 Matten: Ausführung – Zeichnung

1.10 Bogenkonstruktionen

Verschiedene Bogenformen werden zur Überdeckung von Wandöffnungen verwendet. Es werden die in Bild 32.1 dargestellten Bogenformen verwendet:

Rundbogen: 1
Segmentbogen: 2
Ansteigender Bogen: 3
Spitzbogen: 4
Überhöhter Spitzbogen: 5
Gedrückter Spitzbogen: 6
Korbbogen: 7

In Bild 32.1 wird die Reihenfolge zur Konstruktion des Bogens angegeben.

Beispiel:

Zeichnen eines Segmentbogens
geg.: Widerlagerpunkt A
Scheitelpunkt S

Lösung:

1. Strecke $\overline{AS}$ halbieren
2. Mittelsenkrechte errichten
3. Schnitt mit der Symmetrieachse ergibt Punkt M
4. $r = \overline{MS}$ ist der Radius des gesuchten Kreises.

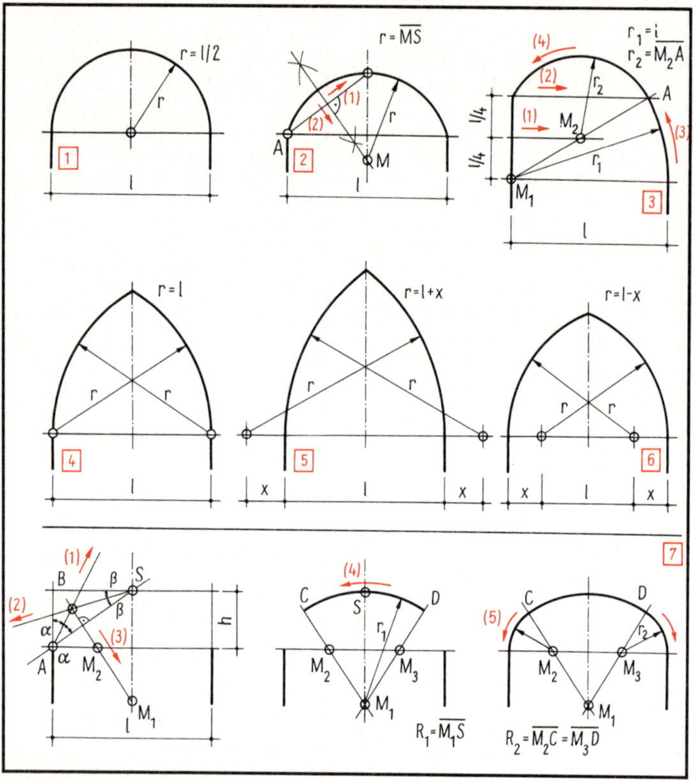

Bild 32.1 Bogenkonstruktionen

2 ALLGEMEINE GRUNDLAGEN

2

2 ALLGEMEINE GRUNDLAGEN

2.1 Maßordnung

Notwendigkeit. Es bringt Vorteile, die Anzahl der möglichen Maße zu beschränken. Durch Anwendung einer geringeren Anzahl ausgewählter Maße

- sinkt der Arbeitsaufwand,
- werden die Kosten verringert,
- wird die Lagerhaltung erleichtert.

Die Maße werden von einem Grundmaß – dem Modul – hergeleitet.

2

Die Maße sind ein Vielfaches oder ein Teil des Moduls.

Die Maßordnung mit dem Modul M = 12,5 cm ist bereits seit 1955 in der noch heute verbindlichen Form genormt. Sie hat eine weite Verbreitung gefunden, und fast alle Maße des Mauerwerksbaus werden auf diese Maßordnung zurückgeführt. Die Maßordnung mit dem Modul M = 100 mm kann vor allem bei der Entwicklung von Stahlbetonfertigteilen von Nutzen sein.

Modul M = 12,5 cm.

Norm:
DIN 4172 (7.1955)

Die *Baurichtmaße* entstehen aus Teilen oder Vielfachen von 12,5 cm.

Beispiele:

12,5 cm; 25 cm; 37,5 cm; 50 cm usw.
6,25 cm; 12,5 cm; 18,75 cm usw.

Aus den Baurichtmaßen werden Achsensysteme aufgebaut (Bild 34.1), in die das Bauteil eingefügt wird. Das Baurichtmaß ist ein theoretisches Maß, das noch nicht eventuell vorhandene Fugen berücksichtigt.

Das *Baunennmaß* ist das Maß, das das Bauteil haben soll (Sollmaß). Auf der Ausführungszeichnung wird im Regelfall das Baunennmaß angegeben.

Berechnung des Baunennmaßes:

- Bauteil ohne Fugen:
  Baunennmaß = Baurichtmaß (Bild 34.1; 1)
- Bauteile mit Fugen:
  Baunennmaß = Baurichtmaß
  $\pm 2 \cdot \frac{1}{2}$ Fugenbreite (Bild 34.1; 2)

Beispiele zum Mauerwerksbau ↳ Abschnitt 7.3

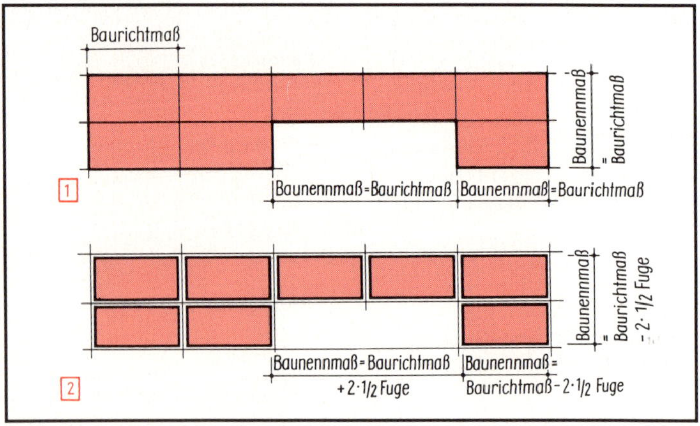

Bild 34.1 Baurichtmaß und Baunennmaß

Modul M = 100 mm.

Norm:
DIN 18 000 (3.1984).

Als Grundmaß wird der Grundmodul M = 100 mm gewählt. Von diesem werden ausgewählte Vielfache, sog. Multimoduln (3M; 6M und 12M) hergeleitet und zu Zahlenfolgen zusammengefaßt.

Beispiel:
3M; 6M; 9M; 12M usw.
also
300 mm; 600 mm; 900 mm; 1 200 mm ...

2.2 Bezeichnung links – rechts

Norm:
DIN 107 (4.1974)

Treppen: Bild 35.1
Linkstreppe: Treppenlauf führt entgegengesetzt zum Uhrzeigersinn nach oben.
Rechtstreppe: Treppenlauf ist im Uhrzeigersinn nach oben gerichtet.
Ein Linksgeländer liegt beim Aufwärtsgehen an der linken Seite.
Ein Rechtsgeländer befindet sich beim Aufwärtsgehen an der rechten Seite.

Drehflügel von Türen, Fenstern und Läden: Bild 35.2
Linksflügel: Drehachse liegt beim Blick gegen die Öffnungsfläche auf der linken Seite.
Rechtsflügel: Drehachse befindet sich beim Blick gegen die Öffnungsfläche auf der rechten Seite.
Kennzeichen:
Öffnungsfläche: **0** Linksflügel: **L**
Schließfläche: **1** Rechtsflügel: **R**

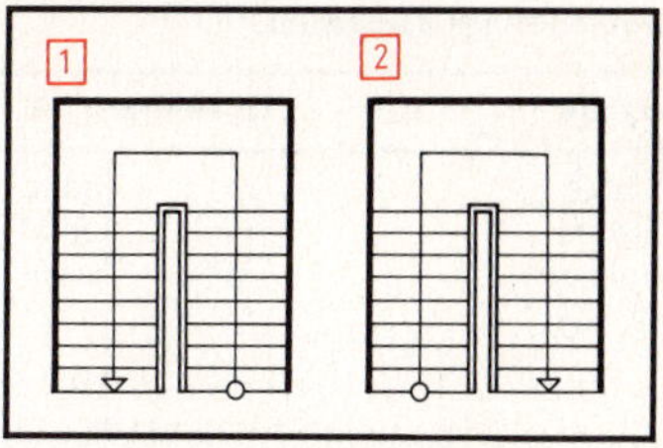

Bild 35.1 Treppenbezeichnungen
1 Linkstreppe mit Linksgeländer
2 Rechtstreppe mit Rechtsgeländer

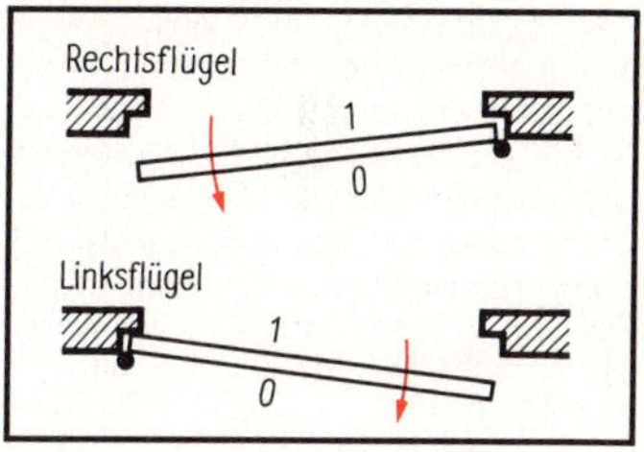

Bild 35.2 Rechtsflügel – Linksflügel
1 Schließfläche; *0* Öffnungsfläche

2.3 Einheiten und Formelzeichen

Norm:
DIN 1 080, T. 1 (6.1976)

Bezeichnung der Einheiten.

m	Meter	s	(Zeit-) Sekunde
°	Grad	min	(Zeit-) Minute
′	(Winkel-) Minute	h	Stunde
″	(Winkel-) Sekunde	d	Tag
rad	Radiant	N	Newton
t	Tonne	Pa	Pascal
g	Gramm	W	Watt
		J	Joule

Einheiten im Bauwesen.

Größe	Einheiten				Bemerkung
Länge	m	mm	cm		
Fläche	m^2	mm^2	cm^2		
Volumen	m^3	mm^3	cm^3	l	l = Liter
Winkel	°	′	″	rad	1° = 60′ = 3600″ 1° = (Π/180) rad 1 gon = (Π/200) rad
Masse, Gewicht	t	kg	g		Gewicht wird als Größe von der Art einer Masse für die Angabe von Warenmengen gebraucht. 1 kg wirkt mit der Eigenlast 10 N.
Dichte	t/m^3	g/cm^3	kg/m^3		Masse/Volumen
Zeit	s	min	h	d	1 d = 24 h 1 h = 60 min 1 min = 60 s
Drehzahl	1/s	1/min			
Geschwindigkeit	m/s	km/h	m/min		
Beschleunigung	m/s^2	cm/s^2			
Durchfluß, Volumenstrom	m^3/s	l/s			
Kraft, Einzellast	kN	MN	N		
Streckenlast	kN/m				
Spannung, Festigkeit	MN/m^2	N/mm^2			
Wichte	kN/m^3				Eigenlast/Volumen
Druck[1])	MN/m^2	kN/m^2	MPa	kPa	1 kN/m^2 = 1 kPa = 10^3 N/m^2
Druck[1]) [2])	MPa	kPa	Pa	bar	1 bar = 10^5 N/m^2
Moment	kNm	MNm	Nm		
Energie, Wärmemenge	Ws	kWh	J		1 J = 1 Nm = 1 Ws
Arbeit	kNm	Nm	J		
Leistung, Energiestrom, Wärmestrom	kW	W			1 W = 1 Nm/s
Temperatur	°C	K			0 °C = 273,15 K
Temperaturdifferenz	K				
Wärmeübergangskoeffizient, Wärmedurchlaßkoeffizient, Wärmedurchgangskoeffizient	$W/(m^2 \cdot K)$				
Wärmeleitfähigkeit	$W/(m \cdot K)$				

1) Bei Druckgrößen muß zusätzlich zur Einheit eindeutig angegeben werden, ob es sich um barometrischen Überdruck oder um einen Absolutdruck handelt.
2) Bei Messungen mit einem Druckmeßgerät (Manometer).

Vorsätze (Auswahl):

Faktor	Bezeichnung	Zeichen	Beispiel
10^{-3}	Milli	m	1 mm = 10^{-3} m = 0,001 m
10^{-2}	Zenti	c	1 cm = 10^{-2} m = 0,01 m
10^{-1}	Dezi	d	1 dm = 10^{-1} m = 0,1 m
10^{3}	Kilo	k	1 kg = 10^{3} g = 1 000 g
10^{6}	Mega	M	1 MN = 10^{6} N = 1 000 000 N

2

Umrechnungen:

Druck:

	MN/m^2 MPa	kN/m^2 kPa	N/m^2 Pa	N/mm^2 MPa	bar[1])
1 MN/m^2 =	1	10^{3}	10^{6}	1	10
1 kN/m^2 =	10^{-3}	1	10^{3}	10^{-3}	10^{-2}
1 N/m^2 =	10^{-6}	10^{-3}	1	10^{-6}	10^{-5}
1 N/mm^2 =	1	10^{3}	10^{6}	1	10
1 kPa =	10^{-3}	1	10^{3}	10^{-3}	10^{-2}
1 Pa =	10^{-6}	10^{-3}	1	10^{-6}	10^{-5}
1 bar[1]) =	10^{-1}	10^{2}	10^{5}	10^{-1}	1

1) Nur für Druckmeßgeräte (Manometer).

Arbeit, Energie, Wärmemenge:

	J	Nm	WS	kWh
1 J =	1	1	1	$0{,}278 \cdot 10^{-6}$
1 kWh =	$3{,}6 \cdot 10^{6}$	$3{,}6 \cdot 10^{6}$	$3{,}6 \cdot 10^{6}$	1

Leistung, Energiestrom, Wärmestrom:

	J/s	Nm/s	kNm/s	W	kW	PS[1])
1 J/s =	1	1	10^{-3}	1	10^{-3}	$1{,}36 \cdot 10^{-3}$
1 Nm/s =	1	1	10^{-3}	1	10^{-3}	$1{,}36 \cdot 10^{-3}$
1 kNm/s =	10^{3}	10^{3}	1	10^{3}	1	1,36
1 W =	1	1	10^{-3}	1	10^{-3}	$1{,}36 \cdot 10^{-3}$
1 kW =	10^{3}	10^{3}	1	10^{3}	1	1,36
1 PS[1]) =	735	735	0,735	735	0,735	1

1) alte Einheit

Längen:

	m	dm	cm	mm
1 m =	1	10	100	1 000
1 dm =	0,1	1	10	100
1 cm =	0,01	0,1	1	10
1 mm =	0,001	0,01	0,1	1

2

Flächen:

	m^2	dm^2	cm^2	mm^2
1 m^2 =	1	10^2	10^4	10^6
1 dm^2 =	10^{-2}	1	10^2	10^4
1 cm^2 =	10^{-4}	10^{-2}	1	10^2
1 mm^2 =	10^{-6}	10^{-4}	10^{-2}	1

Volumen:

	m^3	dm^3	cm^3	mm^3
1 m^3 =	1	10^3	10^6	10^9
1 dm^3 =	10^3	1	10^3	10^6
1 cm^3 =	10^6	10^3	1	10^3
1 mm^3 =	10^9	10^6	10^3	1

Kraft:

	MN	kN	N
1 N =	10^{-6}	10^{-3}	1
1 kN =	10^{-3}	1	10^3
1 MN =	1	10^3	10^6

Masse, Gewicht:

	t	kg	g
1 g =	10^{-6}	10^{-3}	1
1 kg =	10^{-3}	1	10^3
1 t =	1	10^3	10^6

Dichte: 1 t/m^3 = 1 000 kg/m^3 = 1 g/cm^3

Wichte: 1 kN/m^3

Formelzeichen.

Geometrische Größen:

- A Fläche
- O Oberfläche
- V Volumen
- a Abstand
- b Breite
- d Durchmesser, Dicke
- f Durchbiegung, Pfeilhöhe (Stich)
- h Höhe, Tiefe
- l Länge, Stützweite
- r Radius
- s Abstand, Weglänge
- x, y, z Koordinaten
- ε Dehnung

Kraftgrößen:

- E Erdlast
- F Kraft
- G Eigenlast
- M Moment
- N Längskraft
- R Resultierende Kraft
- g Eigenlast je Länge oder Fläche
- p Verkehrslast je Länge o. Fläche
- w Windlast je Länge oder Fläche
- γ Wichte (Eigenlast/Volumen)
- σ Normalspannung
- τ Tangentialspannung

Kenngrößen für Baustoffe:

- E Elastizitätsmodul
- m Masse
- β Festigkeit, bezogen auf den Ausgangsquerschnitt
- λ Wärmeleitfähigkeit
- μ Reibungsbeiwert
- ϱ Dichte (Masse/Volumen)

Sonstige Größen:

- P Leistung
- Q Wärmemenge, Volumendurchfluß, Abfluß
- T Kelvintemperatur
- W Arbeit, Energie
- a Beschleunigung
- g Fallbeschleunigung
- k Wärmedurchgangskoeffizient
- t Celsiustemperatur
- v Geschwindigkeit

3 MATHEMATISCHE GRUNDLAGEN

3 MATHEMATISCHE GRUNDLAGEN

3.1 Mathematische Zeichen

Zeichen	Bedeutung	Beispiel
$=$	gleich	$V = 5\,m^3$
$\neq$	ungleich, nicht gleich	$l \neq 3{,}5\,m$
$\sim$	proportional	
$\approx$	nahezu gleich, angenähert, rund, etwa	$A \approx 6\,m^2$
$\triangleq$	entspricht	$1\,cm \triangleq 10\,kN$ Die Kraft von 10 kN wird durch eine Strecke von 1 cm dargestellt. Anwendung als Kräftemaßstab im Kräfteparallelogramm
$<$	kleiner	$6 < 8$
$>$	größer	$8 > 6$
$\leqq$	kleiner, gleich	$s \leqq 15\,cm$ Der Wert s darf maximal den Wert 15 cm annehmen
$\geqq$	größer, gleich	$s \geqq 3{,}0\,cm$ Der Wert s muß mindestens 3,0 cm groß sein.
$+$	plus	$3 + 5 = 8$
$-$	minus	$5 - 3 = 2$
$\cdot$ oder $\times$	mal	$3 \cdot 5 = 15$ oder $3 \times 5 = 15$ Das Multiplikationszeichen wird beim Rechnen mit Formelzeichen häufig weggelassen $O_M = \pi \cdot d \cdot h$ oder $O_M = \pi dh$
: oder — oder /	geteilt durch, zu, je	1. $3:4 = 0{,}75$; $\frac{3}{4} = 0{,}75$; $3/4 = 0{,}75$ 2. Aber auch als Verhältnis 1:3 sprich 1 zu 3 3. Und in Einheiten MN/m^2; MN je m^2
%	Prozent, vom Hundert	3,5 %; 3,5 vom Hundert
‰	Promille, vom Tausend	5,2 ‰; 5,2 vom Tausend
$\sqrt[2]{\ }$ oder $\sqrt{\ }$	Quadratwurzel	$\sqrt[2]{4} = \sqrt{4} = 2$
$\sqrt[3]{\ }$	3. Wurzel aus	$\sqrt[3]{27} = 3$
$\overline{AB}$	Strecke $\overline{AB}$	Strecke zwischen den Punkten A und B
$\parallel$	parallel	$a \parallel b$: Die Gerade a verläuft parallel zu b
⦜	Rechter Winkel, 90°	

Griechisches Alphabet:

α	Α	Alpha	ι	Ι	Jota	ρ	Ρ	Rho
β	Β	Beta	κ	Κ	Kappa	σ	Σ	Sigma
γ	Γ	Gamma	λ	Λ	Lambda	τ	Τ	Tau
δ	Δ	Delta	μ	Μ	My	υ	Υ	Ypsilon
ε	Ε	Epsilon	ν	Ν	Ny	φ	Φ	Phi
ζ	Ζ	Zeta	ξ	Ξ	Xi	χ	Χ	Chi
η	Η	Eta	ο	Ο	Omikron	ψ	Ψ	Psi
ϑ	Θ	Theta	π	Π	Pi	ω	Ω	Omega

3.2 Ausgewählte Lehrsätze

Satz des Pythagoras (Bild 41.1):
Im rechtwinkligen Dreieck ist die Summe der Quadrate über den Katheten gleich dem Quadrat über der Hypotenuse.

$$a^2 + b^2 = c^2$$

1. Beispiel:

Gesucht ist die Länge der in Bild 41.1 dargestellten Böschung.

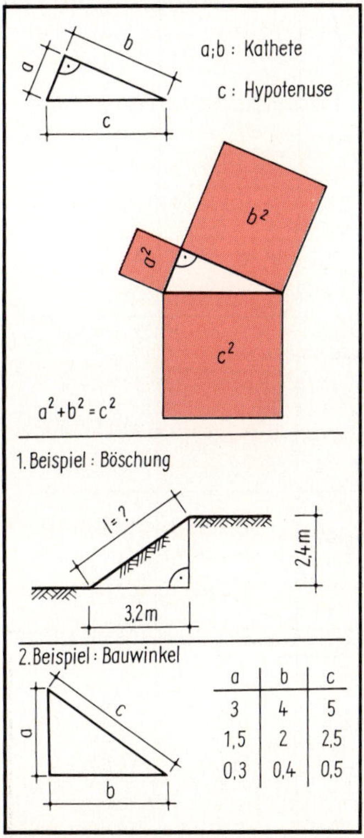

a	b	c
3	4	5
1,5	2	2,5
0,3	0,4	0,5

Bild 41.1 Satz des Pythagoras

Lösung:

$a^2 + b^2 = c^2$

$3{,}2^2 + 2{,}4^2 = l^2$

$l^2 = 16; \quad l = \sqrt{16}$

$l = 4\,\text{m}$

2. Beispiel:

Auf der Baustelle kann ein rechter Winkel mit Hilfe von drei Längenmessungen konstruiert werden: Jedes Dreieck, dessen Seitenlängen sich wie 3:4:5 verhalten, enthält einen rechten Winkel (90°), sog. *Bauwinkel.*

$a^2 + b^2 = c^2$

$3^2 + 4^2 = 5^2$

$25 = 25$

Strahlensatz (Bild 41.2): Zwei oder mehrere Geraden, die von einem gemeinsamen Punkt ausgehen, werden Strahlen genannt.
Werden zwei Strahlen von zueinander parallelen Geraden geschnitten, gelten folgende Verhältnisgleichungen:

$$a_1 : a_2 = b_1 : b_2$$
$$a_1 : a_2 = c_1 : c_2$$
$$b_1 : b_2 = c_1 : c_2$$
$$a_1 : b_1 = a_2 : b_2$$

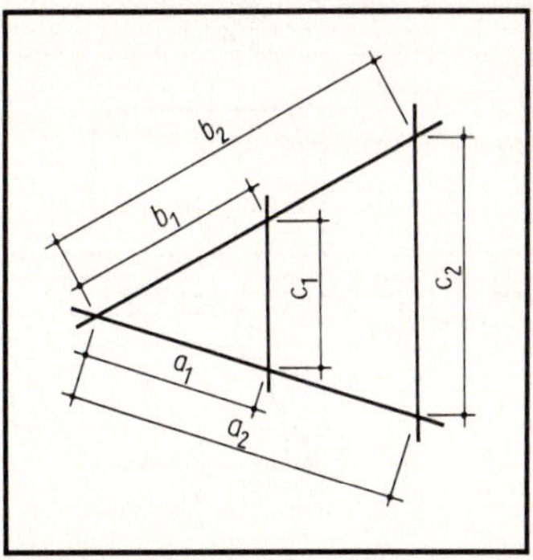

Bild 41.2 Zum Strahlensatz

3.3 Flächenberechnung

Bezeichnung und Form	Umfang U	Fläche A
Dreieck 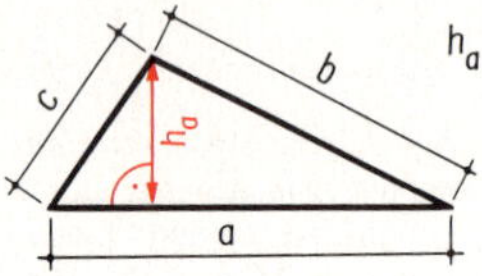 h_a Höhe Beachte: $A_1 = A_2 = A_3$ 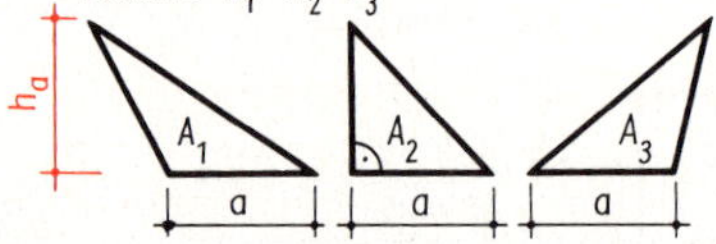	$U = a + b + c$	$A = \frac{a \cdot h_a}{2}$
Gleichseitiges Dreieck 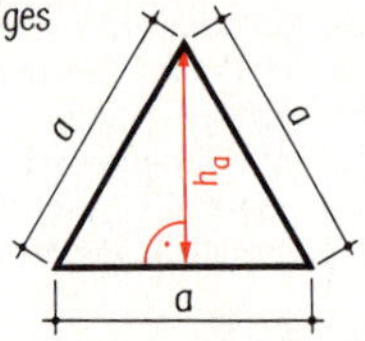 $h_a = \frac{a}{2}\sqrt{3}$	$U = 3a$	$A = \frac{a^2}{4} \cdot \sqrt{3}$
Quadrat 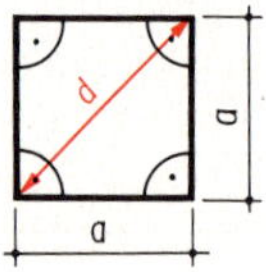 d Diagonale $d = a\sqrt{2}$	$U = 4a$	$A = a^2$
Rechteck 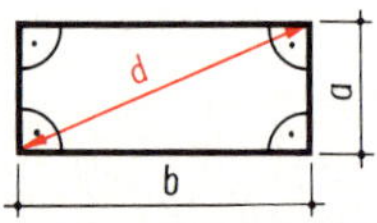 $d = \sqrt{a^2 + b^2}$	$U = 2a + 2b$	$A = a \cdot b$
Parallelogramm 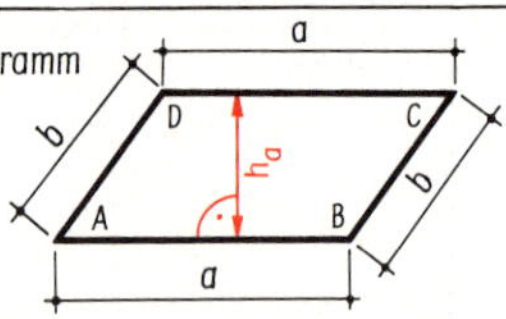	$U = 2a + 2b$	$A = a \cdot h_a$

Bild 42.1 Flächenberechnung I (Fortsetzung nächste Seite)

Bezeichnung und Form		Umfang U	Fläche A
Trapez 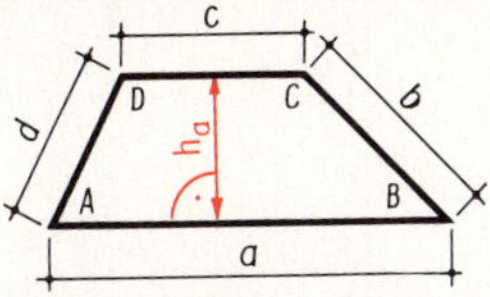 $\overline{AB} \parallel \overline{CD}$		$U = a + b + c + d$	$A = \frac{a+c}{2} h_a$
Gleichseitiges Fünfeck 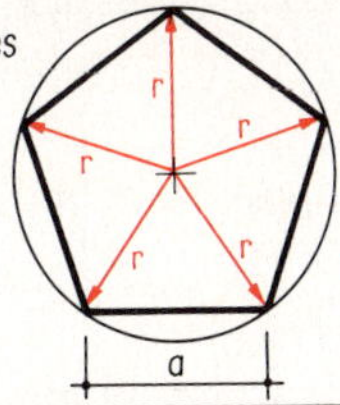	$r = 0{,}851\,a$ $a = 1{,}176\,r$	$U = 5a$	$A = 2{,}378\,r^2$ $A = 1{,}721\,a^2$
Gleichseitiges Sechseck 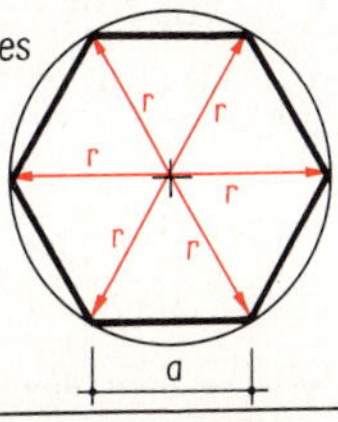	$a = r$	$U = 6a$	$A = 2{,}598\,r^2$ $A = 2{,}598\,a^2$
Unregelmäßiges Vieleck 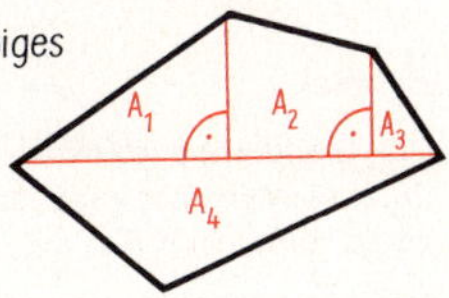			$A = A_1 + A_2 + A_3 + A_4$
Kreis 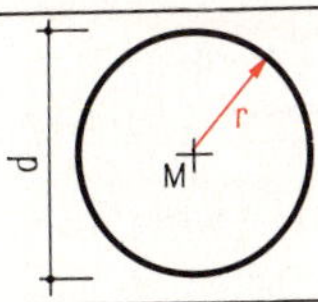	$d = 2r$ $\pi = 3{,}14159$	$U = 2\pi \cdot r$ $U = \pi \cdot d$	$A = \pi \cdot r^2$ $A = \frac{\pi \cdot d^2}{4}$
Kreisausschnitt 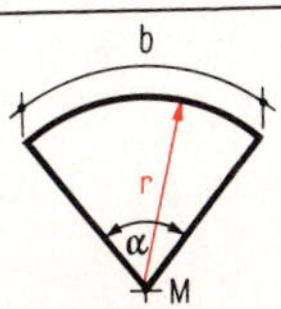	$b = \frac{2\pi \cdot r \cdot \alpha°}{360°}$ $b = 0{,}01745\, r \cdot \alpha$ mit α in °	$U = 2r + b$	$A = \frac{\pi \cdot r^2 \cdot \alpha°}{360°}$ $A = \frac{b \cdot r}{2}$

Bild 43.1 Flächenberechnung II (Fortsetzung nächste Seite)

Bezeichnung und Form		Umfang U	Fläche A
Kreis-abschnitt 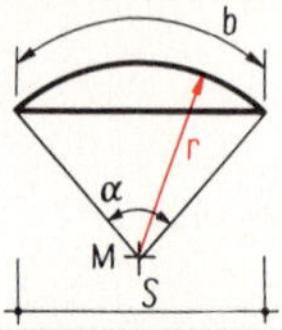	$b = \frac{2\pi \cdot r \cdot \alpha°}{360°}$ $S = 2r \cdot \sin\frac{\alpha}{2}$	$U = b + s$	$A = \frac{r^2}{2} - \left(\frac{\pi \cdot \alpha}{180°} - \sin\alpha\right)$
Kreisring 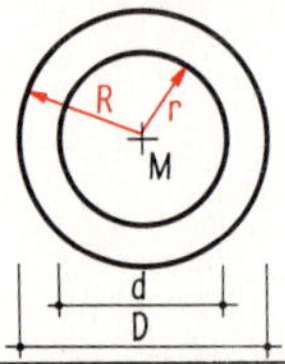	$d = 2r$ $D = 2R$	außen: $U_a = 2\pi \cdot R$ innen: $U_i = 2\pi \cdot r$	$A = \pi\,(R^2 - r^2)$ $A = \frac{\pi}{4}\,(D^2 - d^2)$
Ellipse 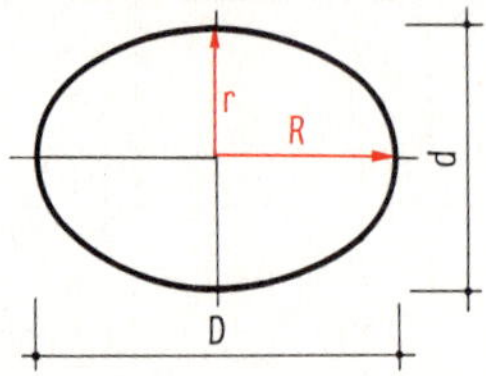		$U \approx \pi \cdot (r + R)$ $U \approx \pi \cdot \frac{D + d}{2}$	$A = \pi \cdot r \cdot R$ $A = \frac{\pi}{4} \cdot d \cdot D$

Bild 44.1 Flächenberechnung III

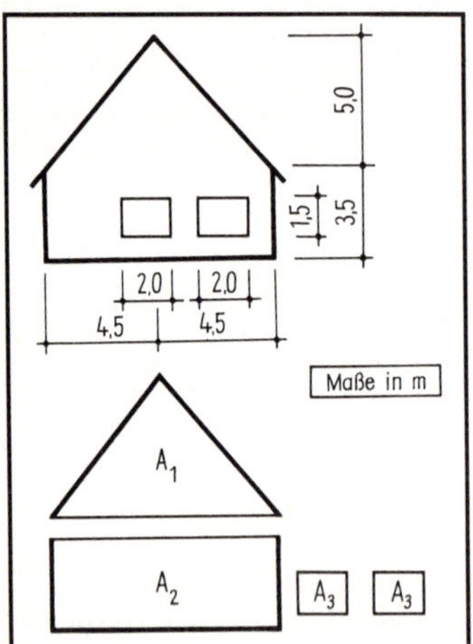

Beispiel:

Die Giebelwand eines Hauses soll geputzt werden. Wie groß ist die Fläche?
geg.: Maße nach Bild 44.2

Lösung:

$A_{Ges} = A_1 + A_2 - 2A_3$

$A_1 = \frac{(4{,}5\,m + 4{,}5\,m) \cdot 5{,}0\,m}{2} = 22{,}5\,m^2$

$A_2 = (4{,}5\,m + 4{,}5\,m) \cdot 3{,}5\,m = 31{,}5\,m^2$

$A_3 = 2\,m \cdot 1{,}5\,m = 3{,}0\,m^2$

$A_{Ges} = 22{,}5\,m^2 + 31{,}5\,m^2 - 2 \cdot 3\,m^2$

$A_{Ges} = 48\,m^2$

Bild 44.2 Beispiel zur Flächenberechnung

3.4 Volumenberechnung

Bezeichnung und Form	Oberfläche O	Volumen V
Würfel 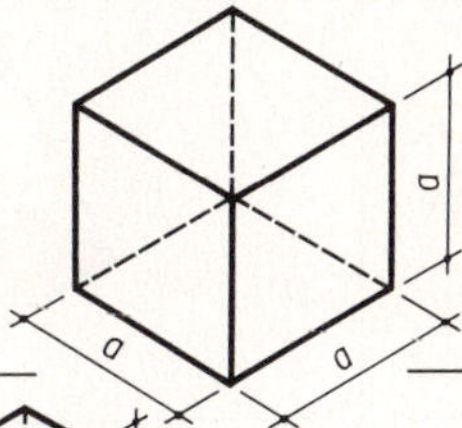	$O = 6a^2$	$V = a^3$
Quader 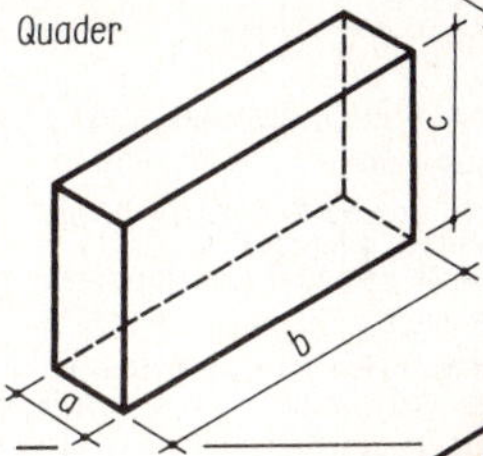	$O = 2a \cdot b + 2b \cdot c + 2a \cdot c$	$V = a \cdot b \cdot c$
Prisma 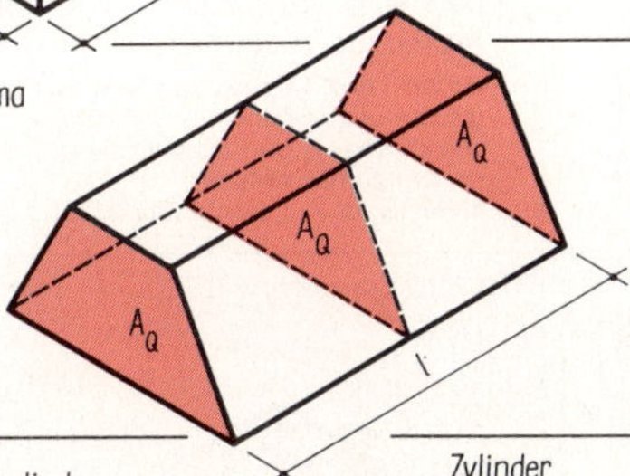		$V = A_Q \cdot l$
Hohlzylinder 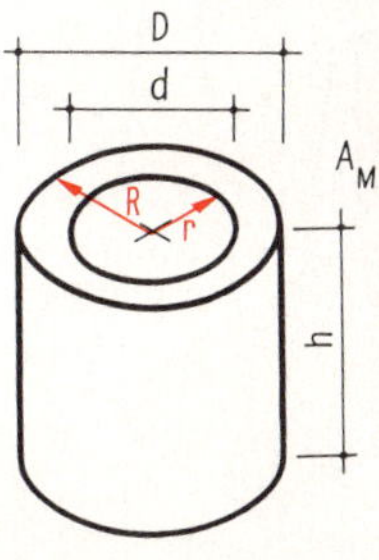 Zylinder 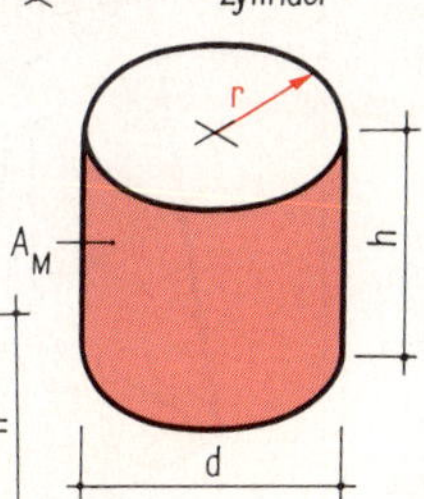	Zylinder: $A_M = 2\pi \cdot r \cdot h$ $A_M = \pi \cdot d \cdot h$ $A_{Ges} = A_M + 2\pi \cdot r^2$ $A_{Ges} = A_M + \frac{\pi \cdot d^2}{2}$	 $V = \pi \cdot r^2 \cdot h$ $V = \frac{\pi \cdot d^2}{4} \cdot h$
	Hohlzylinder:	$V = \pi \cdot h \cdot (R^2 - r^2)$ $V = \frac{\pi \cdot h}{4} (D^2 - d^2)$

Bild 45.1 Volumenberechnung I (Fortsetzung nächste Seite)

Pyramide

$$V = \frac{1}{3} A_G \cdot h$$

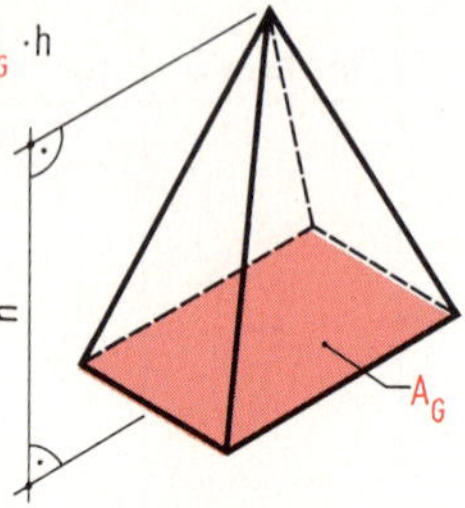

Pyramidenstumpf

$$V = \frac{h}{3}\left(A_G + \sqrt{A_G \cdot A_g} + A_g\right)$$

$$V \approx \frac{A_G + A_g}{2} \cdot h$$

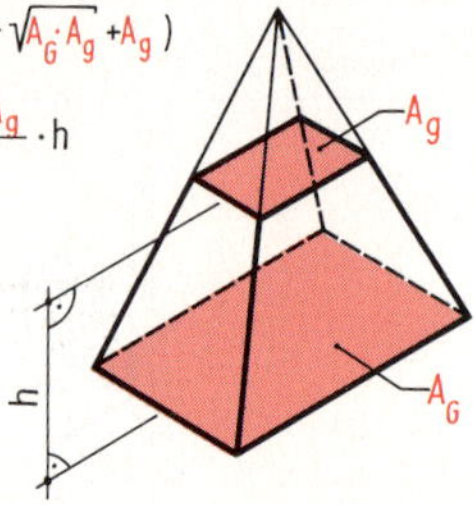

Keil; Walmdach

$$V = \frac{b \cdot h}{6}(2a + c)$$

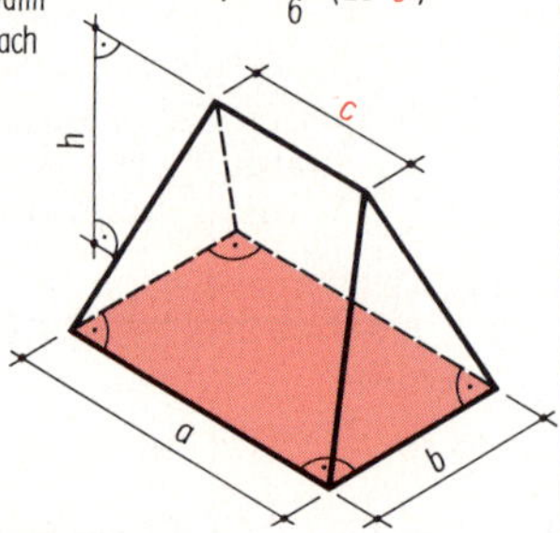

Pyramide:

Grundfläche: beliebiges Dreieck, Vieleck

Pyramidenstumpf:

Grundfläche und Deckfläche: beliebiges Dreieck, Viereck oder Vieleck
Deckfläche: liegt parallel zur Grundfläche

Obelisk, Ponton:

Grundfläche und Deckfläche: Rechteck
Deckfläche: liegt parallel zur Grundfläche

Prismatoid:

Grund- und Deckfläche: einander nicht gleiche oder nicht ähnliche Vielecke
Deckfläche A_g und Mittelfläche A_m liegen parallel zur Grundfläche
Mittelfläche A_m: Fläche bei $h/2$

Obelisk; Ponton

$$V = \frac{h}{6}\left[a \cdot b + (a + d) \cdot (b + c) + c \cdot d\right]$$

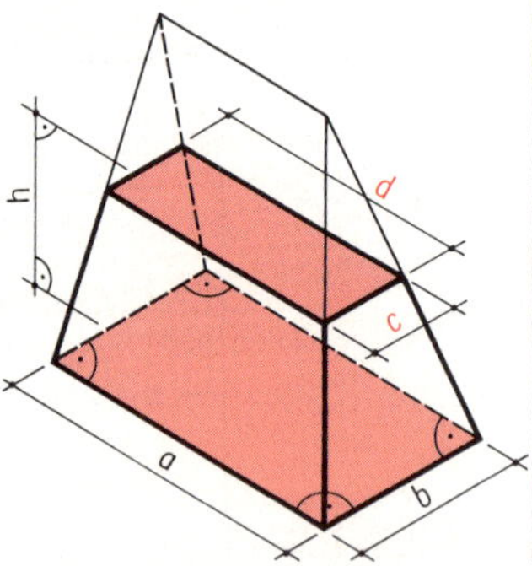

Prismatoid

$$V = \frac{h}{6}\left(A_G + 4A_m + A_g\right)$$

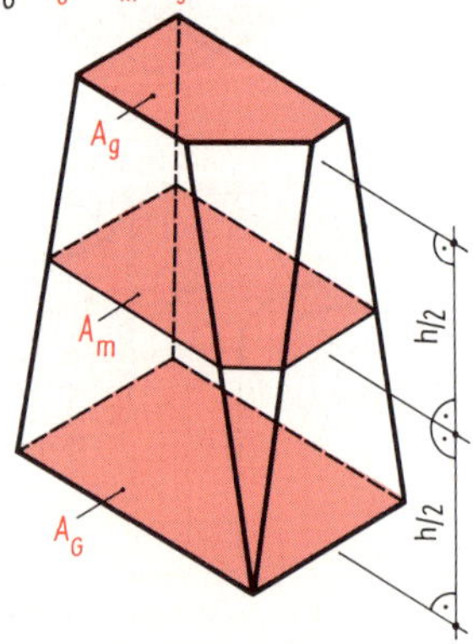

Bild 46.1 Volumenberechnung II (Fortsetzung nächste Seite)

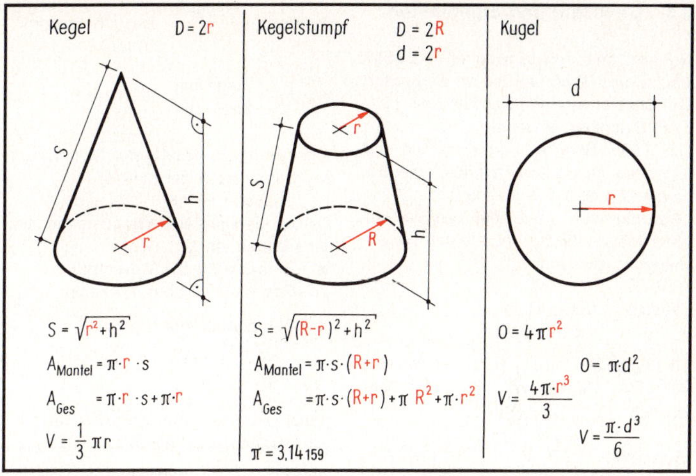

Bild 47.1 Volumenberechnung III

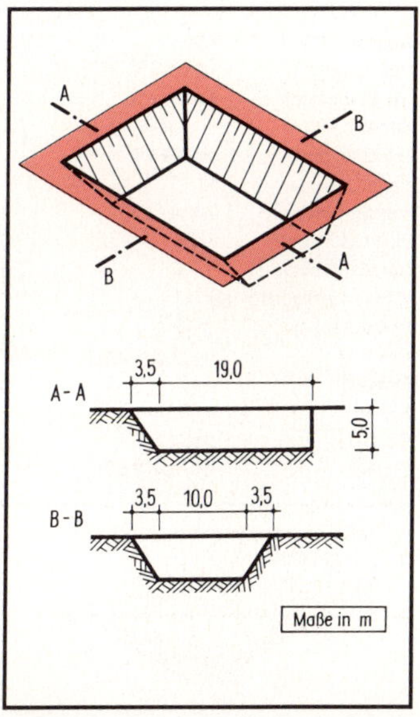

Bild 47.2 Baugrube, Maße zum Berechnungsbeispiel

Beispiel:
Wie groß ist das Volumen der in Bild 47.2 dargestellten Baugrube.

1. Lösung: Ansatz als Ponton

$$V = \frac{h}{6}\,[a \cdot b + (a + d) \cdot (b + c) + c \cdot d]$$

$$V = \frac{5\,\text{m}}{6}\,[22{,}5\,\text{m} \cdot 17\,\text{m} + (22{,}5\,\text{m} + 19\,\text{m}) \times (17\,\text{m} + 10\,\text{m}) + 10\,\text{m} \cdot 19\,\text{m}]$$

$$V = 1\,410{,}8\,\text{m}^3$$

2. Lösung: Ansatz als Prismatoid

$$V = \frac{h}{6}\,[A_G + 4A_m + A_g]$$

$$V = \frac{5\,\text{m}}{6}\,[19\,\text{m} \cdot 10\,\text{m} + 4 \cdot (19\,\text{m} + 1{,}75\,\text{m}) \times (10\,\text{m} + 3{,}5\,\text{m}) + 22{,}5\,\text{m} \cdot 17\,\text{m}]$$

$$V = 1\,410{,}8\,\text{m}^3$$

3. Lösung: näherungsweiser Ansatz

$$V \approx \frac{A_G + A_g}{2} \cdot h$$

$$V \approx \frac{22{,}5\,\text{m} \cdot 17\,\text{m} + 10\,\text{m} \cdot 19\,\text{m}}{2} \cdot 5\,\text{m}$$

$$V \approx 1\,431{,}3\,\text{m}^3$$

3.5 Gewichte und Eigenlasten

Neben den physikalischen Größen *Masse* und *Kraft* werden im Bauwesen die Bezeichnungen *Gewicht* und *Last* bzw. *Eigenlast* verwendet.
DIN 1080: Begriffe, Formelzeichen und Einheiten im Bauwesen erklärt die Bezeichnung *Gewicht* wie folgt:
„Gewicht wird als Größe von der Art einer Masse für die Angabe von Warenmengen gebraucht."

Beispiele: 150 kg Gips
5 t Zement

3

Die *Eigenlast* ist die Kraft, mit der eine ruhende Masse auf ihre Unterlage drückt.

Beispiele:

1 m^3 Wasser hat eine Eigenlast von 10 kN.
1 l Wasser hat eine Eigenlast von 10 N.
Die Eigenlast wird nach folgendem Ansatz berechnet:
Eigenlast je 1 m^3
= Masse je 1 m^3 · Erdbeschleunigung
Die Erdbeschleunigung $g = 9{,}81\ m/s^2$ wird im Bauwesen auf $g \approx 10\ m/s^2$ aufgerundet.

Deshalb gilt:

> Eine ruhende Masse von 1000 kg = 1 t hat eine Eigenlast von 10 kN.

In der Praxis werden für die Berechnung von Gewichten und Eigenlasten Tabellen herangezogen, in denen die Masse je 1 m^3 (Dichte) oder die Eigenlast je 1 m^3 (Wichte) aufgeführt sind: Tabelle 48.1 und 49.1
Für einige Stoffe weichen die Werte nach Tabelle 48.1 und 49.1 deutlich voneinander ab.
Für die Eigenlast (Wichte) wird oft ein größerer Wert angesetzt, um allen ungünstigen Einwirkungen gerecht zu werden.

$$\text{Dichte} = \frac{\text{Masse}}{\text{Volumen}} \quad \text{in } g/cm^3;\ kg/dm^3;\ t/m^3$$

$$\text{Wichte} = \frac{\text{Eigenlast}}{\text{Volumen}} \quad \text{in } kN/m^3$$

Oder nach Umstellung der Gleichungen

- Berechnung der Masse:
  Masse = Dichte · Volumen

Da das Gewicht eine Warenmenge, also eine Masse ist, gilt auch:

- Berechnung des Gewichtes:
  Gewicht = Dichte · Volumen

- Berechnung der Eigenlast:
  Eigenlast = Wichte · Volumen

Tabelle 48.1 Wichte ausgewählter Baustoffe

Baustoff	**Wichte** in t/m^3; kg/dm^3; g/cm^3
Wasser	1,0
Mauerziegel[1])	1,0 bis 2,2
Leichthochlochziegel[1])	0,5 bis 1,0
Leichtlanglochziegel[1])	0,4 bis 1,0
Kalksandsteine[1])	0,5 bis 2,2
Weißkalkhydrat[2])	≦0,5
Carbidkalkhydrat[2])	≦0,7
Wasserkalkhydrat[2])	≦0,7
Hydraulischer Kalk[2])	≦1,0
Fichte[3])	0,43
Kiefer[3])	0,48
Buche[3])	0,66
Eiche[3])	0,62 bis 0,64

1) Rohdichte des getrockneten Steines
2) Schüttdichte
3) völlig trocken, Feuchte = 0%

Tabelle 49.1 Wichte ausgewählter Baustoffe
Eigenlasten nach DIN 1055, T. 1 (7. 1978)

Baustoffe	**Eigenlast; Wichte** in kN/m^3
Bindemittel und Zuschlag	
Luftkalk (Weißkalk, Dolomitkalk)	
– gebrannt, in Stücken	13
– gebrannt, gemahlen	13
– gebrannt, gelöscht (Trockenhydrat)	6
Hydraulisch erhärtende Kalke (Wasserkalk, hydraulischer Kalk), hochhydraulischer Kalk	
– gebrannt, in Stücken	13
– gebrannt, gemahlen	13
– gebrannt, gelöscht	11
Kies und Sand	
– trocken und erdfeucht	18
– naß	20
Magnesit, gemahlen	12
Zement	16
Traß, gemahlen	15
Ziegelsplitt	15
Gips, gemahlen	15
Mauerwerk	
Mauerwerk mit Normalmörtel: Steinrohdichteklasse	
0,5	7
0,6	8
0,7	9
0,8	10
0,9	11
1,0	12
1,2	14
1,4	15
1,6	17
1,8	18
2,0	20
2,2	22

Bei Verwendung von Leichtmauermörtel sind die angegebenen Werte um $1\ kN/m^3$ zu verringern.

Fortsetzung Tabelle 49.1

Beton und Mörtel	
Normalbeton	
– bis B 10	23
– ab B 15	24
Stahlbeton	25
Gipsmörtel, ohne Sand	12
Kalkmörtel (Mauer- und Putzmörtel)	18
Kalkgipsmörtel	18
Gipssandmörtel (Putzmörtel)	18
Anhydritmörtel	18
Kalkzementmörtel	20
Kalktraßmörtel	20
Lehmmörtel	20
Zementmörtel	21
Zementtraßmörtel	21
Gasbeton, Rohdichteklasse	
0,5	6,2
0,6	7,2
0,7	8,4
0,8	9,5
Sonstige Baustoffe	
Aluminium	27
Gußeisen	72,5
Stahl	78,5
Nadelholz	4 bis 6
Brettschichtholz	4 bis 5
Laubholz	6 bis 8
Spanplatten	5 bis 7,5
Tischlerplatten	4,5 bis 6,5
Hartfaserplatten	9 bis 11

3

1. Beispiel:

Welches Gewicht hat ein Kalksandstein?
Vorgaben: Format 2 DF
Rohdichte $= 1{,}6\ g/cm^3$
Lösung:
Gewicht = Volumen · Dichte
$V = 11{,}5\ cm \cdot 11{,}3\ cm \cdot 24{,}0\ cm$
$= 3\,118{,}8\ cm^3$
Gewicht $= 3\,118{,}8\ cm^3 \cdot 1{,}6\ g/cm^3$
Gewicht $= 4\,990\ g \approx 5\ kg$

Hinweis: Die Rohdichte bezieht sich auf den trockenen Stein.

2. Beispiel:

Ein Fahrzeug kann mit 5 t beladen werden.
Wieviel m^3 Kies, erdfeucht, kann das Fahrzeug transportieren?

Lösung: Es wird auf die Angaben zur Eigenlast (Tabelle 49.1) zurückgegriffen.

1 m^3 Kies, erdfeucht, hat eine Eigenlast von 18 kN/m^3. Das entspricht einer Dichte von 1,8 t/ m^3.

Die Lademenge ist ein Gewicht.
Gewicht = Volumen · Dichte

$$\text{zul. Volumen} = \frac{\text{zul. Gewicht}}{\text{Dichte}}$$

3

$$\text{zul. Volumen} = \frac{5\,t}{1{,}8\,t/m^3}$$

$$\text{zul. Volumen} = 2{,}8\,m^3$$

3. Beispiel:

50 Ziegel werden auf einem Gerüst gelagert, um später vermauert zu werden.
Wie groß ist die Eigenlast der 50 Ziegel?

Vorgaben: Format NF
Steinrohdichte: 1,8 g/cm^3
Lösung:

$$\begin{aligned}\text{Masse} &= \text{Volumen} \cdot \text{Dichte}\\ &= 50 \cdot 7{,}1\,cm \cdot 11{,}5\,cm \cdot 24\,cm\\ &\quad \times 1{,}8\,g/cm^3\\ &= 176\,kg\end{aligned}$$

Eine Masse von 176 kg entwickelt im Ruhezustand eine Eigenlast von 1,76 kN.
Eigenlast = 1,76 kN

4. Beispiel:

Wie groß ist die Eigenlast einer 1 m langen Wand von 2,75 Höhe?

Vorgaben:
Wanddicke: 24 cm
Steinrohdichte: 1,4 g/cm^3, Normalmörtel
Lösung: Nach Tabelle 49.1 ist eine Wichte von 15 kN/m^3 anzusetzen.

$$\begin{aligned}\text{Eigenlast} &= \text{Volumen} \cdot \text{Wichte}\\ &= 2{,}75\,m \cdot 0{,}24\,m \cdot 1{,}0\,m\\ &\quad \times 15\,kN/m^3\\ &= 9{,}9\,kN\end{aligned}$$

3.6 Prozentrechnung

Prozentsatz, Grundwert, Prozentwert. Viele Angaben werden in
% oder *vom Hundert*
angegeben.

Beispiel:

Beim Mauern tritt ein Mörtelverlust von 20 % auf. Diese Angabe ist unabhängig vom Volumen. Sie gilt für 2 m^3 Mörtel, aber auch für 0,6 m^3 Mörtel.

In der Prozentrechnung werden folgende Größen verwendet:

	Formelzeichen	Beispiel nach Bild 51.1
Prozentsatz	p %	8 %
Grundwert	g	225 m^2
Prozentwert	w	18 m^2

Es gilt folgende Verhältnisgleichung:

$$\frac{p\,\%}{100\,\%} = \frac{w}{g}$$

1 geg.: Prozentsatz p; Grundwert g
ges.: Prozentwert w

Lösung:

$$\frac{p\,\%}{100\,\%} = \frac{w}{g}$$

$$w = \frac{g \cdot p\,\%}{100\,\%}$$

Beispiel:

geg.: Mörtelverlust $p = 20\,\%$
Mörtelvolumen: 4 m^3
ges.: Mörtelverlust w

$$w = \frac{20\,\%}{100\,\%} \cdot 4\,m^3$$

$$w = 0{,}8\,m^3$$

2 geg.: Prozentsatz p %; Prozentwert w
ges.: Grundwert g

Lösung:

$$\frac{p\,\%}{100\,\%} = \frac{w}{g}$$

$$g = \frac{100\,\% \cdot w}{p\,\%}$$

Beispiel:

Bei sofortiger Barbezahlung gewährt ein Verkäufer einen Preisnachlaß von 3 %. Wie groß muß der Preis (Grundwert g) sein, damit der Preisnachlaß 150,– DM beträgt?

$$g = \frac{100\,\% \cdot 150\text{ DM}}{3\,\%}$$

$g = 5\,000,\text{– DM}$

3 geg.: Grundwert g; Prozentwert w
ges.: Prozentsatz $p\,\%$

Lösung:

$$\frac{p\,\%}{100\,\%} = \frac{w}{g}$$

$$p\,\% = \frac{w \cdot 100\,\%}{g}$$

Beispiel:

Bei der Anlieferung von Formziegeln sind 12 Ziegel beschädigt. Es wurden insgesamt 800 Formziegel angeliefert. Wie groß ist der Prozentsatz ($p\,\%$) der beschädigten Formziegel?

$$p\,\% = \frac{12}{800} \cdot 100\,\%$$

$p\,\% = 1{,}5\,\%$

Zur Angabe von Steigung und Gefälle in % ↪ Abschnitt 3.8

Verminderter Grundwert. Bei sofortiger Abholung und Barzahlung wird oft ein Preisnachlaß (Skonto) eingeräumt. Der Rechnungsbetrag vermindert sich: verminderter Grundwert ($g_{\text{vermindert}}$).

4 geg.: Prozentsatz $p\,\%$ (Skonto)
Grundwert g (voller Preis)
ges.: verminderter Grundwert $g_{\text{vermindert}}$ (Preis – Nachlaß)

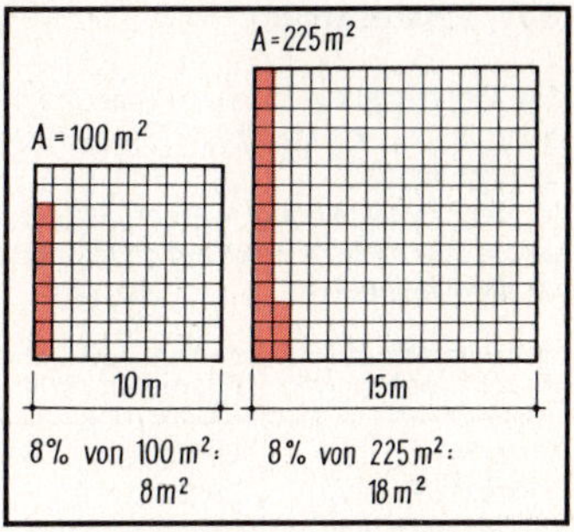

Bild 51.1 Beispiel zur Prozentrechnung

Lösung:

$$g_{\text{vermindert}} = g - \frac{g \cdot p\,\%}{100\,\%}$$

Beispiel: Der Verkäufer gewährt bei Selbstabholung der Baustoffe einen Preisnachlaß von 3 %. Der volle Preis der Baustoffe beträgt 2 408,– DM.
Wie groß ist der verminderte Preis?

$$g_{\text{vermindert}} = 2\,408{,}00 - \frac{2\,408 \cdot 3\,\%}{100\,\%}$$

$$= 2\,408 - 72{,}24$$

$$= 2\,335{,}76\text{ DM}$$

5 geg.: Prozentsatz $p\,\%$ (Skonto)
verminderter Grundwert $g_{\text{vermindert}}$ (verminderter Preis)
ges.: Grundwert g (voller Preis)

Lösung:

$$g_{\text{vermindert}} = g\left(1 - \frac{p\,\%}{100\,\%}\right)$$

$$g = \frac{g_{\text{vermindert}}}{\left(1 - \frac{p\,\%}{100\,\%}\right)}$$

Beispiel:

Werte wie oben

$$g = \frac{2\,335{,}76}{\left(1 - \frac{3\,\%}{100\,\%}\right)}$$

$g = 2\,408{,}00\text{ DM}$

3.7 Zinsrechnung

Die Zinsrechnung ist eine Prozentrechnung bei der zusätzlich die Zeit berücksichtigt wird.
In der Zinsrechnung werden im Vergleich zur Prozentrechnung folgende Größen verwendet:

Prozentrechnung	Zinsrechnung
Grundwert g	Kapital k
Prozentsatz p %	Zinssatz p %
Prozentwert w	Zinsen z
–	Zeit t

3

Beispiel: Auf einem Sparbuch ist ein Kapital von 4000,– DM festgelegt. Bei einem Zinssatz von 3,5 % werden für die Dauer von 1 Jahr 140,– DM Zinsen gezahlt.

Um die Berechnungen zu vereinfachen, wurde festgelegt:

Ein Zinsjahr hat 360 Tage.
Jeder Zinsmonat wird zu 30 Zinstagen angenommen.

Der Zinssatz bezieht sich im Regelfall auf die Zeit von 1 Jahr. Wenn die Verzinsung nicht für 1 Jahr, sondern für ein Teil oder für ein Vielfaches eines Jahres vorzunehmen ist, muß die Zeit t wie folgt angesetzt werden:

2 Jahre: $t = 2$
2 Jahre und 7 Monate: $t = 2 + 7/12 = 31/12$
4 Monate: $t = 4/12$.

Hinweis: Bei einer Zinsdauer länger als 1 Jahr werden die Zinsen des 1. Jahres ausgezahlt oder dem Kapital zugeschlagen. Im 2. Falle werden die Zinsen des 1. Jahres im 2. Jahr verzinst usw.
In den folgenden Formeln wurden die Zinsen der Zinsen *nicht* berücksichtigt.

[1] geg.: Kapital k; Zeit t; Zinssatz p %
ges.: Zinsen z

Lösung:
Für die Dauer eines Zinsjahres ($t = 1$) gilt

$$\frac{p\,\%}{100\,\%} = \frac{z}{k}$$

$$z = \frac{k \cdot p\,\%}{100\,\%}$$

Bei beliebiger Zeit t

$$z = \frac{k \cdot p\,\% \cdot t}{100\,\%}$$

Beispiel: Für einen Kredit von 7000 DM müssen 11 % Zinsen je Jahr gezahlt werden. Der Kredit wird vertragsgemäß nach 5 Monaten zurückgezahlt.
Wieviel Zinsen sind zu entrichten?

$$z = \frac{7000 \cdot 11\,\% \cdot (5/12)}{100\,\%}$$

$z = 320{,}83$ DM

[2] geg.: Kapital k; Zeit t; Zinsen z
ges.: Zinssatz p %
Lösung:

$$p\,\% = \frac{z \cdot 100\,\%}{k \cdot t}$$

Beispiel: Ein Maurer benötigt für 7 Monate einen Kredit von 3500 DM. Er schließt einen Vertrag zu folgenden Bedingungen:

Kredit: 3500 DM
Rückzahlung nach 7 Monaten: 3800 DM

Wie hoch ist der Zinssatz bezogen auf 1 Jahr?

Lösung:

$k = 3500$ DM

$z = 3800 \text{ DM} - 3500 \text{ DM} = 300$ DM

$t = 7/12$

$$p\,\% = \frac{100\,\% \cdot 300}{3500 \cdot (7/12)}$$

$p\,\% = 14{,}7\,\%$

3 geg.: Kapital k; Zinssatz p %; Zinsen z
ges.: t
Lösung:

$$t = \frac{100\,\% \cdot z}{p\,\% \cdot k}$$

Beispiel: Das Guthaben (Kapital) auf einer Bank beträgt 6000 DM bei einem Zinssatz $p = 4\,\%$.
In welcher Zeit ist das Guthaben auf 6500 DM angestiegen?

Lösung:
Zinsen: $z = 6500 - 6000 = 500$ DM

$$t = \frac{100\,\% \cdot 500}{6000 \cdot 4\,\%} = 2{,}083 \text{ Jahre}$$

1 Zinsjahr $\hat{=}$ 360 Tage
0,083 Zinsjahre $\hat{=}$ x Tage

$$\frac{x}{360} = \frac{0{,}083}{1};$$

$$x = 0{,}083 \cdot 360$$

$$x = 30 \text{ Zinstage} = 1 \text{ Zinsmonat}$$

Der Betrag von 6500 DM wird nach 2 Jahren und 1 Monat erreicht.
Die Zinsen der Zinsen (s. o.) wurden bei dieser Rechnung nicht berücksichtigt. Deshalb wird bei einer genaueren Rechnung der Zeitraum etwas kürzer.

4 geg.: Zeit t; Zinsen z; Zinssatz p %
ges.: Kapital k
Lösung:

$$k = \frac{100\,\% \cdot z}{p\,\% \cdot t}$$

Beispiel: Auf einem Sparbuch werden für eine Laufzeit von 9 Monaten 53 DM Zinsen eingetragen. Der Zinssatz beträgt 3,5 %.
Wie groß war das Kapital?

$$k = \frac{100\,\% \cdot 53}{3{,}5 \cdot \left(\frac{9}{12}\right)}$$

$$k = 2019{,}\text{– DM}$$

3.8 Steigung und Gefälle

Dachneigungen, Böschungsneigungen, Steigungen von Straßen, Gefälle von Abwasserleitungen, Gefälle von Fußböden usw. werden als

- Steigungsverhältnis oder als
- Angabe in %

festgelegt (Bild 53.1 und 54.2).

Angabe als Steigungsverhältnis. Das Steigungsverhältnis wird auf die Höhe $h = 1$ bezogen (Bild 53.1).

1 geg.: $1:n$; l; ges.: h

Lösung: $\frac{1}{n} = \frac{h}{l}$

$$h = \frac{l}{n}$$

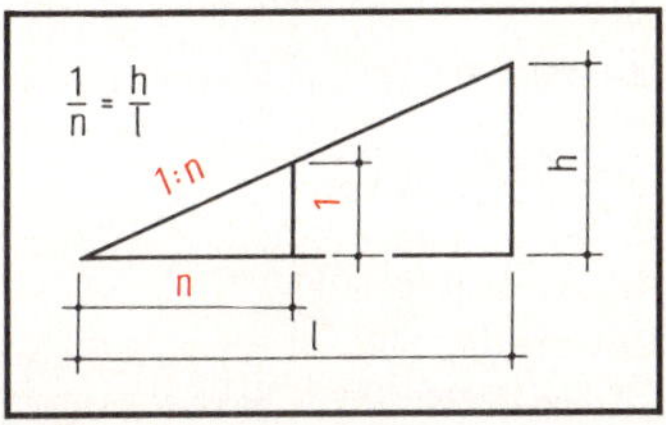

Bild 53.1 Steigungsangabe als Zahlenverhältnis
l waagerechte Länge; h Höhe; n Verhältniszahl

2 geg.: $1:n$; h; ges.: l

Lösung: $l = n \cdot h$

3 geg.: h; l; ges.: $1:n$

Lösung: $n = \frac{l}{h}$

Sonderfall: in einigen Fällen, z. B. bei steilen Böschungen, wird die Verhältnis n kleiner als 1. *Beispiel:* 1:0,5
In diesen Fällen wird das Steigungsverhältnis auf die waagerechte Länge $l = 1$ bezogen (Bild 54.1).

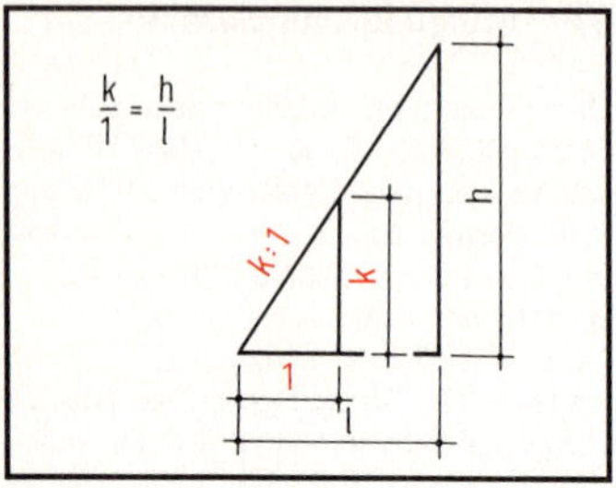

Bild 54.1 Steigungsangabe als Zahlenverhältnis bei *steilen* Böschungen, Dächern usw. *l* waagerechte Länge; *h* Höhe; *k* Verhältniszahl

3

Das Steigungsverhältnis 1:0,5 wird dann durch 2:1 ausgedrückt.

Angabe in Prozent. Das Steigungsverhältnis wird auf die waagerechte Länge $l = 100$ (Bild 54.2) bezogen.

4 geg.: p %; l; ges.: l

Lösung: $\frac{p\,\%}{100\,\%} = \frac{h}{l}$

$$h = \frac{l \cdot p\,\%}{100\,\%}$$

5 geg.: p %; h; ges.: l

Lösung: $l = \frac{100\,\% \cdot h}{p\,\%}$

6 geg.: h; l; ges.: p %

Lösung: $p\,\% = \frac{h \cdot 100\,\%}{l}$

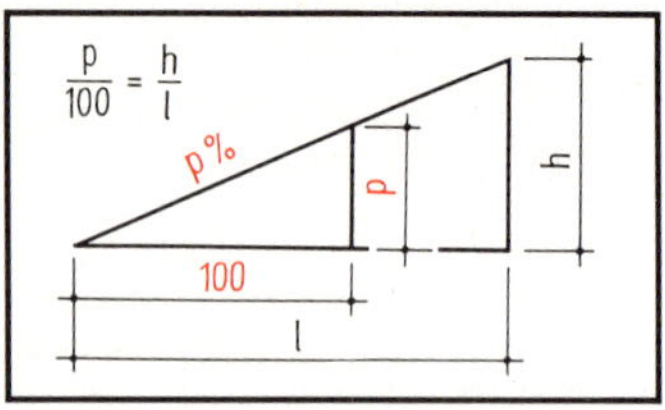

Bild 54.2 Steigungsangabe in %
l waagerechte Länge; *h* Höhe; *p* % Prozentsatz

Um die Steigungsangaben miteinander vergleichen zu können, müssen sie aus einer Darstellungsweise in die andere umgerechnet werden.

7 geg.: p %; ges.: $1:n$

Lösung: $\frac{p\,\%}{100\,\%} = \frac{h}{l}$

$\frac{1}{n} = \frac{h}{l}$

$\frac{p\,\%}{100\,\%} = \frac{1}{n}$

$$n = \frac{100\,\%}{p\,\%}$$

8 geg.: $1:n$; ges.: p %

Lösung: $p\,\% = \frac{100\,\%}{n}$

Umrechnungstabellen.

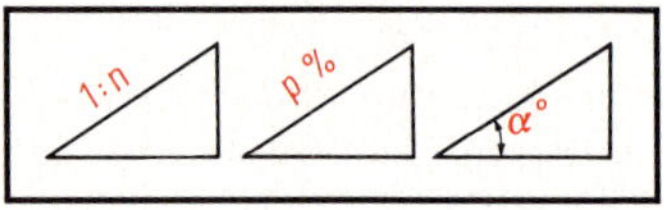

Bild 54.3 Zu den Umrechnungstabellen 54.1 bis 56.1

Tabelle 54.1 Steigung und Gefälle, Umrechnungstabelle I
Zur Bezeichnung siehe Bild 54.1

p %	1:n	$\alpha°$	
0,1 %	1:1000	0,057°	
0,2 %	1:500	0,11°	
0,3 %	1:333	0,17°	
0,4 %	1:250	0,23°	
0,5 %	1:200	0,29°	
0,6 %	1:167	0,34°	
0,7 %	1:143	0,40°	
0,8 %	1:125	0,46°	
0,9 %	1:111	0,52°	
1,0 %	1:100	0,57°	
1,1 %	1:90,9	0,63°	
1,2 %	1:83,3	0,69°	

p %	1:*n*	*α*°	
1,3%	1:76,9	0,74°	
1,4%	1:71,4	0,80°	
1,5%	1:66,7	0,86°	
1,6%	1:62,5	0,92°	
1,7%	1:58,8	0,97°	
1,8%	1:55,6	1,03°	
1,9%	1:52,6	1,09°	
2,0%	1:50	1,15°	
3,0%	1:33,3	1,72°	
4,0%	1:25,0	2,29°	
5,0%	1:20,0	2,86°	
6,0%	1:16,7	3,43°	
7,0%	1:14,3	4,00°	
8,0%	1:12,5	4,57°	
9,0%	1:11,1	5,14°	
10%	1:10,0	5,71°	
15%	1:6,67	8,53°	
20%	1:5,00	11,3°	
25%	1:4,00	14,0°	
30%	1:3,33	16,7°	
35%	1:2,86	19,3°	
40%	1:2,50	21,8°	
45%	1:2,22	24,2°	
50%	1:2,00	26,6°	
55%	1:1,82	28,8°	
60%	1:1,67	31,0°	
65%	1:1,54	33,0°	
70%	1:1,43	35,0°	
75%	1:1,33	36,9°	
80%	1:1,25	38.7°	
90%	1:1,11	42,0°	
100%	1:1,00	45,0°	
p %	1:*n*	*k*:1	*α*°
110%	1:0,909	1,10:1	47,7°
120%	1:0,833	1,20:1	50,2°
130%	1:0,769	1,30:1	52,4°
140%	1:0,714	1,40:1	54,5°
150%	1:0,667	1,50:1	56,3°
160%	1:0,625	1,60:1	58,0°
170%	1:0,588	1,70:1	59,5°
180%	1:0,556	1,80:1	60,9°
190%	1:0,526	1,90:1	62,2°
200%	1:0,500	2,00:1	63,4°

Tabelle 55.1 Steigung und Gefälle, Umrechnungstabelle II
Zur Bezeichnung siehe Bild 54.1

1:*n*		*p* %	*α*°
1:1		100%	45°
1:1,1		90,9%	42,3°
1:1,2		83,3%	39,8°
1:1,3		76,9%	37,6°
1:1,4		71,4%	35,5°
1:1,5		66,7%	33,7°
1:1,6		62,5%	32,0°
1:1,7		58,8%	30,5°
1:1,8		55,6%	29,1°
1:1,9		52,6%	27,8°
1:2		50,0%	26,6°
1:2,1		47,6%	25,5°
1:2,2		45,4%	24,4°
1:2,3		43,5%	23,5°
1:2,4		41,7%	22,6°
1:2,5		40,0%	21,8°
1:2,6		38,5%	21,0°
1:2,7		37,0%	20,3°
1:2,8		35,7%	19,7°
1:2,9		34,5%	19,0°
1:3		33,3%	18,4°
1:3,1		32,3%	17,9°
1:3,2		31,3%	17,4°
1:3,3		30,3%	16,9°
1:3,4		29,4%	16,4°
1:3,5		26,6%	15,9°
1:3,6		27,8%	15,5°
1:3,7		27,0%	15,1°
1:3,8		26,3%	14,7°
1:3,9		25,6%	14,4°
1:4		25,0%	14,0°
1:4,1		24,4%	13,7°
1:4,2		23,8%	13,4°
1:4,3		23,3%	13,1°
1:4,4		22,7%	12,8°
1:4,5		22,2%	12,5°
1:4,6		21,7%	12,3°
1:4,7		21,3%	12,0°
1:4,8		20,8%	11,8°
1:4,9		20,4%	11,5°
1:5		20,0%	11,3°
1:6		16,7%	9,46°
1:7		14,3%	8,13°

3

3

Fortsetzung Tabelle 55.1

1:n		p %	α°
1:8		12,5 %	7,13°
1:9		11,1 %	6,34°
1:10		10,0 %	5,71°
1:15		6,67 %	3,81°
1:20		5,00 %	2,86°
1:25		4,00 %	2,29°
1:30		3,33 %	1,91°
1:35		2,86 %	1,64°
1:40		2,50 %	1,43°
1:45		2,22 %	1,27°
1:50		2,00 %	1,15°
1:60		1,67 %	0,95°
1:70		1,43 %	0,82°
1:80		1,25 %	0,72°
1:90		1,11 %	0,64°
1:100		1,00 %	0,57°
1:150		0,67 %	0,38°
1:200		0,50 %	0,29°
1:250		0,40 %	0,23°
1:300		0,33 %	0,19°
1:350		0,29 %	0,16°
1:400		0,25 %	0,14°
1:450		0,22 %	0,13°
1:500		0,20 %	0,11°
1:600		0,17 %	0,10°
1:700		0,14 %	0,08°
1:800		0,125 %	0,07°
1:900		0,111 %	0,06°
1:1 000		0,100 %	0,06°
1:1 500		0,067 %	0,04°
1:2 000		0,050 %	0,03°
k:1	**1:n**	**p %**	**α°**
10:1	1:0,100	1 000 %	84,3°
9:1	1:0,111	900 %	83,7°
8:1	1:0,125	800 %	82,9°
7:1	1:0,143	700 %	81,9°
6:1	1:0,167	600 %	80,5°
5:1	1:0,200	500 %	78,9°
4:1	1:0,250	400 %	76,0°
3:1	1:0,333	300 %	71,6°
2:1	1:0,500	200 %	63,4°

Tabelle 56.1 Steigung und Gefälle, Umrechnungstabelle III
Zur Bezeichnung siehe Bild 54.3

α°	p %	1 : n	k : 1
1°	1,75 %	1:57,3	
2°	3,49 %	1:28,6	
3°	5,24 %	1:19,1	
4°	6,99 %	1:14,3	
5°	8,75 %	1:11,4	
6°	10,5 %	1:9,51	
7°	12,3 %	1:8,14	
8°	14,1 %	1:7,12	
9°	15,8 %	1:6,31	
10°	17,6 %	1:5,67	
11°	19,4 %	1:5,14	
12°	21,3 %	1:4,70	
13°	23,1 %	1:4,33	
14°	24,9 %	1:4,01	
15°	26,8 %	1:3,73	
16°	28,7 %	1:3,49	
17°	30,6 %	1:3,27	
18°	32,5 %	1:3,08	
19°	34,4 %	1:2,90	
20°	36,4 %	1:2,75	
21°	38,4 %	1:2,61	
22°	40,4 %	1:2,48	
23°	42,4 %	1:2,36	
24°	44,5 %	1:2,25	
25°	46,6 %	1:2,14	
26°	48,8 %	1:2,05	
27°	51,0 %	1:1,96	
28°	53,2 %	1:1,88	
29°	55,4 %	1:1,80	
30°	57,7 %	1:1,73	
35°	70,0 %	1:1,43	
40°	83,9 %	1:1,19	
45°	100 %	1:1,00	
50°	119 %	1:0,839	1,19:1
55°	143 %	1:0,700	1,43:1
60°	173 %	1:0,577	1,73:1
65°	214 %	1:0,466	2,14:1
70°	275 %	1:0,364	2,75:1
75°	373 %	1:0,268	3,73:1
80°	567 %	1:0,176	5,67:1
85°	1 143 %	1:0,087	11,43:1
90°	–	–	–

4 BAUPHYSIKALISCHE GRUNDLAGEN

4 BAUPHYSIKALISCHE GRUNDLAGEN

4.1 Grundlagen der Statik

Die Mechanik ist ein Gebiet der Physik. Die Mechanik untersucht die Bewegungen der Körper und die Kräfte, die diese Bewegungen hervorrufen.
Für das Bauwesen ist die Statik von besonderer Bedeutung. Die Statik ist ein Teilgebiet der Mechanik. Die Statik betrachtet den Körper im Zustand der Ruhe und berechnet die dabei auftretenden Kräfte.

4.1.1 Ziel statischer Berechnungen

Gebäude werden in vielfältiger Weise belastet.

- Alle Bauteile haben eine Eigenlast, ↪ Tabelle 49.1
- Decken tragen Verkehrslasten, wie Menschen, Möbel, Maschinen oder Lagergüter.
- Der Schnee belastet das Dach.
- Der Wind wirkt auf Dächer und Wände ein.
- Der Boden neben den Kellerwänden entwickelt einen waagerechten Erddruck, der gegen die Kellerwände gerichtet ist.

> Alle Gebäude und andere Bauwerke sind so zu bauen, daß sie allen auftretenden Lasten widerstehen können.

Insbesondere müssen die Gebäude und Bauwerke *standsicher* sein. Sie dürfen sich weder schief stellen, noch umkippen.
Alle Bauteile müssen *bruchsicher* sein. Decken, Balken oder Anker dürfen auch bei voller Belastung weder zerbrechen oder zerreißen.

Die einwirkenden Kräfte *dehnen, stauchen* oder *verbiegen* die Bauteile. Auch bei der größten Belastung müssen die Formänderungen der Bauteile so klein bleiben, daß sie die Nutzung des Gebäudes nicht beeinträchtigen.

> Die Standsicherheit und Tragfähigkeit wird *vor Baubeginn* in statischen Berechnungen überprüft.
> Diese Berechnungen müssen den Baubehörden vorgelegt werden.

4.1.2 Kräfte

Eigenschaften und zeichnerische Darstellungen.

> Kräfte sind nicht sichtbar. Sie werden an ihren Wirkungen erkannt.

Wirkungen von Kräften:

- Geschwindigkeitsänderungen (Bild 59.1)
  Kraft = Masse × Beschleunigung
  Da alle Bauteile eines Gebäudes im Zustand der Ruhe verbleiben müssen, hat dieser Ansatz für das Bauwesen nur geringe Bedeutung.
- Formänderungen, wie Dehnungen, Stauchungen oder Durchbiegungen (Bild 59.2)

Um die statischen Berechnungen anschaulicher zu machen, werden die Kräfte zeichnerisch dargestellt.

Zu einer Kraft gehören

- die Wirkungslinie,
- die Richtung,
- die Größe

und in einigen Fällen auch der Angriffspunkt der Kraft.
Einheit der Kraft: N; kN; MN

> Eine Masse von $m = 1\,000\,\text{kg} = 1\,\text{t}$ drückt im Ruhezustand mit einer Kraft $F = 10\,\text{kN}$ auf ihre Unterlage (Eigenlast).

Die Kraft wird als Pfeil dargestellt (Bild 59.3). Zur Verwendung zeichnerischer Lösungsverfahren wird die Größe der Kraft mit Hilfe eines Kräftemaßstabes als Länge gezeichnet (Bild 59.3).

> Kräfte haben immer eine Richtung.

Kräfte können in der Wirkungslinie ver-

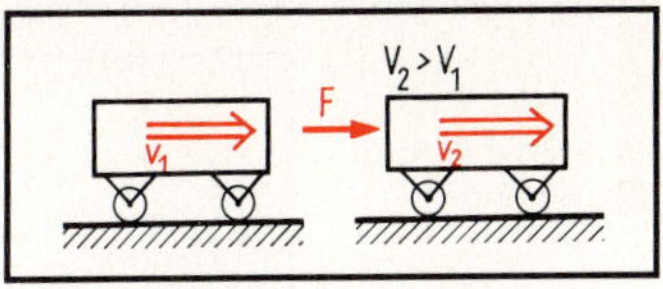

Bild 59.1 Geschwindigkeitsänderung bei Krafteinwirkung
v_1; v_2 Geschwindigkeiten; *F* Kraft

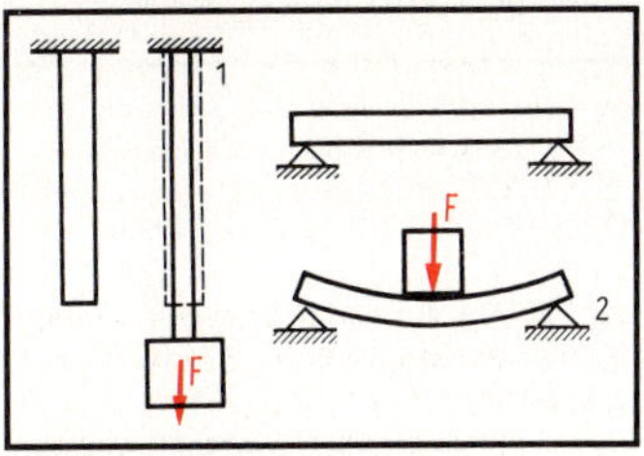

Bild 59.2 Formänderung bei Krafteinwirkung
1 Dehnung; *2* Durchbiegung

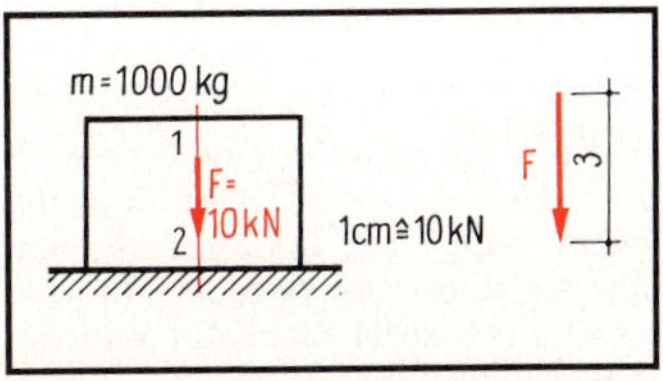

Bild 59.3 Zeichnerische Darstellung einer Kraft
1 Wirkungslinie; *2* Kraftrichtung (Pfeilspitze); *3* Größe der Kraft, dargestellt im Kräftemaßstab 1 cm ≙ 10 kN

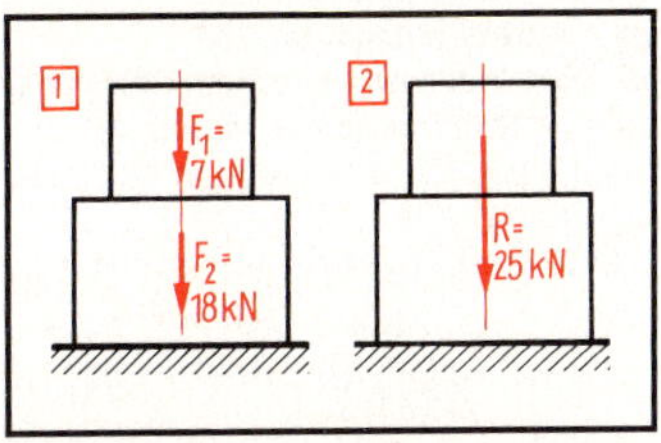

Bild 59.4 Addition von Kräften mit gleicher Wirkungslinie

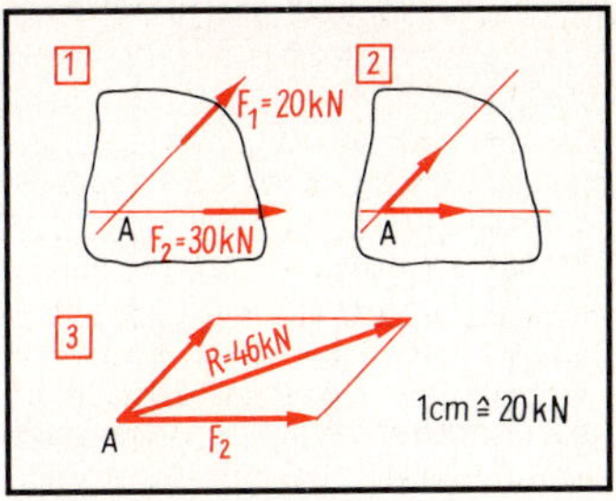

Bild 59.5 Parallelogramm der Kräfte
R resultierende Kraft

schoben werden. Es ist jedoch nicht zulässig, die Kräfte parallel zu verschieben oder sie zu drehen.

Ermittlung der resultierenden Kraft. Kräfte mit der gleichen Wirkungslinie können addiert werden (Bild 59.4). Die resultierende Kraft *R* hat die gleiche Wirkung wie die Kräfte F_1 und F_2 zusammen.

Die resultierende Kraft *R* ersetzt die Kräfte F_1 und F_2.

Die resultierende Kraft von zwei Kräften, deren Wirkungslinien sich in einem Punkt schneiden, wird mit Hilfe des Kräfteparallelogramms ermittelt (Bild 59.5).

Arbeitsschritte:

- Die Kräfte werden auf ihren Wirkungslinien bis zum gemeinsamen Schnittpunkt A verschoben: [2].
- Die Kräfte werden mit Hilfe eines Kräftemaßstabes dargestellt: [3].
- Die zeichnerische Darstellung der Kräfte wird zu einem Parallelogramm ergänzt.
- Die im Punkt A beginnende Diagonale des Parallelogramms ist die resultierende Kraft *R*.

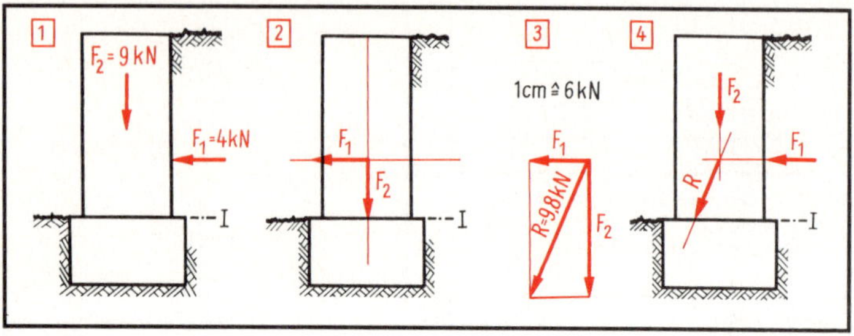

Bild 60.1 Kräfte an einer Stützwand
F_1 waagerechter Erddruck; *2* Eigenlast der Stützwand; *R* resultierende Kraft in der Fuge I–I

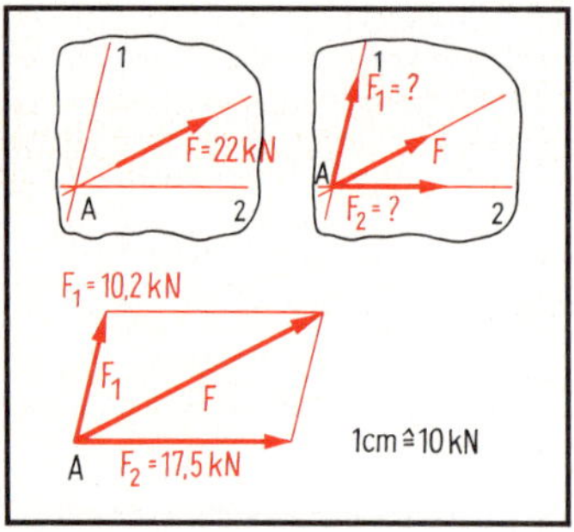

Bild 60.2 Zerlegung einer Kraft in zwei Kräfte vorgegebener Richtung
1 und *2* vorgegebene Wirkungslinien; *F* Kraft, die zerlegt werden soll

Beispiel:

Bild 60.1 zeigt die Kräfte an einer Stützmauer. Die Eigenlast F_2 ist senkrecht nach unten gerichtet. Der seitliche Erddruck F_1 wirkt waagerecht.
Die Kräfte ergeben zusammen die resultierende Kraft *R*. *R* hat die gleiche Wirkung wie F_1 und F_2 zusammen. Es kann also davon ausgegangen werden, daß in der Fuge I nur die Kraft *R* vorhanden ist.

Zerlegen einer Kraft. Mit Hilfe des Kräfteparallelogramms kann eine Kraft *F* in zwei Kräfte F_1 und F_2 zerlegt werden, deren Wirkungslinien bekannt sind (Bild 60.2).
Voraussetzung: Alle drei Wirkungslinien schneiden sich in einem Punkt.
Die beiden Kräfte F_1 und F_2 haben zusammen die gleiche Wirkung wie *F*. Sie können also *F* ersetzen.

Beispiel:

In einem Dachsparren wirkt eine Kraft $F = 15$ kN (Bild 61.1). Der Sparren drückt gegen eine Massivdecke. Welcher Kraftanteil wirkt horizontal (waagerecht) und welcher Kraftanteil wirkt vertikal (senkrecht)?
Bild 61.1 zeigt die Lösungsschritte.

Drehwirkung. Eine Kraft erzeugt in Bezug auf einen möglichen Drehpunkt eine Drehwirkung (Bild 61.2).
Die Drehwirkung wächst mit
- der Größe der Kraft und
- dem Abstand zwischen Drehpunkt und Wirkungslinie (l_1 in Bild 61.2).

Die Größe der Drehwirkung gibt das *Drehmoment* an.
Drehmoment = Kraft × Abstand zum Drehpunkt

$$M = F \cdot l$$

Einheit: kNm

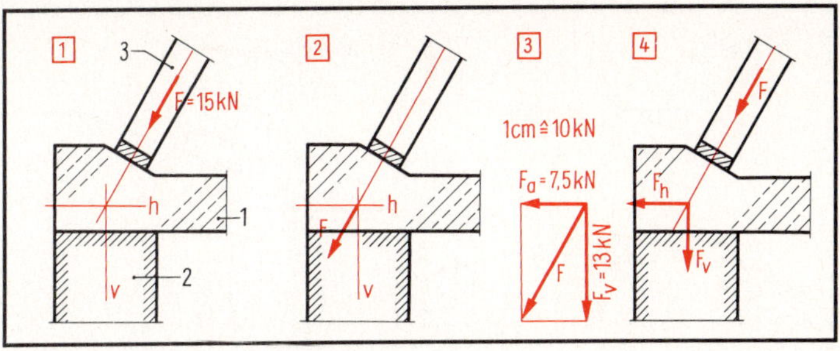

Bild 61.1 Zerlegung einer Kraft am Fuß eines Dachsparrens
F Kraft im Sparren; *1* Massivdecke; *2* Außenwand; *3* Sparren

Für das Drehmoment gibt es zwei mögliche Drehrichtungen:

- Drehrichtung wie ein Uhrzeiger
- Drehrichtung entgegengesetzt zur Drehung des Uhrzeigers.

Die Drehwirkungen mehrerer Kräfte können zusammengefaßt werden.
Die Drehwirkungen heben sich gegenseitig auf, wenn die in Uhrzeigerrichtung drehenden Momente zusammen so groß sind wie die Drehmomente, die eine entgegengesetzte Drehwirkung hervorrufen. Gleichgewicht herrscht, wenn

$$\sum \overset{\curvearrowright}{M} = \sum \overset{\curvearrowleft}{M}$$

$\sum M$ lies: Summe alle Drehmomente

Hebelgesetz. Der Abstand zwischen der Wirkungslinie der Kraft und dem Drehpunkt wird auch *Hebelarm* genannt.

Hebelgesetz:

$$F_1 \cdot l_1 = F_2 \cdot l_2$$

Bild 61.3 zeigt Beispiele für mögliche Formen der Hebel.

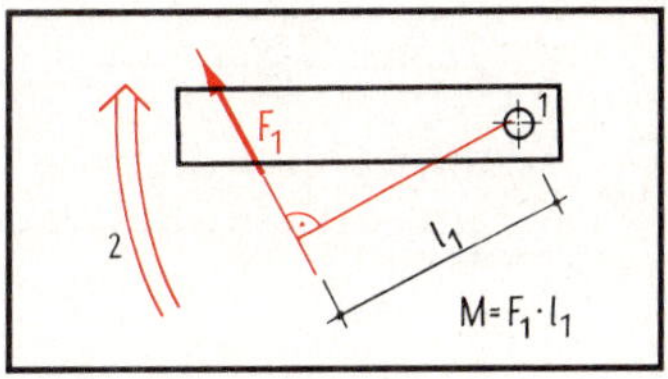

Bild 61.2 Drehwirkung einer Kraft
1 Drehachse, Drehpunkt; *2* Drehrichtung; *M* Drehmoment

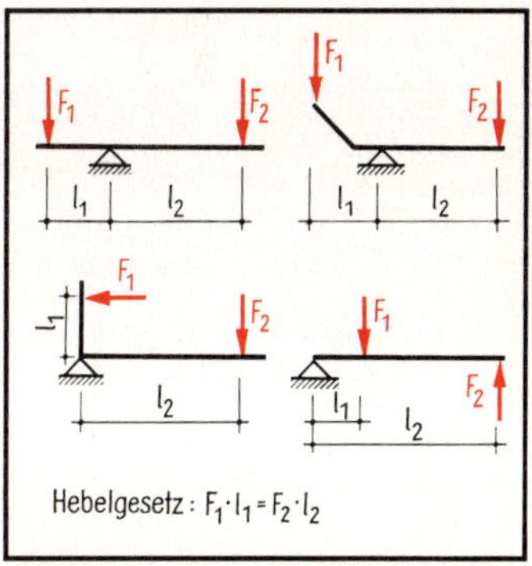

Bild 61.3 Lage der Hebelarme (l_1; l_2) bei verschiedenen Hebeln

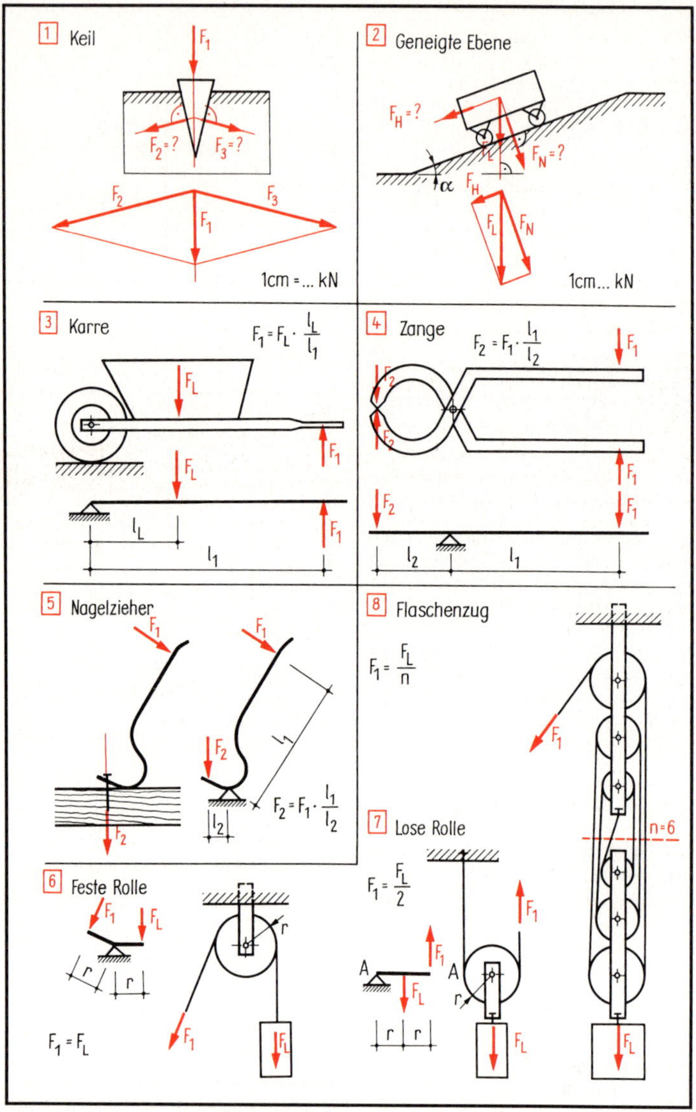

Bild 62.1 Kraftumformung in einfachen Werkzeugen und Vorrichtungen

Kraftumformung in Werkzeugen. Mit Hilfe von Werkzeugen und Vorrichtungen kann der Mensch mit seinen Kräften größere Wirkungen hervorrufen.
In vielen Werkzeugen findet eine Kraftumformung statt (Bild 62.1).

1 Keil:
Die an den Seitenflächen des Keiles wirkenden Kräfte F_2 und F_3 sind umso größer, je kleiner der Winkel an der Keilspitze ist.
Mit Hilfe des Kräfteparallelogramms kann die Kraft F_1 in die Kräfte F_2 und F_3 zerlegt werden.

2 Geneigte Ebene:
Ein Wagen hat die lotrechte gerichtete Eigenlast F_L. Am Wagen wirken die Hangabtriebskraft F_H und die Normalkraft F_N.
Die Wirkungslinie von F_N steht rechtwinklig auf der geneigten Ebene. Die Wirkungslinie von F_H verläuft parallel zur geneigten Ebene. Mit Hilfe des Kräfteparallelogramms kann die Kraft F_L in F_H und F_N zerlegt werden.
Je kleiner der Winkel α ist, desto kleiner wird F_H.
Da beim Hinaufrollen nur die Kraft F_H überwunden werden muß, ist es möglich, mit einer kleinen Kraft einen Wagen mit großer Eigenlast auf eine größere Höhe zu schieben.

3 Karre:
Die Karre wirkt wie ein einseitiger Hebel. Die zu transportierenden Baustoffe erzeugen zusammen mit der Eigenlast der Karre die Kraft F_L. Beim Anheben der Karre muß die Kraft F_1 aufgebracht werden:

$$F_1 \cdot l_1 = F_L \cdot l_L$$

$$F_1 = F_L \frac{l_L}{l_1}$$

Da $l_1 > l_L$ ist, wird $F_1 < F_L$.

4 Zange:
Zangen werden in vielfältigen Formen dem jeweiligen Verwendungszweck angepaßt. Die Handkraft F_1 erzeugt an der Schneide die Kraft F_2.

$$F_1 \cdot l_1 = F_2 \cdot l_2$$

$$F_2 = F_1 \cdot \frac{l_1}{l_2}$$

Da $l_1 > l_2$ ist, wird $F_2 > F_1$.

5 Nagelzieher:
Die Hand drückt mit der Kraft F_1 gegen den Nagelzieher und der Nagel wird mit der Kraft F_2 herausgezogen.

$$F_1 \cdot l_1 = F_2 \cdot l_2$$

$$F_2 = F_1 \cdot \frac{l_1}{l_2}$$

Da $l_1 > l_2$ ist, wird $F_2 > F_1$.

6, 7, 8 Rollen und Seile:
Ein Seil leitet eine Kraft weiter, ohne ihre Größe zu verändern. Mit Hilfe einer festen Rolle 6 kann die Richtung des Seils geändert werden.
Die Richtung der im Seil wirkenden Kraft wird geändert, aber ihre Größe bleibt erhalten.

$$F_1 \cdot r = F_L \cdot r$$

$$F_1 = F_L$$

Eine lose Rolle 7 hängt an zwei *tragenden Seilen*. Beim Anheben dreht sich die Rolle um den Punkt A

$$F_L \cdot r = F_1 \cdot 2 \cdot r$$

$$F_1 = \frac{F_L}{2}$$

Lose und feste Rolle nacheinander angeordnet ergeben einen Flaschenzug

$$F_1 = \frac{F_L}{n}$$

n Anzahl der tragenden Seile
F_L Eigenlast des anzuhebenden Teils
F_1 Kraft am Ende des Seils

Im dargestellten Beispiel ist $n = 6$. Eine besser handhabbare Vorrichtung entsteht, wenn die oben bzw. unten liegenden Rollen jeweils *nebeneinander* liegen.

4

4.1.3 Spannung und Formänderung

Kräfte wirken auf Bauteile wie Träger oder Stützen ein und rufen

- Formänderungen des Bauteils und
- Spannungen im Innern des Bauteils

hervor.

$$\text{Spannung} = \frac{\text{Kraft}}{\text{Fläche}}$$

Einheit: N/mm^2; MN/m^2; kN/m^2

Mittiger Zug (Bild 64.1). Vorkommen: Ankerstäbe aus Stahl, Bewehrungsstäbe im Stahlbeton.
Bei der Belastung wird der Stab gedehnt:

$l_2 > l_1$.

Die Längenzunahme beträgt $l_2 - l_1$.
Im Stab entwickelt sich die Zugspannung σ_Z.

$$\sigma_Z = \frac{F}{A}$$

Nach Entlastung des Stabes nimmt der Stab seine ursprüngliche Länge l_1 wieder an (elastische Formänderung). Mit wachsender Spannung vergrößert sich die Dehnung.
Es gilt das HOOKEsche Gesetz:

$\sigma = \varepsilon \cdot E$

mit der Dehnung $\varepsilon = \dfrac{l_2 - l_1}{l_1}$

- F Zugkraft in der Stabachse
- A Querschnittsfläche *vor* der Belastung
- σ_Z Zugspannung
- ε Dehnung
- l_1 Länge *vor* der Belastung
- l_2 Länge bei Belastung
- E Elastizitätsfaktor

Werte zum Elastizitätsfaktor:

Stahl:	$E = 210\,000\ N/mm^2$
Nadelschnittholz:	$E = 10\,000\ N/mm^2$
Nadelrundholz:	$E = 12\,000\ N/mm^2$

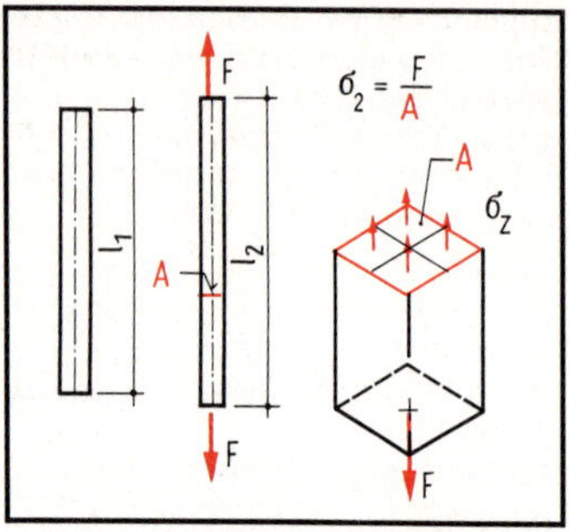

Bild 64.1 Mittige Zugbeanspruchung
l_1 Länge im unbelasteten Zustand; l_2 Länge im belasteten Zustand; $l_2 - l_1$ Längenzunahme; σ_Z Zugspannung; A Querschnittsfläche

Beispiel:

Ein Stahlstab mit 1200 mm Länge und 20 mm Durchmesser wird mittig durch eine Kraft $F = 62{,}8\ kN$ auf Zug beansprucht.
Wie groß ist die Spannung im Stab?
Wie groß ist die Längenzunahme?
Spannung:

$$\sigma_Z = \frac{62\,800\ N}{\pi \cdot (20\ mm)^2/4} = 200\ N/mm^2$$

Dehnung:

$$\sigma_Z = \varepsilon \cdot E;$$

$$\varepsilon = \frac{\sigma_Z}{E} = \frac{200\ N/mm^2}{210\,000\ N/mm^2}$$

Längenzunahme:

$$\varepsilon = \frac{l_2 - l_1}{l_1}$$

$$l_2 - l_1 = \varepsilon \cdot l_1$$

$$l_2 - l_1 = \frac{200\ N/mm^2 \cdot 1\,200\ mm}{210\,000\ N/mm^2}$$

$$l_2 - l_1 = 1{,}14\ mm$$

Mittiger Druck und Flächenpressung.
Vorkommen:
Mittiger Druck: Pfeiler und Wände

Flächenpressung: Auflager von Trägern oder Balken; Sohlfuge von Fundamenten

Bei Bauteilen, die mittig auf Druck beansprucht werden (Bild 65.1), gilt

$$\sigma_D = \frac{F}{A}$$

Der Körper wird gestaucht: $l_2 < l_1$.

Bei einer Flächenpressung (Bild 65.2) durch eine mittig wirkende Kraft entsteht ebenfalls eine Druckspannung, die mit

$$\sigma_D = \frac{F}{A}$$

berechnet werden kann.

Beispiel:

Die mittige Belastung eines Fundaments beträgt 160 kN (Bild 65.2). In dieser Belastung ist die Eigenlast des Fundaments bereits enthalten.
Wie groß ist die Flächenpressung in der Sohlfuge?

$$\sigma_D = \frac{F}{A} = \frac{160\ \text{kN}}{(0{,}8\ \text{m})^2} = 250\ \text{kN/m}^2$$

Knickung. Schlanke Bauteile, wie z. B. Stahlstützen, Stahlbetonstützen, Schalungsstützen, Mauerwerkspfeiler und -wände haben eine geringere Tragfähigkeit als nichtschlanke Bauteile.

- Schlanke Bauteile können ausknicken (Bild 65.3).

Diese Verformung muß vermieden werden. Deshalb werden die Abmessungen der schlanken Bauteile vom Ingenieur so bestimmt, daß ein Ausknicken bei der vorgesehenen Belastung mit Sicherheit nicht eintritt.

Biegung. Viele Bauteile werden auf Biegung beansprucht, z. B. Stahlträger, Stahlbetonbalken und Holzbalken.
Die Durchbiegung beträgt nur wenige Millimeter und macht sich im allgemeinen nicht störend bemerkbar.

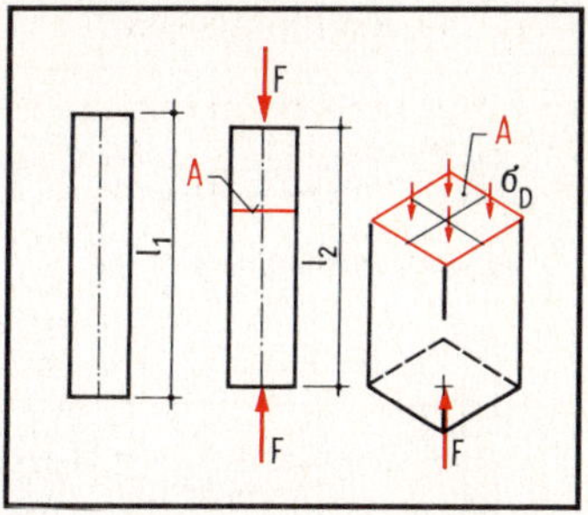

Bild 65.1 Mittige Druckbeanspruchung
l_1 Länge im unbelasteten Zustand; l_2 Länge im belasteten Zustand; $l_1 - l_2$ Stauchung; σ_D Druckspannung; A Querschnittsfläche

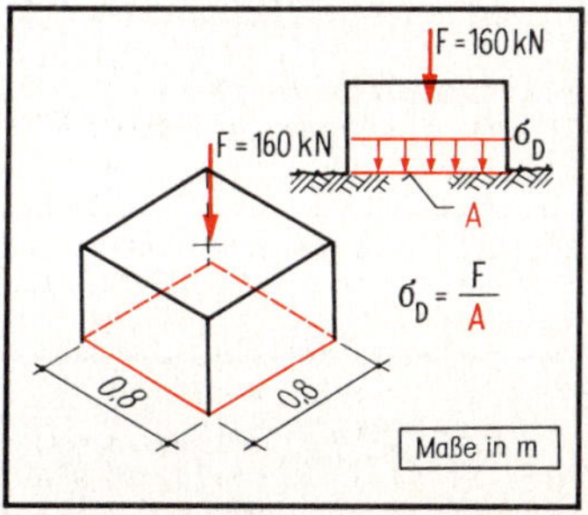

Bild 65.2 Flächenpressung unter einem Blockfundament

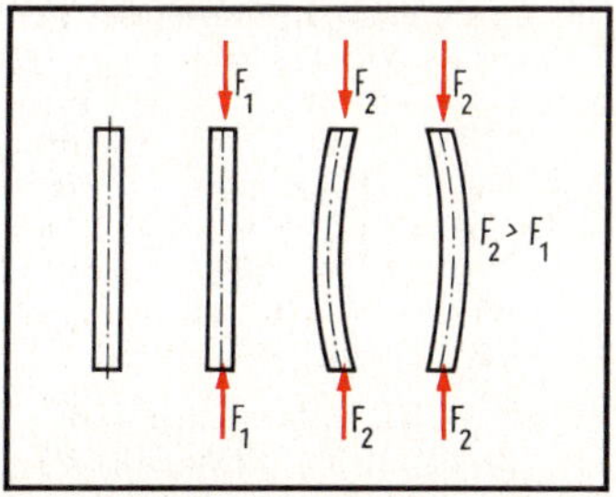

Bild 65.3 Knicken schlanker Bauteile

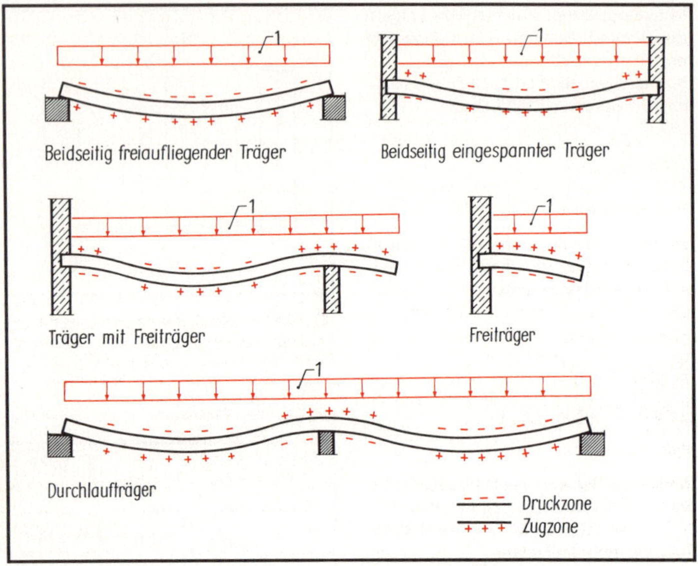

Bild 66.1 Verteilung der Druck- und Zugzonen bei verschiedenen Biegeträgern; Durchbiegung stark vergrößert
1 Belastung

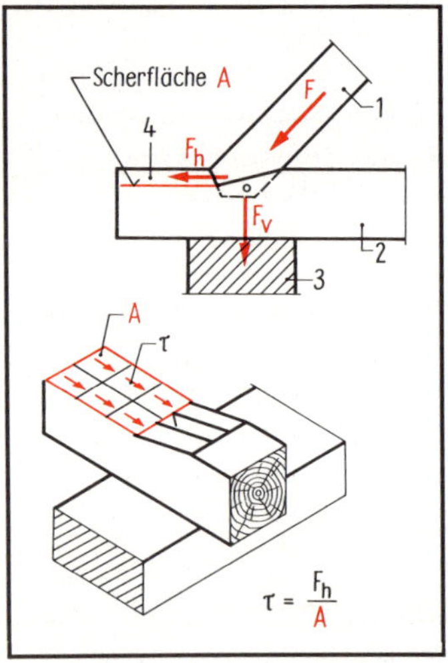

Bei der Durchbiegung (Bild 66.1) wird die eine Seite gedehnt und es entsteht ein Bereich mit Zugspannungen (Zugzone).
Die gegenüberliegende Seite wird gestaucht. Auf dieser Seite bilden sich Druckspannungen aus (Druckzone).
Die Verteilung der Druck- und Zugzonen hängt von der Lagerung des Trägers ab.
Die Verteilung der Druck- und Zugzonen ist die Grundlage für die Bewehrungsführung im Stahlbetonbau, ↪ Abschnitt 8.1.2.

Scherbeanspruchung (Bild 66.2). Bei der Scherbeanspruchung wirken Kräfte parallel zur betroffenen Fläche des Bau-

Bild 66.2 Scherbeanspruchung am Stirnversatz eines Sparrendaches
1 Sparren; *2* Holzbalken; *3* Außenwand; *4* Vorholz; *τ* Scherspannung; *A* Scherfläche

teils. Es entsteht eine Spannung, die *in* der Scherfläche wirkt. Diese Spannung wird mit τ bezeichnet.

$$\tau = \frac{F}{A}$$

τ Scherspannung
F Kraft parallel zur Scherfläche
A Scherfläche

Beispiel:
Scherspannung im Vorholz des Stirnversatzes eines Sparrendaches (Bild 66.2). Die Kraft im Sparren wird mit Hilfe des Kräfteparallelogramms (Bild 61.1) in zwei Kräfte F_h und F_v zerlegt.
F_v bewirkt eine Flächenpressung in der Fuge zwischen Balken und Mauerwerk. F_h ruft in der Scherfläche die Scherspannung hervor.

Zulässige Spannungen. Baustoffe haben unterschiedliche Festigkeiten.
In Versuchen wird die Spannung ermittelt, bei der der Bruch eintritt: *Bruchspannung*. Um die Tragfähigkeit der Bauteile zu sichern, wurden für die verschiedenen Baustoffe zulässige Spannung festgelegt, die nicht überschritten werden dürfen.

$$\text{zul}\,\sigma = \frac{\sigma_{\text{Bruch}}}{1{,}5} \quad \text{bis} \quad \frac{\sigma_{\text{Bruch}}}{4}$$

Forderung:

$$\text{vorh}\,\sigma \leqq \text{zul}\,\sigma; \quad \text{vorh}\,\tau \leqq \text{zul}\,\tau$$

Achtung! Bei schlanken Konstruktionen muß der Wert für zul σ_d noch weiter verringert werden, damit das Bauteil nicht ausknickt.

Tabelle 67.1 Zulässige Druckspannungen von Mauerwerk mit Normalmörtel in N/mm² = MN/m² nach DIN 1053 (2. 1990)

Steinfestigkeitsklasse	Mörtelgruppe I	II	IIa	III	IIIa
2	0,3	0,5	0,5	–	–
4	0,4	0,7	0,8	0,9	–
6	0,5	0,9	1,0	1,2	–
8	0,6	1,0	1,2	1,4	–
12	0,8	1,2	1,6	1,8	1,9
20	1,0	1,6	1,9	2,4	3,0
28	–	1,8	2,3	3,0	3,5
36	–	–	–	3,5	4,0
48	–	–	–	4,0	4,5
60	–	–	–	4,5	5,0

Diese Werte müssen verringert werden, wenn
– Querschnittsfläche <0,1 m²
– Schlankheit $(h/d) > 10$
– Stützweite der Decken >4,2 m sind.

Tabelle 67.2 Zulässige Druckspannungen von Mauerwerk mit Dünnbett- und Leichtmauermörtel in N/mm² = MN/m² nach DIN 1053 (2. 1990)

Steinfestigkeitsklasse	Dünnbettmörtel	Leichtmörtel LM 21	LM 36
2	0,6	0,5	0,5
4	1,0	0,7	0,8
6	1,4	0,7	0,9
8	1,8	0,8	1,0
12	2,0	0,9	1,1
20	2,9	0,9	1,1
28	3,4	0,9	1,1

Diese Werte müssen verringert werden, wenn
– Querschnittsfläche <0,1 m²
– Schlankheit $(h/d) > 10$
– Stützweite der Decken >4,2 m sind.

Tabelle 67.3 Zulässige Spannungen von Stahl in N/mm² = MN/m² nach DIN 18 800, T. 1 (3. 1981)

Beanspruchung		St 37	St 52
Zug	zul σ_Z	160	240
Druck	zul σ_D	160	240
Biegung	zul σ_B	160	240
Abscheren	zul τ	92	139

Tabelle 68.1 Zulässige Spannungen von Holz in $N/mm^2 = MN/m^2$ nach DIN 1052 (4. 1988)

Beanspruchung	**Nadelholz: Fichte, Kiefer, Tanne, Lärche** Güteklasse III	II	I	**Laubholz: Eiche, Buche** Güteklasse II
Biegung zul σ_B[1])	7	10	13	11
Beanspruchung parallel zur Faser:				
Zug zul σ_Z	0	8,5	10,5	10
Druck zul σ_D[1])	6	8,5	11	10
Beanspruchung rechtwinklig zur Faser:				
Zug zul σ_Z	0	0,05	0,05	0,05
Druck zul σ_D	2	2	2	3
Wenn Eindrückung zulässig:				
Druck zul σ_D	2,5	2,5	2,5	4
Abscheren zul τ	0,9	0,9	0,9	1

1) Bei Rundholz mit unbeschädigten Jahresringen können die Werte für zul σ_B und zul σ_D um 20 % erhöht werden.

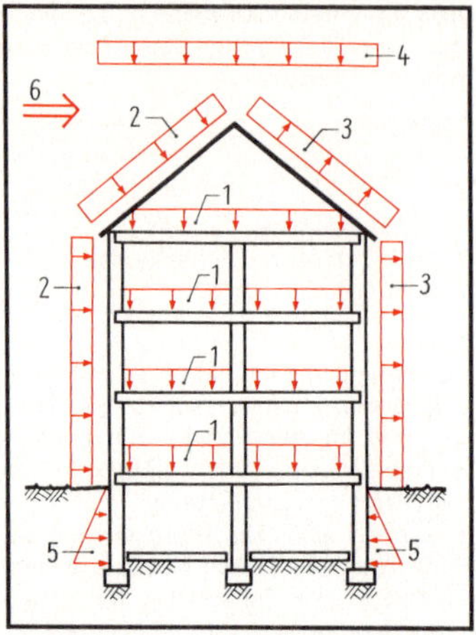

Bild 68.1 Kräfte (Lasten) an einem Gebäude
1 Verkehrslast; *2* Winddruck; *3* Windsog; *4* Schnee; *5* seitlicher Erddruck; *6* Windrichtung

4.1.4 Lastannahmen

Norm:
DIN 1055, T. 1 bis T. 5 (1971...1986)

Vor Baubeginn legt der Objektplaner (Architekt) in Zusammenarbeit mit dem Tragwerksplaner (Ingenieur) fest, welche Abmessungen die einzelnen Bauteile haben müssen, damit sie den auftretenden Belastungen widerstehen können.
Dazu ist es notwendig,

- die Größe der vorhandenen Lasten abzuschätzen (Lastannahme) und
- den Weg der Last vom Dach bis zum Fundament zu verfolgen (Lastableitung).

Auf Gebäude wirken folgende Lasten ein (Bild 68.1).

- Eigenlasten der Bauteile
- Verkehrslasten
- Windlasten
- Schnee
- seitlicher Erddruck.

Zu den Eigenlasten der Bauteile ↳ Abschnitt 3.5.
Als *Verkehrslasten* müssen die Lasten von Menschen, Möbeln, Maschinen und Lagergütern berücksichtigt werden. Sie werden als gleichmäßig verteilte Lasten angesetzt, die auf der gesamten Decke vorhanden sind (Tabelle 69.1).
In Fabriken, Werkstätten und Lagerhäusern wird die maximal zulässige Verkehrslast angegeben:

Beispiel:

Maximale Deckenbelastung:
$500\ kg/m^2$ oder
maximale Deckenbelastung: $5\ kN/m^2$

Die *Schneelast* wirkt lotrecht nach unten.

Tabelle 69.1 Ausgewählte Verkehrslasten nach DIN 1055, T. 3 (6. 1971)

Bauteil	**Lotrechte Verkehrslast** in kN/m²
Decken unter Wohnräumen mit ausreichender Querverteilung der Lasten, z. B. Stahlbetondecken	1,5
Decken unter Wohnräumen ohne ausreichende Querverteilung der Lasten, z. B. Holzbalkendecken	2,0
Balkone über 10 m² Grundfläche	3,5
Treppen in Wohngebäuden	3,5
Balkone bis 10 m² Grundfläche	5,0
nicht befahrbare Hofkellerdecken	5,0

Die Schneelast ist abhängig von

- der Dachform
  Bis 30° Dachneigung muß die volle Schneelast angenommen werden. Bei steileren Dächern verringert sich die Lastannahme für Schnee. Bei Steildächern mit einer Dachneigung >70° ist keine Schneelast mehr zu berücksichtigen.
- der Geländehöhe über NN (Meeresspiegel)
- dem Schneelastgebiet.

Im Flachland fällt weniger Schnee. Hier ist eine Schneelast von 0,75 kN/m² anzunehmen. Im Harz sind die größten Schneefälle zu erwarten. Hier steigt die Belastung durch Schnee auf Werte von 5,5 kN/m² (!) an.
Der *Wind* erzeugt Druck- oder Sogkräfte.
Es wird angenommen, daß die Windkräfte rechtwinklig zur getroffenen Fläche wirken.

Der Wind belastet Dächer und Wände.

Die Windbelastung ist abhängig

- von der Höhe des Gebäudes – je höher das Gebäude, desto größer ist die Windbelastung
- von der Form des Gebäudes.

An Flachdächern erzeugt der Wind Sogkräfte. Besonders große Sogkräfte entstehen neben der Traufe und am Giebel.

Leichte Dächer sind gut zu verankern, damit der Wind sie nicht abhebt und verweht.

4.2 Wärmeschutz im Hochbau

Norm:
DIN 4108, T.1 bis T.3, T.5 (8.1981)
T.4 (12.1985)

Außerdem: Wärmeschutzverordnung der Bundesregierung vom 24.2.1982

4.2.1 Ziel des Wärmeschutzes

Der Wärmeschutz im Hochbau umfaßt alle Maßnahmen, die sichern, daß

- im Winter und im Sommer im Gebäude ein gesundes Raumklima herrscht;
- im Winter möglichst wenig Energie für Heizung erforderlich ist;
- im Sommer nach Möglichkeit keine Raumkühlung durch eine Klimaanlage vorgenommen werden muß.

Wärmeschutz im Winter. Im Winter werden Wohngebäude, Bürogebäude, Krankenhäuser, Schulen usw. beheizt.
Die Wärme strömt durch Wände, Fenster, Türen, Decken und Dächer nach außen ab und geht für die Erwärmung des Gebäudes verloren.

Der Wärmeverbrauch ist abhängig von

- der Außentemperatur im Winter;

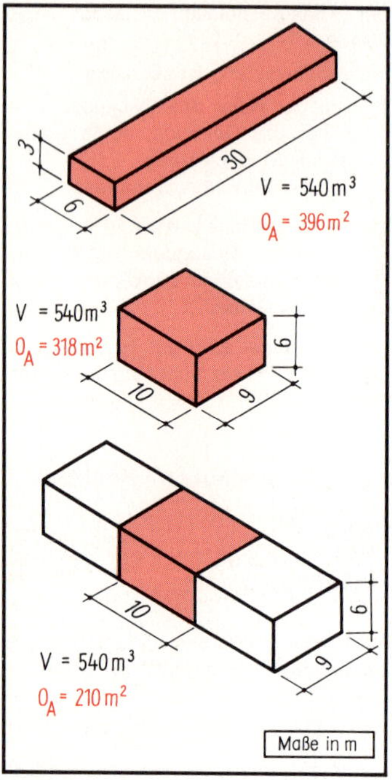

Bild 70.1 Beheizte Baukörper mit einer großen Außenfläche O_A geben mehr Wärme ab.

- der Stärke der Windeinwirkung;
- der Wärmeleitfähigkeit der Bauteile;
- der Lage der Fenster in bezug zur Himmelsrichtung;
  Fenster an der Südseite des Gebäudes lassen die Strahlen der Mittagssonne ins Gebäude.
- der Form des Gebäudes;
  Je größer die Außenfläche eines Gebäudes ist, desto mehr Wärme strömt ab. Bild 70.1 zeigt drei Baukörper mit gleichem Volumen und unterschiedlichen Außenflächen O_A. Langgestreckte flache Baukörper geben viel Wärme ab.
  Annähernd würfelförmige Baukörper haben bei gleichem Volumen eine geringere Außenfläche O_A.
  Eine besonders günstige Wirkung tritt ein, wenn der Baukörper zwischen zwei anderen Gebäuden steht (Reihenhaus).
- der Lage der beheizten Räume im Gebäude. Es wird Wärme gespart, wenn die beheizten Räume nebeneinander oder übereinander liegen.

Wärmeschutz im Sommer. Gebäude sind so zu errichten, daß eine zu starke Erwärmung im Sommer vermieden wird.

Das Sonnenlicht durchdringt Glasflächen und erwärmt alle vom Licht getroffenen Körper im Innern des Gebäudes. Da im Sommer hohe Außentemperaturen herrschen, strömt keine Wärme nach außen ab und es kommt unter ungünstigen Umständen zu einer so starken Erwärmung der Innenräume, daß sie vom Menschen als unangenehm empfunden wird.

Maßnahmen zum Wärmeschutz im Sommer:

- Verringerung der Fenstergrößen und der Glasflächen in der Fassade und im Dach
- Anordnung von schattenwerfenden Sonnenschutzvorrichtungen an der Außenseite des Gebäudes
- Einbau von Bauteilen mit einem hohen Wärmespeichervermögen an der Innenseite.

4.2.2 Wärmedurchlaßwiderstand

Ein- und mehrschichtige Bauteile. Die im Winter nach außen abströmende Wärme (Wärmeverlust) wird im hohen Maß von der Wärmeleitfähigkeit λ_R der Bauteile bestimmt, die die beheizten Räume umhüllen.

Die Wärmeleitfähigkeit ist eine Eigenschaft der Baustoffe (Tabelle 71.1).

Tabelle 71.1 Rechenwerte der Wärmeleitfähigkeit λ_R nach DIN 4108, T. 4 (12. 1985), Auswahl

Baustoff	**Rohdichte oder Rohdichteklasse** ϱ in kg/m³	**Rechenwert der Wärmeleitfähigkeit** λ_R in W/(m · K)
1	2	3
Putze, Estriche und andere Mörtelschichten:		
Kalkmörtel, Kalkzementmörtel, Mörtel aus hydraulischem Kalk	1800	0,87
Zementmörtel	2000	1,4
Kalkgipsmörtel, Gipsmörtel, Anhydritmörtel, Kalkanhydritmörtel	1400	0,70
Gipsmörtel ohne Zuschlag	1200	0,35
Wärmedämmender Putz	600	0,2
Anhydritestrich	2100	1,2
Zementestrich	2000	1,4
Großformatige Bauteile:		
Normalbeton oder Stahlbeton	2400	2,1
Leichtbeton oder Stahlleichtbeton	800	0,39
mit geschlossenem Gefüge hergestellt unter Verwendung von Zuschlägen mit porigem Gefüge ohne Quarzsandzusatz	1000	0,49
	1200	0,62
	1400	0,79
	1600	1,00
Dampfgehärteter Gasbeton	400	0,14
	500	0,16
	600	0,19
	700	0,21
	800	0,23
Leichtbeton mit haufwerksporigem Gefüge		
– mit nichtporigen Zuschlägen	1600	0,81
	1800	1,1
	2000	1,4
– mit porigen Zuschlägen ohne Quarzsandzusatz	600	0,22
	800	0,28
	1000	0,36
	1200	0,46
	1400	0,57
– ausschließlich unter Verwendung von Naturbims	500	0,15
	600	0,18
	800	0,24
	1000	0,32
– ausschließlich unter Verwendung von Blähton	500	0,18
	600	0,20
	800	0,26
	1000	0,35

1	2	3
Bauplatten:		
Gasbeton-Bauplatten, unbewehrt		
– mit normaler Fugendicke und Normalmörtel	500	0,22
	600	0,24
	800	0,29
– dünnfugig verlegt	500	0,19
	600	0,22
	800	0,27
Wandbauplatten aus Gips, auch mit Poren, Hohlräumen, Füllstoffen oder Zuschlägen	600	0,29
	900	0,41
	1 200	0,58
Gipskartonplatten	900	0,21
Mauerwerk:		
Vollklinker, Hochlochklinker, Keramikklinker	1 800	0,81
	2 000	0,96
Vollziegel, Hochlochziegel	1 200	0,50
	1 600	0,68
	1 800	0,81
	2 000	0,96
Leichthochlochziegel mit Lochung A und Lochung B	700	0,36
	800	0,39
	900	0,42
	1 000	0,45
Leichthochlochziegel mit Lochung W	700	0,30
	800	0,33
	900	0,36
	1 000	0,39
Kalksandsteine	1 000	0,50
	1 200	0,56
	1 400	0,70
	1 600	0,79
	1 800	0,99
	2 000	1,1
Hüttensteine	1 000	0,47
	1 400	0,58
	1 800	0,70
Gasbeton-Blocksteine	500	0,22
	600	0,24
	700	0,27
	800	0,29
Hohlblocksteine aus Leichtbeton mit porigen Zuschlägen ohne Quarzsandzusatz		
– 2-K-Steine, Breite ≦ 240 mm	500	0,29
3-K-Steine, Breite ≦ 300 mm	600	0,32

1	2	3
– 2-K-Steine, Breite ≦ 240 mm	800	0,39
3-K-Steine, Breite ≦ 300 mm	1 000	0,49
4-K-Steine, Breite ≦ 365 mm	1 200	0,60
	1 400	0,73
– 2-K-Steine, Breite = 300 mm	500	0,29
3-K-Steine, Breite = 365 mm	600	0,34
	800	0,46
	1 000	0,64
	1 200	0,76
Wärmedämmstoffe:		
Holzwolle-Leichtbauplatten		
Plattendicke ≧ 25 mm	360 bis 480	0,093
Plattendicke = 15 mm	570	0,15
Schaumkunststoffe auf der Baustelle hergestellt		
– Polyurethan (PUR)-Ortschaum	≧ 37	0,030
– Harnstoff-Formaldehydharz (UF)-Ortschaum	≧ 10	0,041
Schaumkunststoffe		
– Polystyrol (PS)-Hartschaum		
Wärmeleitfähigkeitsgruppe 025		0,025
030		0,030
035		0,035
040		0,040
– Polyurethan (PUR)-Hartschaum		
Wärmeleitfähigkeitsgruppe 020		0,020
025		0,025
030		0,030
035		0,035
Mineralische und pflanzliche Faserdämmstoffe		
Wärmeleitfähigkeitsgruppe 035		0,035
040		0,040
045		0,045
050		0,050
Holz und Holzwerkstoffe:		
Holz		
– Fichte, Kiefer, Tanne	600	0,13
– Buche, Eiche	800	0,20
Sperrholz	800	0,15
Sonstige Stoffe:		
Stahl		60
Aluminium		200

4

Zur Beschreibung der Wärmedämmung werden folgende Größen verwendet:

- Wärmeleitfähigkeit λ_R in W/(m · K)
  Die Wärmeleitfähigkeit λ_R gibt an, welcher Wärmestrom in W (↪ Abschnitt 2.3, Einheiten) in einem Bauteil mit einer Dicke von 1 m und mit einer Oberfläche von 1 m² entsteht, wenn die Temperaturdifferenz zwischen innen und außen 1 K beträgt.
- Wärmedurchlaßwiderstand $1/\Lambda$ in m² K/W

$$\frac{1}{\Lambda} = \frac{s}{\lambda_R}$$ *s* Schichtdicke in m

Je *größer* der Wärmedurchlaßwiderstand, desto besser ist die Wärmedämmung.

Bei mehrschichtigen Bauteilen gilt:

$$\frac{1}{\Lambda} = \frac{s_1}{\lambda_{R1}} + \frac{s_2}{\lambda_{R2}} + \frac{s_3}{\lambda_{R3}} + \dots$$

- Wärmeübergangswiderstand $1/\alpha$ in m² · K/W
  Auf dem Weg der Wärme vom beheizten Innenraum zur kalten Außenluft müssen drei Bereiche betrachtet werden (Bild 74.1):
  1. Übergang der Wärme von der warmen Innenluft zum Bauteil
     Wärmeübergangswiderstand: $\frac{1}{\alpha_i}$
  2. Wärmestrom im Innern
     Wärmedurchlaßwiderstand: $\frac{1}{\Lambda}$
  3. Übergang der Wärme vom Bauteil zur kalten Außenluft
     Wärmeübergangswiderstand: $\frac{1}{\alpha_a}$

  Der Wärmeübergangswiderstand hat nach DIN 4108 die Werte:

$$\frac{1}{\alpha_a} = 0{,}04\ \text{m}^2 \cdot \text{K/W};$$

$$\frac{1}{\alpha_i} = 0{,}13\ \text{m}^2 \cdot \text{k/W}$$

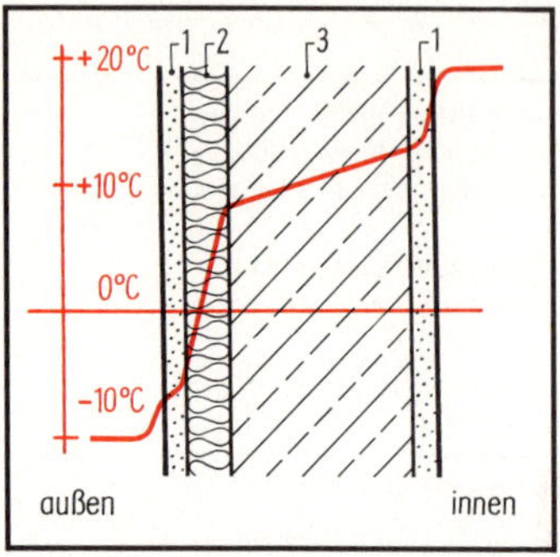

Bild 74.1 Temperaturverlauf in einer Außenwand im Winter
1 Putz; *2* Wärmedämmschicht; *3* Normalbeton

Tabelle 74.1 Rechenwerte der Wärmedurchlaßwiderstände $1/\Lambda$ von Luftschichten[1]) nach DIN 4108, T. 4 (12. 1985)

Lage der Luftschicht	Dicke der Luftschicht in mm	Wärmedurchlaßwiderstand $1/\Lambda$ in m² · K/W
lotrecht	10 bis 20	0,14
	über 20 bis 500	0,17
waagerecht	10 bis 500	0,17

1) Die Werte gelten für Luftschichten, die nicht mit der Außenluft in Verbindung stehen. Die Werte gelten jedoch für die Luftschichten von zweischaligem Mauerwerk nach DIN 1053, ↪ Abschnitt 7.6.4

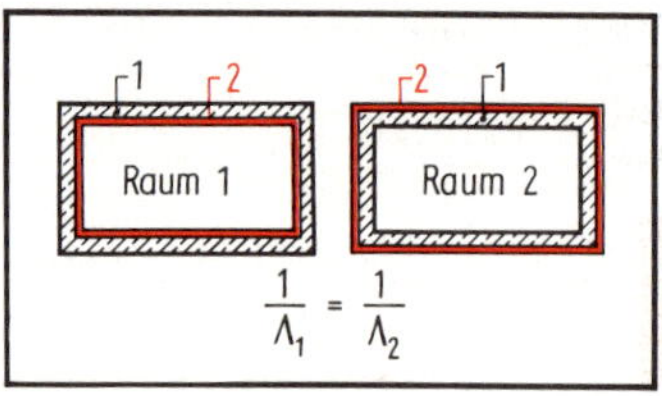

Bild 74.2 Innenliegende Bauteile mit hoher Eigenmasse (Raum 2) gleichen Temperaturschwankungen aus.
1 Normalbeton; *2* Wärmedämmstoff

- Wärmedurchgangswiderstand $1/k$ in $m^2 \cdot K/W$

$$\frac{1}{k} = \frac{1}{\alpha_i} + \frac{1}{\Lambda} + \frac{1}{\alpha_a}$$

- Wärmedurchgangskoeffizient k in $W/(m^2 \cdot K)$

$$k = \frac{1}{\frac{1}{\alpha_i} + \frac{1}{\Lambda} + \frac{1}{\alpha_a}}$$

Je *kleiner* der Wärmedurchgangskoeffizient k ist, desto besser ist die Wärmedämmung.

- Wärmestrom q in W/m^2
  Die abströmende Wärme kann wie folgt berechnet werden:

$q = k(t_{Li} - t_{La})$

t_{Li} Temperatur der Innenluft
t_{La} Temperatur der Außenluft

Wirkung von Luftschichten. Luftschichten in Bauteilen vergrößern den Wärmedurchlaßwiderstand. Der Wärmedurchlaßwiderstand ist abhängig von ihrer Dicke und von ihrer Lage (Tabelle 74.1). Luftschichten, die unmittelbar mit der Außenluft in Verbindung stehen, haben eine geringe Wärmedämmwirkung. Die Zuluftöffnungen von zweischaligem Mauerwerk (↳ Abschnitt 7.6.4) sind so klein, daß diese Luftschichten bei der Ermittlung des Wärmedurchlaßwiderstands als wärmedämmend in Rechnung gestellt werden .

Wärmespeicherung. Neben dem Wärmedurchlaßwiderstand der umhüllenden Bauteile bestimmt die Möglichkeit zur Wärmespeicherung das Raumklima.

Baustoffe mit hoher Eigenmasse können mehr Wärme speichern als Bauteile mit einer geringen Eigenmasse.

Die in Bild 74.2 dargestellten Räume haben die gleiche Wärmedämmung. Bei einem Temperaturwechsel entstehen jedoch unterschiedliche Wirkungen:

Wenn die Wärmedämmschicht an der Außenseite liegt (Raum 2), nehmen die innenliegenden Bauteile Wärme auf und geben sie bei Schwankungen der Innentemperatur wieder ab.
Schwere Baustoffe an der Innenseite von Räumen verzögern
die Erwärmung beim Anheizen,
die Abkühlung der Räume beim Abstellen der Heizung,
die Erwärmung der Räume in den Mittagsstunden des Sommers.
Wenn sich die Wärmedämmschicht an der Innenseite befindet, kann die Raumluft beim Anheizen schnell erwärmt werden. Beim Abstellen der Heizung kühlt der Raum jedoch schnell aus. Im Sommer wird sich die Raumluft beim Einfallen des Sonnenlichts schnell erwärmen.

Innenliegende Baustoffe mit hoher Eigenmasse tragen dazu bei, Temperaturschwankungen im Raum auszugleichen.

Mindestanforderungen an den Wärmeschutz. Die Energiegewinnung belastet die Umwelt. Energie steht nur in begrenztem Umfang zur Verfügung.

Baukonstruktionen sind so auszuführen, daß möglichst wenig Energie für die Heizung benötigt wird.

DIN 4108 nennt
Mindestwerte für den Wärmedurchlaßwiderstand $1/\Lambda$ bzw. Größtwerte für den Wärmedurchgangskoeffizienten k.
Die Tabellen 76.1 und 76.2 enthalten die Anforderungen, die von Außenwänden zu erfüllen sind.
Wegen der Bedeutung der Energieeinsparung wurde von der Bundesregierung die *Wärmeschutzverordnung* vom 24. 2. 1982 erlassen.

Die Wärmeschutzverordnung schreibt die Anwendung von DIN 4108 vor und stellt außerdem zusätzliche Anforderungen an den Wärmeschutz.

Tabelle 76.1 Mindestwerte der Wärmedurchlaßwiderstände $1/\Lambda$ und Maximalwerte der Wärmedurchgangskoeffizienten k von Wänden[1]) nach DIN 4108, T. 2 (8. 1981)

Bauteil	**Wärmedurchlaßwiderstand** $1/\Lambda$ in $m^2 \cdot K/W$	**Wärmedurchgangskoeffizient** k in $W/(m^2 \cdot K)$
Außenwände	0,55	1,39; (1,32)[2])
Wohnungstrennwände		
– in nicht-zentral-beheizten Gebäuden	0,25	1,96
– in zentral-beheizten Gebäuden	0,07	3,03
Treppenraumwände	0,25	1,96

1) Wenn die Eigenmasse der gesamten Wand oder der Wandschichten zwischen Wärmedämmschicht und Innenraum <300 kg/m² beträgt, müssen die Werte nach Tabelle 76.2 verwendet werden.
2) Wert in ( ) gelten für Außenwände mit hinterlüfteter Außenhaut

Tabelle 76.2 Mindestwerte der Wärmedurchlaßwiderstände $1/\Lambda$ und Maximalwerte der Wärmedurchgangskoeffizienten k von *leichten Außenwänden* nach DIN 4108, T. 2 (8. 1981)

Maßgebende Wandmasse[1]) in kg/m^2	**Wärmedurchlaßwiderstand** $1/\Lambda$ in $m^2 \cdot K/W$	**Wärmedurchgangskoeffizient** k in $W/m^2 \cdot K$
0	1,75	0,52; (0,51)[2])
20	1,40	0,64; (0,62)[2])
50	1,10	0,79; (0,76)[2])
100	0,80	1,03; (0,99)[2])
150	0,65	1,22; (1,16)[2])
200	0,60	1,30; (1,23)[2])
300	0,55	1,39; (1,32)[2])

1) Wände ohne Wärmedämmschichten: Masse der gesamten Wand
Wände mit Wärmedämmschichten: Masse der Wandschichten zwischen Wärmedämmschicht und Innenraum
2) Werte in ( ) gelten für Außenwände mit hinterlüfteter Außenhaut

Nach der Wärmeschutzverordnung genügt es nicht, den Wärmedurchgangskoeffizienten *einzelner Bauteile* zu untersuchen. Die Wärmeschutzverordnung fordert, das
Verhältnis Volumen des Baukörpers: *Oberfläche* und das *Zusammenwirken* von Wänden, Decken und Fenstern, in einem Raum in Hinblick auf den Wärmeschutz zu untersuchen.
Bei der Planung von Wohngebäuden, Bürogebäuden, Schulen usw. ist der Wärmeschutz rechnerisch nachzuweisen und den Baubehörden *vor Baubeginn* zur Genehmigung vorzulegen.

Beispiele. Die folgenden Beispiele wurden unter Verwendung folgender Gleichungen berechnet:

$$\frac{1}{\Lambda} = \frac{s_1}{\lambda_{R1}} + \frac{s_2}{\lambda_{R2}} + \dots$$

$$k = \frac{1}{\frac{1}{\alpha_i} + \frac{1}{\Lambda} + \frac{1}{\alpha_a}}$$

Mit

$$\frac{1}{\alpha_i} = 0{,}13\ m^2 \cdot K/W; \quad \frac{1}{\alpha_a} = 0{,}04\ m^2 \cdot K/W$$

Die Werte für λ_R wurden Tabelle 71.1 entnommen.
Weiterhin wurden die Maximalwerte für k nach Tabelle 76.1 verwendet.

Beispiel 1:

Außenwand aus Stahlbeton ohne Wärmedämmschicht (Bild 77.1)

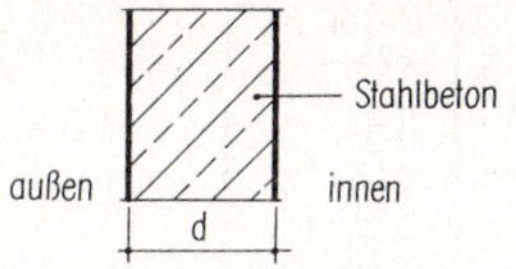

d	1/Λ	k
20	0,095 < 0,55	3,77 > 1,39
25	0,12 < 0,55	3,45 > 1,39
30	0,14 < 0,55	3,23 > 1,39

Bild 77.1 Beispiel 1

Rechnung für $d = 20\,\text{cm} = 0{,}2\,\text{m}$:

$$\frac{1}{\Lambda} = \frac{0{,}20}{2{,}1}$$

$$\frac{1}{\Lambda} = 0{,}095 < 0{,}55 \quad \text{in} \quad \text{m}^2 \cdot \text{K/W}$$

$$k = \frac{1}{0{,}13 + 0{,}095 + 0{,}04}$$

$$k = 3{,}77 > 1{,}39 \quad \text{in} \quad \text{W/(m}^2 \cdot \text{K)}$$

■ Wärmeschutz nicht ausreichend!

Beispiel 2:

Außenwand aus Ziegelmauerwerk, beidseitig geputzt (Bild 77.2)
Rechnung für $d = 24\,\text{cm} = 0{,}24\,\text{m}$:

$$\frac{1}{\Lambda} = \frac{0{,}02}{0{,}87} + \frac{0{,}24}{0{,}81} + \frac{0{,}015}{0{,}87}$$

$$= 0{,}34 < 0{,}55 \quad \text{in} \quad \text{m}^2 \cdot \text{K/W}$$

$$k = \frac{1}{0{,}13 + 0{,}34 + 0{,}04}$$

$$k = 1{,}96 > 1{,}39 \quad \text{in} \quad \text{W/(m}^2 \cdot \text{K)}$$

■ Wärmeschutz nicht ausreichend!

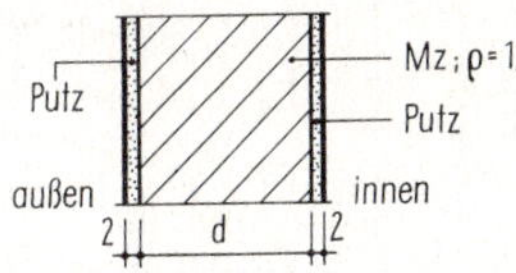

d	1/Λ	k
24	0,34 < 0,55	2,15 > 1,39
36^5	0,49 < 0,55	1,61 > 1,39
49	0,64 > 0,55	1,23 < 1,39

Bild 77.2 Beispiel 2; ϱ in t/m³

Beispiel 3:

Außenwand aus Porenbeton in Dünnbettmörtel; außen wärmedämmender Putz (Strukturputz), innen Glattputz auf Gipsmörtelbasis (Bild 77.3).
Da der Fugenanteil gering ist, kann für den Porenbeton der Wert für großformatige Bauteile aus Gasbeton verwendet werden.
Rechnung für $d = 20\,\text{cm} = 0{,}20\,\text{m}$:

$$\frac{1}{\Lambda} = \frac{0{,}01}{0{,}20} + \frac{0{,}20}{0{,}19} + \frac{0{,}005}{0{,}35}$$

$$= 1{,}11 > 0{,}70 \quad \text{in} \quad \text{m}^2 \cdot \text{K/W}$$

$$k = \frac{1}{0{,}13 + 1{,}11 + 0{,}04}$$

$$= 0{,}78 < 1{,}15 \quad \text{in} \quad \text{W/(m}^2 \cdot \text{K)}$$

Die Masse der Wand einschl. Putz beträgt nur 132 kg/m². Daher sind für die Mindestwerte für $1/\Lambda$ und für die Maximalwerte von k die veränderten Werte für leichte Bauteile (Tabelle 76.2) zu verwenden.

■ Guter Wärmeschutz

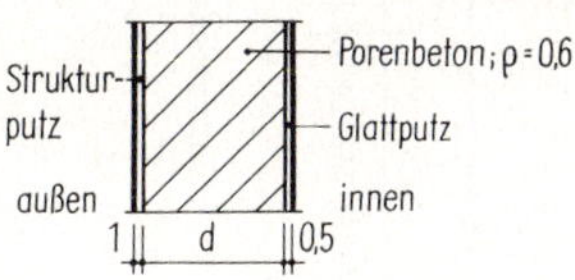

d	1/Λ	k
20	1,11 > 0,70	0,78 < 1,15
24	1,32 > 0,64	0,67 < 1,23
30	1,64 > 0,61	0,55 < 1,29

Bild 77.3 Beispiel 3; ϱ in t/m³

4

Beispiel 4:

Außenwand mit einer Stahlbetoninnenschale, einer Wärmedämmschicht und einer Stahlbetonaußenschale (Bild 78.1)
Rechnung für $d = 15\,\text{cm} = 0{,}15\,\text{m}$:

$$\frac{1}{\Lambda} = \frac{0{,}07}{2{,}1} + \frac{0{,}05}{0{,}03} + \frac{0{,}15}{2{,}1}$$

$$= 1{,}77 > 0{,}55 \quad \text{in} \quad m^2 \cdot K/W$$

$$k = \frac{1}{0{,}13 + 1{,}77 + 0{,}04}$$

$$k = 0{,}52 < 1{,}39 \quad \text{in} \quad W/(K \cdot m^2)$$

■ Guter Wärmeschutz

Beispiel 5:

Zweischalige Außenwand aus Ziegelmauerwerk mit Luftschicht (Bild 78.2)
Senkrechte Luftschicht

$$\frac{1}{\Lambda} = 0{,}17\ m^2 \cdot K/W \text{ nach Tabelle 74.1}$$

Rechnung für $d = 17{,}5\,\text{cm} = 0{,}17\,\text{m}$:

$$\frac{1}{\Lambda} = \frac{0{,}115}{0{,}68} + 0{,}17 + \frac{0{,}175}{0{,}39} + \frac{0{,}015}{0{,}87}$$

$$= 0{,}81 > 0{,}60 \quad \text{in} \quad K \cdot m^2/W$$

$$k = \frac{1}{0{,}13 + 0{,}81 + 0{,}04}$$

$$= 1{,}03 < 1{,}30 \quad \text{in} \quad W/(K \cdot m^2)$$

Da die Eigenmasse der Innenschale einschl. Putz nur $202\,\text{kg/m}^2$ beträgt, müssen die Mindestwerte für λ_R und Maximalwerte für k nach Tabelle 76.2 verwendet werden.

■ Ausreichender Wärmeschutz

Beispiel 6:

Zweischalige Außenwand aus Mauerwerk mit Luftschicht und Wärmedämmschicht (Bild 78.3)
Senkrechte Luftschicht:

$$\frac{1}{\Lambda} = 0{,}17\ m^2 \cdot K/W \text{ nach Tabelle 74.1}$$

Rechnung für $d = 17{,}5\,\text{cm} = 0{,}175\,\text{m}$:

$$\frac{1}{\Lambda} = \frac{0{,}115}{0{,}99} + 0{,}17 + \frac{0{,}03}{0{,}03} + \frac{0{,}175}{0{,}99} + \frac{0{,}015}{0{,}87}$$

$$= 1{,}48 > 0{,}55 \quad \text{in} \quad K \cdot m^2/W$$

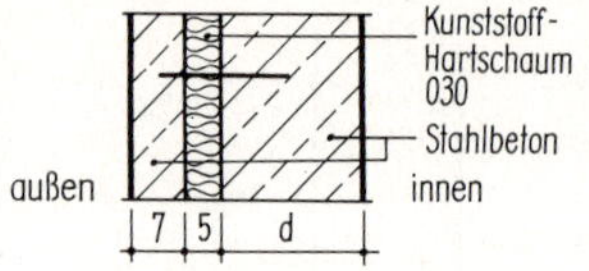

d	1/Λ	k
15	1,77 > 0,55	0,52 < 1,39
20	1,79 > 0,55	0,51 < 1,39
25	1,82 > 0,55	0,50 < 1,39

Bild 78.1 Beispiel 4

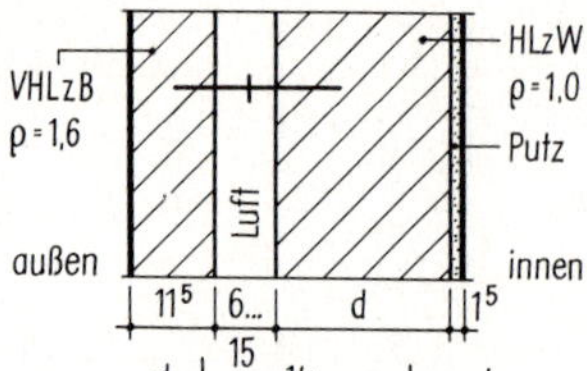

d	1/Λ	k
17⁵	0,81 > 0,60	1,03 < 1,30
24	0,97 > 0,57	1,15 < 1,36

Bild 78.2 Beispiel 5; ϱ in t/m³

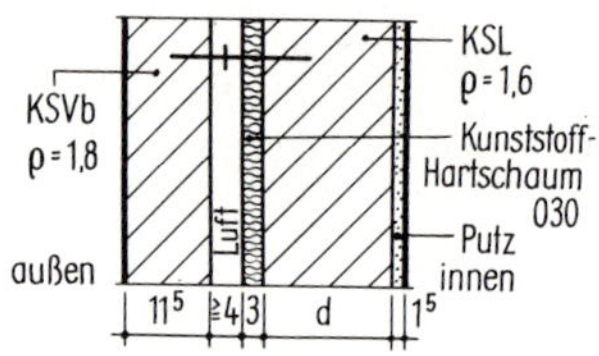

d	1/Λ	k
17⁵	1,48 > 0,55	0,61 < 1,30
24	1,54 > 0,55	0,58 < 1,30

Bild 78.3 Beispiel 6; ϱ in t/m³

$$k = \frac{1}{0{,}13 + 1{,}48 + 0{,}04}$$

$$= 0{,}61 < 1{,}39 \quad \text{in} \quad W/(m^2 \cdot K)$$

Als wärmespeichernde Masse ist die innenliegende Eigenmasse vor der Wärmedämmschicht anzusetzen. Sie beträgt 307 kg/m².

■ Guter Wärmeschutz

4.2.3 Längenänderung bei Temperaturänderung

Alle Bauteile dehnen sich beim Erwärmen aus. Sie verringern ihre Abmessungen bei Abkühlung.

Bauteile, die sich im Innern von Gebäuden befinden, unterliegen nur geringen Temperaturschwankungen:

Einbautemperatur: 10 °C
Temperatur bei der Nutzung des Gebäudes: 25 °C
Temperaturdifferenz: ΔT = 15 K
Auf Bauteile, die ungeschützt der Witterung ausgesetzt sind, z. B. Außenschalen von zweischaligen Außenwänden, Brücken usw., unterliegen wesentlich größeren Temperaturschwankungen:
Einbautemperatur: 10 °C
Höchsttemperatur im Sommer: +50 °C
Tiefsttemperatur im Winter: −35 °C
Temperaturdifferenz:
Sommer: ΔT = +40 K
Winter: ΔT = −35 K
Diese Bauteile müssen so eingebaut werden, daß sie ihre Länge ändern können. Dazu dienen Dehnungsfugen, bewegliche Lager u. ä.

Die Längenänderung l_T beträgt:

$$\Delta l_T = \alpha_T \cdot \Delta T \cdot l$$

Δl_T Längenzunahme
α_T Wärmedehnzahl
ΔT Temperaturdifferenz
l Länge des Bauteils

Die Wärmedehnzahl hängt von der Art des Baustoffes ab: (Tabelle 79.1)

Tabelle 79.1 Wärmedehnzahl α_T

Baustoff	**Wärmedehnzahl** α_T in 1/K
Stahl	$12 \cdot 10^{-6} = 0{,}000\,012$
Beton	$10 \cdot 10^{-6} = 0{,}000\,010$
Mauerwerk, aus	
Ziegeln	$6 \cdot 10^{-6} = 0{,}000\,006$
Kalksandsteinen	$8 \cdot 10^{-6} = 0{,}000\,008$
Poren-(Gas-)beton	$8 \cdot 10^{-6} = 0{,}000\,008$
Beton- oder Leichtbetonsteinen	$10 \cdot 10^{-6} = 0{,}000\,010$

Beispiel:

geg.: Außenschale aus Ziegelmauerwerk einer zweischaligen Außenwand
Einbaulänge: 8 000 mm
Einbautemperatur: 10 °C
ges.: Länge bei 50 °C; Länge bei −35 °C
Lösung:
Längenzunahme bei Erwärmung

$$\Delta l_T = 0{,}000\,006\,\frac{1}{K} \cdot 40\,K \cdot 8\,000\,mm$$
$$= 1{,}9\,mm$$

Verkürzung bei Abkühlung

$$\Delta l_T = 0{,}000\,006\,\frac{1}{K} \cdot (-35\,K) \cdot 8\,000\,mm$$
$$= -1{,}68\,mm$$

4.3 Schallschutz im Hochbau

Norm:
DIN 4109 (1989), Beiblatt 1 und 2

4.3.1 Ziel des Schallschutzes

Der einwirkende Schall beeinflußt nicht nur das Wohlbefinden des Menschen. Lärm vermindert die Arbeitsleistungen und starker Lärm kann Gehörschäden und andere negative Wirkungen auf die Gesundheit hervorrufen.

4

Der beste Schallschutz besteht darin, die Entstehung von lauten Geräuschen und Lärm zu vermeiden.

In Wohnungen, Schulen und Krankenhäusern müssen die Baukonstruktionen so ausgeführt werden, daß die in der Nachbarschaft entstehenden Geräusche in einem möglichst hohen Maß vom Menschen ferngehalten werden.

Eine vollständige Schalldämmung ist mit vertretbarem Aufwand nicht zu erreichen. Es ist erforderlich, den Schall soweit zu dämmen, daß er nicht mehr als störend empfunden wird.

4.3.2 Schallausbreitung und Schalldämmung

4

Schallmessung. Mit Hilfe von Mikrophonen wird der Schalldruckpegel gemessen und in Dezibel (dB) angegeben. Das menschliche Ohr empfindet Töne mit gleichem Schalldruckpegel unter Umständen verschieden laut. Für tiefe Töne ist das menschliche Ohr weniger empfindlich.

Um einen Vergleich zu ermöglichen, wird als Bezugsgröße eine Mischung verschieden hoher Töne gewählt. Unter diesen Voraussetzungen wird der vorhandene Schall mit einem Schallpegelmesser geprüft und in dB (A) angegeben.

Tabelle 80.1 nennt Beispiele für den Schallpegel ausgewählter Schallquellen. Dezibel ist keine Maßeinheit, sondern eine Verhältniszahl, die auf Zehnerpotenzen zurückgeführt wird. Daher verändert sich die Wirkung des Schalls nicht gleichmäßig mit dem Ansteigen der dB-Werte. Schall mit einem Schallpegel von 50 dB wird doppelt so laut empfunden wie Schall von 40 dB.

Oberhalb von 40 dB bewirkt eine Zunahme um 10 dB eine Verdopplung der Lautstärke des Schalls.

Tabelle 80.1 Schallpegel verschiedener Schallquellen

Schallquelle	Schallpegel
Pop-Gruppe	bis 110 dB (A)
Fabrikhalle	90 bis 100 dB (A)
mittelstarker Straßenverkehr	70 bis 80 dB (A)
lautes Sprechen	70 dB (A)
Sprechen mit normaler Lautstärke, Unterhaltung	60 dB (A)
ruhiger Garten, Wald	30 dB (A)
Ticken einer mechanischen Taschenuhr	20 dB (A)
ruhiger Raum, am Tage	25 bis 30 dB (A)
ruhiger Raum, in der Nacht	10 bis 20 dB (A)
Hörgrenze	0 dB (A)

Bei leisen Geräuschen (10 bis 20 dB) reicht bereits eine Zunahme um 3 dB, um den Schall doppelt laut erscheinen zu lassen.

Schallausbreitung. Der Schall breitet sich in der Luft, in Flüssigkeiten und in festen Körpern aus.

Im Bauwesen sind von besonderer Bedeutung:

- der Luftschall
- der Körperschall.

Gespräche, Lautsprecher und Musikinstrumente erzeugen *Luftschall* (Bild 81.1).

Körperschall entsteht direkt im Bauteil (Bild 81.2).

Eine besondere Form des Körperschalls ist der *Trittschall*, der durch das Gehen auf Decken verursacht wird.

Trittschall entsteht als Körperschall und wird von den Bauteilen als Luftschall abgegeben.

Luftschall kann zum Körperschall werden. Wenn der Luftschall auf feste Körper trifft (Bild 82.1), dringt er in diese ein und breitet sich in ihnen aus. An anderer Stelle wird dieser Schall vom festen Körper wieder als Luftschall abgestrahlt. Auf diese Weise kann die Wirkung von schalldämmenden Konstruktionen, z. B. von Wänden, beeinträchtigt werden, sog. Flankenübertragung des Schalls.

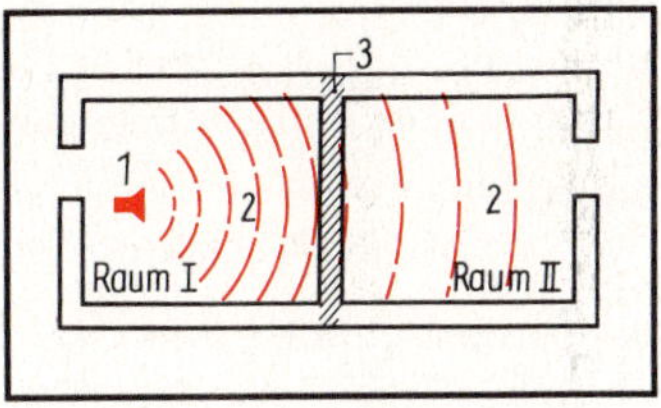

Bild 81.1 Ausbreitung von Luftschall
1 Schallquelle; *2* Schallausbreitung in der Luft; *3* schalldämmende Wand

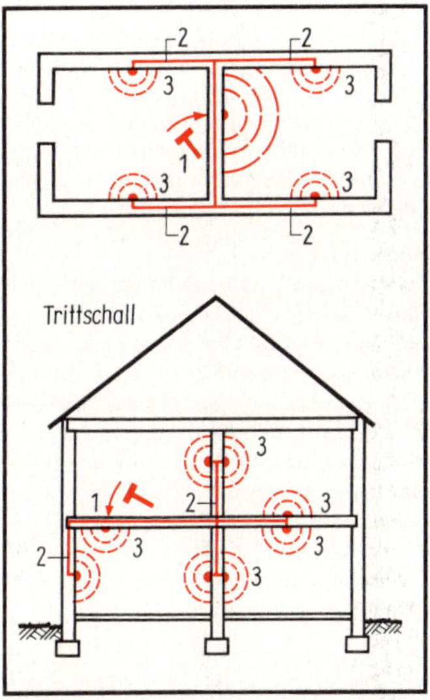

Bild 81.2 Ausbreitung von Körperschall
1 Schallquelle; *2* Schallausbreitung in massiven Bauteilen (Wände, Decken); *3* Schallabstrahlung

Schwere Bauteile neben einer schalldämmenden Konstruktion verringern die Flankenübertragung des Schalls.

Schalldämmung. Beim Durchgang durch ein Bauteil verringert sich der Schallpegel. Wenn der Schall im Raum I (Bild 81.1) entsteht, dann wird er im Raum II als leiser empfunden. Die Wand zwischen Raum I und Raum II wirkt schalldämmend. Vereinfacht gilt:

Schalldämmung = Schallpegel im Raum I − Schallpegel im Raum II

Zum genauen Ansatz ↪ DIN 4109.
Der rechnerische Wert der Schalldämmung, das Schalldämm-Maß R'_w wird in dB angegeben.
Tabelle 81.1 beschreibt die Wirkung der Schalldämmung bei unterschiedlichem Schalldämm-Maß der Trennwand.

Tabelle 81.1 Wirkung einer Trennwand mit verschiedenen Schalldämm-Maßen R'_w, ↪ Bild 81.1

Schallquelle im Raum I	**Schalldämm-maß R'_w der Trennwand** in dB	**Wahrnehmung im Raum II**
lautes Radio	62	nicht hörbar
Radio mit normaler Lautstärke	57 52	nicht hörbar leise hörbar
lautes Sprechen	47	verständlich
Sprechen mit normaler Lautstärke	42 37	gerade noch verständlich verständlich
Radio mit normaler Lautstärke	32	wie ein leises Radio im Raum II

4

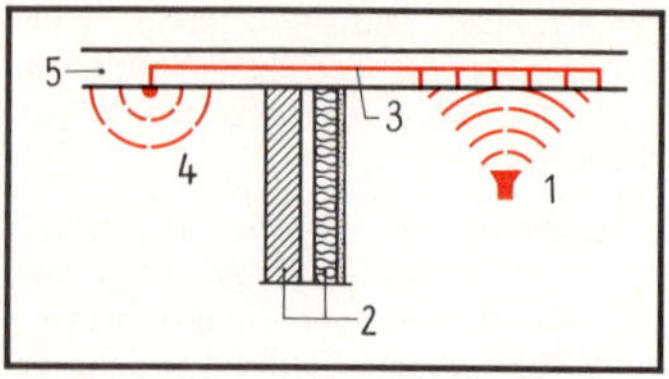

Bild 82.1 Flankenübertragung an einer schalldämmenden Wand
1 Schallquelle; *2* Wand hoher Schalldämmung, Bestandteile: schwere Massivwand + Luftschicht + biegeweiche Dämmschicht; *3* Flankenübertragung: Körperschall in Massivbauteilen; *4* Schallabstrahlung; *5* Massivdecke oder Wand

Mindestanforderungen an den Schallschutz.
Für die Schalldämmung von Wänden und Decken, Fenstern und Türen werden Mindestwerte vorgeschrieben, die beim Bauen einzuhalten sind:

vorh. $R'_w \geqq$ mind. R'_w

Tabelle 84.1 nennt Mindestwerte für Wände.
Mindestwerte für Decken, Fenster und Türen ↪ DIN 4109.
Außerdem enthält die Tabelle 84.1 Werte für einen erhöhten Schallschutz. Diese Werte sind nur *Empfehlungen* nach DIN 4109, Beiblatt 2.
Beispiele. Bild 83.1 zeigt vier typische Wandkonstruktionen und nennt die zu den aufgeführten Wanddicken *d* gehörenden Werte für das Schalldämm-Maß R'_w. Für die Werte zum Schalldämm-Maß einer Baukonstruktion (vorh. R'_w) können

- Berechnungen nach DIN 4109
- baubehördlich bestätigte Vorgaben der Hersteller
- Ergebnisse von Messungen unmittelbar am Bau (kostenaufwendig)

verwendet werden.
Die in Bild 83.1 aufgeführten Werte zum Schalldämm-Maß R'_w sind auf der Grundlage von DIN 4109, Beiblatt 1, berechnet worden.

Beispiel 1:
Wand aus Mauerwerk, unverputzt
Schall breitet sich durch kleine Öffnungen, Spalten oder Risse aus.
Mauerwerk aus nicht vermörtelten Stoßfugen muß daher verputzt werden, um schalldämmend zu wirken.
Allgemein gilt:

Je schwerer eine Wand ist, desto besser ist die Schalldämmung.

Beispiel 2:
Wand aus Mauerwerk, beidseitig verputzt
Der Putz erhöht die Masse der Wand und somit verbessert sich das Schalldämm-Maß der Wand.
Außerdem verschließt der Putz Öffnungen und Löcher im Mauerwerk.

Beispiel 3:
Wand aus Mauerwerk mit einer biegeweichen Vorsatzschale
Die biegeweiche Vorsatzschale aus geputzten Holzwolleleichtbauplatten ist an Kanthölzern befestigt. Diese müssen zum Mauerwerk einen Abstand von mindestens 2 cm einhalten. Wenn die Kanthölzer das Mauerwerk berühren, verringert sich das Schalldämm-Maß.

Beispiel 4:
Zweischalige Wand mit Trennfuge
Diese Konstruktion enthält eine Trennfuge, die *vom Dach bis zum Fundament* reicht. Auch die Seitenwände dürfen nicht durchgehen, damit eine Flankenübertragung (Bild 82.1) ausgeschlossen wird. Die Fuge darf nicht mit Mörtelresten gefüllt werden, sonst entstehen Schallbrücken.
Diese Konstruktion wird vorzugsweise als Wand zwischen Reihen- oder Doppelhäusern ausgeführt.

Die in den Beispielen 1, 2 und 3 genannten Werte für das Schalldämm-Maß R'_w werden nur erreicht, wenn die seitlichen Bauteile eine Masse $\geqq$300 kg/m^2 aufweisen, damit die Flankenübertragung begrenzt wird.

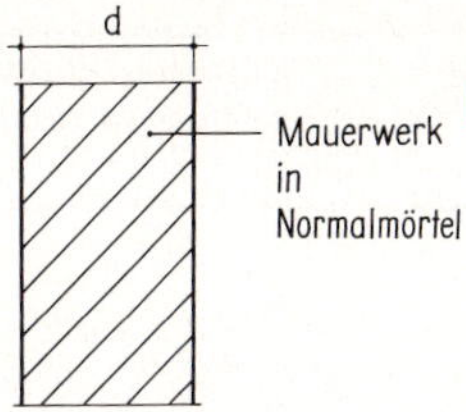

1

d	ρ = 0,6	ρ = 1,0	ρ = 1,4	ρ = 1,8
11^5	R'_w = 34	38	42	44
24	41	46	50	53
30	44	49	53	55
36^5	46	51	55	58

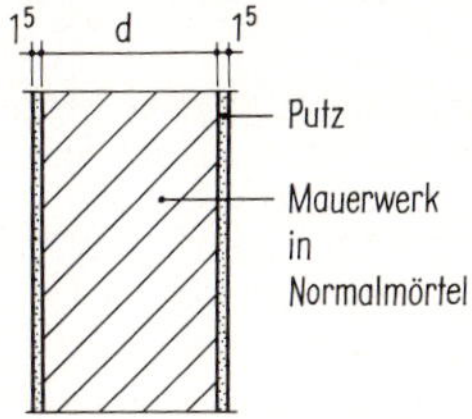

2

d	ρ = 0,6	ρ = 1,0	ρ = 1,4	ρ = 1,8
11^5	R'_w = 49 [1]	42	45	47
24	45 [1]	49	52	54
30	47 [1]	51	54	57
36^5	49	53	56	59

1) Bei Gasbeton: + 2 dB

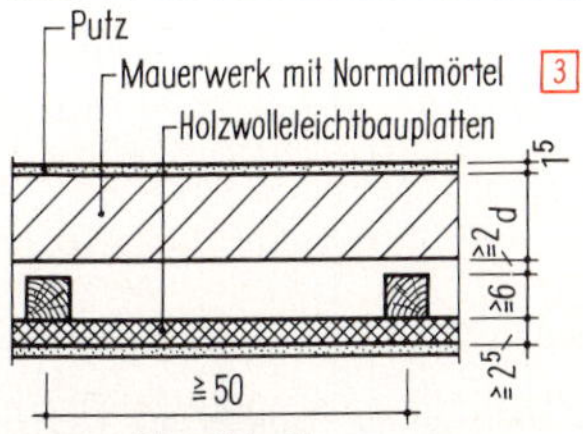

waagerechter Schnitt

3

d	ρ = 0,6	ρ = 1,0	ρ = 1,4	ρ = 1,8
11^5	R'_w = 49	49	50	50
17^5	49	50	53	55
24	50	52	55	57

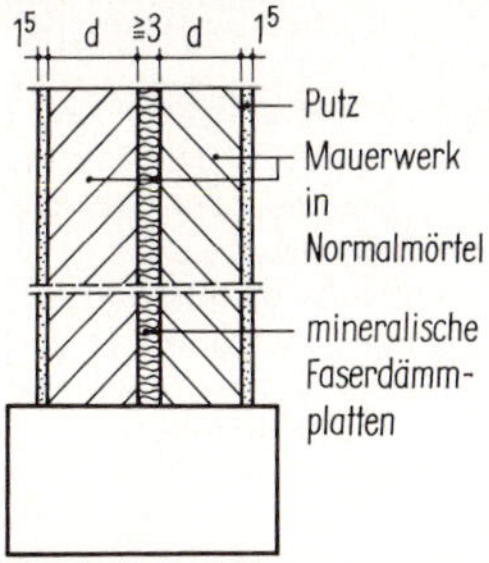

4

d	ρ = 0,6	ρ = 1,0	ρ = 1,4	ρ = 1,8
11^5	R'_w = 56 [1]	60 [1]	63	66 [2]
17^5	60 [1]	65 [2]	68 [2]	71 [2]
24	63	68 [2]	71 [2]	74 [2]
30	66 [2]	70 [2]	74 [2]	76 [2]

1) Fuge ≥ 50; 2) auch ohne Dämmplatten

R_w in dB; ρ in t/m³;

Maße in cm

Bild 83.1 Beispiele zur Schalldämmung von Wänden
Schalldämm-Maß R'_w in dB

Tabelle 84.1 Anforderungen an den Schallschutz von Wänden zur Einschränkung der Schallübertragung aus einem fremden Wohn- oder Arbeitsbereich nach DIN 4109 (11. 1989), Beiblatt 2

Bauteil	**Mindestwert** in dB	**Empfohlener Wert für erhöhten Schallschutz** in dB
Geschoßhäuser mit Wohnungen und Arbeitsräumen:		
Wohnungstrennwände und Wände zwischen fremden Arbeitsräumen	53	55
Treppenraumwände und Wände neben Hausfluren	52	55
Wände neben Durchfahrten, Einfahrten von Sammelgaragen	55	–
Einfamilien-Doppelhäuser und Einfamilien-Reihenhäuser:		
Haustrennwände	57	67
Schulen:		
Wände zwischen Unterrichtsräumen	47	–
Wände zwischen Unterrichtsräumen und Fluren	47	
Wände zwischen Unterrichtsräumen und Sporthallen, Musikräumen u. ä.	55	–
Wände zwischen schutzbedürftigen Räumen (Wohnräume, Unterrichtsräume u. ä.) und besonders lauten Räumen, wie		
– Gasträume	62	
– besonders laute Gasträume	72	–
– Kegelbahnen	67	

4

4.4 Brandschutz

Norm:
DIN 4102, T. 1 bis T. 7 (1977; 1981)

Außerdem: Bauordnungen der Bundesländer

4.4.1 Ziel des Brandschutzes

Alle Gebäude müssen so ausgeführt werden, daß der Entstehung eines Brandes vorgebeugt wird.

Im Falle eines Brandes

- müssen Maßnahmen zum Brandschutz die Brandausbreitung und Rauchausbreitung eindämmen,
- müssen die Bauteile ihre Tragfähigkeit und Standsicherheit behalten,
- müssen die Gebäude Rettungswege enthalten,
- müssen die Gebäude eine solche Lage und Grundrißgestaltung haben, daß die Löscharbeiten nicht behindert werden.

Die Zufahrten zu den Gebäuden müssen Abmessungen haben, die es gestatten, daß die Fahrzeuge der Feuerwehr an die Gebäude heranfahren können.

4.4.2 Brandverhalten von Baustoffen

Das Brandverhalten von Baustoffen wird im Versuch überprüft. Danach werden die Baustoffe in folgende Klassen eingeteilt:

- nicht brennbare Baustoffe
- schwer entflammbare Baustoffe
- normal entflammbare Baustoffe
- leicht entflammbare Baustoffe

Außerdem werden Kurzbezeichnungen verwendet (Tabelle 85.1).

Leicht entflammbare Baustoffe dürfen nicht eingebaut werden.

Feuerwiderstandsklassen. Bei der Einwirkung eines Brandes müssen die Bauteile ihre Tragfähigkeit behalten und sie dürfen sich nicht stärker als zulässig verformen, z. B. durchbiegen.
Stahl verliert z. B. oberhalb von 500 °C seine Tragfähigkeit und Formbeständigkeit. Bei Belastung treten große Dehnungen und Formänderungen auf.

Die Feuerwiderstandsklasse (Tabelle 85.2) gibt die Zeit in Minuten an, in der

- tragende Bauteile der vollen Belastung widerstehen,
- nichttragende Wände standsicher bleiben und nicht unter ihrer Eigenlast zusammenbrechen.

Beispiel:

Eine nicht geputzte Wand aus Mauerziegeln, Kalksandsteinen oder Hüttensteinen von 24 cm Dicke hat die Feuerwiderstandsklasse F 180-A.
F 180: Die Wand behält bei Einwirkung eines Brandes 180 Minuten ihre volle Tragfähigkeit.
A: Die Wand besteht aus nicht brennbaren Baustoffen.
In den Bauordnungen der Bundesländer werden auch die Bezeichnungen feuerhemmend und feuerbeständig verwendet (Tabelle 85.3).

Anforderungen an einzelne Bauteile. An die verschiedenen Bauteile werden unterschiedliche Anforderungen gestellt. Diese weichen in den einzelnen Bundesländern voneinander ab.

Tabelle 85.1 Bezeichnungen zum Brandverhalten von Baustoffen

Baustoffklasse	**Bezeichnungen in den Bauordnungen**
A	nichtbrennbare Baustoffe
A_1	
A_2	
B	brennbare Baustoffe
B_1	schwer entflammbare Baustoffe
B_2	normal entflammbare Baustoffe
B_3	leicht entflammbare Baustoffe

Tabelle 85.2 Feuerwiderstandsklassen nach DIN 4102, T. 2

Feuerwiderstandsklasse	**Feuerwiderstandsdauer** in Minuten
F 30	≧ 30
F 60	≧ 60
F 90	≧ 90
F 120	≧ 120
F 180	≧ 180

Beispiele:

F 30-B: Feuerwiderstandsklasse 30; aus brennbaren Baustoffen
F 30-AB: Feuerwiderstandsklasse 30; in den wesentlichen Teilen aus nichtbrennbaren Baustoffen
F 30-A: Feuerwiderstandsklasse 30; aus nichtbrennbaren Baustoffen

Tabelle 85.3 Zuordnung der Bezeichnungen *feuerhemmend* und *feuerbeständig* zu den Feuerwiderstandsklassen

Bezeichnung in den Bauordnungen	**Feuerwiderstandsklasse**
feuerhemmend	F 30-B; F 30-AB; F 30-A
feuerhemmend und in den tragenden Teilen aus nichtbrennbaren Baustoffen	F 30-AB; F 30-A
feuerhemmend und aus nichtbrennbaren Baustoffen	F 30-A
feuerbeständig	F 90-AB
feuerbeständig und aus nicht brennbaren Baustoffen	F 90-A

Allgemein gilt:

Je höher ein Gebäude ist, je mehr Menschen sich in dem Gebäude aufhalten, desto höher sind die Anforderungen des Brandschutzes.

Tabelle 86.1 nennt einige ausgewählte Beispiele.

Besondere Anforderungen werden an die Feuerbeständigkeit der Bauteile gestellt, die *Fluchtwege* (Treppen, Flure) bilden.
Von besonderer Bedeutung für den Brandschutz sind auch die *Brandwände*. Brandwände haben die Aufgabe, die Ausbreitung eines Feuers von Haus zu Haus zu verhindern. Sie sind erforderlich, wenn die Häuser eng nebeneinander stehen.
Große Gebäude werden zur Erhöhung des Brandschutzes durch Brandwände in einzelne Brandabschnitte geteilt.
Brandwände reichen im Regelfall vom Fundament bis zum Dach. Es ist günstig, wenn sie mindestens 30 cm über die Dachhaut hinausragen, um ein Übergreifen des Feuers von Dach zu Dach zu erschweren.

Im Regelfall dürfen Brandwände keine Öffnungen haben.

Wenn Türen und andere Öffnungen unbedingt erforderlich sind, dann müssen es selbstschließende feuerbeständige Konstruktionen sein.
Mindestanforderung an Brandwände:
F 90-A (feuerbeständig)
Feuerwiderstandsklasse: 90
Baustoff: nicht brennbar

Maßnahmen zur Erhöhung des Feuerwiderstandes.

- Vergrößerung der Abmessungen des Bauteils

  Beispiel:

  Pfeiler aus Mauerwerk 24/24: F 30-A
  Pfeiler aus Mauerwerk 36,5/36,5: F 180-A

- Putzen von Wänden und Pfeilern
- Bekleiden von Stahlstützen mit Putz auf Putzträgern (Streckmetall, Drahtgewebe), mit Beton, Mauerwerk oder Gipskartonplatten
- Vergrößern der Betondeckung bei Stahlbetonbauteilen

Tabelle 86.1 Beispiele für die Anforderungen des Brandschutzes

Bauteil	**Freistehende Wohngebäude mit nur 1 Wohnung**	**Gebäude bis zu 3 Vollgeschossen**	**Gebäude mit mehr als 3 Vollgeschossen**
tragende Pfeiler; tragende und aussteifende Wände	keine Anforderungen	feuerhemmend	feuerbeständig
Trennwände zwischen Wohnungen	–	feuerhemmend	feuerbeständig
Decken	keine Anforderungen	bis zu 5 Vollgeschossen: feuerhemmend	über 5 Vollgeschosse: feuerbeständig

Verbindliche Anforderungen ⤷ Bauordnung des jeweiligen Bundeslandes

5 BAUSTOFFE

5

5 BAUSTOFFE

5.1 Bausteine

5.1.1 Überblick

Der mögliche Einsatz der Bausteine wird durch sehr verschiedenartige Eigenschaften bestimmt. Die Bausteine werden u. a. beurteilt nach

- Druckfestigkeit
- Frostbeständigkeit
- Witterungsbeständigkeit
- Wasseraufnahme und Saugfähigkeit
- Wärmedurchlaßwiderstand bzw. Wärmedämmfähigkeit
- Feuerbeständigkeit
- Wärmespeicherfähigkeit
- Aussehen (Farbe, Oberflächenbeschaffenheit)
- Maß- und Formabweichungen
- Steingröße
- Rohdichte
- Abmessungen des einzelnen Steins
- Handlichkeit und Handhabbarkeit des Steins beim Vermauern
- Preis und Transportkosten

Übersicht 89.1 gibt einen Überblick über die verschiedenen Arten von Bausteinen.

Die *getrockneten Bausteine* bestehen aus Lehm, der zuerst in die gewünschte Form gebracht und dann an der Luft getrocknet wird. Diese Steine benötigen zu ihrer Herstellung kaum Energie. Ihr Nachteil ist, daß sie bei Wassereinwirkung ihre Form und Festigkeit verlieren. Diese Steine werden in Deutschland heute kaum noch verwendet. Bei Instandsetzungsarbeiten können aber bis zu zweigeschossige Bauwerke angetroffen werden, die aus Lehmsteinen errichtet worden sind. Bauzeit: 19. Jahrhundert, um 1920 oder 1944 bis 1950. Wird der Lehm nach dem Trocknen gebrannt, entstehen die festen und wasserbeständigen *gebrannten Bausteine*. Weiterhin können *Bausteine aus Bindemitteln und Zuschlägen* hergestellt werden.

5.1.2 Künstliche Bausteine

5.1.2.1 Maße

Die Maßordnung im Bauwesen (↪ Abschnitt 2.1) bestimmt die Maße der Mauersteine. Zwischen den einzelnen Stei-

Übersicht 89.1 Überblick über die verschiedenen Arten von Bausteinen

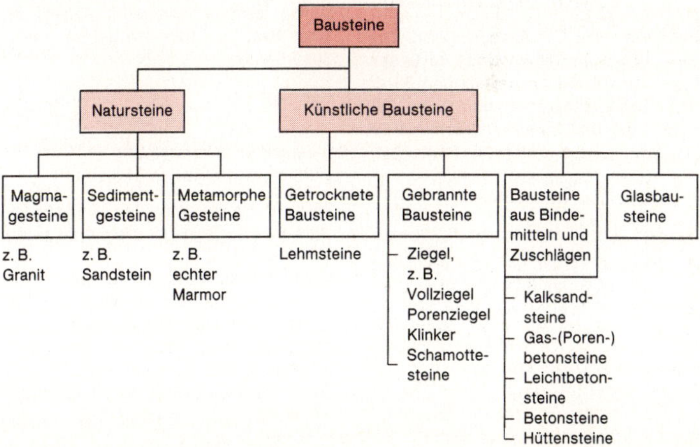

nen befinden sich Fugen (↪ Abschnitt 7.2).
Normalausführung:
Dicke der Lagerfugen: 12 mm
Dicke der Stoß- und Längsfugen: 10 mm
Die Maße der Steine wurden so gewählt, daß mit den Steinen Bauteile, deren Richtmaße Teile oder Vielfache von 250 mm sind, gemauert werden können, es also möglich ist, die Baurichtmaße

$250/4 = 62{,}5$ mm; $250/2 = 125$ mm;
$250/1 = 250$ mm; $250 \cdot 3/2 = 375$ mm
usw. einzuhalten.
Als Einheit wird der Stein mit dem

Baurichtmaß

$l = 250$ mm; $b = 125$ mm; $h = 62{,}5$ mm
mit $V = 1{,}95\ dm^3$
gewählt.
Unter Beachtung einer Lagerfuge von 10 mm (Ausnahme!) und Stoß- und Längsfugen von 10 mm Dicke entsteht der Stein mit den *Nennmaßen*:

$l = 250 - 10 = 240$ mm
$b = 125 - 10 = 115$ mm
$h = 62{,}5 - 10 = 52{,}5 \approx 52$ mm

Dieser Stein erhält die Bezeichnung
1 DF (DF = Dünnformat).
Der Stein mit den *Baurichtmaßen*
$l = 250$ mm; $b = 125$ mm; $h = 125$ mm
mit $V = 3{,}90\ dm^3 = 2 \cdot 1{,}95\ dm^3$
trägt dann die Bezeichnung 2 DF. Der Stein erhält im Mauerwerk eine Lagerfuge von 12 mm (Regelfall) und Stoß- und Längsfugen von 10 mm Dicke. Die Nennmaße des Steins im Format 2 DF sind:

$l = 250 - 10 = 240$ mm
$b = 125 - 10 = 115$ mm
$h = 125 - 12 = 113$ mm

Das Steinformat wird als Vielfaches vom 1 DF angegeben. Ausnahme NF.

Beispiel:
Steinformat: 12 DF
Baurichtmaße:
$l = 375$ mm; $b = 250$ mm; $h = 250$ mm
mit $V = 23{,}44\ dm^3 = 12 \cdot 1{,}95\ dm^3$

Nennmaße:
$l = 365$ mm; $b = 240$ mm; $h = 238$ mm
oder
$l = 240$ mm; $b = 365$ mm; $h = 238$ mm

Wenn dieser Stein für eine Knirschvermauerung vorgesehen ist (↪ Abschnitt 7.2) dann beträgt die Dicke der Stoßfugen nur 1 bis 3 mm und der Stein wird mit den Nennmaßen

$l = 374$ bzw. 372 mm; $b = 240$ mm;
$h = 238$ mm
hergestellt.

Bei Mauerwerk mit Dünnbettfugen ist die Lagerfuge nur 1 bis 3 mm dick. Für diese Steine gilt
$h = 249$ bzw. 247 mm.

Die Tabellen 91.1 und 92.1 stellen häufige Steinformate im Vergleich dar.
Das Format wird durch die Angabe der Wanddicke ergänzt: Beispiel: 12 DF (240)
Bei großformatigen Steinen werden außerdem Teilsteine angeboten, die zum verbandsgerechten Mauern benötigt werden (↪ Abschnitt 7.4).

Weiterhin bestimmt die Verlegetechnik Maße und Form der Steine.
*Einhand*steine können nur so breit und schwer sein, wie sie beim Mauern *mit einer Hand* ergriffen und getragen werden können.

Greifspanne	Verarbeitungsgewicht
4,0 cm … 7,5 cm	7,5 kg
>7,5 cm … 11,5 cm	6,0 kg

Breitere Steine enthalten Griffschlitze (Bild 93.1; [1]), damit die Hand sicher zufassen kann.
Noch breitere und schwerere Steine (Blöcke) werden *mit zwei Händen* angepackt, angehoben und vermauert. Auch bei diesen Steinen erleichtern Griffschlitze, Griffleisten (Bild 93.1; [3]) und Löcher für die Daumen die Arbeit (Zweihandsteine, Verarbeitungsgewicht ≤25 kg).

Kurzzeichen		Zeile	Maße in cm			Lagerfuge	Stoßfuge
			Länge l	Breite b	Höhe h		
	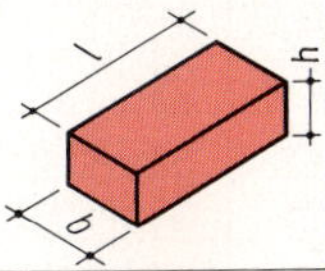						
1DF		1	24,0	11,5	5,2	1,0	1,0
NF	NF = Normalformat 	1	24,0	11,5	7,1	1,2	1,0
2DF		1	24,0	11,5	11,3	1,2	1,0
3DF		1	24,0	17,5	11,3	1,2	1,0
4DF		1	24,0	24,0	11,3	1,2	1,0
		2	24,7	24,0	11,3	1,2	0,3
5DF	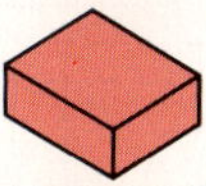	1	24,0	30,0	11,3	1,2	1,0
		2	24,7	30,0	11,3	1,2	0,3
			oder				
		1	30,0	24,0	11,3	1,2	1,0
6DF	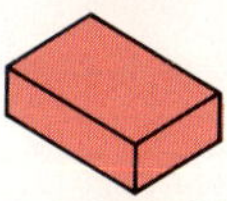	1	24,0	36,5	11,3	1,2	1,0
		2	24,7	36,5	11,3	1,2	0,3
			oder				
		1	36,5	24,0	11,3	1,2	1,0
		2	37,2	24,0	11,3	1,2	0,3
8DF		1	24,0	24,0	23,8	1,2	1,0
		2	24,7	24,0	23,8	1,2	0,3
		3	24,7	24,0	24,9	0,1	0,2
			oder				
		1	49,0	11,5	23,8	1,2	1,0
		2	49,7	11,5	23,8	1,2	0,3
		3	49,9	11,5	24,9	0,1	0,1

Tabelle 91.1 Steinformate I

5

Kurzzeichen		Zeile	Maße in cm Länge l	Breite b	Höhe h	Lagerfuge	Stoßfuge
10 DF		1	30,0	24,0	23,8	1,2	1,0
		2	30,7	24,0	23,8	1,2	0,3
		3	30,8	24,0	24,9	0,1	0,2
			oder				
		1	24,0	30,0	23,8	1,2	1,0
		2	24,7	30,0	23,8	1,2	1,0
		3	24,8	30,0	24,9	0,1	0,2
12 DF		1	24,0	36,5	23,8	1,2	1,0
		2	24,7	36,5	23,8	1,2	0,3
		3	24,8	36,5	24,9	0,1	0,2
			oder				
		1	36,5	24,0	23,8	1,2	1,0
		2	37,2	24,0	23,8	1,2	0,3
		3					
15 DF		1	36,5	30,0	23,8	1,2	1,0
		2	37,3	30,0	23,8	1,2	
		3	37,3	30,0	24,9	0,1	0,2
			oder				
		1					
		2					
		3					
16 DF		1	49,0	24,0	23,8	1,2	1,0
		2	49,7	24,0	23,8	1,2	0,3
		3					
			oder				
		1	24,0	49,0	23,8	1,2	1,0
		2	24,7	49,0	23,8	1,2	0,3
18 DF	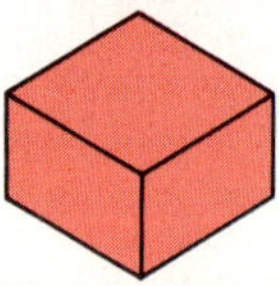	1	36,5	36,5	23,8	1,2	1,0
		2					
		3					
20 DF		1	49,0	30,0	23,8	1,2	1,0
		2	49,7	30,0	23,8	1,2	0,3
		3					

Tabelle 92.1 Steinformate II

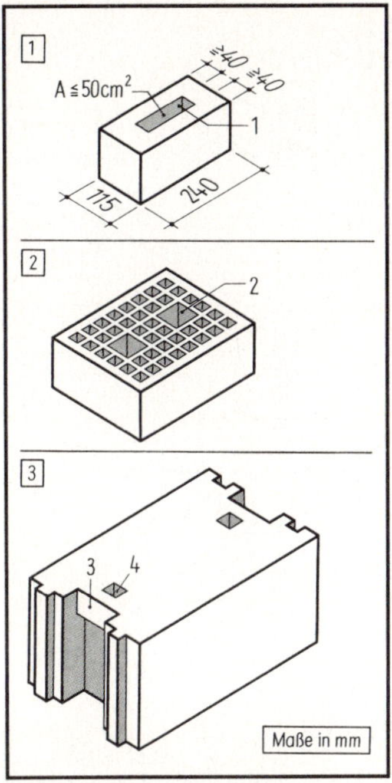

Bild 93.1 Griffhilfen an Mauersteinen
[1] Vollstein mit Griffschlitz;
[2] Hochlochziegel mit zwei Grifflöchern
[3] Planstein mit Griffleiste und Daumenloch;
1 Griffschlitz; *2* Griffloch; *3* Griffleiste; *4* Daumenloch

Steine mit einem Gewicht >25 kg sind mit Hilfe eines Versetzgerätes zu verlegen.

5.1.2.2 Formen

Außenflächen. Die Grundform des Bausteins ist der Quader.

Die *Lagerflächen* müssen eben sein, um dem Stein eine sichere Lagerung zu geben.

Zwei gegenüberliegende *Seitenflächen* müssen eben sein, damit die Steine eine glatte Wandoberfläche bilden. Die *Stirnflächen*, die an die Stoßfuge grenzen, sind bei einigen Steinen profiliert.

Die durchgehende Stoßfuge nach Bild 94.1; [1] ist eine Wärmebrücke. Um die Wärmedämmung zu verbessern, wird die Stoßfuge nur in den *Mörteltaschen* vermörtelt (Bild 94.1; [2] und [3]) oder ohne Mörtel trocken aneinander geschoben: *Knirschvermauerung mit Nut und Feder* (Bild 94.1; [4]) ↪ Abschnitt 7.2.

Löcher und Kammern. Durch Löcher und Kammern werden Hohlräume im Stein geschaffen. Dadurch sinkt die Rohdichte des Steins. Die eingeschlossene Luft erhöht die Wärmedämmung. Kleinere Löcher dämmen besser als große Kammern.

Die mögliche Größe und Form der Löcher und Kammern wird auch durch die Art und Weise der Herstellung der Steine bestimmt. Ziegel können eine große Anzahl kleiner durchgehender Lochkanäle enthalten. Dagegen werden Hohlblocksteine aus Leichtbeton oder Beton mit relativ großen, aber fünfseitig geschlossenen Kammern gefertigt.

Es können folgende Locharten unterschieden werden:

- Steine mit durchgehenden senkrechten Löchern, z. B. Hochlochziegel (Bild 94.2; [3])
- Steine mit senkrechten Kammern, die oben verschlossen sind, z. B. Zwei-Kammer-Hohlblöcke aus Leichtbeton (Bild 94.2; [4]).
  Durch den Verschluß der Kammern wird verhindert, daß größere Mörtelmengen in den Stein fallen oder daß die Luft durch die Kammern mehrerer Steine strömt.
- Steine mit waagerechten Löchern, z. B. Langlochziegel (Bild 94.2; [1]) oder Langlochziegelplatten (Bild 94.2; [2])

Langlochziegel haben nur eine geringere Tragfähigkeit. Sie werden vor allem zum Bau leichter nichttragender Trennwände verwendet.

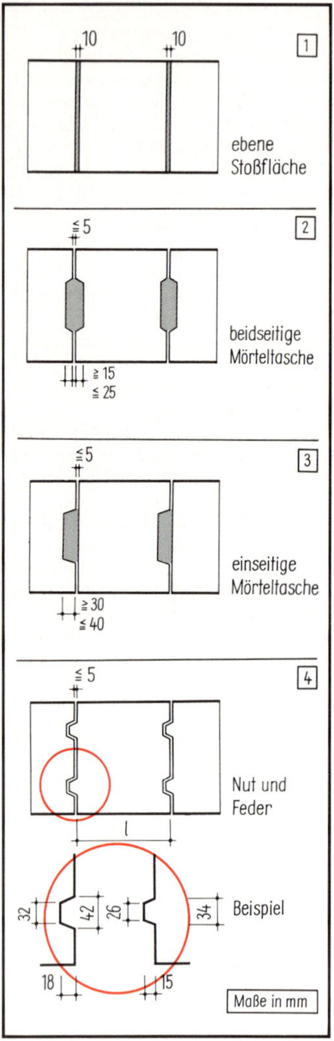

Bild 94.1 Formgebung an den Stirnseiten der Mauersteine (Stoßfuge)

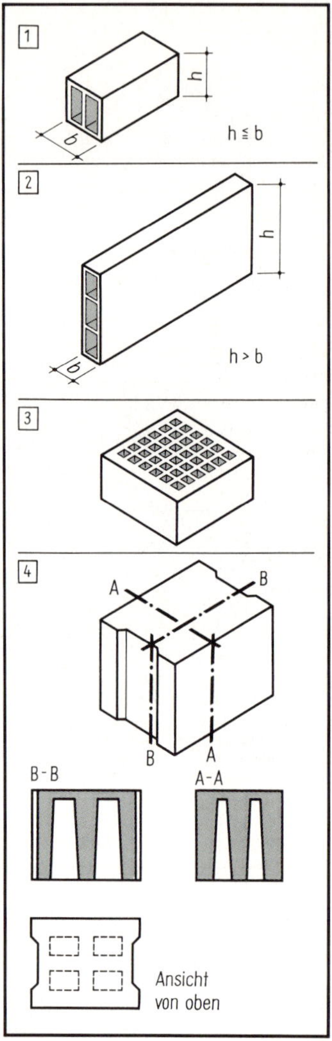

Bild 94.2 Mauersteine mit Hohlräumen
1 Langlochziegel; 2 Ziegelplatte;
3 Hochlochziegel; 4 Zwei-Kammer-Hohlblockstein

5

5.1.2.3 Steine mit zusätzlicher Wärmedämmung

Steine mit zusätzlicher Wärmedämmung sind z. B. Hohlblöcke aus Leichtbeton, bei denen alle oder ein Teil der Kammern zusätzlich mit einem Wärmedämmstoff, z. B. Schaumkunststoff (Polystyrol), gefüllt sind (Bild 95.1).

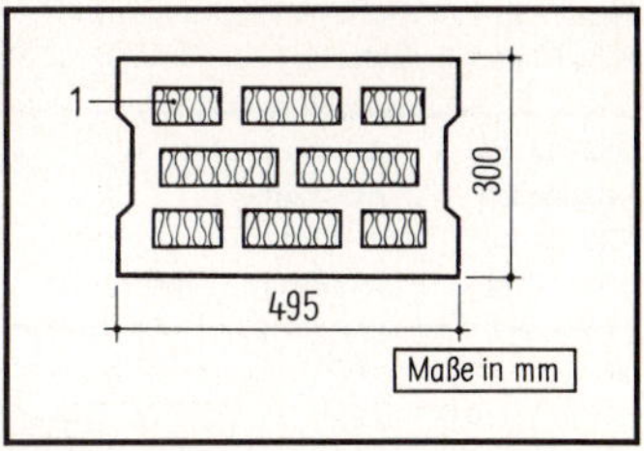

Bild 95.1 Hohlblockstein mit zusätzlicher Wärmedämmung
1 Wärmedämmstoff, z. B. Schaumkunststoff (Polystyrol)

5.1.2.4 Rohdichte und Eigenlast

$$\text{Rohdichte} = \frac{\text{Masse des Steins}}{\text{Volumen des Steins}}$$

Einheit: $g/cm^3 = t/m^3$

Die Rohdichte wird aus der Masse des getrockneten Steins ermittelt. Als Volumen wird das äußere Volumen *ohne* Abzug eventuell vorhandener Löcher, Kammern, Mörteltaschen usw. angegeben (Bild 95.2).

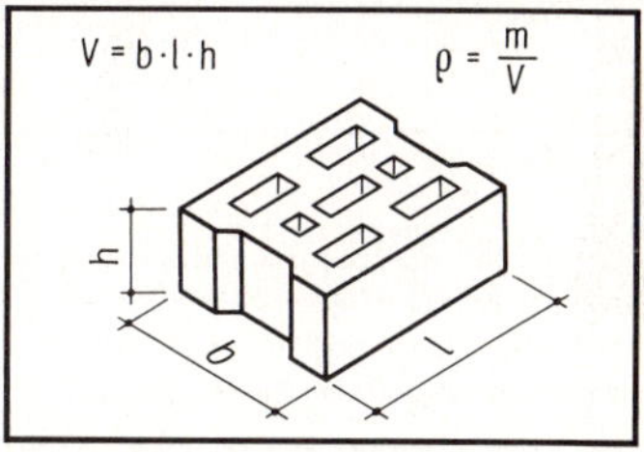

Bild 95.2 Ansatz zur Berechnung der Rohdichte ϱ

Die verschiedenen Rohdichten werden zu *Rohdichteklassen* zusammengefaßt (Tabelle 95.1).

Die *Scherbenrohdichte* hat für das Bauwesen eine geringere Bedeutung.

$$\varrho_{Sch} = \frac{m}{V - V_L}$$

ϱ_{Sch} Scherbenrohdichte
m Masse des getrockneten Steins
V äußeres Volumen nach Bild 95.2
V_L Volumen aller Löcher, Kammern, Mörteltaschen.

Tabelle 95.1 Rohdichteklassen von künstlichen Mauersteinen

Rohdichteklasse	Mittelwert der Steinrohdichte in $g/cm^3 = t/m^3$
0,6	0,51...0,60
0,7	0,61...0,70
0,8	0,71...0,80
0,9	0,81...0,90
1,0	0,91...1,00
1,2	1,01...1,20
1,4	1,21...1,40
1,6	1,41...1,60
1,8	1,61...1,80
2,0	1,81...2,00
2,2	2,01...2,20

5.1.2.5 Druckfestigkeitsklassen

Die Druckfestigkeit wird am einzelnen Stein durch eine Belastung bis zum Bruch festgestellt.

Steine mit annähernd gleichen Druckfestigkeiten werden zu Druckfestigkeitsklassen zusammengefaßt (Tabelle 96.1).

Bei der Anlieferung von Mauersteinen sind die Druckfestigkeitsklasse und die

5

Tabelle 96.1 Druckfestigkeitsklassen von künstlichen Mauersteinen

Druckfestigkeitsklasse (Steinfestigkeitsklasse)	**Druckfestigkeit der Steine** in N/mm² Mittelwert	Kleinstwert
2	2,5	2,0
4	5,0	4,0
6	7,5	6,0
8	10	8,0
12	15	12
20	25	20
28	35	28
36	45	36
48	60	48
60	75	60

Tabelle 96.2 Kennzeichnung der Druckfestigkeit von künstlichen Mauersteinen durch einen mindestens 20 mm breiten Farbstrich auf der Längsseite ausgewählter Steine

Druckfestigkeitsklasse	**Farbe**
2	grün
4	blau
6	rot
8	Aufdruck „8"
12	ohne
20	gelb
28	braun
36	violett
48	zwei schwarze Striche
60	drei schwarze Striche

5

Rohdichteklasse auf dem Lieferschein anzugeben.
Wenn die Steine nicht paketiert geliefert werden, müssen einzelne Steine durch einen mindestens 20 mm breiten Farbstrich gekennzeichnet werden (Tabelle 96.2).

Es sind zu kennzeichnen:
Format < 10 DF: mind. 1 Stein von 200 Steinen
Format ≧ 10 DF: mind. 1 Stein von 50 Steinen.

5.1.2.6 Ziegel

Norm:
DIN 105, Teil 1 bis 5

Herstellung. Mauerziegel werden aus Ton, tonigen Massen oder Lehm unter Hinzufügung von Zusatzstoffen *geformt*, danach *getrocknet* und *gebrannt*:

- Der Ziegelton wird in Tongruben abgebaut. Anschließend maschinell zerkleinert, gemischt und für die Formgebung zubereitet.
- Formgebung im Strangpreßverfahren: Die geschmeidigen tonigen feuchten Massen werden durch ein Mundstück gepreßt. Die durchgehenden Löcher im Ziegel werden durch Kerneinsätze im Mundstück erzeugt. Vom endlosen Strang wird der einzelne Ziegel abgeschnitten. Es entsteht der Rohling.
- Formgebung durch Stempelpressen: Fast trockene tonhaltige Massen werden durch Pressen zum Rohling geformt.
- Die Rohlinge trocknen unter Überdachungen an der Luft oder in Heizkammern.
  Löcher im Rohling erleichtern das gleichmäßige Trocknen und Brennen.
- Nach dem Trocknen werden die Rohlinge im Tunnelofen, früher in Ring- oder Zickzacköfen, gebrannt.

	Brenntemperatur
Mauerziegel	900 bis 1 100 °C
Klinker	1 150 bis 1 350 °C

Durch den Brennvorgang erhält der Ziegel seine Festigkeit.

Die *Scherbenrohdichte* kann durch Zugabe von Sägespänen, Braunkohlengrus oder Styropor zum Ziegelton verringert werden. Diese Stoffe verbrennen und im Ziegel verbleiben kleine Poren: *Porenziegel, Leicht*hochloch*ziegel*

Je geringer die Rohdichte eines Ziegels, desto besser ist seine Wärmedämmfähigkeit.

Mängel am Ziegel.

- Verzogene Ziegel: Der Ziegel weicht von der Quaderform ab. Er ist z. B. verkrümmt.
- Risse im Ziegel
- Absprengungen an der Ziegeloberfläche.
  Wenn der Ziegel Kalkstückchen enthält und durchfeuchtet wird, löscht der gebrannte Kalk im Ziegel und vergrößert sein Volumen. Dabei sprengt er Teile der Ziegeloberfläche ab.
- Salzausblühungen.
  Wasserlösliche Salze im Ziegel können zu Salzausblühungen führen. Ausblühungen am Mauerwerk sind trocken abzufegen. Bei einer Naßreinigung wird ein Teil der gelösten Stoffe wieder vom Ziegel und vom Mörtel aufgesaugt und es kommt erneut zu Ausblühungen.

Ziegelarten.

Vollziegel: senkrechte Löcher bis zu 15% der Lagerfläche; Griffschlitze nach Bild 93.1; [1] möglich

Hochlochziegel (Bild 93.1; [2]):
Lochung A: Löcher rechtwinklig zur Lagerfläche; Fläche der Löcher 15 bis 50% der Lagerfläche; Fläche eines Loches ≦ 2,5 cm²; Fläche der Grifflöcher ≦ 50 cm²
Lochung B: wie Lochung A, aber Fläche eines Loches ≦ 6,0 cm²

Leichthochlochziegel: Ziegelrohdichte ≦ 1,0 g/cm³ = 1 t/m³
Lochung A: wie Hochlochziegel
Lochung B: wie Hochlochziegel
Lochung W: Ziegel mit besonders vielen Lochreihen in Wärmestromrichtung (Bild 100.3; [2])

Klinker: Oberfläche gesintert (angeschmolzen); nachgewiesene erhöhte Frostbeständigkeit; geringe Wasseraufnahme (≦ 7% der Steinmasse); Druckfestigkeitsklasse ≧ 28

Vormauerziegel und *Vormauerhochlochziegel*: Ziegel mit einer nachgewiesenen Frostbeständigkeit

Hochfeste Ziegel und *hochfeste Klinker*: Ziegel und Klinker mit einer Druckfestigkeitsklasse ≧ 36; mögliche Lochung wie Vollziegel

Hochfeste Hochlochziegel und *hochfeste Hochlochklinker*:
Lochung A: Lochung rechtwinklig zur Lagerfläche; Fläche der Löcher 15 bis 35% der Lagerfläche; Fläche eines Loches ≦ 2,5 cm²; Fläche von Grifflöchern ≦ 50 cm²
Lochung B: Wie Lochung A, aber Fläche eines Loches ≦ 6,0 cm²

5

Keramikklinker: frostbeständig, säure- und laugenbeständig, besonders verschleißfest

Keramik-Hochlochklinker: frostbeständig; säure- und laugenbeständig; besonders verschleißfest; Lochung wie Hochlochklinker

Leichtlanglochziegel (Bild 94.2; [1]): Ziegelrohdichte ≦ 1 g/cm³ = 1 t/m³; große Lochkanäle parallel zur Lagerfläche; geringe Druckfestigkeit

Leichtlanglochziegelplatten (Bild 94.2; [2]): Ziegelrohdichte ≦ 1,0 g/cm³ = 1 t/m³; große Lochkanäle parallel zur Lagerfläche; keine *nachgewiesene* Druckfestigkeit

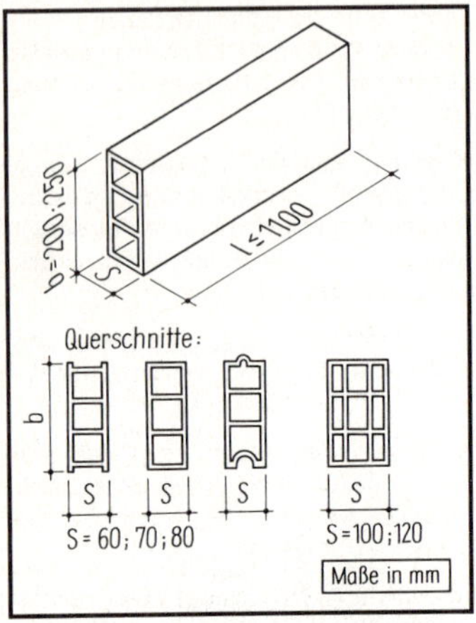

Bild 98.1 Tonhohlplatten (Hourdis)

Tabelle 98.1 Vergleich Ziegel – Klinker

	Normalziegel	**Klinker**
Wärmeleitfähigkeit	geringer	hoch
Druckfestigkeit	mittel	hoch
Wasseraufnahme	saugfähig	kaum saugfähig
Oberfläche	porig	gesintert, geschlossen
Klang beim Anschlag mit einem Hammer	dunkel bis heller Klang	heller, fast metallischer Klang

Hourdis (Bild 98.1):

Norm: DIN 278

Tonhohlplatten mit Längen ≦ 1100 mm; dünne Stege (Außensteg ≧ 9 mm; Innenstege ≧ 7 mm), aber ausreichend tragfähig; Verwendung zum Bau leichter nichttragender Trennwände; auch als Zwischenbauteil für Decken.

Formziegel (Bild 99.1): Zur Gestaltung von Fassaden aus Sichtmauerwerk, zur Profilierung von Pfeilern, zur Abdeckung von freistehenden Wänden werden Formziegel verwendet. Die Formziegel sind nicht genormt, sie passen aber in ihren Grundformen zu den genormten Ziegelformaten. Ziegelhersteller bieten bis zu 200 verschiedene Formziegel an.

Leichtziegel-U-Schalen (Bild 99.1; [2] und [3]): U-Schalen bilden die Form für monolithische Stahlbetonstürze.

Leichtziegel-L-Schalen (Bild 99.1; [4]): L-Schalen ersparen die Schalung am Rand von monolithischen Decken.

Akustikziegel (Bild 100.1): Akustikziegel werden in Lärmschutzwände eingebaut. Etwa 50% ihrer Fläche besteht aus kleinen Löchern, in denen der eindringende Schall einen Teil seiner Energie verliert.

Kanalklinker:

Norm: DIN 4051

Kanalklinker werden zum Bau runder Abwasserschächte und von eiförmigen unterirdischen Abwasserkanälen verwendet. Festigkeitsklasse: ≧ 36; Säurebeständigkeit und Frostbeständigkeit nachgewiesen.
Um den Bau runder Schächte zu ermöglichen, werden keilförmige Steine der Form C (Bild 100.2) benötigt. Die Kanalkeilklinker der Form A und B werden zum Mauern der eiförmigen Kanäle verwendet.

Die wichtigsten Ziegelarten werden auch durch Kurzbezeichnungen benannt (Tabelle 100.1).

Besondere Lochung. Die Anordnung der Lochkanäle im Ziegel beeinflußt die Wärmedämmung des Mauerwerks. Der

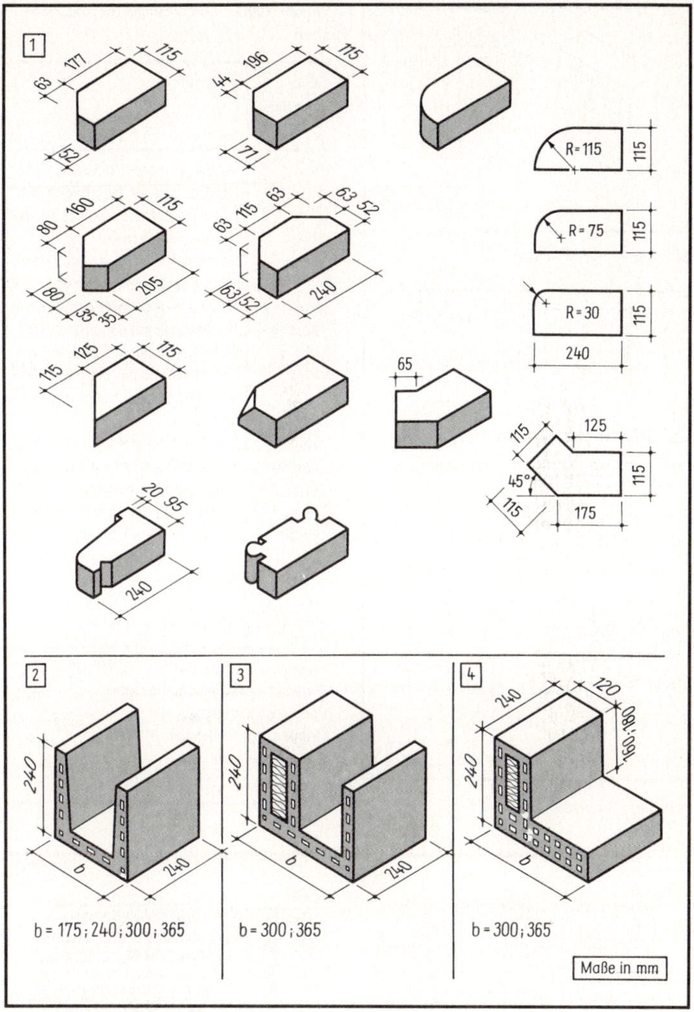

Bild 99.1 Formziegel
1 Formziegel für Sichtmauerwerk;
2 Leichtziegel-U-Schalen, die als Schalungssteine für Ortbetonstürze, Ringanker oder Ringbalken genutzt werden
3 Leichtziegel-U-Schalen mit zusätzlicher Wärmedämmung
4 Leichtziegel-L-Schalen für das Deckenauflager monolithischer Decken

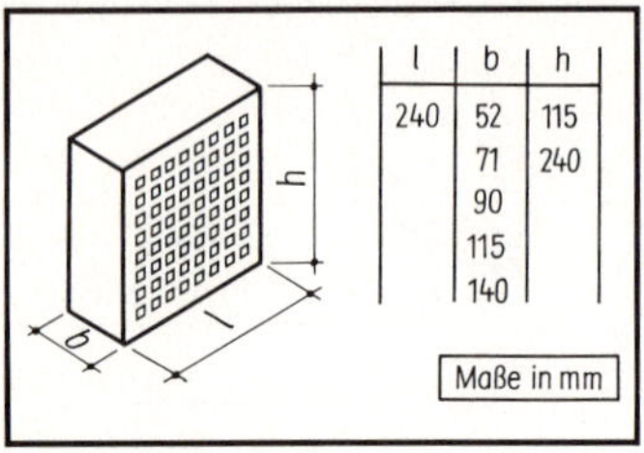

Bild 100.1 Akustikziegel

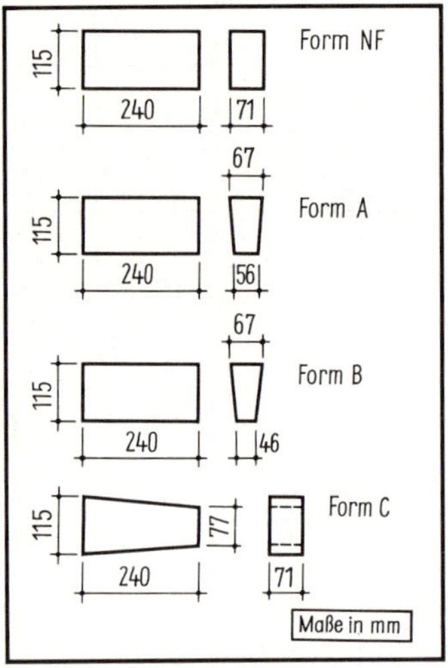

Bild 100.2 Kanalklinker

Tabelle 100.1 Kurzbezeichnung von Ziegelarten

Kurzbezeichnung	Ziegelart
Mz	Vollziegel, hochfeste Vollziegel
HLz	Hochlochziegel, Leichthochlochziegel, hochfeste Hochlochziegel
VMz	Vormauer-Vollziegel
VHLz	Vormauer-Hochlochziegel, Vormauer-Leichthochlochziegel
HLzA	Hochlochziegel mit Lochung A
HLzB	Hochlochziegel mit Lochung B
HLzW	Hochlochziegel mit Lochung W
KMz	Vollklinker, hochfeste Vollklinker
KHLz	Hochlochklinker, hochfeste Hochlochklinker
KK	Keramik-Vollklinker
KHK	Keramik-Hochlochklinker
LLz	Leicht-Langlochziegel
LLp	Leicht-Langlochziegelplatten
HLzT	Mauertafelziegel, Mauertafel-Leichtziegel, hochfeste Mauertafelziegel
HT	Tonhohlplatten (Hourdis) für leichte Trennwände

Beispiel: DIN 105-HLzW-6-0, 7-10 DF(300)
Ziegelart: Leichthochlochziegel
Lochung: Lochung W
Druckfestigkeitsklasse: 6
Rohdichteklasse: 0,7
Format: 10 DF; Wanddicke: 300 mm

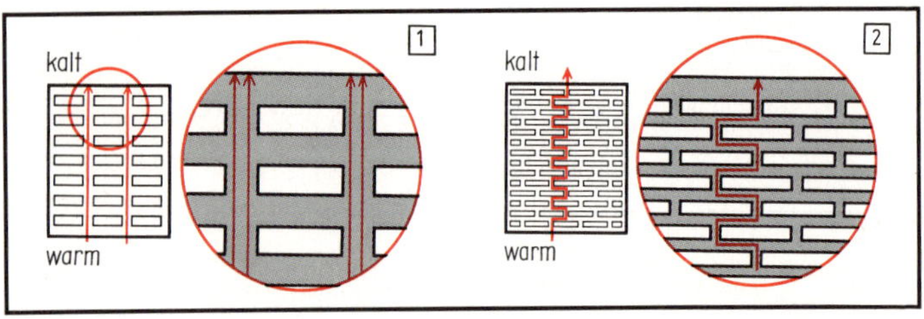

Bild 100.3 Schmale Ziegelstege und versetzte kleine Löcher erhöhen die Wärmedämmfähigkeit von Hochlochziegeln

Wärmeleitwiderstand des Ziegels wird erhöht durch

- schmale Ziegelstege
- Poren in den Ziegelstegen
- versetzt angeordnete Lochkanäle (Bild 100.3).

Leichthochlochziegel der Lochung W wenden alle diese Möglichkeiten an. Bei diesen Ziegeln müssen eine große Anzahl von Lochreihen hintereinander in Wärmestromrichtung vorhanden sein und es müssen die Löcher versetzt angeordnet werden.

Formate und Festigkeiten. Die Tabelle auf der ersten Innenseite des Buches gibt einen Überblick über gebräuchliche Ziegelarten, ihre Rohdichte und Formate.

Weiterhin gibt es *historische Ziegelformate* (Tabelle 101.1). In Bauwerken, die vor 1950 errichtet worden sind, besteht das Mauerwerk häufig aus Ziegeln im *Reichsformat*. Das Reichsformat wurde 1872 eingeführt, um die Steinformate in Deutschland zu vereinheitlichen. Zuvor wurden in den verschiedenen deutschen Ländern Ziegel mit unterschiedlichen Maßen hergestellt.

Die Ziegelgröße beeinflußt das Aussehen von Flächen aus Sichtmauerwerk. Um architektonischen Anforderungen gerecht zu werden, die Bautraditionen der jeweiligen Landschaft fortzusetzen und Instandsetzungsarbeiten zu erleichtern, werden auch heute noch Ziegel in historischen Formaten gebrannt.

Maße

- von Leichtlanglochziegelplatten: Bild 101.1
- von Tonhohlplatten (Hourdis): Tabelle 102.1
- von Akustikziegeln: Bild 100.1
- von Kanalklinkern: Bild 100.2
- von Leichtziegel-U-Schalen: Bild 99.1; [2] und [3]
- von Leichtziegel-L-Schalen: Bild 99.1; [4]

Tabelle 101.1 Historische Ziegelformate

Bezeichnung	Maße
Reichsformat	250 mm · 120 mm · 65 mm
Klosterformat	290 mm · 140 mm · 90 mm
	285 mm · 135 mm · 85 mm
Hamburger Format	220 mm · 105 mm · 65 mm
	220 mm · 105 mm · 52 mm
Kieler Format	230 mm · 110 mm · 55 mm
Oldenburger Format	220 mm · 105 mm · 55 mm
	220 mm · 105 mm · 52 mm
Altwürttemberger Format	290 mm · 140 mm · 65 mm
Ostfriesisches Format	230 mm · 110 mm · 55 mm
Badisches Format	270 mm · 130 mm · 60 mm
Bayrisches Format[1])	290 mm · 140 mm · 65 mm

[1]) In historischen Bauwerken sind auch noch größere Ziegel vorhanden. So wurden zum Bau der Münchener Frauenkirche Ziegel im Format 335 mm · 160 mm · 73 mm verwendet. Zur Instandsetzung der Fassade wurden Ziegel dieser Größe neu hergestellt und in das Sichtmauerwerk eingesetzt.

5

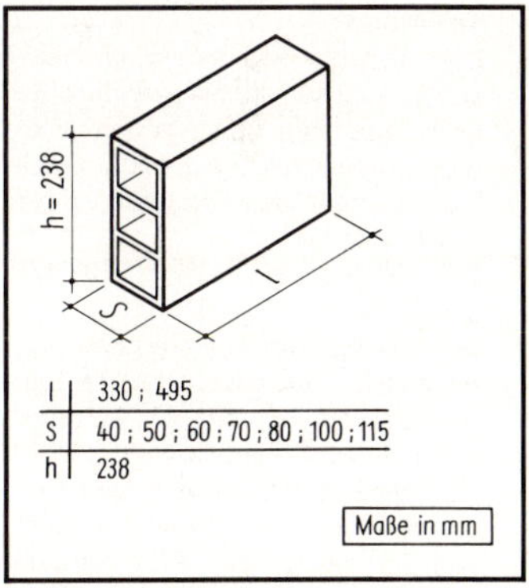

Bild 101.1 Leichtlanglochziegelplatten
s Plattenbreite = Wanddicke;
Stegdicke 7 bis 9 mm

Tabelle 102.1 Maße von Tonhohlplatten *(Hourdis)*, siehe auch Bild 98.1

l in mm	*s* in mm	*b* in mm
500; 600; 700; 800; 900; 1 000; 1 100	60; 70; 80; 100; 120	200; 250

Rohdichteklassen: 0,8; 1,0

5.1.2.7 Kalksandsteine

Norm:
DIN 106, Teil 1 und 2

Herstellung. Kalksandsteine werden aus Kalk und kieselsäurehaltigen Zuschlägen (z. B. Sand) hergestellt:

- Feingemahlener gebrannter ungelöschter Kalk (Feinkalk) wird intensiv mit Sand unter Wasserzugabe gemischt.
- In Reaktionsbehältern wird das Mischgut einige Stunden aufbewahrt. In dieser Zeit löscht der gebrannte Kalk ab und es bildet sich Kalkhydrat.
- Das Mischgut wird von vollautomatischen Pressen in die gewünschte Form gebracht. Es werden Voll- oder Lochsteine, Block- oder Hohlblocksteine in den Formaten DF bis 24 DF geformt.
  Der Preßdruck beträgt 10 bis 25 MN/m².
- Die Rohlinge werden in großen Härtekesseln (Autoklaven) bei Temperaturen von 160 bis 220 °C unter Dampfeinwirkung etwa 4 bis 8 Stunden gehärtet. Dabei verbindet sich das Kalkhydrat mit der Kieselsäure des Zuschlags und es entstehen Steine hoher Festigkeit.

Nach dem Härten sind die Kalksandsteine versandfertig.

5

Arten.

Vollsteine: Steinhöhe ≦ 113 mm; Lochung rechtwinklig zur Lagerfläche möglich, Querschnittsfläche der Löcher ≦ 15 % der Lagerfläche; wenn Löcher vorhanden, dann fünfseitig geschlossen, oben abgedeckt, unten offen; durchgehende Griffschlitze möglich (Bild 103.1; [1] 2 DF).

Lochsteine: Steinhöhe ≦ 113 mm; Löcher rechtwinklig zur Lagerfläche, Querschnittsfläche der Löcher > 15 % der Lagerfläche; Löcher fünfseitig geschlossen, oben abgedeckt und unten offen; durchgehende Grifföffnungen möglich (Bild 103.1; [1] 3 DF).

Blocksteine: Steinhöhe > 113 mm; Löcher rechtwinklig zur Lagerfläche möglich, Querschnittsfläche der Löcher ≦ 15 % der Lagerfläche; wenn vorhanden, dann Löcher fünfseitig geschlossen, oben abgedeckt, unten offen; durchgehende Grifföffnungen möglich.

Hohlblocksteine: Steinhöhe > 113 mm; Löcher rechtwinklig zur Lagerfläche, Querschnittsfläche der Löcher > 15 % der Lagerfläche; durchgehende Grifföffnungen möglich (Bild 103.1; [1] 12 DF)

KS-Vormauersteine: Druckfestigkeitsklasse ≧ 12; Frostbeständigkeit nachgewiesen.

KS-Verblender: Druckfestigkeitsklasse ≧ 20; Frostbeständigkeit nachgewiesen. Erhöhte Anforderungen an gleichmäßiges Aussehen der Steine, z. B. gleichmäßiger Farbton, werden erfüllt.

KS-Plansteine: KS-Vollsteine oder KS-Lochsteine zum Vermauern auf Dünnbettmörtel.

KS-Ratio-Steine: großformatige KS-Blocksteine (Steinhöhe = 238 mm) für Lagerfugen normaler Dicke und mörtelfreien Stoßfugen; Steinbreite = Wanddicke; zum Vermauern mit Versetzgerät (Minikran).

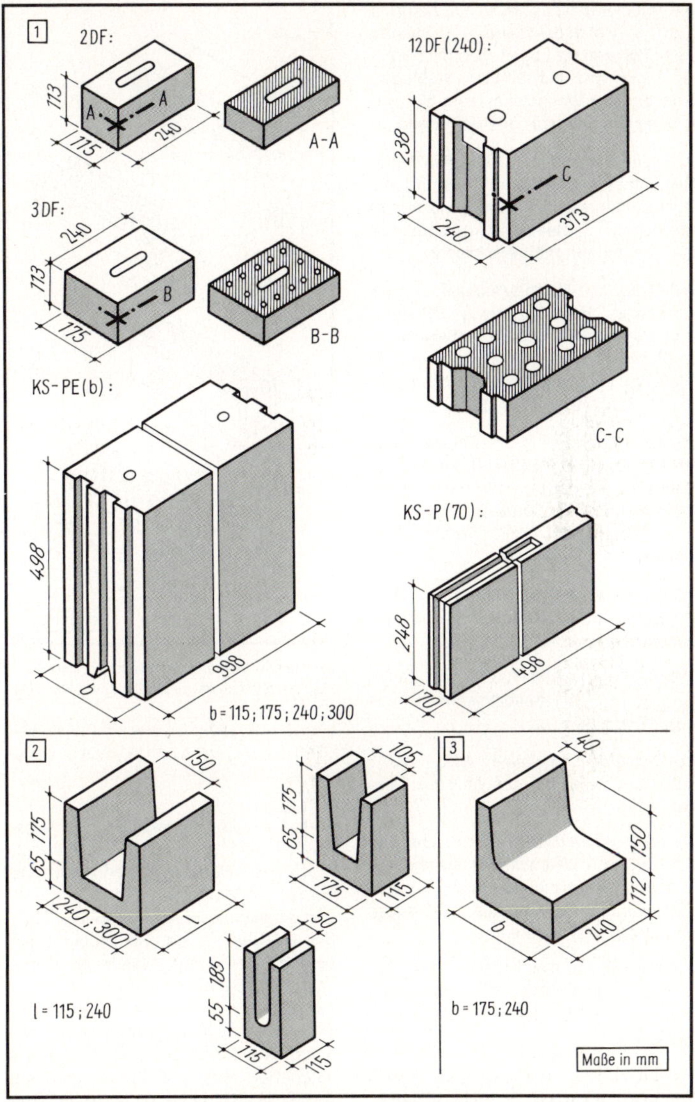

Bild 103.1 Kalksandsteine, Kalksandblöcke, KS-U-Schalen und KS-L-Schalen

KS-Ratio-Hohlblocksteine: Großformatige Hohlblocksteine (Steinhöhe = 238 mm) für Lagerfugen mit normaler Dicke und mörtelfreien Stoßfugen; Steinbreite = Wanddicke; zum Vermauern mit Versetzgerät oder von Hand.

KS-Ratio-Plansteine: Großformatige Blocksteine (Steinhöhe = 248 mm) für Dünnbettlagerfugen und mörtelfreie Stoßfugen; Steinbreite = Wanddicke; zum Vermauern mit Versetzgerät.

KS-Ratio-Plan-Hohlblocksteine: Großformatige Hohlblocksteine (Steinhöhe = 248 mm) für Dünnbettlagerfugen und mörtelfreie Stoßfugen; zum Vermauern mit Versetzgerät oder von Hand; Steinbreite = Wanddicke.

KS-Großformatige Planelemente (Bild 103.1; KS-PE(b)): Großformatige Elemente (Länge = 998 mm; Höhe = 498 mm) für Dünnbettlagerfugen; zum Vermauern mit Versetzgerät; Wanddicke = Steinbreite.

KS-P(70)-Bauplatten (Bild 103.1; KS-P(70)): Wandbauplatten für nichttragende Innenwände.

KS-U-Schalen (Bild 103.1; [2]): Schalungssteine für monolithische Stürze oder Ringbalken.

KS-Randschalungssteine (Bild 103.1; [3]): Randsteine für monolithische Decken.

KS-Flachstürze (Bild 104.1): Flache Fertigteilstürze in den üblichen Steinhöhen, auch für Sichtmauerwerk geeignet; KS-Flachstürze bestehen aus KS-Schalen und einem Stahlbetonkern.

KS-Formsteine (Bild 105.1): nicht genormte Formsteine für besondere Zwecke, z. B. für Ecken in Sichtmauerwerk.

Kalksandsteine werden auch durch Kurzbezeichnungen gekennzeichnet (Tabelle 105.1).

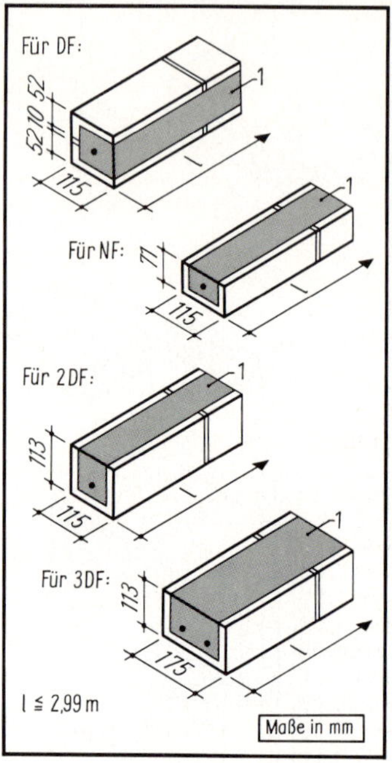

Bild 104.1 Vorgefertigte Flachstürze aus Kalksandsteinen mit einem Stahlbetonkern (*1*)

Formate und Festigkeiten. Auch bei KS-Voll- und Lochsteinen und bei KS-Block- und Hohlblocksteinen wird das Format als Vielfaches vom DF angegeben, Ausnahme NF, siehe Tabelle 105.2. Bei KS-Block- und Hohlblocksteinen wird zusätzlich die Wanddicke zugeschrieben, Beispiel in Tabelle 105.1.
Für Steine mit Nut und Feder in der Stoßfuge gilt als Maß der Länge der Abstand zwischen der Außenfläche der einen Stirnseite des Steins und dem Grund der Nuten an der anderen Stirnseite (Beispiel 12 DF in Bild 103.1; [1]).

Tabelle 105.1 Kurzbezeichnungen von Kalksandstein

Kurzbezeichnung	Steinart
KS	Voll- und Blocksteine
KSVm	KS-Vormauersteine
KSVb	KS-Verblender
KSL	KS-Loch- und Hohlblocksteine
KSVmL	KSL-Vormauersteine
KSVbL	KSL-Verblender
KS-R	KS-Ratio-Steine
KSL-R	KS-Ratio-Lochsteine
KS-R(P)	KS-Ratio-Plan-Steine
KSL-R(P)	KS-Ratio-Plan-Hohlblocksteine
KS-PE	KS-Planelemente
KS-P7 auch KS-P(70)	KS-Bauplatten für unbelastete Trennwände

Beispiel: DIN 106-KSL-12-1,2-12 DF (240)
Steinart: Kalksand-Hohlblockstein
Lochfläche: >15 % Lagerfläche
Druckfestigkeitsklasse: 12
Rohdichteklasse: 1,2
Format: 12 DF; Wanddicke: 240 mm

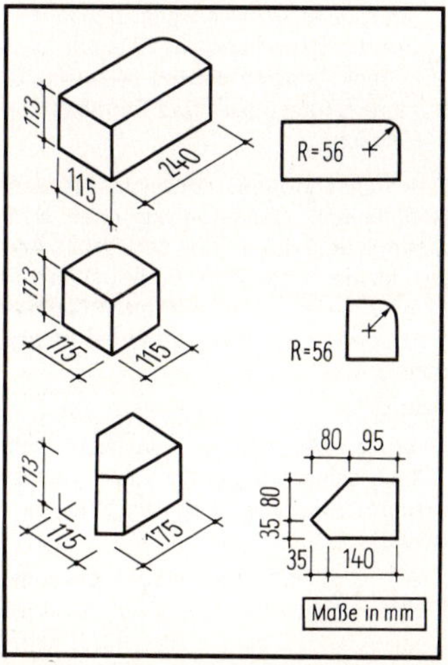

Bild 105.1 Kalksandformsteine für Sichtmauerwerk (Beispiele)

Tabelle 105.2 Formate von Kalksand-Steinen (Beispiele)

Steinformat	Länge [1]) in mm	Breite in mm	Höhe [2]) in mm
KS-Voll- und Lochsteine:			
DF	240	115	52
NF	240	115	71
2 DF	240	115	113
3 DF	240	175	113
4 DF	240	240	113
5 DF	300	240	113
6 DF	365	240	113
KS-Block- und Hohlblocksteine:			
5 DF (115)	300	115	238
6 DF (115)	365	115	238
8 DF (115)	490	115	238
7,5 DF (175)	300	175	238
9 DF (175)	365	175	238
12 DF (175)	490	175	238
10 DF (240)	300	240	238
12 DF (240)	365	240	238
16 DF (240)	490	240	238
10 DF (300)	240	300	238
20 DF (300)	490	300	238
12 DF (365)	240	365	238
24 DF (365)	490	365	238
KS-Bauplatten:			
KS-P (70)	498	70	248
KS-Planelemente:			
KS-PE (115)	998	115	498
KS-PE (175)	998	175	498
KS-PE (240)	998	240	498
KS-PE (300)	998	300	498

[1]) Bei Steinen mit Knirschvermauerung ist die Steinlänge 8 mm größer.

[2]) Bei Plansteinen für Dünnbettmörtel ist die Steinhöhe 10 mm größer.

5

Tabelle 106.1 Rohdichteklassen und Festigkeitsklassen von KS-Steinen

Steinart	Rohdichte-klassen	Festigkeits-klassen
KS-Steine, allgemein	0,6 bis 2,2	4; 6; 8; 12; 20; 28; (36; 48; 60)
KS-Vormauer-steine	1,0 bis 2,2	12; 20; 28; (36; 48; 60)
KS-Verblender	1,0 bis 2,2	20; 28; (36; 48; 60)
KS-R; KS-R (P)		≦28
KSL-R; KSL-R (P)		≦20
KS-Plan-elemente	2,0	20
KS-Bauplatten	2,0	–

KS-Steine mit den Festigkeitsklassen 36; 48; 60 sind z. Z. noch Sonderfälle.

5

Neben den aufgeführten Formaten werden KS-Steine in weiteren Formaten hergestellt.
Tabelle 106.1 enthält die Druckfestigkeitsklassen und Rohdichteklassen für KS-Steine.

Maße:

- von KS-P(70)-Bauplatten: Bild 103.1; [1]
- von KS-Planelementen: Bild 103.1; [1]
- von KS-U-Schalen: Bild 103.1; [2]
- von KS-Randschalungssteinen: Bild 103.1; [3]
- von KS-Flachstürzen: Bild 104.1

5.1.2.8 Gas- (Poren-)betonsteine

Norm: DIN 4165

Herstellung. Gasbetonsteine werden aus feinem Quarzsand, Zement und/oder Kalk und porenbildenden Zusätzen hergestellt:

- Feinkörniger oder feingemahlener Quarzsand wird mit Zement und/oder Kalk unter Wasserzugabe gemischt. Es werden gasbildende Zusätze (Treibmittel, z. B. Aluminiumpulver) hinzugegeben. Die Mischung wird in Gießformen gebracht.
- In der Mischung bildet sich Wasserstoffgas, das eine sehr große Anzahl von kleinen Kugelporen (Durchmesser maximal 2 bis 3 mm) bildet. Dabei vergrößert sich das Volumen der Mischung.
- Der Beton erhärtet und erreicht eine Anfangsfestigkeit. Mit Hilfe von Maschinen werden aus den Rohblöcken Steine mit den gewünschten Größen zurecht geschnitten.
- Die zugeschnittenen Blöcke werden in großen Kesseln weiter behandelt. Unter Einwirkung von Dampf und Druck erhalten sie bei etwa 180 °C ihre Endfestigkeit und Formbeständigkeit.

Das Wasserstoffgas entweicht aus den Rohblöcken. Gasbeton zeichnet sich dadurch aus, daß er eine sehr große Anzahl kleiner luftgefüllter Poren enthält.
Er wird daher häufig nicht mehr *Gas*beton, sondern genauer *Poren*beton genannt.

Arten.

Gasbeton-Blocksteine werden auf 12 mm dicken Lagerfugen aus Leichtmauermörtel oder Normalmörtel vermauert.
Stoßfugenausbildung (↪ auch Abschnitt 7.2):

- 10 mm vollflächig vermörtelte Stoßfuge bei Blocksteinen mit ebenen Stirnseiten
- Knirschvermauerung mit ein- oder zweiseitigen Mörteltaschen
- Knirschvermauerung mit Nut und Feder ohne Mörtel in der Stoßfuge.

Gasbeton-Plansteine (-Planblöcke) werden auf Dünnbettmörtel mit einer Dicke von 1 bis 3 mm verlegt.

Stoßfugenausbildung:
- Ebene Stirnseiten mit einer vermörtelten Stoßfuge von 1 bis 3 mm Dicke
- Knirschvermauerung mit Nut und Feder ohne Mörtel in der Stoßfuge. (Bild 107.1)

Gasbeton-Großblöcke sind Planblöcke mit Längen von 999 oder 624 mm und Höhen von 624 oder 499 mm bei Wanddicken zwischen 125 bis 375 mm. Diese Blöcke werden mit einem Versetzgerät (Minikran) eingebaut, das vom Maurer bedient wird. Stoßausbildung wie bei Planblöcken.

Gasbeton-Trennwandplatten für Wanddicken von 50 mm; 75 mm oder 100 mm werden zum Bau nichttragender Trennwände verwendet, siehe Tabellen 108.1 und 109.2.

U-Schalen aus Gasbeton dienen als Schalungssteine für Ortbetonringanker oder -ringbalken und Stürze. Die U-Schalen von Längen von 500 oder 625 mm stehen auf einer Unterstützung. Dagegen können selbsttragende U-Schalen (Bild 107.2) aus Gasbeton Fenster- und Türöffnungen bis zu einer lichten Weite ≦2,5 m ohne Unterstützung überbrücken und die beim Betonieren des Sturzes auftretenden Lasten tragen.

Durch die Herstellung bedingt hat Gasbeton eine rauhe Oberfläche, auf der die angeschnittenen Kugelporen zu erkennen sind. Die dünnen Wände der Poren enthalten Kapillaren. Durch die rauhe Oberfläche kann Wasser eindringen und durch die Kapillaren in das Innere des Steins gelangen. Bei einer Durchfeuchtung vermindert sich die Wärmedämmfähigkeit. Die Frostbeständigkeit wird nicht besonders überprüft. Sie ist jedoch in trockenem Zustand gegeben. Bei starker Durchfeuchtung können Frostschäden entstehen.

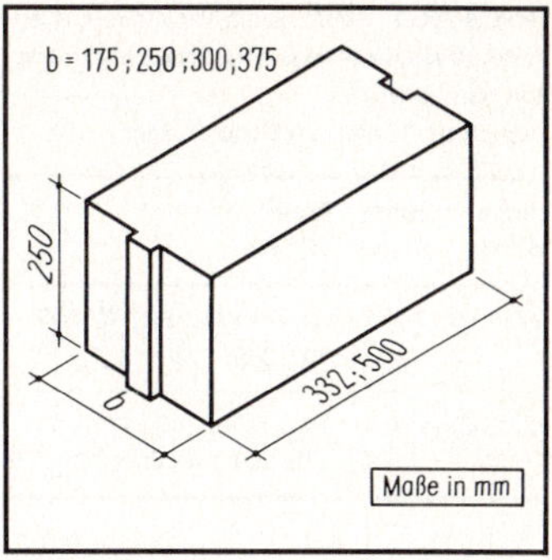

Bild 107.1 Gasbeton-Planblock mit Nut und Feder

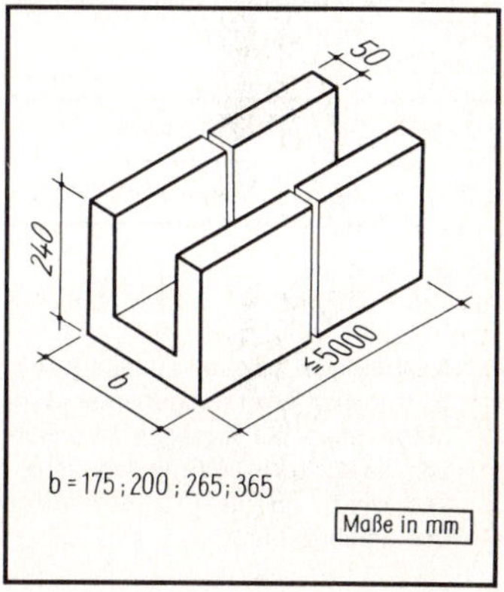

Bild 107.2 U-Schalen aus Gasbeton; selbsttragend bis 2,5 m lichte Weite

Tabelle 108.1 Maße häufig verwendeter Gasbeton-Blocksteine und Wandplatten mit ebenen Stirnseiten
Lagerfuge: 12 mm; Stoßfuge: 10 mm

Länge in mm	Höhe in mm	Breite in mm
490; 615	240	50; 75; 100; 115; 175; 240; 300; 365
323; 490	240	50; 75; 100; 115; 125; 150; 175; 200; 240; 300; 365; 375

Tabelle 108.2 Maße häufig verwendeter Gasbeton-Blocksteine mit Nut und Feder
Lagerfuge: 12 mm; Stoßfuge ohne Mörtel

Länge in mm	Höhe in mm	Breite in mm
500; 625	240	240; 300; 365
332; 500	240	175; 200; 240; 300; 375

5

Gasbeton ist trocken zu lagern und zu transportieren. Eingebauter Gasbeton ist vor Schlagregen zu schützen, da sonst die Wärmedämmfähigkeit sinkt und die Frostbeständigkeit gefährdet ist.

Formate und Festigkeiten. Die Steinformate werden *nicht* als Vielfaches des DF-Formats angegeben. Zur Beschreibung des Formats werden die Länge, Breite und Höhe genannt.

Außerdem werden unterschieden:

G Gasbeton-Blockstein
GP Gasbeton-Planstein (Planblock)

Beispiel:

DIN 4165 – G 4 – 0,6 – 490 × 175 × 240
Steinart: Gasbeton-Blockstein
Festigkeitsklasse: 4
Rohdichteklasse: 0,6
Länge: 490 mm
Breite: 175 mm
Höhe: 240 mm

Die Tabellen 108.1; 108.2; 109.1; 109.2 und 109.3 geben eine Übersicht über häufig verwendete Formate von Gasbeton-Blocksteinen und Gasbeton-Plansteinen, auch Planblöcke genannt.
Die Festigkeit (Tabelle 109.4) verändert sich mit der Rohdichte. Höhere Festigkeiten sind nur mit höherer Rohdichte zu erreichen. Diese Steine weisen jedoch eine geringere Wärmedämmfähigkeit auf.

Wenn die Steine paketiert angeliefert werden, genügt es, die Festigkeit und Rohdichte auf dem Lieferschein anzugeben.
Sonst muß jeder 10. Stein gekennzeichnet sein:
– Verwendung von Farbstreifen nach Tabelle 96.2
– Stempelung, z. B. GP 4 – 0,6

5.1.2.9 Mauersteine aus Leichtbeton und Normalbeton

Norm:
Leichtbetonsteine: DIN 18 151
DIN 18 152
Normalbetonsteine: DIN 18 153

Herstellung. Steine aus Leichtbeton und Normalbeton werden aus mineralischen Zuschlägen und Zement und/oder anderen hydraulischen Bindemitteln hergestellt:
– Mischen unter Wasserzugabe; eventuell Zugabe von anorganischen Farbstoffen
– Formgebung und Verdichtung auf das vorgesehene Maß in vorwiegend vollautomatischen Steinfertigungsmaschinen
– Lagerung der Steine zum Zweck der Erhärtung.

Tabelle 109.1 Maße häufig verwendeter Gasbeton-Blocksteine mit Mörteltasche
Lagerfuge: 12 mm; Stoßfuge: knirsch

Länge in mm	**Höhe** in mm	**Breite** in mm
312; 500; 625	240	240; 300; 365
332; 500	240	300; 375

Tabelle 109.2 Maße häufig verwendeter Gasbeton-Plansteine und Planwandplatten mit ebenen Stirnflächen
Lagerfuge: 1 bis 3 mm; Stoßfuge: 1 bis 3 mm Dünnbettmörtel

Länge in mm	**Höhe** in mm	**Breite** in mm
500; 625	250	50; 75; 100; 125; 175; 250; 300; 365
332; 500	250	50; 75; 100; 125; 150; 175; 200; 250; 300; 375

Tabelle 109.3 Maße häufig verwendeter Gasbeton-Plansteine mit Nut und Feder
Lagerfuge: 1 bis 3 mm Dünnbettmörtel; Stoßfuge mörtelfrei

Länge in mm	**Höhe** in mm	**Breite** in mm
500; 625	250	175; 250; 300
332; 500	250	175; 200; 250; 300; 375

Tabelle 109.4 Festigkeitsklassen und Rohdichteklassen von Gasbeton (Porenbeton)

Festigkeitsklasse	**Rohdichteklasse**
2	0,4; 0,5
4	0,6; 0,7; 0,8
6	0,7; 0,8
8	0,8; 0,9; 1,0

Spätestens 28 Tage nach ihrer Herstellung bzw. bei Auslieferung müssen die Steine mindestens die in der angegebenen Steinfestigkeitsklasse vorgesehene Festigkeit erreicht haben.
Die Erhärtung kann durch Einwirken von Dampf auf die Steine beschleunigt werden.
Die Rohdichte bestimmt die Eigenschaften der Steine.
Eine geringe Rohdichte wird durch drei Verfahren erreicht, die einzeln oder gleichzeitig angewendet werden:

1. Verwendung von porenreichen Zuschlägen, z. B. Naturbims, Schaumlava, Hüttenbims, Ziegelsplitt.
   Naturbims (Trachyttuff) ist ein natürlicher Rohstoff, der im Neuwieder Becken gewonnen wird und bis zu 85% seines Volumens aus kleinen und kleinsten Luftporen besteht.
2. Anordnung von Kammern, Löchern und Schlitzen im Stein.
3. Herstellung von haufwerksporigem Beton (Bild 138.1).

Dabei wird die Größe der Zuschläge so gewählt, daß bestimmte Korngrößen fehlen (Ausfallkörnung). Beim Verdichten können die Körner keine dichte Lage einnehmen. Es verbleiben auch nach der Verdichtung größere Hohlräume im Beton (Haufwerksporigkeit).

Arten.

Vollsteine aus Leichtbeton oder Normalbeton: Steine ohne Kammern; Steinhöhe ≦ 115 mm; Griffschlitze möglich

Vollblöcke aus Leichtbeton oder Normalbeton: Steine ohne Kammern; Griffschlitze und Griffhilfen möglich
Leichtbeton: Steinhöhe = 238 mm
Normalbeton: Steinhöhe = 175 mm; 238 mm
Vollblöcke aus Leichtbeton dürfen Schlitze enthalten (Bild 110.1; [5]);
Schlitzbreite ≦ 11 mm.
Die Schlitze können bei VblS durchgehen, bei VblS-W müssen sie oben abgedeckt sein.

5

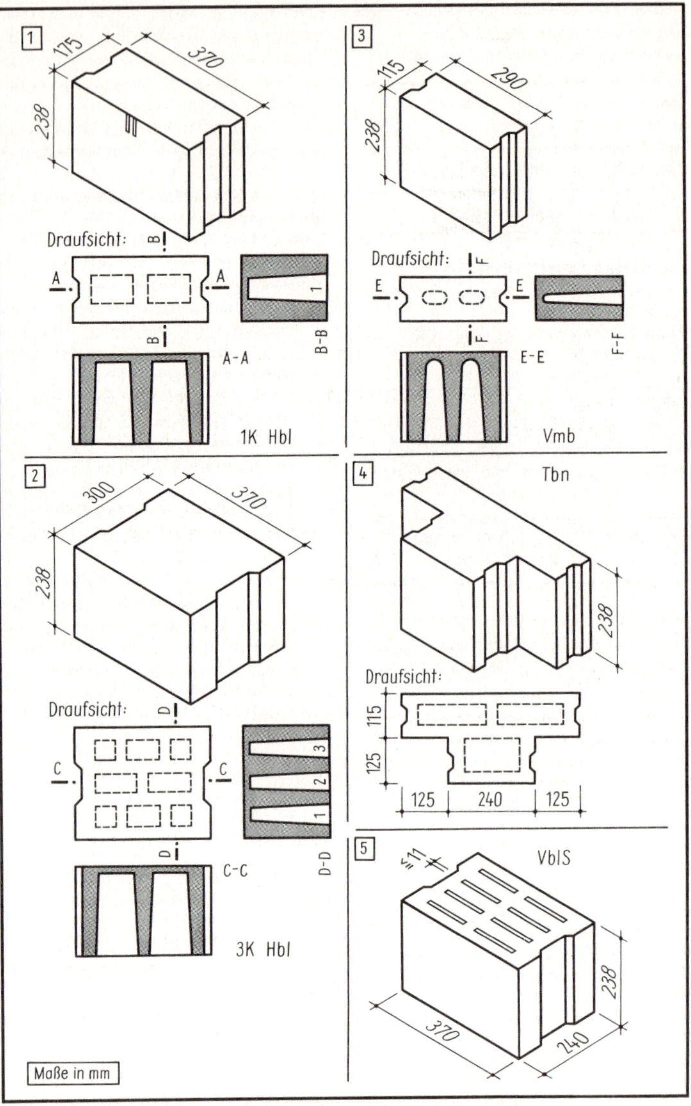

Bild 110.1 Hohlblöcke aus Leichtbeton, Vormauerblöcke aus Normalbeton

Hohlblöcke aus Leichtbeton oder Normalbeton: großformatige Blöcke mit fünfseitig geschlossenen Kammern; Kammern rechtwinklig zur Lagerfläche, oben geschlossen, unten offen (Bild 110.1; [1] und [2]).

Vormauersteine aus Beton:
Vollsteine aus Normalbeton
- mit ebener oder
- mit bruchrauher oder
- mit werksteinmäßig bearbeiteter Sichtfläche; Frostbeständigkeit nachgewiesen.

T-Hohlblöcke: T-förmige Hohlblöcke (Bild 110.1; [4]); beim Einbau wird jeder 2. Stein um 180° gedreht.

Hohlblöcke mit zusätzlicher Wärmedämmschicht: Leichtbetonhohlblöcke, bei denen einige oder alle Kammern mit Wärmedämmstoff, z. B. Schaumkunststoff (Polystyrol) gefüllt sind.

Wandbauplatten aus Leichtbeton: Vollplatten zum Bau nichttragender Trennwände.

U-Steine aus Leichtbeton: Schalsteine zur Herstellung monolithischer Stahlbetonstürze, Ringanker oder Ringbalken (Bild 111.1).

Tabelle 111.1 nennt die Kurzbezeichnungen für Steine aus Leichtbeton und Normalbeton.

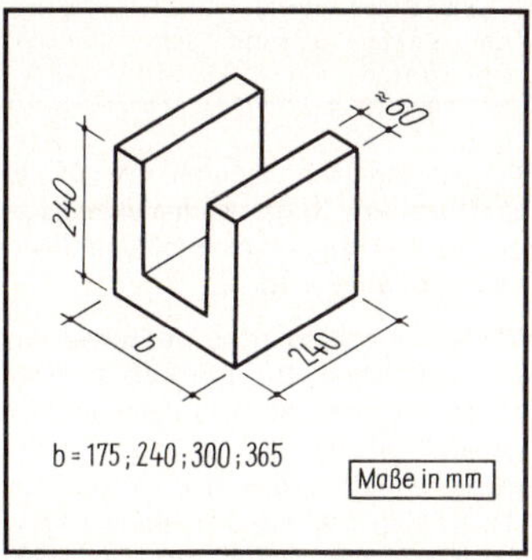

Bild 111.1 U-Steine aus Bimsbeton; Rohdichte 0,8 bis 1,0 g/cm³

Tabelle 111.1 Kurzbezeichnungen von Steinen aus Leichtbeton und Normalbeton

Kurzbezeichnung	**Steinart**
Hbl	Hohlblöcke aus Leichtbeton
V	Vollsteine aus Leichtbeton
Vbl	Vollblöcke aus Leichtbeton
VblS	Vollblöcke aus Leichtbeton mit Schlitzen
VblS-W	Vollblöcke aus Leichtbeton mit Schlitzen und erhöhter Wärmedämmung
Wpl	Wandbauplatten aus Leichtbeton
Hbn	Hohlböcke aus Normalbeton
Vn	Vollsteine aus Normalbeton
Vbn	Vollblöcke aus Normalbeton
Tbn	T-förmige Hohlblöcke aus Normalbeton
Vm	Vormauersteine aus Normalbeton
Vmb	Vormauerblöcke aus Normalbeton
Kennzeichnung der Zuschläge:	
NB	Naturbims
BT	Blähton
NB/BT	Gemisch aus Naturbims und Blähton
Q	Zusatz von Quarzsand

Beispiel
DIN 18 151 – 4 K Hbl 4-0,8-16 DF-240
Steinart: 4 Kammer-Hohlblockstein
Festigkeitsklasse: 4
Rohdichte: 0,8
Format: 16 DF
Wanddicke: 240 mm

Formate und Festigkeiten. Hohlblöcke, Vollsteine und Vollblöcke aus Leichtbeton werden mit
- Mörteltaschen (Stirnseitentaschen)
- Nut und Feder an den Stirnseiten
- ebenen Stirnflächen

hergestellt.
Die Längen der Steine und Blöcke (Tabellen 112.1; 112.2; 112.3 und 113.1) un-

Tabelle 112.1 Maße und Formate der Vollsteine aus Leicht- und Normalbeton (Beispiele)

Format	Länge in mm	Breite in mm	Höhe in mm
DF	240	115	52
NF	240	115	71
2 DF	240	115	113
3,1 DF	300	145	113
3 DF	240	175	113
4 DF	240	240	115
5 DF	300	240	115
6 DF	365	240	115
8 DF	490	240	115
10 DF	490	300	115

Tabelle 112.2 Maße der Vollblöcke aus Leichtbeton und Normalbeton (Beispiele)

Format	Länge[2] in mm	Breite in mm	Höhe in mm
8 DF	495	115	238[1]
6 DF	245	175	238[1]
9 DF	370	175	238[1]
12 DF	495	175	238[1]
8 DF	245	240	238[1]
10 DF	305	240	238[1]
12 DF	370	240	238[1]
16 DF	495	240	238[1]
10 DF	245	300	238[1]
15 DF	370	300	238[1]
20 DF	495	300	238[1]
12 DF	245	365	238[1]
18 DF	370	365	238[1]
24 DF	495	365	238[1]

[1]) Bei Vollblöcken aus Normalbeton auch Steinhöhe = 175 mm

[2]) Längen bei Knirschvermauerung:
Bei Stirnseiten mit Nut und Feder 2 mm länger. Bei Blöcken mit ebenflächigen Stirnseiten 5 mm kürzer

Tabelle 112.3 Maße und Formate der Hohlblöcke aus Leichtbeton (Beispiele)

Format	Form	Länge[1] im mm	Breite in mm	Höhe in mm
9 DF	1 K Hbl	370	175	238[2]
12 DF	2 K Hbl	495	175	238[2]
8 DF	2 K Hbl 3 K Hbl 4 K Hbl	245	240	238[2]
12 DF		370	240	238[2]
16 DF		495	240	238[2]
10 DF	2 K Hbl 3 K Hbl 4 K Hbl 5 K Hbl	245	300	238[2]
15 DF		370	300	238[2]
20 DF		495	300	238[2]
12 DF	3 K Hbl 4 K Hbl 5 K Hbl 6 K Hbl	245	365	238[2]
18 DF		370	365	238[2]
24 DF		495	365	238[2]
16 DF	5 K Hbl 6 K Hbl	245	490	238[2]

[1]) Längen bei Knirschvermauerung:
Bei Stirnseiten mit Nut und Federn 2 mm länger. Bei Blöcken mit ebenflächigen Stirnseiten 5 mm kürzer.

[2]) In einigen Gebieten auch Steinhöhe = 175 mm

terscheiden sich dadurch, ob für die Stoßfuge eine Knirschvermauerung vorgesehen ist oder ob die Stoßfuge vollflächig vermörtelt wird.

Die Formate werden als Vielfaches vom DF angegeben. Bei Hohlblöcken wird zusätzlich auch die Zahl der Kammern genannt. Bei dem in Bild 110.1; [2] dargestellten Hohlblock aus Leichtbeton (Hbl) handelt es sich um einen 3 Kammer-Hohlblock, weil parallel zur Längsseite des Hohlblocks drei *Kammerreihen* vorhanden sind. In gleicher Weise

Tabelle 113.1 Maße und Formate von Hohlblöcken aus Normalbeton (Beispiele)

Format	Form	Länge[2]) im mm	Breite in mm	Höhe in mm
8 DF	1 K Hbn	495	115	238[1])
9 DF	1 K Hbn 2 K Hbn	370	175	238[1])
12 DF		495	175	238[1])
8 DF	2 K Hbn 3 K Hbn 4 K Hbn	245	240	238[1])
10 DF		305	240	238[1])
12 DF		370	240	238[1])
16 DF		495	240	238[1])
10 DF	2 K Hbn 3 K Hbn 4 K Hbn	245	300	238[1])
15 DF		370	300	238[1])
20 DF		495	300	238[1])
12 DF	3 K Hbn 4 K Hbn 5 K Hbn	245	365	238[1])
18 DF		370	365	238[1])

[1]) Auch möglich: Steinhöhe = 175 mm

[2]) Längen bei Knirschvermauerung:
Bei Stirnseiten mit Nut und Federn 2 mm länger. Bei Blöcken mit ebenflächigen Stirnseiten 5 mm kürzer.

werden die Kammern bei Hohlblöcken aus Normalbeton (Hbn) gezählt.

Vormauerblöcke (Vmb) aus Normalbeton (Bild 110.1; [3]) werden mit ebenflächigen Stirnseiten oder mit Stirnseiten mit Mörteltaschen gefertigt. Nut und Feder sind für Vmb nicht vorgesehen.

Festigkeitsklassen: Tabellen 113.2; 113.3

Die Druckfestigkeitsklassen können auf dem Lieferschein oder durch Farbkennzeichnung ausgewählter Steine (↳ Tabelle 96.1) angegeben werden. Bei Stei-

Tabelle 113.2 Festigkeit und Rohdichte von Hohlblöcken, Vollblöcken und Vollsteinen aus Bimsbeton

Steinart	Festigkeitsklasse	Rohdichte in g/cm³ = t/m³
Hohlblöcke:		
Hbl 2	2	0,50...0,90
Hbl 4	4	0,70...1,20
Hbl 6	6	0,80...1,20
Hohlblöcke als Kellersteine:		
Hbl 4	4	0,90...1,20
Hbl 6	6	1,20...1,40
Vollblöcke:		
Vbl 2	2	0,50...0,60
Vbl 4	4	0,70...0,80
Vbl 6	6	0,80
Vollsteine:		
V 2	2	0,70...1,00
V 4	4	0,80...1,20
V 6	6	1,00...1,40
V 12	12	1,60...1,80

Tabelle 113.3 Druckfestigkeitsklassen für Steine und Blöcke aus Normalbeton

Steinart	Druckfestigkeitsklassen
Hbn; Tbn	2...12
Vbn; Vn	4...28
Vm; Vmb	6...48

Tabelle 113.4 Maße für Wandbauplatten aus Bimsbeton (Bimsdielen)

Länge in mm	Breite in mm	Höhe in mm
990	50; 60; 70	320
490	95; 100	240

nen und Blöcken aus Leichtbeton oder Normalbeton können die Druckfestigkeitsklassen auch durch etwa 40 mm lange Nuten an den Steinlängsseiten gekennzeichnet werden (Tabelle 114.1).
Der in Bild 110.1; [1] dargestellte Hohlblock zeigt zwei Nuten, er hat also die Festigkeitsklasse 6.

Tabelle 114.1 Kennzeichnung von Steinen aus Leicht- oder Normalbeton durch Nuten an der Längsseite der Steine (Bild 110.1; [1])

Steinfestigkeitsklasse	**Anzahl der Nuten**
4	1
6	2
12	3

Maße:

- für U-Schalsteine aus Bimsbeton: Bild 111.1
- für Bimswandbauplatten: Tabelle 113.4

5.1.3 Stein- und Mörtelbedarf bei Verwendung künstlicher Bausteine

Der Bedarf an Steinen und Mörtel ist abhängig

- vom Steinformat,
- von der Wanddicke,
- von der Art der Steine (Vollsteine, Hochlochsteine usw.) und
- von der Dicke der Lager- und Stoßfugen.

Erfahrungsgemäß müssen zum *theoretischen Bedarf* Zuschläge gewählt werden, um dem *praktischen Bedarf* ge-

Tabelle 114.2 Mörtelbedarf von Wandmauerwerk *ohne* Mörtel in den Stoßfugen
Lagerfuge: 12 mm; Stoßfuge: mörtelfrei; keine Längsfuge; Angaben in l

Wanddicke in mm	**Steinhöhe** in mm	**Theoretischer Bedarf**	**Praktischer Bedarf**	
			Vollsteine [1]	Lochsteine, Hohlblocksteine [2]
115	113	11	12,7	13,8
	238	5,5	6,3	6,9
175	113	16,8	19,3	21
	238	8,4	9,7	10,5
240	113	23	26,4	28,8
	238	11,5	13,2	14,4
300	113	28,8	33,1	36
	238	14,4	16,6	18
365	113	35	40,3	43,8
	238	17,5	20,1	21,9
490	238	23,5	27	29,4

[1]) einschließlich Zuschlag von 15 %
[2]) einschließlich Zuschlag von 25 %

recht zu werden. Die Tabellen auf den letzten Innenseiten des Buches und die Tabelle 114.2 nennen den Bedarf für 1 m² und 1 m³ Wandmauerwerk. In den Tabellen wurden folgende Zuschläge in Rechnung gestellt:

- Der Steinverlust beim Vermauern wurde mit 3% abgeschätzt.
- Bei Vollsteinen wurde ein Zuschlag von 15% und bei Lochsteinen und Hohlblocksteinen wurde ein Zuschlag von 25% für den Mörtel gewählt.

Dabei wurde berücksichtigt, daß beim Mauern etwas Mörtel in die Löcher und Kammern der Steine eindringt.

Unter ungünstigen Bedingungen ist der in den Tabellen angegebene Mörtelbedarf um weitere 10% zu erhöhen.

Das Gewicht des einzelnen Steins wird vom Format, der Steinrohdichte und dem Feuchtegehalt bestimmt.

Es müssen das Gewicht

- der Steine ohne Mörtel (Tabelle 115.1) und
- der Steine mit Mörtel im Mauerwerk

unterschieden werden (Tabelle 115.2).

Tabelle 115.1 **Lademengen** Stück je 1 t oder **Eigenlasten** Stück je 10 kN von Mauersteinen[1])

Stein-format	**Beispiel** $l \cdot b \cdot h$ in mm	**Steinrohdichte** in g/cm³ = t/m³ 0,6	0,7	0,8	0,9	1,0	1,2	1,4	1,6	1,8	2,0	2,2
DF	240 · 115 · 52	1161	996	871	774	697	581	498	436	387	348	317
NF	240 · 115 · 71	850	729	638	567	510	425	364	319	283	255	232
2 DF	240 · 115 · 113	534	458	401	356	320	267	229	200	178	160	146
3 DF	240 · 175 · 113	351	301	263	234	211	175	150	132	117	105	95,7
4 DF	240 · 240 · 113	256	219	192	171	154	128	110	96,0	85,3	76,8	69,8
5 DF	240 · 300 · 113	205	176	154	137	123	102	87,8	76,8	68,3	61,4	55,8
6 DF	240 · 365 · 113	168	144	126	112	101	84,2	72,2	63,1	56,1	50,5	45,9
8 DF	240 · 240 · 238	122	104	91,1	81,0	72,9	60,8	52,1	45,6	40,5	36,5	33,2
10 DF	300 · 240 · 238	97,2	83,3	72,9	64,8	58,3	48,6	41,7	36,5	32,4	29,2	26,5
12 DF	240 · 365 · 238	79,9	68,5	60,0	53,3	48,0	40,0	34,3	30,0	26,6	24,0	21,8
15 DF	365 · 300 · 238	64,0	54,8	48,0	42,6	38,4	32,0	27,4	24,0	21,3	19,2	17,4
16 DF	490 · 240 · 238	59,5	51,0	44,7	39,7	35,7	29,8	25,5	22,3	19,8	17,9	16,2
18 DF	365 · 365 · 238	52,6	45,0	39,4	35,0	31,5	26,3	22,5	19,7	17,5	15,8	14,3
20 DF	490 · 300 · 238	47,6	40,8	35,7	31,8	28,6	23,8	20,4	17,9	15,9	14,3	13,0

[1]) Die Angaben beziehen sich auf trockene Steine.

Tabelle 115.2 Eigenlast von Mauerwerk aus künstlichen Steinen nach DIN 1055, Teil 1 (Vollsteine, Hochlochsteine, Langlochsteine, Hohlblocksteine, Gas-(Poren-)betonsteine) in kN/m³

	Steinrohdichte in g/cm³ = t/m³ 0,5	0,6	0,7	0,8	0,9	1,0	1,2	1,4	1,6	1,8	2,0	2,1
Mit Normalmörtel	7	8	9	10	11	12	14	15	17	18	20	21
Mit Leichtmörtel	6	7	8	9	10	11	13	14	16	17	19	20

5

5.2 Bindemittel

5.2.1 Anmachen – Erstarren – Erhärten

Bindemittel werden zumeist pulverförmig der Baustelle geliefert. Bis zur Verarbeitung (Mischen) müssen sie trocken gelagert werden. Die Bindemittel werden mit Wasser und fast immer auch mit Sand und Kies vermischt. Dadurch entsteht ein weicher Mörtel oder Beton, der in die gewünschte Form gebracht werden kann. Einige Zeit nach der Wasserzugabe beginnt das Bindemittel zu erstarren (Bild 116.1).

Im Regelfall muß der Mörtel oder Beton verarbeitet sein, bevor das Bindemittel zu erstarren beginnt.

Dem Erstarren folgt dann das Erhärten.

5.2.2 Baukalke

Norm:
DIN 1060, T. 1 (1. 1986)

5.2.2.1 Chemische Grundlagen

Luftkalke.

Brennen:
$CaCO_3 \rightarrow CaO + CO_2$

Löschen:
$CaO + H_2O \rightarrow Ca(OH)_2$

Erhärten:
$Ca(OH)_2 + H_2O + CO_2 \rightarrow CaCO_3 + 2\,H_2O$

Bezeichnung der beteiligten Stoffe:

$CaCO_3$	Calciumcarbonat; Kalkstein
CaO	Calciumoxid; Branntkalk
CO_2	Kohlendioxid; ein Gas, das in geringen Mengen in der Luft enthalten ist
H_2O	Wasser
$Ca(OH)_2$	Calciumhydroxid; Kalkhydrat

Natürliches Kalkgestein ($CaCO_3$) wird bei Temperaturen von 1100 °C bis 1200 °C gebrannt.
Beim Brennen entsteht Branntkalk. Das gasförmige Kohlendioxid entweicht. Der Branntkalk wird durch Zugabe von Wasser gelöscht. Dabei vergrößert sich stark sein Volumen.
Gelöschter Kalk ist entweder ein Pulver (Kalkhydrat) oder eine Aufschlämmung (Kalkteig).

Gelöschter Kalk wirkt stark ätzend. Die Augen sind vor Kalkspritzer zu schützen.

Zur Verarbeitung wird das Kalkhydrat oder der Kalkteig mit Sand gemischt. Es entsteht Mauermörtel oder Putzmörtel. Das Calciumhydroxid im feuchten Mörtel reagiert mit dem Kohlendioxid der Luft. Dieser Vorgang dauert Wochen und Monate. Er verläuft nur, wenn der Mörtel etwas feucht ist (Luftfeuchtigkeit

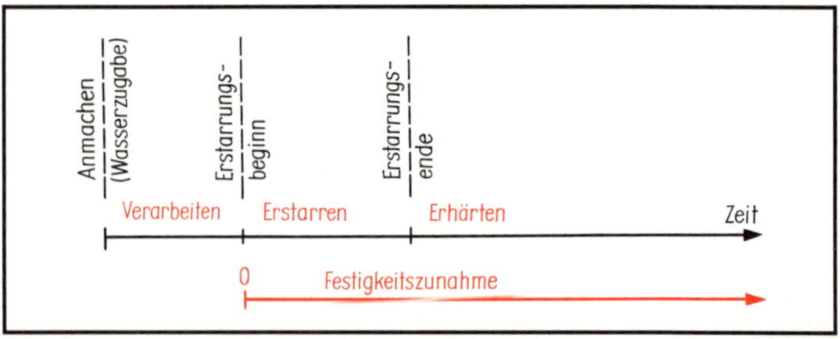

Bild 116.1 Beim Einsatz von Bindemitteln ist die Verarbeitung vor dem Erstarren abzuschließen.

genügt) und Luft an den Mörtel herankommt. Es entsteht wieder Kalkstein, der die Sandkörner miteinander verbindet und dem Mörtel die Festigkeit gibt. Außerdem wird Wasser freigesetzt. Dieses Wasser macht einen Neubau in den ersten Monaten nach Bauende etwas feucht, sog. *Neubaufeuchtigkeit*.
Der Kalkmörtel benötigt zum Erhärten Luft. Wenn keine Luft an den Mörtel gelangt, bleibt der Mörtel weich.
Dolomitkalkstein enthält neben $CaCO_3$ auch $MgCO_3$ (Magnesiumcarbonat). Beim Brennen bildet sich MgO, und beim Löschen entsteht $Mg(OH)_2$. Im erhärteten Mörtel ist dann auch $MgCO_3$ vorhanden. Dieses Bindemittel ist in Gegenden mit Industrieabgasen nicht zur Herstellung von Außenputzen geeignet. Es entstehen Ausblühungen.

Hydraulische Kalke. Tonhaltige Kalkgesteine enthalten neben $CaCO_3$ auch Kieselsäure (SiO_2), Tonerde (Al_2O_3) und Eisenoxid (Fe_2O_3).
Beim Brennen bilden sich aus diesen Stoffen hydraulische Verbindungen, die beim Erhärten nur Wasser aufnehmen. Diese Kalke können ähnlich wie ein Zement auch unter Wasser erhärten.

5.2.2.2 Verarbeitung

Luftkalke. Der Branntkalk wird als gemahlener Feinkalk geliefert, der nur noch einige Stunden eingesumpft werden muß.
Die Kalkwerke können den Kalk auch so löschen, daß ein Pulver entsteht (Kalkhydrat). Kalkhydrat kann sofort verarbeitet werden.
Da Luftkalke nur an der Luft erhärten, kann angemachter Luftkalk unter Luftabschluß gelagert werden.

Hydraulische Kalke. Sie werden immer in Pulverform geliefert. Da sie unter Wasser erhärten, müssen sie nach dem Anmachen innerhalb weniger Stunden verwendet werden.
Hydraulische Kalke enthalten auch noch Luftkalk. Deshalb muß nach dem Einbau des Mörtels einige Tage Luft an ihn herankommen.
Wasserkalk: etwa 7 Tage
Hydraulischer Kalk: etwa 5 Tage
Hochhydraulischer Kalk: etwa 1 bis 3 Tage.
Nach dieser Zeit erhärten Mörtel mit diesen Bindemitteln auch unter Luftabschluß.

Verarbeitungsvorschriften. Die Hersteller geben auf den Verpackungen die Verarbeitungsvorschrift an.
Beispiele:

Feinkalk: Frühestens nach 10 Stunden Einsumpfdauer oder Mörtelliegezeit zu verarbeiten.
Kalkhydrat: Im Anlieferungszustand verarbeitbar.
Hydraulische und hochhydraulische Kalke: Im Anlieferungszustand verarbeitbar. Der angemachte Mörtel muß nach 3 Stunden verarbeitet sein.

Bindemittelmischungen. Alle Kalke können miteinander vermischt werden.

> Luftkalke können zusammen mit Gips verarbeitet werden (Kalkgipsmörtel). Es ist nicht zulässig, hydraulische Kalke mit Gips zu vermischen.

Wird Mörteln aus hydraulischen Kalk Gips zugefügt, dann können Treiberscheinungen auftreten, die den erhärteten Mörtel zerstören.

5.2.2.3 Arten

Tabelle 118.1 enthält die Bezeichnungen der üblichen Handelsformen der Kalke.
Die Festigkeit wächst in folgender Reihenfolge:
Luftkalke (Weißkalk, Dolomitkalk)
Wasserkalk
Hydraulischer Kalk
Hochhydraulischer Kalk.

Tabelle 118.1 Handelsformen der Baukalke nach DIN 1060, T. 1 (1. 1986)

Vor dem Verarbeiten nach Anweisung des Lieferwerks zu löschen	Ohne Löschen nach der Anweisung des Lieferwerkes zu verarbeiten
Weißfeinkalk[2]	Weißkalkhydrat[2]
Weißstückkalk[1]	Carbidkalkhydrat[2] Weißkalkteig[1] [3] Carbidkalkteig[1] [3]
Dolomitfeinkalk[2]	Dolomitkalkhydrat[2]
Wasserfeinkalk[2]	Wasserkalkhydrat[2]
–	Hydraulischer Kalk[2]
–	Hochhydraulischer Kalk[2]

[1] Nur noch geringe Anwendung
[2] Pulverförmig
[3] Aufschlämmung

Carbidkalk ist ein Kalk, der als Nebenprodukt in der chemischen Industrie anfällt. Er sollte zum Mauern, nicht zum Putzen verwendet werden.
Weißkalk wird aus Kalkgestein gewonnen, das fast vollständig aus $CaCO_3$ besteht.
Dolomitkalk entsteht aus Dolomitgestein, in dem neben $CaCO_3$ auch $MgCO_3$ vorhanden ist.

5.2.3 Zemente

Norm:
DIN 1164, T. 1 (12. 1986)
T. 2 und T. 3 (11. 1978)
T. 100 (3. 1990)

5.2.3.1 Chemische Grundlagen

Alle Zemente sind hydraulische Bindemittel. Sie verbinden sich beim Erhärten mit Wasser.

Bestandteile. Im Zement sind komplizierte Verbindungen aus CaO mit SiO_2, Al_2O_3 und Fe_2O_3 vorhanden.

Bezeichnungen:
CaO Calciumoxid
SiO_2 Siliziumoxid, Kieselsäure
Fe_2O_3 Eisenoxid
Al_2O_3 Aluminiumoxid, Tonerde.

Das Bindemittel enthält z. B. Tricalciumsilikat $3\,CaO \cdot SiO_2$.

Reaktion mit Wasser. Die im Zement enthaltenen Stoffe sind sehr fein gemahlen. Dadurch entsteht eine große Oberfläche. 1 g Zement hat eine Oberfläche von mindestens 2200 cm²!
Beim Anmachen (Mischen) des Zementmörtels oder Betons reagieren die Zementteilchen an ihrer Oberfläche mit dem Wasser. Das Wasser wird von den Zementteilchen aufgenommen und dringt im Verlauf von Tagen und Wochen langsam in das Zementteilchen ein. Dabei bildet sich der feste Zementstein, der die Sand- und Kieskörner miteinander verbindet und den festen Beton oder Mörtel bildet.

Zement benötigt zum Erhärten Wasser. Weil das Erhärten langsam erfolgt, muß der Beton oder Mörtel mehrere Tage feucht gehalten werden (Nachbehandlung).

Kalkhydrat im Beton. Beim Erstarren und Erhärten läuft z. B die folgende chemische Reaktion ab:

$$2(3\,CaO \cdot SiO_2) + 6\,H_2O \rightarrow$$
$$3\,CaO \cdot 2\,SiO_2 \cdot 3\,H_2O + 3\,Ca(OH)_2$$

Beim Erhärten entsteht also im Zementmörtel oder im Beton Kalkhydrat ($Ca(OH)_2$). Das Kalkhydrat beeinflußt nicht die Festigkeit des Mörtels oder Betons. Es ist jedoch für die Dauerhaftigkeit von Stahlbeton sehr wichtig, ↪ Abschnitt 8.1.4. Kalkhydrat reagiert zusammen mit Wasser stark basisch. In dieser chemischen Umgebung rostet Stahl nicht.
Das Kalkhydrat ist in Wasser löslich. Unter ungünstigen Umständen wird es aus dem festen Beton herausgelöst und zur Oberfläche des Bauteils transportiert.

Dort kommt es mit dem CO_2 der Luft in Berührung und bildet weißen Kalkstein, ↪ Abschnitt 5.2.2.1. Der weiße Kalkstein wird als Ablagerung auf der Betonoberfläche sichtbar.

5.2.3.2 Verarbeitung

Lagerung. Zement wird in Silofahrzeugen oder in 50-kg-Säcken angeliefert.
Zement nimmt schnell Feuchtigkeit auf und wird dann unbrauchbar.

Zement ist trocken zu lagern.

Sackzement sollte in Schuppen aufgestapelt werden. Zementsäcke, die im Freien liegen müssen durch Kanthölzer vom feuchten Boden getrennt und mit einer Folie abgedeckt werden (Bild 119.1).
Sackzement verliert beim Lagern an Festigkeit.

Sackzement Z 55 soll nicht länger als einen Monat, alle anderen Zemente nicht länger als zwei Monate lagern.

Erstarren und Erhärten. Zum Anmachen (Mischen) ↪ Abschnitt 5.4.2.4
Erstarrungsbeginn: frühestens 1 Stunde nach dem Anmachen
Erstarrungsende: spätestens 12 Stunden nach dem Anmachen

Beton und Zementmörtel müssen im Regelfall innerhalb 1 Stunde verarbeitet sein.

Die Sollfestigkeit wird nach 28 Tagen erreicht. Auch nach dieser Zeit erhärtet der Zement im Beton oder Mörtel weiter.
Das Erstarren und Erhärten wird durch die Temperatur des Mörtels oder Betons beeinflußt. Die oben genannten Zeitwerte gelten für 20 °C.

Bei Temperaturen unter 5 °C kann das Erhärten zum Stillstand kommen.

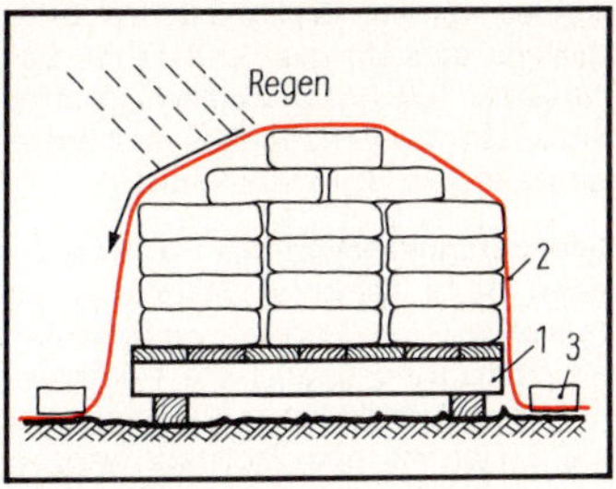

Bild 119.1 Zementlager im Freien
1 Bohlen auf Kanthölzern; *2* Wasserdichte Folie; *3* Beschwerung

Dagegen wird bei Zuführung von Wasserdampf (Wärme + Wasser) die Verfestigung beschleunigt.

Nachbehandlung. Zement erhärtet durch Wasseraufnahme. Wenn nicht genügend Wasser vorhanden ist, erreicht der Zement nicht die vorgesehene Festigkeit.
Wird jedoch bereits beim Mischen zu viel Wasser zugegeben, dann entstehen im Zementstein viele Wasserporen und der Zement erreicht ebenfalls nicht die vorgesehene Festigkeit, ↪ Abschnitt 5.4.2.2.
Die Wasserzugabe beim Anmachen ist zu begrenzen. Damit der Zement trotzdem ausreichend Wasser erhält, gilt die Forderung:

Zementmörtel oder Beton sind einige Tage nach dem Erstarren feucht zu halten.

5.2.3.3 Arten

Portlandzement. Kalkmergel oder Ton und Kalkgestein werden bei Temperaturen von 1 450 °C in großen Drehrohröfen gebrannt. Es entsteht der Zementklinker. Das sind Steinbrocken von etwa 2 bis 3 cm Größe. Diese Steinbrocken können noch nicht als Bindemittel verwendet werden. Erst durch die feine Mahlung entsteht das Bindemittel. Der Hersteller fügt dem Zement Zusätze hinzu, um die Erstarrungs- und Erhärtungsgeschwindigkeit zu steuern.

Eisenportlandzement und Hochofenzement. Beide Zemente entstehen beim Vermahlen von Portlandzementklinker mit Hüttensand (granulierte Hochofenschlacke), Tabelle 121.1. Zur Steuerung des Erstarrens und Erhärtens werden weitere Stoffe mit vermahlen. Beim Abbinden dieser Zemente wird weniger Wärme als bei Verwendung von Portlandzement frei.

Traßzement. Zementklinker und Traß (↪ Abschnitt 5.3.2) werden fein miteinander vermahlen (Tabelle 121.1). Zusätze, die bereits beim Vermahlen zugegeben werden, beeinflussen die Erstarrungs- und Erhärtungsvorgänge.
Betone und Mörtel aus Traßzement haben eine geringe Anfangsfestigkeit.
Traßzement entwickelt beim Erstarren und Erhärten nur wenig Wärme.

5

Portlandölschieferzement. Ölschiefer, ein natürliches Gestein, wird bei 800 °C gebrannt und anschließend mit Portlandzementklinker fein vermahlen (Tabelle 121.1).
Die Farbe des Zements kann beim Brennen des Ölschiefers beeinflußt werden: grau oder rotbraun.

Weißer Zement. Weißer Zement ist ein Portlandzement, der kaum Eisenoxid enthält. Er weist die gleichen Eigenschaften wie Portlandzement auf.

Weitere Zemente. Die vorstehenden Zemente sind genormt. Daneben gibt es weitere Zemente, die zwar nicht genormt sind, deren Herstellung durch die Bauaufsichtsbehörden jedoch zugelassen wurde. Dazu gehören: Flugaschezement, Flugaschehüttenzement, Phonolithzement, Traß-Hochofenzement, Vulkanzement (Lavazement), Portlandkalksteinzement.

Festigkeiten. Die Druckfestigkeit von Zement wird an einem Mörtel mit folgender Zusammensetzung überprüft:

Zement : Sand : Wasser = 1 : 3 : 0,5

Die Bestandteile werden nach Gewicht zugemessen.
Die Druckfestigkeit wird jeweils nach 2; 7 und nach 28 Tagen festgestellt (Tabelle 121.2).
Z 25: langsame Erhärtung; geringe Wärmeentwicklung; lange Nachbehandlung erforderlich
Z 35 L: langsame Erhärtung; geringe Wärmeentwicklung; besonders für massige Bauteile geeignet
Z 35 F: normale Anfangserhärtung; mittlere Wärmeentwicklung
Z 45 L: im Vergleich zu Z 45 F geringere Anfangsfestigkeit
Z 45 F: hohe Anfangsfestigkeit gestattet schnelles Ausschalen; größere Wärmeabgabe; besonders für das Bauen im Winter geeignet
Z 55: sehr hohe Anfangsfestigkeit; besonders für Bauen im Winter geeignet; erreicht schnell Frostbeständigkeit

Bezeichnungen. Die Aufdrucke auf den Säcken oder die Bezeichnungen der Lieferscheine enthalten folgende Abkürzungen:

PZ Portlandzement
EPZ Eisenportlandzement
HOZ Hochofenzement
TrZ Traßzement
PÖZ Portlandölschieferzement

L langsame Anfangserhärtung
F höhere Anfangsfestigkeit
NW geringe Wärmeentwicklung beim Erstarren und Erhärten
HS hoher Sulfatwiderstand

Beispiel:
Zement DIN 1164-PZ 35-F
PZ Portlandzement
35 Festigkeit
F Hinweis auf hohe Anfangsfestigkeit

Tabelle 121.1 Zusammensetzung der Normzemente nach DIN 1164 in Gewichtsprozent

	PZ	EPZ	HOZ	TrZ	POZ
Portlandzementklinker	100	94 bis 65	64 bis 20	80 bis 60	90 bis 65
Hüttensand	–	6 bis 35	36 bis 80	–	–
Traß	–	–	–	20 bis 40	–
Ölschieferabbrand	–	–	–	–	10 bis 35

Tabelle 121.2 Festigkeitsklassen von Zement nach DIN 1164

Festigkeitsklasse	**Druckfestigkeit** in $N/mm^2 = MN/m^2$ nach		
	2 Tagen	7 Tagen	28 Tagen
Z 25	–	≧ 10	25 bis 45
Z 35 L	–	≧ 18	35 bis 55
Z 35 F	≧ 10	–	35 bis 55
Z 45 L	≧ 10	–	45 bis 65
Z 45 F	≧ 20	–	45 bis 65
Z 55	≧ 30	–	≧ 55

Tabelle 121.3 Kennzeichnung der Festigkeitsklassen der Zemente nach DIN 1164

Festigkeitsklasse	Kennfarbe	Farbe des Aufdruckes
Z 25	violett	schwarz
Z 35 L	hellbraun	schwarz
Z 35 F	hellbraun	rot
Z 45 L	grün	schwarz
Z 45 F	grün	rot
Z 55	rot	schwarz

Die Festigkeitsklassen werden außerdem durch die Farben der Zementsäcke unterschieden (Tabelle 121.3).

5.2.4 Putz- und Mauerbinder

Norm:
DIN 4211 (4. 1989)

Putz- und Mauerbinder besteht aus Zement und Gesteinsmehl. Es ist auch zulässig, daß der Putz- und Mauerbinder zur Erhöhung der Geschmeidigkeit des Mörtels Kalkhydrat enthält. Weitere Zusätze erhöhen z.B. die Haftfähigkeit des Mörtels.
Putz- und Mauerbinder ist ein hydraulisches Bindemittel. Es erhärtet an der Luft und auch unter Wasser.
Mörtel aus Putz- und Mauerbinder sind feuchtebeständig und ergeben eine gute Sperrwirkung gegen aufsteigende Feuchtigkeit.

Erstarrungsbeginn: frühestens 1 Stunde nach dem Anmachen
Erstarrungsende: spätestens 24 Stunden nach dem Anmachen

Ein Mörtel mit dem Mischungsverhältnis Binder : Sand : Wasser = 1 : 3 : 0,5 erreicht nach 28 Tagen eine Festigkeit von 5 bis 15 N/mm^2.
Putz- und Mauerbinder werden in gelben Säcken mit blauem Aufdruck geliefert.

Putz- und Mauerbinder dürfen nicht mit Gips vermischt werden.
Eine Zugabe von Kalk oder Zement ist möglich.

5.2.5 Baugipse

Norm:
DIN 1168, T. 1 (1. 1986)
T. 2 (7. 1975)

5.2.5.1 Chemische Grundlagen

Das natürliche Gipsgestein besteht aus $CaSO_4 \cdot 2\,H_2O$. Das ist Calciumsulfat mit angelagertem Kristallwasser.
Beim Brennen bei 120 °C bis 190 °C wird ein Teil des Wassers abgegeben. Es entsteht $CaSO_4 \cdot 1/2\,H_2O$, sog. Halbhydrat.
Wird der Brennprozeß bei höheren Temperaturen fortgesetzt, dann wird das restliche Kristallwasser abgegeben und es bildet sich Anhydrit ($CaSO_4$).
Beim Verarbeiten des Baugipses wird Gips mit Wasser vermischt. Das Bindemittel nimmt wieder Wasser auf und erhärtet. Es bildet sich $CaSO_4 \cdot 2\,H_2O$. Dieser Vorgang ist in kurzer Zeit abgeschlossen. Gips erhärtet schnell.

5

5.2.5.2 Verarbeitung

Alle feingemahlenen Gipsteilchen müssen beim Anmachen mit Wasser in Berührung kommen.

Damit keine Gipsklumpen im Gipsmörtel entstehen, wird der **Gips in** das **Wasser** geschüttet, nicht Wasser in Gips!

Danach wird der Gipsmörtel gut durchgemischt.
Gips versteift schnell (Tabelle 122.1).
Vorhandene Teilchen von bereits erhärtetem Gips beschleunigen die Versteifung. Deshalb sind alle Gefäße und Geräte vor dem Anmachen von Gipsresten zu säubern.
Gips kann ohne und mit Sandzusatz verarbeitet werden, ↳ Tabelle 131.1.
Die Hersteller mischen dem Gips Zusätze bei, um die Konsistenz und die Haftfähigkeit zu beeinflussen.

Tabelle 122.1 Baugipse
Versteifungsbeginn und Druckfestigkeiten nach DIN 1168, T. 1 (7. 1975)

Baugips-sorte	**Versteifungs-beginn** in Minuten	**Druck-festigkeit** in N/mm^2 = MN/m^2
Stuckgips	8 bis 25	–
Putzgips	≧ 3	–
Fertigputzgips	≧ 25	≧ 2,5
Haftputzgips	≧ 25	≧ 2,5
Maschinenputzgips	≧ 25	≧ 2,5
Ansetzgips	≧ 25	≧ 6
Fugengips	≧ 25	≧ 3
Spachtelgips	≧ 15	≧ 2,5

Gips darf mit Kalk, jedoch nicht mit Zement oder mit Putz- und Mauerbinder vermischt werden.

Der erhärtete Gips ($CaSO_4 \cdot 2\,H_2O$) ist etwas wasserlöslich.

Erhärteter Gips ist vor Feuchtigkeit zu schützen.

Gipsbauteile und Gipsputze dürfen daher nicht der Witterung und aufsteigender Feuchtigkeit ausgesetzt werden.

Stahlteile rosten im Gips.

Putzträger müssen aus verzinktem Draht bestehen und Stahlteile sind durch Anstriche zu schützen.

5.2.5.3 Arten

Stuckgips:
Verwendung: werksmäßige Herstellung von Gipsbauteilen; Stuckarbeiten und Rabitzarbeiten; Innenputze (↳ Tabelle 131.1)
Putzgips versteift schnell. Die Oberflächen der Putzflächen können aber auch noch nach dem Versteifen bearbeitet (abgerieben) werden.
Verwendung: Innenputz (↳ Tabelle 131.1); Rabitzarbeiten

Fertigputzgips, Maschinenputzgips und *Haftputzgips* enthalten Zusätze, die die Versteifung hinauszögern.
Spachtelgips und *Fugengips* werden vom Hersteller Zusätze beigemischt, die verhindern, daß das zum Erhärten benötigte Wasser durch trockene Bauteile dem Gipsmörtel entzogen wird.
Verwendung: Fugen zwischen Gipsbauplatten (Fugengips); Spachtelmassen auf Gipswänden (Spachtelgips).
Ansetzgips wird zum Befestigen von Gipskartonplatten verwendet.

5.2.6 Anhydritbinder

Norm
DIN 4208 (3. 1984)

Anhydrit ist wasserfreies $CaSO_4$ (Calciumsulfat). Er kommt in der Natur als Gestein vor. Oder er wird in der chemischen Industrie als Nebenprodukt gewonnen. Die Herkunft wird auf der Verpackung angegeben:
Anhydritbinder – NAT
Anhydritbinder – SYN
Anhydrit reagiert kaum mit Wasser. Erst bei Zugabe eines Anregers (Kalkhydrat, Zement, Salze) entsteht ein Bindemittel, das ähnlich wie Gips verarbeitet werden kann.
Der Anreger wird vom Hersteller dem Bindemittel beigemischt oder gesondert verpackt mitgeliefert. In diesem Fall wird der Anreger auf der Baustelle dem Mörtel beim Anmachen zugegeben.
Anhydritbinder wird in zwei Festigkeitsklassen geliefert (Tabelle 123.1).

Tabelle 123.1 Festigkeiten von Anhydritbindern nach DIN 4208 (3. 1984)

Bezeichnung	Druckfestigkeit in $N/mm^2 = MN/m^2$ nach 3 Tagen	nach 28 Tagen
AB 5	≧ 2	≧ 5
AB 20	≧ 8	≧ 20

Er wird mit Sand gemischt und als Estrich oder Innenputz verarbeitet. Frühestens 25 Minuten nach dem Anmachen beginnt der Anhydritbinder zu erstarren. Das Erstarren ist spätestens nach 12 Stunden beendet.

Anhydritbinder darf nicht mit hydraulischen Kalken oder Zementen vermischt werden.
Es ist nicht zulässig, Anhydritbinder verschiedener Hersteller miteinander zu vermengen.

Bauteile und Estriche und Putze aus Anhydritbinder sind vor lange einwirkender Feuchtigkeit zu schützen.

5.3 Zuschlag, Zusatzstoffe und Zusatzmittel

5.3.1 Zuschlag für Beton und Mörtel

Norm:
DIN 4226, T. 1 bis 4 (4. 1983)

Zuschlag ist ein Gemenge aus unterschiedlich großen, gebrochenen oder ungebrochenen natürlichen oder künstlichen körnigen Mineralstoffen.

5.3.1.1 Korngröße und Lieferkörnung

Der Zuschlag muß eine ausreichende Festigkeit haben und gegebenenfalls frostbeständig sein.
Die Eignung eines Zuschlags wird außerdem durch die in ihm enthaltenen Korngrößen bestimmt.
Die Zusammensetzung eines Zuschlags wird durch Siebungen ermittelt:
Maschenweite der Drahtsiebböden: 0,125 mm; 0,25 mm; 0,5 mm; 1 mm; 2 mm.
Lochweite der Lochblechböden mit Quadratlochung: 4 mm; 8 mm; 16 mm; 31,5 mm; 63 mm; 90 mm.
Zur Prüfung eines Zuschlags werden

5

Tabelle 124.1 Zusammensetzung der Korngruppen und Lieferkörnungen, nach DIN 4226, T. 1

Korngruppe, Lieferkörnung	**Durchgang** in Gewichts-% durch das Prüfsieb 0,25	0,5	1	2	4	8	16	31,5	63
0/1			≧ 85	100					
0/2a	≦ 0,25	≦ 60		≧ 90	100				
0/2b		≦ 75		≧ 90	100				
0/4a		≦ 60		55…85	≧ 90	100			
0/4b		≦ 60			≧ 90	100			
0/8					61…85	≧ 90	100		
0/16					36…74		≧ 90	100	
1/2	≦ 5		≦ 15	≧ 90	100				
1/4	≦ 5		≦ 15		≧ 90	100			
2/4	≦ 3			≦ 15	≧ 90	100			
2/8	≦ 3			≦ 15	10…65	≧ 90	100		
2/16	≦ 3			≦ 15		25…65	≧ 90	100	
4/8	≦ 3				≦ 15	≧ 90	100		
4/16	≦ 3				≦ 15	25…65	≧ 90	100	
8/16	≦ 3					≦ 15	≧ 90	100	
8/32	≦ 3					≦ 15	30…60	≧ 90	100
16/32	≦ 3						≦ 15	≧ 90	100

mindestens zwei Siebungen ausgeführt. Zur Feststellung der Kornverteilung wird der Zuschlag getrocknet und danach durch die oben genannten Siebe geschüttet (Bild 124.1).

Es wird die Menge gewogen, die auf dem jeweiligen Sieb liegen bleibt. Außerdem wird der Durchgang durch das jeweilige Sieb ermittelt.

Der Zuschlag wird nach Korngruppen eingeteilt und ausgeliefert: ↳ Lieferkörnung, Tabelle 124.1.

Bei einer Lieferkörnung können bis zu 10% *Überkorn* und
bis zu 15% *Unterkorn*
vorhanden sein.

Bei gebrochenen Zuschlägen ist ein Unterkornanteil bis zu 20% zulässig.

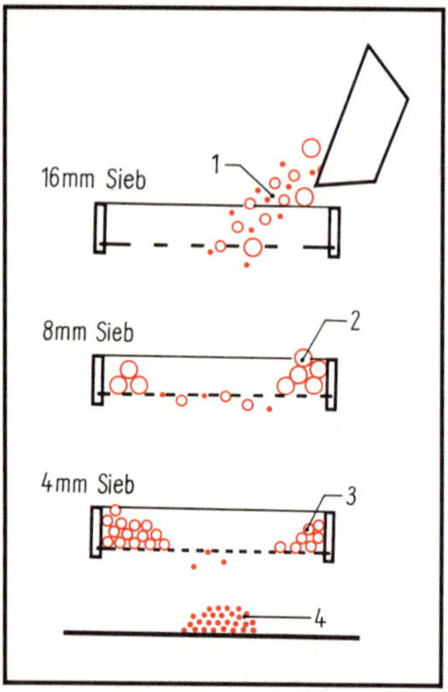

Bild 124.1 Feststellen der Korngrößen durch Siebungen
1 getrockneter Zuschlag; *2* Überkorn; *3* Korngruppe 4/8; *4* Unterkorn

Beispiel:

Lieferkörnung 4/8 (Bild 124.1)
Durch das 16 mm Sieb fallen 100% der zu untersuchenden Menge Zuschlag.
Durch das 8-mm-Sieb fallen mindestens 90% des Zuschlags. Höchstens 10% bleiben als Überkorn auf dem 8-mm-Sieb liegen. Durch das 4-mm-Sieb fallen höchstens 15% des Zuschlags: Unterkorn.

Einige Korngruppen haben besondere Bezeichnungen, Tabelle 125.1.

Die Kornform beeinflußt die Eigenschaften des Frisch- und Festbetons. Annähernd kugelförmige, runde Körner lassen sich leichter in eine dichte Lagerung bringen, als längliche, eckige Körner.

5.3.1.2 Schädliche Bestandteile

Schädliche Bestandteile im Zuschlag
- verringern die Festigkeit des Mörtels oder Betons,
- rufen Absprengungen und Verfärbungen an der Oberfläche des erhärteten Mörtels oder Betons hervor,
- greifen den Betonstahl im Stahlbeton an.

Abschlämmbare Bestandteile. Es sind sehr kleine Teilchen des Zuschlags. Sie sind so klein, daß sie noch durch ein Sieb mit der Maschenweite von nur 0,063 mm hindurchrutschen.
Sie haften als staubfeine Bestandteile an den größeren Körnern oder sie sind im Zuschlag als zusammengeballte Knollen, z. B. Tonknollen, vorhanden.
Die sehr feinen Bestandteile des Zuschlags haben eine sehr große Oberfläche. Sie benötigen daher viel Bindemittel.
Knollen, die beim Mischen nicht zerrieben werden, bilden im erhärteten Mörtel oder Beton Bereiche ohne Festigkeit.
Der Anteil der abschlämmbaren Bestandteile wird daher begrenzt (Tabelle 125.2).

Tabelle 125.1 Bezeichnungen ausgewählter Korngruppen

Korngröße	**Natürlich zerkleinerte Gesteine**	**Gebrochene Gesteine**
Größtkorn ≦ 4 mm	Sand	Brechsand, Edelbrechsand
Kleinstkorn > 4 mm und Größtkorn ≦ 32 mm	Kies	Splitt, Edelsplitt
Kleinstkorn > 32 mm	Grobkies	Schotter

Tabelle 125.2 Zulässiger Gehalt an abschlämmbaren Bestandteilen nach DIN 4226, T. 1

Korngruppe, Lieferkörnung	**Gehalt an abschlämmbaren Bestandteilen** in Gewichts-%
0/1; 0/2; 0/4	≦ 4,0
0/8; 1/2; 1/4; 2/4	≦ 3,0
0/16; 0/32; 2/8; 4/8	≦ 2,0
0/63; 2/16; 4/16; 4/32	≦ 1,0
8/16; 8/32; 16/32; 32/63	≦ 0,5

Organische Bestandteile. Im Zuschlag dürfen keine Humusstoffe (Mutterboden), keine Wurzelreste und auch keine Braunkohle vorhanden sein.
Humus setzt die Festigkeit des Mörtels oder Betons herab. Braunkohle führt zu Abplatzungen oder Verfärbungen an der Oberfläche des erhärteten Mörtels oder Betons.

Salze. Der Zuschlag darf keine Salze enthalten, die im Mörtel oder Beton negative Wirkungen hervorrufen können.

5

Dazu gehören
Chloride, die das Rosten des Betonstahls beschleunigen, Sulfate, die zusammen mit Zement zu Rissen und Treiberscheinungen führen.

Alkaliempfindlicher Zuschlag. Einige natürliche Gesteine (Opalsandstein, poröser Flint) werden vom Zement angegriffen. Bei Verwendung dieser Gesteine als Zuschlag entstehen im schon erhärteten Mörtel oder Beton Risse und Treiberscheinungen. Diese Gesteine kommen nur in einigen Kies- und Sandgruben Norddeutschlands vor.
Die Zerstörung tritt ein, wenn der Mörtel oder Beton häufig durchnäßt wird.

5.3.2 Zusatzstoffe

Betonzusatzstoffe sind pulverförmige Stoffe, die dem Beton zugegeben werden, um die Eigenschaften des Frisch- oder Festbetons zu verbessern.
Durch Zugabe von Zusatzstoffen wird die Geschmeidigkeit und Pumpfähigkeit des Frischbetons erhöht. Der Festbeton wird dichter und widerstandsfähiger gegen chemische Angriffe.
Die Zusatzstoffe werden in Mengen von 50 bis 100 kg je 1 m^3 Beton mit dem Frischbeton vermischt.

5

Traß.

Norm:
DIN 51 043 (8. 1979)

Traß ist ein natürlicher Tuffstein, der vor allem aus SiO_2 (Kieselsäure) und Al_2O_3 (Tonerde) besteht. Traß ist latent hydraulisch. Traßpulver allein erhärtet nicht. Wird ihm jedoch ein Anreger, z. B. $Ca(OH)_2$ (Calciumhydroxid), zugefügt, beginnt er wie ein Bindemittel zu erhärten. Traß wird lose oder in braunen Papiersäcken mit grünem Aufdruck geliefert.

Steinkohlenflugasche. Ein pulverfeiner Stoff, der aus den nicht brennbaren Bestandteilen der Steinkohle besteht: SiO_2; Al_2O_3. Steinkohlenfilteraschen fallen an den Filtern der Kraftwerke an.
Die Filterasche wirkt wie Traß latent hydraulisch.
Auslieferung: lose oder in grauen Säcken mit blauer Aufschrift.

5.3.3 Zusatzmittel

Zusatzmittel sind pulverförmige oder flüssige Stoffe, die dem Frischbeton in kleinen Mengen (2...50 g je 1 kg Zement) hinzugegeben werden. Sie verbessern ein oder zwei Eigenschaften des Frisch- oder Festbetons. Gleichzeitig treten unerwünschte Wirkungen auf, wie z. B. eine Verminderung der Festigkeit oder eine Erhöhung des Schwindens.

Die Zusatzmittel müssen genau abgemessen zugegeben werden.
Transportbeton enthält bereits das vereinbarte Zusatzmittel.

Wenn zwei Zusatzmittel gleichzeitig verwendet werden sollen, muß zuvor in einer Eignungsprüfung festgestellt werden, ob sie miteinander vermischt werden dürfen. Zusatzmittel für Beton werden auch für Zementmörtel genutzt.
Es werden u. a. folgende Betonzusatzmittel angewendet (Tabelle 127.1):

- Betonverflüssiger

Die Verarbeitung des Betons wird erleichtert. Durch Zugabe dieses Zusatzmittels ist es möglich, steife Frischbetone weicher zu machen, ohne den Wasserzementwert (↪ Abschnitt 5.4.2.2) zu ändern.

- Fließmittel

Der Frischbeton wird in stärkerem Maß fließfähiger als bei Zugabe von Betonverflüssigern.
Durch Zugabe von Fließmittel kann ein Frischbeton mit einem kleinen Wasserzementwert weich und fließfähig werden. Die Wirkung dieses Mittels läßt

Tabelle 127.1 Betonzusatzmittel

Bezeichnung	Kurz-zeichen	Farbkenn-zeichen
Betonverflüssiger	BV	gelb
Fließmittel	FM	grau
Luftporenbildner	LP	blau
Dichtungsmittel	DM	braun
Verzögerer	VZ	rot
Beschleuniger	BE	grün
Stabilisierer	ST	violett

etwa 90 Minuten nach dem Zumischen nach. Deshalb wird bei Transportbeton das Fließmittel erst kurz vor der Übergabe beigegeben. Der Frischbeton wird im Fahrmischer nachgemischt.

■ Dichtungsmittel
Die Dichtungsmittel machen den Festbeton wasserdicht und wasserabweisend.

■ Verzögerer
Beton beginnt frühestens 1 Stunde nach Wasserzugabe zu erstarren. Wenn diese Zeit nicht ausreicht, um den Frischbeton zu verarbeiten, werden dem Frischbeton Verzögerer beigemischt. Dadurch wird der Erstarrungsbeginn um Stunden verschoben.

■ Beschleuniger
Diese Zusatzmittel beschleunigen das Erstarren und Erhärten. Die 28-Tage-Festigkeit sinkt jedoch ab.
Diese Mittel werden auch als Frostschutzmittel eingesetzt. Sie erzeugen schnell einen Beton, dessen Festigkeit so groß ist, daß der Beton dem Frost widerstehen kann.

■ Luftporenbildner
Im Frischbeton werden kleine Kugelporen (Durchmesser <0,3 mm) erzeugt. Diese Poren bleiben auch beim Rütteln im Frischbeton; er wird dadurch geschmeidiger.

■ Stabilisierer
Betonzusatzmittel sollen ein Entmischen des Betons verhindern und die Verarbeitung des Frischbetons erleichtern.

5.4 Mörtel und Beton

5.4.1 Mörtel

5.4.1.1 Überblick

Fast alle Mörtel sind Gemenge aus Sand, Bindemittel und Wasser.
Zur Verbesserung der Eigenschaften des Frisch- oder Festmörtels werden Zusätze dem Mörtel hinzugefügt:
Zusatzstoffe, wie Traß, Gesteinsmehl oder Pigmente (Farbstoffkörner) können in größeren Mengen beigemischt werden, ↪ Abschnitt 5.3.2.
Zusatzmittel werden in kleineren Mengen dem Mörtel beigegeben, ↪ Abschnitt 5.3.3.

Arten. Nach dem Ort der Herstellung des Mörtels werden unterschieden:

■ Baustellenmörtel
Die Ausgangsstoffe Bindemittel, Sand und Wasser werden auf der Baustelle abgemessen und miteinander vermischt.

■ Werk-Trockenmörtel
Die Ausgangsstoffe (Bindemittel, Sand und evtl. Zusätze) werden im Werk trocken gemischt und in dieser Form geliefert. Auf der Baustelle wird nur noch Wasser hinzugegeben und der Mörtel wird durch weiteres Mischen verarbeitbar gemacht.

> Werk-Trockenmörteln dürfen auf der Baustelle keine Bindemittel oder Zusätze hinzugefügt werden.

■ Werk-Vormörtel (Werk-Naßmörtel)
Sand und Luft- oder Wasserkalk werden im Werk naß gemischt. Auf der Baustelle wird erneut Wasser und eventuell ein weiteres Bindemittel hinzugegeben.

■ Werk-Frischmörtel
Dem Mörtel werden bereits im Werk alle erforderlichen Bestandteile zugegeben und er wird als *gebrauchsfertiger Naßmörtel* geliefert.

Mischen. Es ist der Vorteil der Werkmörtel, daß ihre Bestandteile im Werk *genau abgewogen* werden können.

5

Auf der Baustelle werden die Bestandteile des Mörtels nur *nach Raumteilen* bestimmt und dann gemischt.

> Zum Abmessen der Mörtelbestandteile sind Meßbehälter, Mörtelkästen o. ä. zu verwenden.

5.4.1.2 Mauermörtel

Norm:
DIN 1053, T. (2. 1990)

Mauermörtel wird zur Herstellung von Mauerwerk verwendet.

Bindemittel.
Baukalke ↳ Abschnitt 5.2.2
Putz- und Mauerbinder ↳ Abschnitt 5.2.4
Zemente ↳ Abschnitt 5.2.3

Normalmörtel.
Trockenrohdichte ≧ 1,5 kg/dm³
Mörtelgruppen: I; II; IIa; III; IIIa
Arten: Baustellenmörtel, Werk-Mörtel
Mischungsverhältnisse: Tabelle 128.1

Eigenschaften: Der Frischmörtel soll geschmeidig und kellengerecht sein, damit er sich gut verarbeiten läßt. Er soll das Wasser zurückhalten, damit der Mörtel nicht zu schnell „anzieht", d. h. abtrocknet bevor der nächste Stein vermauert wird. Der Mörtel soll beim Erstarren und Erhärten nicht reißen.
Luftkalk ergibt einen sehr geschmeidigen Mörtel, Zementmörtel ist „kurz", d. h. weniger geschmeidig, weniger haftend (Bild 129.1). Zur Erhöhung der Geschmeidigkeit werden dem Mauermörtel Traß, Gesteinsmehl oder Luftkalk beigemischt. Eine bessere Verarbeitbarkeit kann auch durch Zugabe von Zusatzmitteln erreicht werden.
Normalmörtel enthält Sand bis zu einer Korngröße von 4 mm. Er ist daher nicht für Dünnbettmörtelfugen geeignet.
Normalmörtel hat eine gute Wärmeleitfähigkeit. Fugen aus Normalmörtel sind daher Wärmebrücken.

Tabelle 128.1 Normalmörtel für Mauerwerk Mischungsverhältnisse nach Raumteilen nach DIN 1053, T. 1 (Febr. 1990)

Mörtelgruppe	Bindemittel					Zuschlag
	Luftkalk und Wasserkalk: Kalkteig	Luftkalk und Wasserkalk: Kalkhydrat	Hydraulischer Kalk	Hochhydraulischer Kalk; Putz- und Mauerbinder	Zement	Sand aus natürlichem Gestein[1]
I	1	–	–	–	–	4
	–	1	–	–	–	3
	–	–	1	–	–	3
	–	–	–	1	–	4,5
II	1,5	–	–	–	1	8
	–	2	–	–	1	8
	–	–	2	–	1	8
	–	–	–	1	–	3
IIa	–	1	–	–	1	6
	–	–	–	2	1	8
III[3]	–	–	–	–	1	4
IIIa[2]	–	–	–	–	1	4

[1]) Sand in lagerfeuchtem Zustand
[2]) MG IIIa ist ein Mörtel aus besonders geeigneten Sanden.
Seine Festigkeit ist durch Eignungsprüfungen zu kontrollieren
[3]) Um die Verarbeitbarkeit des Mörtels zu verbessern, dürfen bis zu 15 % vom Sandgehalt durch Zusatzstoffe wie Traß, Gesteinsmehle oder Baukalke ersetzt werden. Diese Stoffe dürfen nicht auf den Bindemittelanteil angerechnet werden.

Tabelle 129.1 Normalmörtel für Mauerwerk
Anwendung der Mörtelgruppen
– nicht geeignet; + geeignet

Bauteil	Mörtelgruppe				
	I	II	II a	III	III a
Rezeptmauerwerk					
Kellermauerwerk	–	+	+	+	+
Gewölbe	–	–	–	+	+
Wände mit Dicken < 24 cm	–	+	+	+	+
Tragende Wände in Gebäuden mit mehr als zwei Vollgeschossen	–	+	+	+	+
Außenschale von zweischaligen Außenwänden	–	+	+	+ [1])	+ [1])
Bewehrtes Mauerwerk	–	+ [2])	+ [2])	+	+
Mauerwerk nach Eignungsprüfung	–	–	+	+	+

[1]) Nur zum nachträglichen Verfugen
[2]) Nur für Fugen ohne Bewehrungsstahl

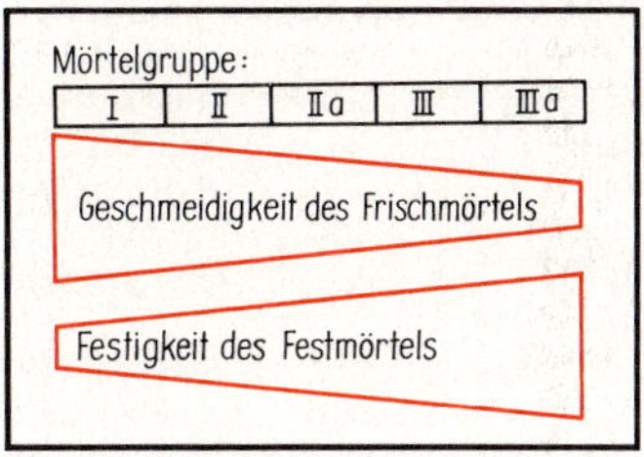

Bild 129.1 Geschmeidigkeit und Festigkeit bei den Mörtelgruppen von Normalmörtel

Leichtmörtel.
Trockenrohdichte $< 1{,}5\ kg/dm^3$
Mörtelgruppen: LM 21 und LM 36
Arten: Werk-Trockenmörtel, Werk-Frischmörtel
Leichtmörtel enthält neben Sand auch Leichtzuschläge, die eine gute Wärmedämmung ergeben. Leichtmörtel ist ein besonderer Mörtel für Mauerwerk mit erhöhter Wärmedämmung.

Wärmeleitfähigkeit
LM 21: $\lambda \leqq 0{,}18\ W/(m \cdot K)$
LM 36: $\lambda \leqq 0{,}27\ W/(m \cdot K)$

Mauerwerk, das unter Verwendung von Leichtmörtel aufgeführt wurde, hat eine geringere Druckfestigkeit als ein Mauerwerk aus den gleichen Steinen mit MG II.

Dünnbettmörtel.
Mörtelgruppen: Dünnbettmörtel wird der Mörtelgruppe III zugerechnet.
Arten: Werk-Trockenmörtel
Dünnbettmörtel enthält Zuschlag mit einem Größtkorn ≦ 1 mm. Dieser Mörtel kann daher zur Herstellung von Lagerfugen mit einer Dicke von 2 bis 3 mm verwendet werden.
Als Bindemittel wurde Zement genutzt, dem Zusatzmittel beigemischt wurden. Die Verarbeitungszeit für Dünnbettmörtel beträgt mindestens 4 Stunden.

Verarbeiten von Mörtel bei Frost. Zwischen Mauersteinen und Mörtel darf sich keine Eisschicht bilden.
Frischer Mörtel kann durch Frost geschädigt werden.

- Gefrorene Baustoffe (Mauersteine, Zuschlag) dürfen nicht verarbeitet werden.
- An gefrorenen Bauteilen darf nicht weitergemauert werden.
- Der Einsatz von Frostschutzmitteln ist nicht zulässig. Zusatzmittel nach Abschnitt 5.3.3 können verwendet werden.
- Bei Temperaturen unter 5 °C ist mindestens MG II zu vermauern.
- Wenn Frost erwartet wird, ist frisches Mauerwerk wärmedämmend abzudecken.

5.4.1.3 Putzmörtel und Putz

Norm:
DIN 18550, T. 1 und T. 2 (1. 1985)
DIN 18558 (1. 1985)

Bindemittel. Als mineralische Bindemittel für Putze werden verwendet:
Baukalke ↪ Abschnitt 5.2.2
Zemente ↪ Abschnitt 5.2.3
Putz- und Mauerbinder ↪ Abschnitt 5.2.4
Baugipse ↪ Abschnitt 5.2.5
Anhydritbinder ↪ Abschnitt 5.2.6
Hinzu kommen organische Bindemittel, die in Kunstharzputzen enthalten sind.

Sande. Die Sande sollen eine dichte Lagerung der einzelnen Körner im Putz ermöglichen. Es sind daher gemischtkörnige Sande zu bevorzugen. Im Regelfall wird Sand der Körnung 0/4 verwendet (Tabelle 130.1). Damit die Geschmeidigkeit und Wasserdichtigkeit des Putzes erreicht wird, soll der Anteil der feinen Körnungen zwischen 0 und 0,25 mm zwischen 10 und 30% liegen. Die Sande dürfen keine Verunreinigungen (Laubblätter, Holzreste, Papierfetzen, u. ä.), keine größeren Beimengungen von Humus und Braunkohle enthalten.

Mörtelarten und Mischungsverhältnisse. Putzmörtel wird als Werkmörtel angeliefert oder als Baustellenmörtel hergestellt. Es werden die Putzmörtelgruppen **P I** bis **P V** (Mörtel mit mineralischen Bindemitteln) und
P Org 1 und **P Org 2** (Kunstharzputze) unterschieden.
Bewährte Mischungsverhältnisse für die Mörtelgruppen P I bis P V sind in Tabelle 131.1 aufgeführt.
Zur besseren Verarbeitung werden den Putzmörteln oft Luftporenbildner (↪ Abschnitt 5.3.3) beigemischt. Kunstharzputze werden immer als verarbeitungsfähige Beschichtungsstoffe angeliefert:
P Org 1 für Außen- und Innenputz
P Org 2 für Innenputz.

Tabelle 130.1 Empfohlene Korngruppen für Putze nach DIN 18550, T. 2

Verwendung	**Mörtel** für	**Korngruppe**
Außenputz	Spritzbewurf	0/4; 0/8 [1]
	Unterputz	0/2; 0/4
	Oberputz	je nach Putzweise
Innenputz	Spritzbewurf	0/4 [1]
	Unterputz	0/2; 0/4
	Oberputz	0/1; 0/2

[1] Der Anteil an Grobkorn soll möglichst groß sein.

In den Tabellen 132.1 und 132.2 werden Anwendungsgebiete für die bewährten Putzarten aufgeführt.
Es können andere Mörtelmischungen eingesetzt werden; dann ist ihre Eignung vor dem Putzen nachzuweisen.
Außenputze müssen *wasserhemmend* sein. Außenflächen, die durch Niederschläge und Wind besonders hoch beansprucht werden (Hochhäuser, Gebäude an der Küste oder im Gebirge) erhalten einen *wasserabweisenden* Putz.
Kelleraußenwandputz muß dauernder Feuchtigkeit widerstehen.

Der Putz im Sockelbereich wird besonders stark beansprucht. Auf diesen Putz wirken Spritzwasser und Frost ein.
Für trockene Innenräume, dazu gehören auch Küchen und Bäder in Wohnungen, werden auch Gips- und Anhydritmörtel verwendet.
In Treppenhäusern von Schulen usw. wird ein Putz benötigt, der eine besonders hohe Abriebfestigkeit hat.

Für Sonderzwecke kommen
- Mörtel für Putze mit besonders hoher Wärmedämmung und
- Mörtel für Brandschutzbekleidungen

zur Anwendung. Sie werden als Werk-Trockenmörtel angeboten.

Tabelle 131.1 Putzmörtel, Mischungsverhältnisse in Raumteilen nach DIN 18 550, T. 2

Mörtelgruppe		Mörtelart	Bindemittel									Zuschlag
			Baukalke Luftkalk; Wasserkalk: Kalkteig	Baukalke Luftkalk; Wasserkalk: Kalkhydrat	Hydraulischer Kalk	Hochhydraulischer Kalk	Putz- und Mauerbinder	Zement	Baugipse: Stuckgips	Baugipse: Putzgips	Anhydritbinder	Sand, gemischtkörnig
P I	P I a	Luftkalkmörtel[1]	1									3,5…4,5
				1								3,0…4,0
	P I b	Wasserkalkmörtel	1									3,5…4,5
				1								3,0…4,0
	P I c	Mörtel mit hydr. Kalk			1							3,0…4,0
P II	P II a	Mörtel mit hochhydr. Kalk				1						3,0…4,0
		Mörtel mit Putz- u. Mauerbinder					1					3,0…4,0
	P II b	Kalkzementmörtel	0,75 oder 1					0,5				4,5…5,5
P III	P III a	Zementmörtel mit Zusatz von Kalkhydrat		≦0,25				1				3,0…4,0
	P III b	Zementmörtel						1				3,0…4,0
P IV	P IV a	Gipsmörtel[2]							1 oder	1		ohne
	P IV b	Gipssandmörtel[2]							1 oder	1		1,0…3,0
	P IV c	Gipskalkmörtel	1 oder 1						0,5…1 oder 1,0…2			3,0…4,0
	P IV d	Kalkgipsmörtel	1 oder 1						0,1…0,2 oder 0,2…0,5			3,0…4,0
P V	P V a	Anhydritmörtel									1	≦2,5
	P V b	Anhydritkalkmörtel	0,35 oder 0,5								1	4,0

[1]) geringer Zementzusatz möglich
[2]) geringer Zusatz von Weißkalk zur Erhöhung der Geschmeidigkeit möglich

5

Tabelle 132.1 Putzsysteme für Außenputze nach DIN 18550, T. 1

Anforderung Verwendung	**Mörtelgruppe bzw. Beschichtungsstoff** Unterputz	Oberputz
Ohne besondere Anforderung	–	P I
	P I	P I
	–	P II
	P II	P I
	P II	P II
	P II	P Org 1
	–	P Org 1 [1]
	–	P III
wasser-hemmend	P I	P I [2]
	–	P I c [2]
	–	P II
	P II	P I
	P II	P II
	P II	P Org 1
	–	P Org 1 [1]
	–	P III [1]
wasser-abweisend	P I c	P I [2]
	P II	P I [2]
	P II	P II [2]
	P II	P Org 1
	–	P Org 1 [1]
	–	P III [1]
erhöhte Festigkeit	–	P II
	P II	P II
	P II	P Org 1
	–	P Org 1 [1]
	–	P III
Kellerwand-Außenputz	–	P III
Außensockel-putz	–	P III
	P III	P III
	P III	P Org 1
	–	P Org 1 [1]

[1]) Nur bei Beton mit geschlossenem Gefüge als Putzgrund

[2]) Zusatzmittel erforderlich

Tabelle 132.2 Putzsysteme für Innenwände und Innendecken nach DIN 18550, T. 1

Anforderung Verwendung	**Mörtelgruppe bzw. Beschichtungsstoff** Unterputz	Oberputz
nur geringe Beanspruchung	–	P I a, b
	P I a, b	P I a, b
	P II	P I a, b; P IV d
	P IV	P I a, b; P IV d
übliche Beanspruchung	–	P I c
	P I c	P I c
	–	P II
	P II	P I c; P II; P IV a, b, c; P Org 1; P Org 2 [4]
	–	P III [3]
	P III	P I c; P II; P III; P Org 1; P Org 2 [3]
	–	P IV a, b, c
	P IV a, b, c	P IV a, b, c; P Org 1; P Org 2
	–	P V
	P V	P V; P Org 1; P Org 2
	–	P Org 1; P Org 2 [2]
Feucht-räume [1]	–	P I
	P I	P I
	–	P II
	P II	P I; P II; P Org 1
	–	P III
	P III	P II; P III; P Org 1
	–	P Org 1 [2]

[1]) Hierzu zählen nicht Küchen und Bäder von Wohnungen

[2]) Nur bei Beton mit geschlossenem Gefüge als Putzgrund.

[3]) Nicht für Innendecken

[4]) Bei Innenwänden auch Oberputz: P V

Aufbau der Putzschicht. Es werden einlagige und zweilagige Putzschichten (Bild 133.1) unterschieden.
Mehrlagiger Putz erfordert einen höheren Arbeitsaufwand, hat jedoch bessere Eigenschaften.

Der Putz soll fest am Putzgrund haften und keine Risse enthalten.

Dazu dienen folgende Maßnahmen:
- Bei schwach saugendem Putzgrund wird ein grobkörniger Spritzbewurf aufgebracht, der den Putzgrund jedoch nicht vollständig abdeckt, sog. warzenförmiger Spritzbewurf.
- Bei stark saugendem Untergrund und bei einem Putzgrund mit sehr unterschiedlich saugenden Steinen wird zuerst ein grobkörniger Spritzbewurf angeworfen, der die gesamte Fläche abdeckt.

Die Oberfläche des Spritzbewurfs wird nicht bearbeitet. Sie bleibt rauh. Der Spritzbewurf wird nicht als besondere Putzlage bezeichnet.
- Holz- und Stahlteile im Putzgrund sind mit Putzträgern zu überdecken. Sie sind am Putzgrund, nicht am Holz zu befestigen (Bild 133.2). Holz „arbeitet" und löst sich mit der Zeit vom Putz. Auf Stahl, Dichtungsbahnen und anderen nicht saugenden Stoffen kann sich der Putz nicht festsaugen. Er haftet nicht am Untergrund.
- Durch Temperaturänderungen und durch Schwindvorgänge im Putzgrund oder im Putz kann der Putz reißen und sich vom Putzgrund lösen.

Putze sind dauerhafter, wenn die Festigkeit der Putzschichten von innen nach außen abnimmt.

Beispiel:

Wasserhemmender Außenputz (Tabelle 132.1)
Unterputz: P II
Oberputz: P I

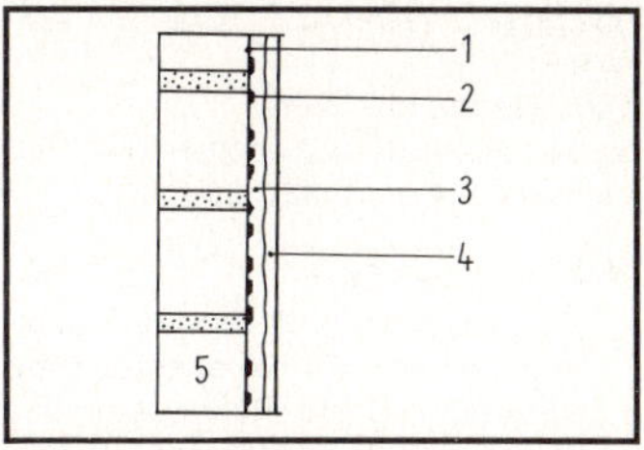

Bild 133.1 Zweilagiger Putz
1 Putzgrund; *2* Spritzbewurf; *3* Unterputz (1. Lage); *4* Oberputz (2. Lage); *5* Mauerstein

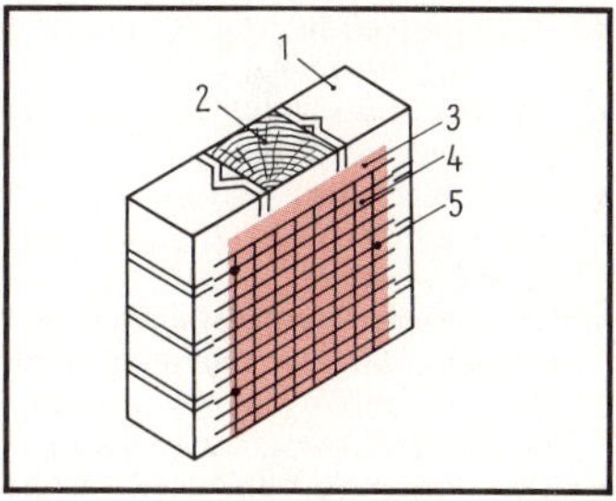

Bild 133.2 Überbrückung von Holz im Putzgrund
1 Mauerwerk; *2* Holz; *3* Folie, Bitumenbahn; *4* Putzträger; *5* Nagel

Wenn Unterputz und Oberputz die gleiche Mörtelgruppe haben, empfiehlt es sich, dem Oberputz etwas weniger Bindemittel beizumischen.
Es ist auch möglich, daß Unterputz und Oberputz von gleicher Festigkeit sind.

In keinem Fall sollte der Oberputz eine höhere Festigkeit als der Unterputz haben.

Übliche Putzdicken:
Außenputze: 20 mm, mind. 15 mm
Innenputze: 15 mm, mind. 10 mm

Bei Verwendung von Werk-Trockenmörteln:
Einlagiger Außenputz: 15 mm, mind. 10 mm

Einlagiger Innenputz: 10 mm, mind. 5 mm
Wärmedämmputz: 20 mm
Die Mindestwerte beziehen sich auf die dünnste Stelle im Putz.

Verarbeitungsregeln.

- Mauerwerk soll sich vor dem Putzen erst „setzen". Es hat eine günstige Wirkung auf den Putz, wenn das Mauerwerk einige Monate steht, bevor es verputzt wird.
- Der Putzgrund muß sauber und staubfrei sein. Lockere Bestandteile sind vor dem Putzen zu entfernen.
- Auf gefrorenem Untergrund darf nicht geputzt werden.
- Bei Temperaturen unter 5 °C sollte nicht geputzt werden.
- Der Spritzbewurf muß trocken und fest sein, bevor die erste Putzlage angeworfen wird.
- Der Oberputz darf erst aufgebracht werden, wenn der Unterputz angetrocknet ist. Er muß so fest sein, daß er den Oberputz tragen kann.
- Der Unterputz muß eine rauhe Oberfläche haben, damit der Oberputz sich fest mit dem Unterputz verbinden kann.
- Mörtel P I bis P III sind vor zu schnellem Austrocknen zu schützen und einige Tage feucht zu halten.

5.4.1.4 Estrichmörtel und Estrich

Estriche sind Fußbodenschichten, die auf einer massiven Unterlage (Unterbeton, Rohdecke) ruhen. Sie bilden die Oberfläche des Fußbodens oder die Unterlage für weitere Fußbodenbeläge.

Bindemittel. Als Bindemittel werden verwendet:

- Zement (↪ Abschnitt 5.2.3) für Zementestrich
- Anhydrit (↪ Abschnitt 5.2.6) für Anhydritestrich
- Kaustische Magnesia für Magnesiaestrich
- Bitumen für Gußasphalt.

Kaustische Magnesia (MgO, Magnesiumoxid) wird zur Estrichherstellung mit Magnesiumchloridlösung ($MgCl_2$) vermischt. Der Mörtel enthält außerdem Zuschläge und Farbstoffkörner.

Bitumen ist ein Erdölprodukt, das bei Erwärmung weich wird. Ein Gemisch aus Sand, Splitt und Gesteinsmehlen wird Asphalt genannt.

Zuschlag. Für Zementestrich werden Kiese und Sande verarbeitet, deren Sieblinie im günstigen Bereich liegen soll.
Estrichdicke $\leqq$ 40 mm:
Größtkorn $\leqq$ 8 mm
Estrichdicke > 40 mm:
Größtkorn $\leqq$ 16 mm
Um besonders verschleißfeste Estriche zu erhalten, werden Hartstoffzuschläge wie Metallspäne oder ausgewählte Körnungen besonders harter Naturgesteine oder Schlacken zugesetzt.
Damit Schwindrisse vermieden werden, ist der Zementgehalt in Grenzen zu halten:
Schwimmender Estrich $\leqq$ 400 kg Zement je 1 m^3 Estrich
Verbundestrich und Estrich mit Trennschichten $\leqq$ 450 kg Zement je 1 m^3 Estrich
Anhydritestrich enthält Sand bei einem Mischungsverhältnis
Anhydritbinder : Sand = 1 : max. 2,5.
Dem Zementmörtel und dem Anhydritmörtel werden Zusatzmittel beigemischt, die vor allem die Fließfähigkeit des Estrichs erhöhen (Fließestrich).
Dem Magnesiaestrich werden organische Füllstoffe (Sägespäne, Papierschnitzel), anorganische Füllstoffe (Sande) und Farbstoffkörner (Pigmente) zugegeben.
Gußasphalt enthält neben Bitumen auch Sand, Splitt und Gesteinsmehle.

Festigkeiten. Es werden die folgenden Festigkeiten unterschieden:
Anhydritestrich: AE 12; AE 20; AE 30; AE 40

Magnesiaestrich: ME 5; ME 7; ME 10; ME 20; ME 30; ME 40; ME 60
Zementestrich: ZE 12; ZE 20; ZE 30; ZE 40; ZE 50; ZE 55; ZE 65
Die Zahl gibt den Wert der Mindestdruckfestigkeit in N/mm² an.

Estricharten.

Verbundestrich (Bild 135.1):
Der Estrich liegt unmittelbar auf dem tragenden Untergrund. Er soll fest am Untergrund haften. Deshalb darf der Untergrund nicht mit Staub, Öl, Anstrichstoffen o. ä. verschmutzt sein. Es ist nicht zulässig, Leitungen auf dem Untergrund zu verlegen und mit Verbundestrich abzudecken. Leitungen müssen in einer Ausgleichsschicht liegen.

- Dicke des Verbundestrichs
  Gußasphalt ≦ 40 mm
  Magnesia-, Anhydrit- und Zementestrich ≦ 50 mm

Fugen im Untergrund müssen auch als durchgehende Fugen im Verbundestrich erscheinen.
Mindestfestigkeiten: Tabelle 135.1
Estrich auf Trennschicht (Bild 135.1):
Der Estrich wird vom tragenden Untergrund durch eine Trennschicht aus Polyethylenfolie, nackten Bitumenbahnen oder Rohglasvlies getrennt. Die Trennschicht ist möglichst glatt und in der Regel in zwei Lagen übereinander zu verlegen. Die Fugen aus dem Untergrund müssen auch im Estrich vorhanden sein. Bei Zementestrich sind weiterhin große Estrichflächen so aufzuteilen, daß annähernd quadratische Felder von 25 bis 35 m² Fläche entstehen.

- Mindestdicke der Estrichschicht
  Gußasphalt: 20 mm
  Anhydritestrich: 30 mm
  Magnesiaestrich: 30 mm
  Zementestrich: 35 mm

Mindestfestigkeiten ↳ Tabelle 135.2

Estrich auf Dämmschichten (Bild 135.1): Trennstreifen trennen den Estrich von den aufgehenden Bauteilen. Der Estrich „schwimmt“ auf dem Dämmstoff: schwimmender Estrich.

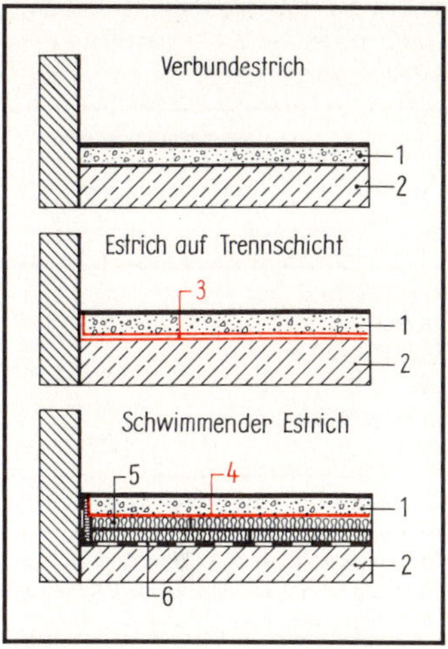

Bild 135.1 Estricharten
1 Estrich; *2* tragende Unterschicht (Rohdecke, Unterbeton); *3* zwei Lagen Folie, Bitumenbahnen; *4* eine Lage Folie, Bitumenbahn; *5* Dämmstoff; *6* Sperrschicht gegen Feuchtigkeit

Tabelle 135.1 Mindestfestigkeiten von Verbundestrich nach DIN 18560, T. 3

	Mit Belag	Ohne Belag
Anhydritestrich	≧AE 12	≧AE 20
Magnesiaestrich	≧ME 5	≧ME 20
Zementestrich	≧ZE 12	≧ZE 20

Tabelle 135.2 Mindestfestigkeiten von Estrich auf Trennschicht nach DIN 18560, T. 4

	Mit Belag	Ohne Belag
Anhydritestrich	≧AE 20	≧AE 20
Magnesiaestrich	≧ME 7	≧ME 20
Zementestrich	≧ZE 20	≧ZE 20

5

Tabelle 136.1 Mindestdicke *d* einschichtiger schwimmender Estriche für Verkehrslasten bis 1,5 kN/m^2 nach DIN 18560, T. 2

	Zusammendrückbarkeit der Dämmschicht bis 5 mm	über 5 mm bis 10 mm
Anhydritestrich AE 20, Magnesiaestrich ME 7, Zementestrich ZE 20	$d \geqq 35$ mm	$d \geqq 40$ mm
Gußasphalt	$d \geqq 20$ mm	nicht zulässig

Wenn die Dämmschicht im *belasteten Zustand* dicker als 30 mm ist, dann ist die Estrichdicke um 5 mm zu vergrößern.

Diese bewährte Anordnung des Estrichs verringert die Ausbreitung des Trittschalls und dient der Wärmedämmung. Nutzlasten beanspruchen den Estrich auf Biegung.

5

Je höher die Nutzlast ist, desto dikker muß der Estrich sein.

Der Untergrund muß eben sein. Er darf keine punktförmigen Erhebungen aufweisen, die sich durch die Dämmschicht drücken und den Estrich berühren. Dadurch wird die Trittschalldämmung verringert und außerdem kann der Estrich an dieser Stelle zerbrechen.
Die Dämmschicht verringert bei der Belastung ihre Dicke. Je größer die Zusammendrückbarkeit der Dämmschicht ist, desto dicker muß der Estrich sein (Tabelle 136.1). Die Dämmschicht ist mit einer Lage Polyethylenfolie oder nackten Bitumenbahnen abzudecken. Im Stoß sind die Bahnen um mindestens 8 cm zu überlappen. Bei Verwendung von fließfähigem Estrichmörtel sind die Stöße zu verkleben, damit kein Mörtel in die Dämmschicht fließen kann.

Bei Zementmörtel sind Estrichflächen in Felder von 20 bis 30 m^2 aufzuteilen.

Herstellung. *Zementestrich* ist unmittelbar nach dem Mischen oder nach der Anlieferung einzubringen, zu verdichten und abzuziehen. Die Oberfläche ist abzureiben, eventuell zu glätten.
Eine griffige Oberfläche wird durch Abrollen mit einer Riffelwalze erreicht.

Die Oberfläche darf nicht mit Zement gepudert werden. Beim Pudern bilden sich dünne Schichten mit einem besonders hohen Zementanteil. Schwindrisse und schichtenweises Abplatzen sind mögliche Folgen.

Zementestrich
- sollte nicht bei Temperaturen unter 5 °C eingebracht werden;
- ist mindestens drei Tage vor starker Sonneneinstrahlung und Zugluft zu schützen und feucht zu halten;
- darf drei Tage nach der Herstellung begangen und 7 Tage nach der Herstellung höher belastet werden.

Fließestrich wird zum Einbauort gepumpt. Der Estrichmörtel ist fließfähig und breitet sich weitgehend von allein aus. Die Oberfläche des Estrichs wird mit einem Stahlrohr abgezogen und auf Höhe gebracht. Danach wird die Oberfläche mit einem Stahlrohr geschlagen. Dadurch tritt eine Verdichtung des Mörtels ein und die Oberfläche wird eben.

Anhydritestrich wird wie Zementmörtel verarbeitet.
Anhydritestrich
- soll nicht bei Temperaturen unter 5 °C verarbeitet werden;
- ist mindestens zwei Tage vor Wärme und Zugluft zu schützen;
- darf zwei Tage nach der Herstellung begangen und 5 Tage nach der Herstellung höher belastet werden.

Eine lang andauernde Einwirkung von Feuchtigkeit führt zur Zerstörung des Anhydritestrichs.

Zur Herstellung des *Magnesiaestrichs* werden die trockenen Bestandteile (kaustische Magnesia und Füllstoffe sowie die Pigmente) miteinander vermischt und dann wird die Magnesiumchloridlösung zugesetzt.

Frischer Magnesiamörtel greift Metalle an.

Magnesiaestrich ist nicht feuchtebeständig.
Mit einer Rohdichte von $<1{,}6\,kg/dm^3$ wird er als *Steinholz* bezeichnet.

Gußasphaltestrich wird mit Temperaturen von 210 °C bis 250 °C eingebracht und kann nach 2 bis 3 Stunden voll belastet werden.

5.4.2 Beton

Norm:
DIN 1045 (7.1988)

Beton ist ein künstlicher Stein, der aus Zement, Betonzuschlag und Wasser hergestellt wird.
Zur Verbesserung der Eigenschaften des Betons können Betonzusatzstoffe (z. B. Traß) und Betonzusatzmittel (z. B. Betonverflüssiger) beigemischt werden.

5.4.2.1 Arten und Bezeichnungen

Der Beton wird u. a. nach
- der Trockenrohdichte
- der Festigkeit
- dem Ort der Herstellung
- der Konsistenz (Beschaffenheit) des Frischbetons

unterschieden (Übersicht 137.1).

Leichtbeton: $\varrho \leqq 2{,}0\,kg/dm^3$
Normalbeton: $\varrho > 2{,}0\,kg/dm^3$ bis $2{,}8\,kg/dm^3$
Schwerbeton: $\varrho > 2{,}8\,kg/dm^3$

Betone haben ein unterschiedlich dichtes Gefüge (Bild 138.1). Beim *Haufwerk* fehlen einzelne Korngrößen. Dadurch entstehen Hohlräume. Porenbeton ↪ Abschnitt 5.1.2.8
Normalbeton besteht aus dichten Zuschlägen in möglichst dichter Lagerung.

Solange der Beton verarbeitet werden kann, wird er als *Frischbeton* bezeichnet.
Baustellenbeton wird auf der Baustelle gemischt.
Transportbeton wird der Baustelle im einbaufertigen Zustand übergeben.
Ortbeton ist ein Beton, der am Ort seiner zukünftigen Nutzung eingebracht und verdichtet wird.

Übersicht 137.1 Bezeichnung der Betone

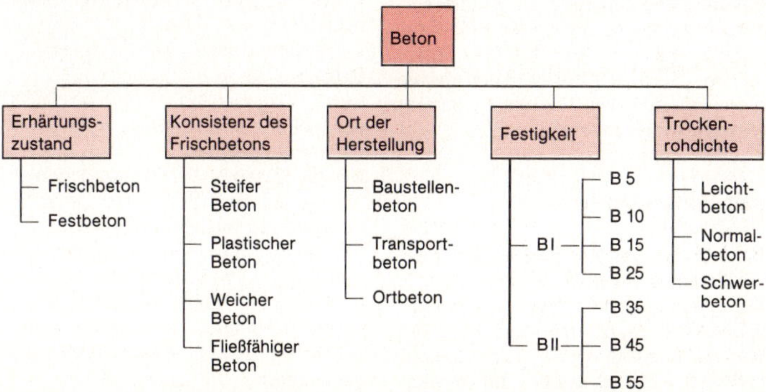

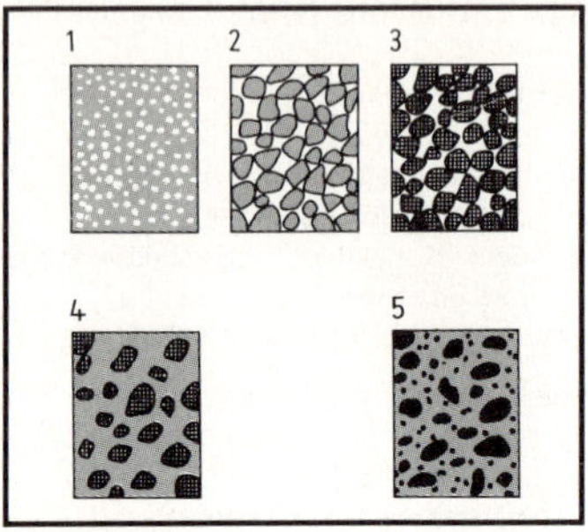

Bild 138.1 Gefüge von Leichtbeton (1 bis 4) und Normalbeton
1 Porenbeton ↪ Abschnitt 5.1.2.8; *2* Haufwerk mit dichtem Zuschlag; *3* Haufwerk mit porigem Zuschlag; *4* dichter Beton mit porigem Zuschlag; *5* dichter Beton mit dichtem Zuschlag

Die Festigkeit des Betons wird 28 Tage nach dem Mischen an Probewürfeln festgestellt. Dabei werden die Würfel durch Druckkräfte bis zum Bruch belastet. Mindestfestigkeiten: Tabelle 140.1
Für die einzelnen Verwendungszwecke werden Mindestwerte der Betonfestigkeit vorgeschrieben:

- Unbewehrter Beton: ab B 5
- Stahlbeton: ab B 15
- Beton für Außenbauteile: ab B 25.

Die Herstellung von B 35 bis B 55 stellt erhöhte Anforderungen an die maschinelle Ausstattung und an die Erfahrung der Mitarbeiter der ausführenden Unternehmen. B 55 ist ein Beton, der nur für die Herstellung von Fertigteilen im Betonwerk vorgesehen ist.

5.4.2.2 Bestandteile

Bindemittel. Als Bindemittel kommen nur Zemente zur Anwendung.
Der Zementgehalt bestimmt z. B. die Festigkeit, die Frostbeständigkeit und die Witterungsbeständigkeit des Betons, und er hat Einfluß auf den Korrosionsschutz der Betonstähle im Stahlbeton (↪ Abschnitt 8.1.4). Deshalb werden Mindestmengen für den Zementgehalt vorgeschrieben.
Mindestzementgehalt je 1 m^3 verdichteten Betons:

- Unbewehrter Beton: 100 kg
- Stahlbeton
  bei Verwendung von Z 25: 280 kg
  bei Verwendung von Z 35 bis Z 55: 240 kg
- Beton für Außenbauteile
  bei Verwendung von Z 25 und Z 35: 300 kg
  bei Verwendung von Z 45 und Z 55: 270 kg

Zuschlag. Die Zusammensetzung des Zuschlags beeinflußt die Eigenschaften des Fest- und Frischbetons.
Für Normalbeton soll ein Zuschlag verwendet werden der möglichst grobkörnig ist, dessen Körner in eine dichte Lagerung überführt werden können.
Die Zusammensetzung des Zuschlags wird mit Hilfe von Siebsätzen überprüft (↪ Abschnitt 5.3.1.1). Der getrocknete Zuschlag wird durch die Siebe geschüttet und es wird der Durchgang durch die jeweiligen Siebe festgestellt und als Diagramm aufgetragen (Bilder 139.1 und 139.2). Stetige Zusammensetzungen enthalten alle Korngruppen: Sieblinien A, B und C. Bei Ausfallkörnungen fehlen einzelne Korngruppen: Sieblinie U.
Verläuft die Sieblinie eines Zuschlags im Bereich 3 der in den Bildern 139.1 und 139.2 dargestellten Mustersieblinien, dann ist er zur Herstellung von Normalbeton gut geeignet.
Die gewünschte Sieblinie wird gewonnen, indem zwei oder mehr Lieferkörnungen zusammengemischt werden.
Am häufigsten werden die *Lieferkörnungen* 0/2a; 0/2b; 0/4a; 0/4b; 2/8; 4/8; 8/16; 8/32 und 16/32 verwendet. Die gewünschte Körnung kann auch als werkgemischter Betonzuschlag (WBZ) bezogen werden.

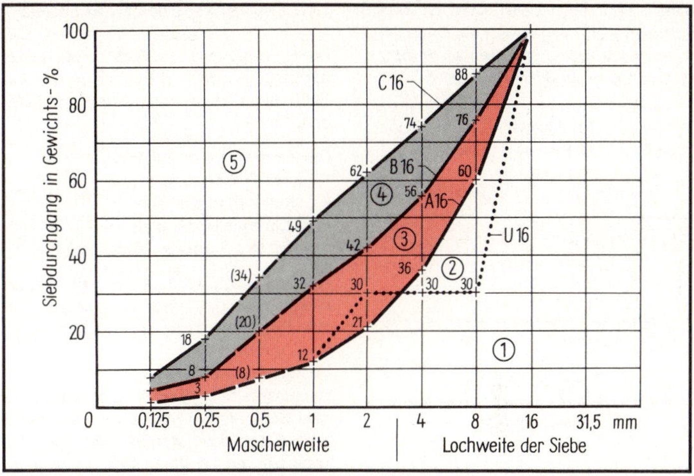

Bild 139.1 Sieblinienbereiche, Größtkorn 16 mm
1 zu grob, nicht geeignet; *2* Bereich zwischen U16 und B16: günstiger Bereich für Ausfallkörnungen; *3* günstiger Bereich; *4* brauchbarer Bereich; *5* zu sandreich, nicht geeignet

5

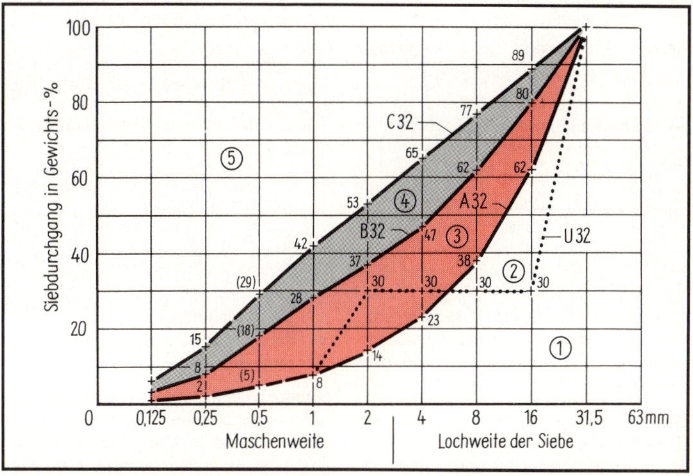

Bild 139.2 Sieblinienbereiche, Größtkorn 32 mm
1 zu grob, nicht geeignet; *2* Bereich zwischen U32 und B32: günstiger Bereich für Ausfallkörnungen; *3* günstiger Bereich; *4* brauchbarer Bereich; *5* zu sandreich, nicht geeignet

Tabelle 140.1 Festigkeitsklassen des Betons
Nennfestigkeit = Mindestwert der Druckfestigkeit nach 28 Tagen, gemessen am Würfel mit 200 mm Kantenlänge nach DIN 1045

Betongruppe	Festigkeitsklasse des Betons	Nennfestigkeit in N/mm^2
B I	B 5	5
	B 10	10
	B 15	15
	B 25	25
B II	B 35	35
	B 45	45
	B 55	55

Wasser. Leitungswasser ist in jedem Fall geeignet. Bei Verwendung von Wasser aus natürlichen Vorkommen ist zu überprüfen, ob das Wasser Salze oder andere Stoffe enthält, die die Eigenschaften des Betons negativ beeinflussen, z.B. Zucker.

5

Wasserzementwert. Der Wasserzementwert ist das Verhältnis **w/z**

w Wassermenge je 1 m^3 Beton
(**w** Wasserzugabe beim Mischen + Eigenfeuchte des Zuschlags!)

z Zementmenge je 1 m^3 Beton

100 kg Zement benötigen zum Abbinden etwa 40 l Wasser. Die Wassermenge, die über diesen Wert hinausgeht, wird als *Überschußwasser* bezeichnet.
Es erzeugt Poren im erhärteten Zementstein und setzt dadurch die Festigkeit, Dichtigkeit und Frostbeständigkeit des Betons herab.

Ein Wasserzementwert von
w/z = 0,4...0,6
ist eine Voraussetzung für einen dichten und festen Beton.
Beton für Außenbauteile muß immer
w/z ≦ 0,6 aufweisen.

5.4.2.3 Konsistenz des Frischbetons

Die Konsistenz ist ein Maß für die Verarbeitbarkeit des Frischbetons. Tabelle 141.1 nennt die Konsistenzbereiche.

Die Konsistenz ist abhängig
- vom Wasserzementwert,
- vom Zementgehalt,
- vom Mehlkorngehalt,
- von der Form der Zuschläge.

Als *Mehlkorn* werden die sehr feinen Bestandteile des Betons bezeichnet, die den Frischbeton geschmeidig machen. Dazu gehören:
Feinstsand (Korngröße ≦ 0,125 mm). Betonzusatzstoffe (Traß, Gesteinsmehle) und Zement. Der Anteil an Feinstsand und Betonzusatzstoffen darf nicht zu groß werden, da sonst Schwindrisse im Beton entstehen können. Die Fließfähigkeit wird häufig durch Zugabe von Betonzusatzmitteln (Betonverflüssiger, Fließmittel, ↳ Abschnitt 5.3.3) erhöht.

5.4.2.4 Verarbeiten des Betons

Die Qualität des Betons wird in hohem Maß durch die Arbeit auf der Baustelle bestimmt.

Mischen.

- Der Zuschlag ist nach Korngruppen getrennt zu lagern.
  Er muß auf einer festen Unterlage liegen und darf sich nicht mit dem Boden vermischen. Zuschlag ist vor Laub und anderen Verunreinigungen zu schützen.
- Beim Mischen sind die Bestandteile genau abzumessen.

Zement ist immer nach Gewicht zuzugeben (1 Sack Zement = 50 kg).
Wasser ist mit Hilfe von Meßeinrichtungen (Gefäße, Wasseruhren) abzumessen. Bei der Wasserzugabe ist die Eigenfeuchte des Zuschlags zu berücksichtigen.

Tabelle 141.1 Konsistenz von Frischbeton

Konsistenzbereich		Eigenschaft des Frischbetons	Verhalten beim Schütten
KS	steif	etwas nasser als erdfeucht	Lose auseinanderfallend
KP	plastisch	weich	schollig, aber noch zusammenhängend
KR [1])	weich	flüssig	schwach fließend
KF	fließend	flüssig	fließend

[1]) Regelfall, häufige Verwendung für Stahlbeton

Eine Zugabe von Wasser „nach Augenmaß" ist nicht zulässig.

Der Zuschlag ist abzuwiegen.
In Ausnahmefällen kann der Zuschlag auch nach Raumteilen zugemessen werden.
Betonzusatzmittel werden in kleinen Mengen zugegeben. Sie müssen in jedem Fall sehr genau abgemessen werden. Maschinenmischung ist der Regelfall. Handmischung nur als Ausnahme für B 5 oder B 10. An jeder Mischmaschine ist eine *Mischtafel* anzubringen, die folgende Angaben enthält:

Betonfestigkeitsklasse: ...	
Konsistenzbereich: ...	
Zementart: ...	
Zementgehalt je 1 m³ Festbeton:	... kg
Zugabe je Mischung	
Zement:	... kg
Wasser:	... l
Zuschlag	
Korngruppe ... :	... kg
Korngruppe ... :	... kg
Zusatzstoff ....:	... kg
Zusatzmittel ....:	... cm³

Transportieren.

- Baustellenbeton ist unmittelbar nach dem Mischen zu verarbeiten.
- Transportbeton muß bei der Übergabe verarbeitungsfähig sein und die vereinbarte Konsistenz aufweisen.

Frischbeton der Konsistenz KP, KR und KF darf nur in Mischfahrzeugen oder in Fahrzeugen mit Rührwerk transportiert werden. Er muß 90 Minuten nach der Wasserzugabe entladen sein.
Frischbeton der Konsistenz KS kann in Fahrzeugen ohne Rührwerk befördert werden. Dieser Beton muß dann spätestens 45 Minuten nach der Wasserzugabe entladen werden.
Bei der Übergabe von Transportbeton ist der Baustelle ein *Lieferschein* zu übergeben, der mindestens folgende Angaben enthält:

Uhrzeit der Be- und Entladung
Festigkeitsklasse des Betons
vereinbarte Konsistenz
Eignung für Außenbauteile
Eignung für Stahlbeton
Menge

- Beim Transport auf der Baustelle muß die Konsistenz des Frischbetons beachtet werden.

Krankübel sind geeignet zum Transport von Frischbeton mit der Konsistenz KP und KR.
Betonpumpen befördern Frischbeton der Konsistenz KR und KF.
Förderbänder sind nur zum Transport von Frischbeton der Konsistenz KP vorzusehen.

Beim Transport auf Förderbändern kann sich Frischbeton der Konsistenz KS und KR entmischen.

- Frischbeton darf nicht aus Höhen >1,5 m frei herabfallen.

Wenn der Beton aus größerer Höhe frei herabfällt, besteht die Gefahr, daß sich der Beton entmischt und im Beton „Nester" (größere Hohlräume) entstehen.
Der Verteilerschlauch der Pumpleitung ist kurz bis über die Oberfläche des Frischbetons zu führen.

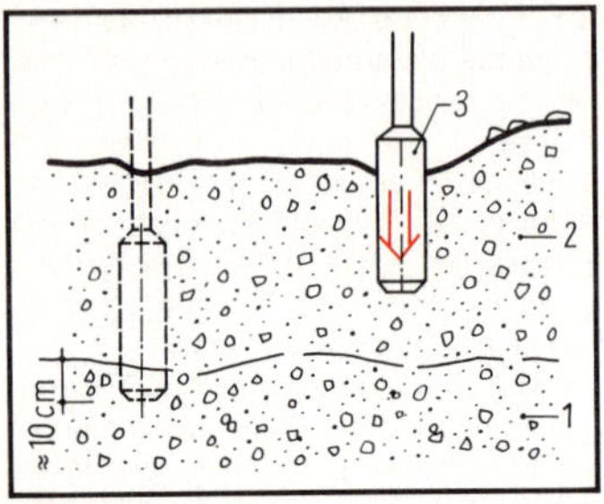

Bild 142.1 Tauchrüttler müssen etwa 10 cm in den zuvor verdichteten Frischbeton eindringen.
1 zuvor verdichteter Beton; *2* zu verdichtender Frischbeton; *3* Tauchrüttler

Verdichten.

- Bevor die Erstarrung beginnt, ist der Beton einzubringen und zu verdichten.

Durch Zugabe von Betonzusatzmittel „Verzögerer" kann der Erstarrungsbeginn um Stunden verzögert werden.

- Die mögliche Verdichtungsart ist von der Konsistenz und von der vorhandenen Schalung abhängig.

Konsistenz KS: Verdichtung durch Stampfen von etwa 15 bis 20 cm dicken Frischbetonschichten oder Verdichtung durch starkes Rütteln

Konsistenz KP: Verdichtung durch Rütteln

Konsistenz KR: Verdichtung durch leichtes Rütteln und durch Stochern

Konsistenz KF: Verdichtung durch Stochern.

Auf der Baustelle werden vor allem Innenrüttler (Tauchrüttler) verwendet. Die Rüttelflasche ist zügig so tief in den Frischbeton einzuführen, daß sie etwa 10 cm in die zuvor verdichtete Frischbetonschicht eindringt (Bild 142.1).

Der Rüttler wird langsam wieder gezogen. Beim Rütteln sollen sich die Wirkungsbereiche der einzelnen Rüttelstellen überschneiden.

Die Rüttelflasche soll die Bewehrung nicht längere Zeit berühren. Es bildet sich sonst an der Bewehrung eine Betonschicht geringer Festigkeit.

Betonieren bei niedrigen Temperaturen. Temperaturen unter 5 °C können das Erstarren des Betons verzögern.
Um auch bei diesen Temperaturen betonieren zu können, wird der Frischbeton angewärmt eingebracht und danach abgedeckt.

Außentemperatur	Einbautemperatur des Frischbetons
−3 °C…+5 °C	≧5 °C ≧10 °C, wenn der Zementgehalt unter 240 kg/m³
unter −3 °C	≧10 °C, aber ≦30 °C

An gefrorene Bauteile darf nicht anbetoniert werden.

Arbeitsfugen. In größeren Bauwerken sind Arbeitsfugen unvermeidlich. Ihre Lage wird vom Bauleiter vor dem Betonieren festgelegt.
Sie müssen so liegen, daß die Kräfte im Beton rechtwinklig zu ihnen wirken und das Aussehen der Sichtbetonflächen nicht beeinträchtigt wird.
Die Oberfläche der Arbeitsfuge ist rauh herzustellen.
Wenn weiter betoniert wird, ist der alte Beton anzufeuchten.
Vor dem Betonieren sind Verschmutzungen und lose Betonteile sorgfältig zu entfernen.
Der neue Beton ist zumindest mit weicher Konsistenz einzubringen und gründlich zu verdichten.

Nachbehandeln. Der frische Beton ist
- feucht zu halten,
- vor Belastungen und Erschütterungen,
- vor Frost und Zugluft und
- vor starker Sonneneinstrahlung

zu schützen.

Zu diesem Zweck wird der Beton eine längere Zeit in der Schalung belassen. Wenn seine Oberfläche ausreichend fest ist, wird er mit Wasser besprenkelt.
Der Frischbeton wird mit Kunststoffolien abgedeckt, die die Verdunstung des Anmachwassers verhindern und vor Zugluft und Sonneneinstrahlung schützen. Auf Bauteile mit einer großen Oberfläche kann unmittelbar nach Erstarrungsbeginn ein Nachbehandlungsfilm aufgesprüht werden, der die Verdunstung des Anmachwassers verringert.
Sind Außentemperaturen unter 5 °C zu erwarten, dann sollte der Beton in den ersten Tagen nach dem Betonieren mit wärmedämmenden Matten aus Jute oder Stroh bedeckt werden.

Ausschalfristen. Bauteile dürfen erst dann ausgeschalt werden, wenn der Beton eine ausreichende Festigkeit erreicht hat.
Bei größeren Bauteilen entscheidet der Bauleiter, wann ausgeschaltet werden kann. Wurden Außentemperaturen von 5 °C nicht unterschritten, können die in Tabelle 143.1 genannten Ausschalfristen angewendet werden.
Bei Frost sind die Ausschalfristen um die Anzahl der Frosttage zu verlängern.

Tabelle 143.1 Ausschalfristen in Tagen Betontemperatur mindestens 5 °C nach DIN 1045

Festigkeitsklasse des Zements	**Seitliche Schalung** von Balken, Wänden und Stützen	**Schalung** der Deckenplatten	**Rüstung (Stützung)** der Balken, Rahmen und weitgespannter Deckenplatten
Z 25	4	10	28
Z 35 L	3	8	20
Z 35 F Z 45 L	2	5	10
Z 45 F Z 55	1	3	6

5.5 Stahl

5.5.1 Eigenschaften

Stahl besteht vorwiegend aus Eisen. In kleineren Mengen sind weitere Elemente, wie z. B. Kohlenstoff (C), Mangan (Mn) oder Nickel (Ni), im Stahl enthalten. Diese Begleitstoffe bestimmen die Eigenschaften des Stahls.
Stahl enthält weniger als 2 Masse-% Kohlenstoff.

Spannungs-Dehnungs-Diagramm. Stahl hat eine hohe Zug- und Druckfestigkeit. Die Festigkeit von Stahl wird im Zugversuch ermittelt. Ein Stahlstab (Bild 144.1) wird durch eine Zugkraft beansprucht, die in Richtung der Stabachse wirkt. Die Zugkraft *F* wächst allmählich an. Während des Versuchs wird ständig die Längenzunahme aufgezeichnet. Die Ergebnisse ergeben das Spannungs-Dehnungs-Diagramm. Der häufig angewendete Baustahl St 37-2 zeigt folgendes Verhalten im Zugversuch:

- Bereich I: Elastische Dehnung
  Die Dehnung wächst gleichmäßig mit der Zugspannung.

Es gilt das Hooke'sche Gesetz

$$\sigma = \varepsilon \cdot E$$

mit $\sigma = \frac{F}{A_0}$

und $\varepsilon = \frac{\Delta l}{l_0}$

σ Zugspannung
F Zugkraft
A_0 Querschnittsfläche am *unbelasteten* Stab
l_0 Länge am *unbelasteten* Stab
Δl Längenzunahme
ε Dehnung
E Elastizitätsfaktor
$E_{Stahl} = 210\,000\ N/mm^2$

5

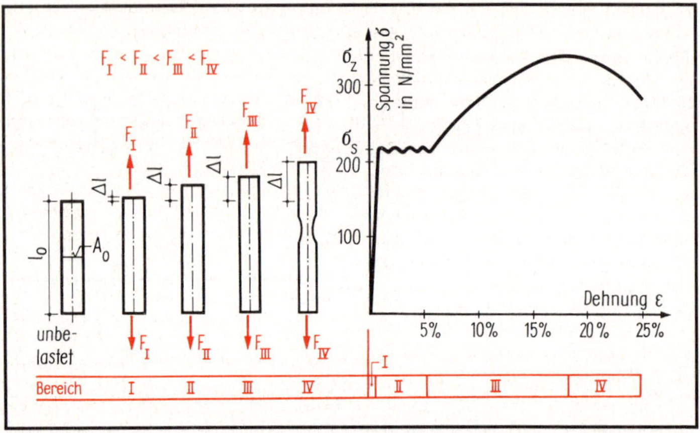

Bild 144.1 Spannungs-Dehnungs-Diagramm von Baustahl St 37-2 (vereinfacht)

Die Längenzunahme ist so gering, daß sie vom Betrachter nicht wahrgenommen werden kann. Sie ist nur mit Hilfe genauer Meßinstrumente feststellbar. Nach der Entlastung nimmt der Stahlstab wieder seine ursprüngliche Länge an. Er ist elastisch.

- Bereich II: Fließbereich
  Beim Überschreiten der Spannung σ_s beginnt der Stahl zu fließen.

Die Zugkraft wird nicht weiter vergrößert. Trotzdem nimmt die Länge des Stahlstabs zu. Die Längenzunahme ist mit bloßem Auge deutlich zu erkennen.

- Bereich III: Verfestigungsbereich
  Bei einer größeren Dehnung verfestigt sich der Stahl. Die Zugkraft kann weiter erhöht werden.

Die Bereiche II und III umfassen den plastischen Bereich. Nach einer Entlastung hat der Stab eine größere Länge als vor der Belastung: bleibende Formänderung.

- Bereich IV: Einschnürungsbereich
  Bei der Zugspannung $\sigma_z = \max \frac{F}{A_0}$ schnürt sich der Stab an einer Stelle ein und zerreißt.

Die Spannung σ_z wird als Zugfestigkeit bezeichnet.

Im Bauwerk bleibt die Zugspannung in den Bauteilen aus Stahl immer unterhalb der Streckgrenze σ_s. Höhere Spannungen können nicht ausgenutzt werden, da sonst die Formänderungen der Bauteile zu groß werden.

Folgen hoher Temperaturen. Die Streckgrenze σ_s ist von der Temperatur abhängig. Bei Temperaturen oberhalb von 300 °C sinkt die Streckgrenze ab.

Bei Temperaturen oberhalb von 300 °C verringert sich die Tragfähigkeit von Stahl.

Im Fall eines Brandes muß daher der Baustahl vor unzulässig hohen Temperaturen geschützt werden.

Stahlsorten. Im Bauwesen werden vor allem folgende Stahlsorten verwendet:

St 37-2:
Zugfestigkeit $\sigma_z = 340 \ldots 470$ N/mm²
Streckgrenze $\sigma_s = 215 \ldots 235$ N/mm²
St 52-3:
Zugfestigkeit $\sigma_z = 490 \ldots 630$ N/mm²
Streckgrenze $\sigma_s = 315 \ldots 355$ N/mm²

Diese Angaben beziehen sich auf Stahlproben mit einer Dicke von 3 mm bis 100 mm.
Diese Stähle rosten an der Luft.
Die *wetterfesten Stähle* WT 37-2 und WT 52-3 bilden an der Luft eine besondere Rostschicht, die den weiteren Rostungsvorgang stark verlangsamt.
Nichtrostende Stähle enthalten einen höheren Anteil an Chrom (Cr) und Nickel (Ni). Diese Stähle rosten nicht und behalten eine blanke Oberfläche.

Kaltverfestigte Stähle. Im Stahlbetonbau werden auch kaltverfestigte Stähle verwendet.
Die Verfestigung des Stahls beim Einwirken großer Zugkräfte wird zur Erzeugung von Stählen mit höherer Zugfestigkeit genutzt.
Der Stahlstab wird vom Hersteller im kalten Zustand gedehnt und dann wieder entlastet. In diesem Zustand wird der Stahl ausgeliefert. Wird der Stahl im Bauteil erneut belastet, dann entfällt der Fließbereich. Der Stahl kann im Bauteil höher belastet werden.

> Kaltverfestigte Betonstähle dürfen nicht rotglühend erhitzt werden. Sie verlieren sonst ihre höhere Zugfestigkeit.

Sie können jedoch verschweißt werden, wenn die Einschränkungen nach DIN 4099, T. 1 (11. 1985) beachtet werden.

5.5.2 Stahlprofile

Im Bauwesen werden verwendet:

- Profilstahl
  I-Stahl (Bild 146.1; [1] bis [3] und Tabelle 146.1)
  U-Stahl (Bild 146.1; [4] und Tabelle 146.1)
  Winkelstahl (Bild 146.1; [5] und [6])
  Rechteckige Hohlprofile (Bild 146.1; [7] und [8])
  Stahlrohre (Bild 146.1; [9])
- Bleche
  Feinblech: Dicke 0,5...3 mm
  Mittelblech: Dicke über 3,0...4,75 mm
  Grobblech: Dicke über 4,75 mm
- Bandstahl
  Breite: 12...150 mm
- Breitflachstahl
  Breite: über 150 mm

Die Bleche werden zu Trapezprofilen (Bild 146.1; [12]) weiterverarbeitet, die zum Bau von Decken, Dächern und Fassaden verwendet werden. Breitflachstahl wird zu Stahlleicht-Trägern (Bild 146.1; [10] und [11]) abgekantet.

5.5.3 Betonstahl

Norm:
DIN 1045 (7. 1988)
DIN 488, T. 1 (9. 1984)
T. 2 bis T. 7 (6. 1986)
DIN 4099 (11. 1985)

Sorten. Die Oberflächengestaltung und die Festigkeit früher eingebauter Betonstähle weicht von den heutigen Betonstählen ab.
Gegenwärtig schreibt DIN 1045 die Verwendung folgender Betonstähle vor:

- Betonstabstahl BSt 420 S
- Betonstabstahl BSt 500 S
- Betonstahlmatten BSt 500 M.

Außerdem ist auslaufend die Verwendung von glattem Rundstahl der Qualität St 37-2 möglich: BSt 220 G.
Tabelle 147.1 vergleicht die Eigenschaften der Betonstähle.
Für *werksmäßig hergestellte* Bewehrungen werden auch Bewehrungsdrähte

- BSt 500 G bzw. IV G mit glatter Oberfläche
- BSt 500 P bzw. IV P mit profilierter Oberfläche

verwendet.

Matten. Betonstahlmatten bestehen aus rechtwinklig zueinander liegenden geraden Betonstahlstäben aus BSt 500 M.

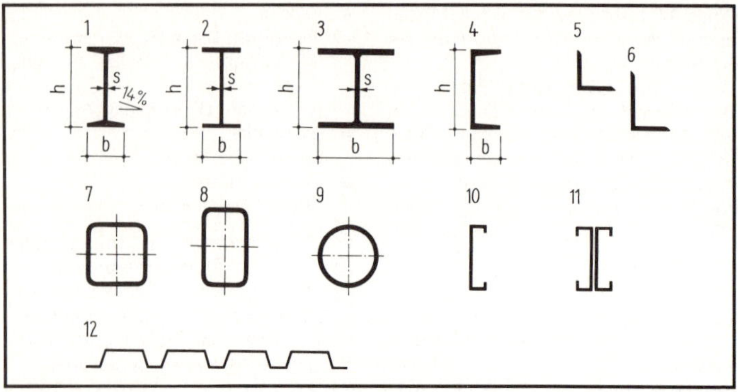

Bild 146.1 Stahlprofile
1 Schmaler I-Träger nach DIN 1025, T. 1; *2* Mittelbreiter I-Träger (IPE) nach DIN 1025, T. 5; *3* Breiter I-Träger, Breitflanschträger (IPB) nach DIN 1025, T. 2; *4* U-Stahl nach DIN 1026; *5* Gleichschenkliger Winkelstahl nach DIN 1028; *6* Ungleichschenkliger Winkelstahl nach DIN 1029; *7* Quadratisches Hohlprofil nach DIN 59410; *8* Rechteckiges Hohlprofil nach DIN 59410; *9* Stahlrohre nach DIN 2448 und DIN 2458; *10; 11* Stahlleichtprofile aus Breitflachstahl; *12* Trapezprofile verschiedener Hersteller

Tabelle 146.1 Maße und Gewicht von ausgewählten Stahlprofilen

	Schmale I-Träger nach Bild 146.1; 1			**Mittelbreite I-Träger IPE** nach Bild 146.1; 2			**Breitflanschträger IPB** nach Bild 146.1; 3			**U-Stahl** nach Bild 146.1; 4		
h in mm	*b* in mm	*s* in mm	*g* in kg/m	*b* in mm	*s* in mm	*g* in kg/m	*b* in mm	*s* in mm	*g* in kg/m	*b* in mm	*s* in mm	*g* in kg/m
80	42	3,9	5,94	46	3,8	6,00	–	–	–	45	6	8,64
100	50	4,5	8,34	55	4,1	8,10	100	6	20,4	50	6	10,6
120	58	5,1	11,1	64	4,4	10,4	120	6,5	26,7	55	7	13,4
140	66	5,7	14,3	73	4,7	12,9	140	7	33,7	60	7	16,0
160	74	6,3	17,9	82	5,0	15,8	160	8	42,6	65	7,5	18,8
180	82	6,9	21,9	91	5,3	18,8	180	8,5	51,2	70	8	22,0
200	90	7,5	26,2	100	5,6	22,4	200	9	61,3	75	8,5	25,3
240	106	8,7	36,2	120	6,2	30,7	240	10	83,2	85	9,5	33,2
260	113	9,4	41,9	–	–	–	260	10	93,0	90	10	37,9
270	–	–	–	135	6,6	36,1	–	–	–	–	–	–
300	125	10,8	54,2	150	7,1	42,2	300	11	117	100	10	46,2
330	–	–	–	160	7,5	49,1	–	–	–	–	–	–
340	137	12,2	68,0	–	–	–	300	12	134	–	–	–
360	143	13,0	76,1	170	8,0	57,1	300	12,5	142	–	–	–
400	155	14,4	92,4	180	8,6	66,3	300	13,5	155	110	14	71,8
450	170	16,2	115	190	9,4	77,6	300	14	171	–	–	–
500	185	18,0	141	200	10,2	90,7	300	14,5	187	–	–	–

Tabelle 147.1 Betonstahlsorten

Bezeichnung	**Betonstabstahl** BSt 220 G (St37-2)	**Betonstabstahl** BSt 420 S	**Betonstabstahl** BSt 500 S	**Betonstahlmatten** BSt 500 M
Kurzzeichen auf der Bewehrungs-zeichnung	I G	III S	IV S	IV M
Oberfläche	glatt	mit sichelförmigen Rippen: 2 Reihen paralleler Schrägrippen, Bild 147.1 [1]) [2])	mit sichelförmigen Rippen: 1 Reihe paralleler Schrägrippen + 1 Reihe nichtparalleler Schrägrippen, Bild 148.1 [1]) [2])	mit sichelförmigen Rippen: 3 Reihen Schrägrippen, Bild 148.3
Nenndurch-messer in mm	8; 10; 12; 14; 16; 20; 25 und 28	6 bis 28	6 bis 28	4; 4.5; 5; 5.5 bis 12
Streckgrenze in N/mm^2	220	420	500	500
Zugfestigkeit in N/mm^2	340	500	550	550
Schweißeignung	schweißbar	E; MAG; GP; RA; RP [3])	E; MAG; GP; RA; RP [3])	E; MAG; RP [3])

[1]) Auch mit zusätzlichen Längsrippen möglich (Bilder 147.2 und 148.2)
[2]) Auch verwunden (verdreht) möglich. Dann mit schraubenförmig verlaufender Längsrippe
[3]) E: Metall-Lichtbogenhandschweißen; MAG: Metall-Aktivgasschweißen; GP: Gaspreßschweißen; RA: Abbrennstumpfschweißen; RP: Widerstandspunktschweißen

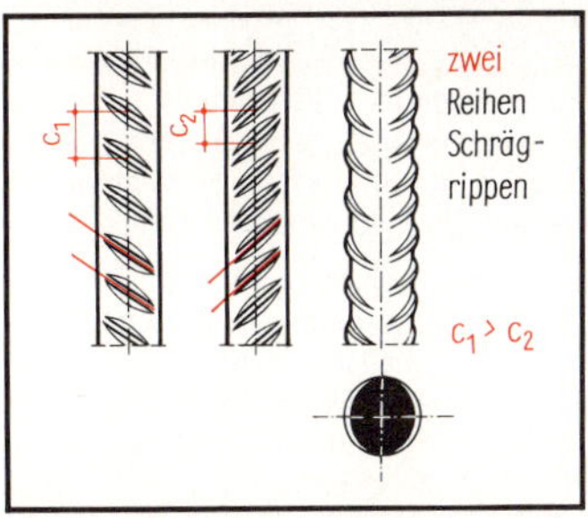

Bild 147.1 Betonstahl BSt 420S, ohne Längsrippen

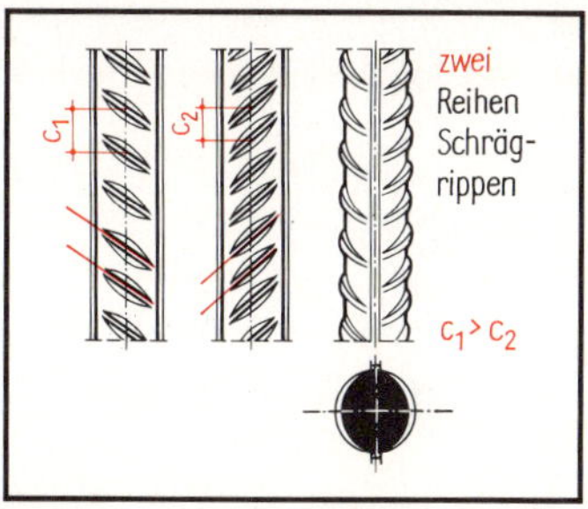

Bild 147.2 Betonstahl BSt 420S, mit Längsrippen

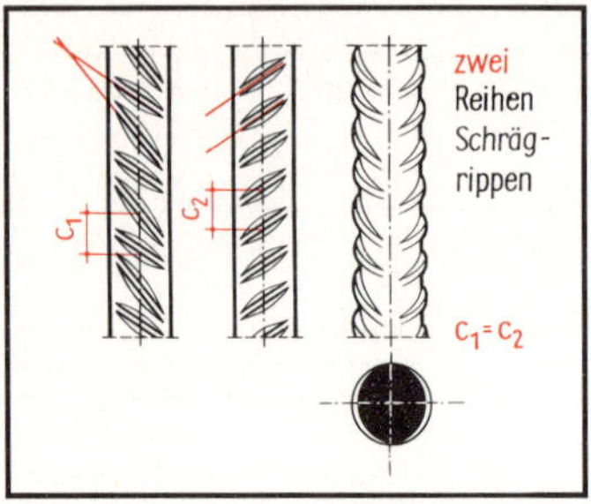

Bild 148.1 Betonstahl BSt 500S, ohne Längsrippen

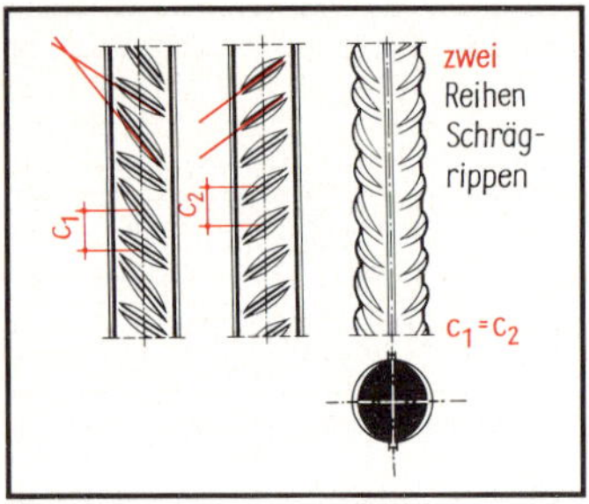

Bild 148.2 Betonstahl BSt 500S, mit Längsrippen

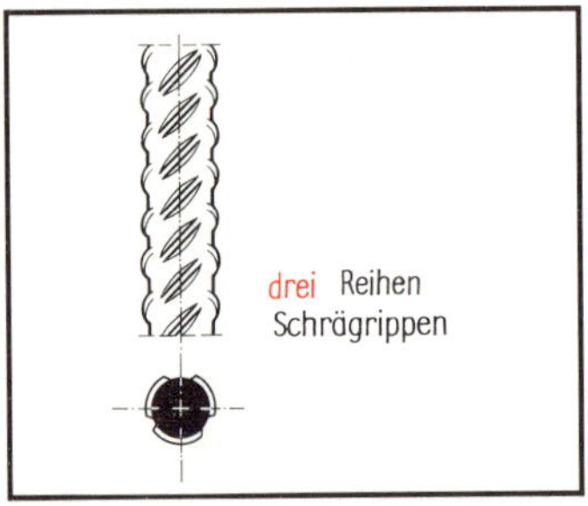

Bild 148.3 Betonstahl BSt 500M für Betonstahlmatten

Sie bilden z. B. die Längsbewehrung (Längsstäbe) und die Querbewehrung (Querstäbe) von Plattenbewehrungen.
Im Kreuzungspunkt der einzelnen Stäbe werden diese punktförmig miteinander verschweißt.
Seit 1929 werden Matten eingebaut. Sie verringern stark den Arbeitsaufwand beim Verlegen der Bewehrung. Deshalb werden flächige Stahlbetonbauteile sehr häufig mit Matten bewehrt.
Es werden unterschieden:

- Lagermatten
  werden auf Lager gehalten und können direkt vom Lager bestellt werden.
  Breite: 2,15 m
  Länge: 5,0 m und 6,0 m.

Tabelle 149.1 zeigt einen Überblick über die üblichen Lagermatten.
Die R-Matten und K-Matten werden für einachsig bewehrte Bauteile verwendet.
Die Q-Matten werden in zweiachsig bewehrte Bauteile eingebaut.
R-, K- und Q-Matten bestehen aus BSt 500 M.
Außerdem gibt es N-Matten aus glattem Rundstahl. Sie dürfen nur für untergeordnete Aufgaben, z. B. als Estrichbewehrung oder zur Bewehrung von Putzschichten, genutzt werden.

- Listenmatten
  werden nach Angaben des Auftraggebers im Werk gefertigt.
  Länge: bis 12 m
  Breite: bis 3,0 m.

Beim Verlegen überdecken sich die Ränder der Matten, ↪ Abschnitt 8.4.2.
Deshalb ist es sinnvoll, am Mattenrand weniger Stahl anzuordnen:

- Randsparmatten
  sind Lagermatten oder Listenmatten, die im Randbereich Stahlstäbe mit einem geringeren Durchmesser oder im Mittelbereich Doppelstäbe (Bild 150.1) enthalten.

Die Doppelstäbe liegen unmittelbar nebeneinander und berühren sich.

Tabelle 149.1 Lagermatten (Angaben nach Merkblatt 500 des Fachverbandes Betonstahlmatten e.V.)

Länge / **Breite**	**Randeinsparung** in Längsrichtung	**Mattenbezeichnung**	**Mattenaufbau** in Längsrichtung / Querrichtung: Stababstände	Stabdurchmesser Innenbereich	Stabdurchmesser Randbereich	Anzahl Längsrandstäbe links/rechts	**Querschnittsfläche** längs / quer	**Gewichte** je Matte	je m²
m	–	–	mm	mm	mm	– –	cm²/m	kg	kg
5,00 / 2,15	ohne	Q 131	150 · 150 ·	5,0 5,0			1,31 1,31	22,5	2,09
		Q 188	150 · 150 ·	6,0 6,0			1,88 1,88	32,4	3,01
	mit	Q 221	150 · 150 ·	6,5 / 6,5	5,0 –	4 / 4	2,21 2,21	33,7	3,14
		Q 257	150 · 150 ·	7,0 / 7,0	5,0 –	4 / 4	2,57 2,57	38,2	3,55
		Q 377	150 · 150 ·	6,0 d / 8,5	6,0 –	4 / 4	3,77 3,78	56,0	5,21
6,00 / 2,15	mit	Q 513	150 · 100 ·	7,0 d / 8,0	7,0 –	4 / 4	5,13 5,03	90,0	6,97
5,00 / 2,15	ohne	R 131 2)	150 · 250 ·	5,0 4,0			1,31 0,50	15,8	1,47
		R 188 2)	150 · 250 ·	6,0 4,0			1,88 0,50	20,9	1,95
	mit	R 221 2)	150 · 250 ·	6,5 / 4,0	5,0 –	2 / 2	2,21 0,50	21,6	2,01
		R 257 2)	150 · 250 ·	7,0 / 4,5	5,0 –	2 / 2	2,57 0,64	25,1	2,33
		R 317 2)	150 · 250 ·	5,5 d / 4,5	5,5 –	2 / 2	3,17 0,64	29,7	2,76
		R 377	150 · 250 ·	6,0 d / 5,0	6,0 –	2 / 2	3,77 0,78	35,5	3,30
		R 443	150 · 250 ·	6,5 d / 5,5	6,5 –	2 / 2	4,43 0,95	41,8	3,89
6,00 / 2,15	mit	R 513	150 · 250 ·	7,0 d / 6,0	7,0 –	2 / 2	5,13 1,13	58,6	4,54
		R 589	150 · 250 ·	7,5 d / 6,5	7,5 –	2 / 2	5,89 1,33	67,5	5,24
		K 664	100 · 250 ·	6,5 d / 6,5	6,5 –	4 / 4	6,64 1,33	69,6	5,39
		K 770	100 · 250 ·	7,0 d / 7,0	7,0 –	4 / 4	7,70 1,54	80,8	6,27
		K 884	100 · 250 ·	7,5 d / 7,5	7,5 –	4 / 4	8,84 1,77	92,9	7,20
5,00 / 2,15	ohne	N 94 1)	75 · 75 ·	3,0 3,0			0,94 0,94	15,9	1,48
		N 141 1)	50 · 50 ·	3,0 3,0			1,41 1,41	23,7	2,20

Überstände: Q-Matten längs: 100 mm/100 mm; quer: 25 mm/25 mm
R-Matten längs: 125 mm/125 mm; quer: 25 mm/25 mm
K-Matten längs: 125 mm/125 mm; quer: 25 mm/25 mm

1) Aus glattem Rundstahl. Nur für untergeordnete Aufgaben zu verwenden.
2) Nur für vorwiegend ruhende Belastung

5

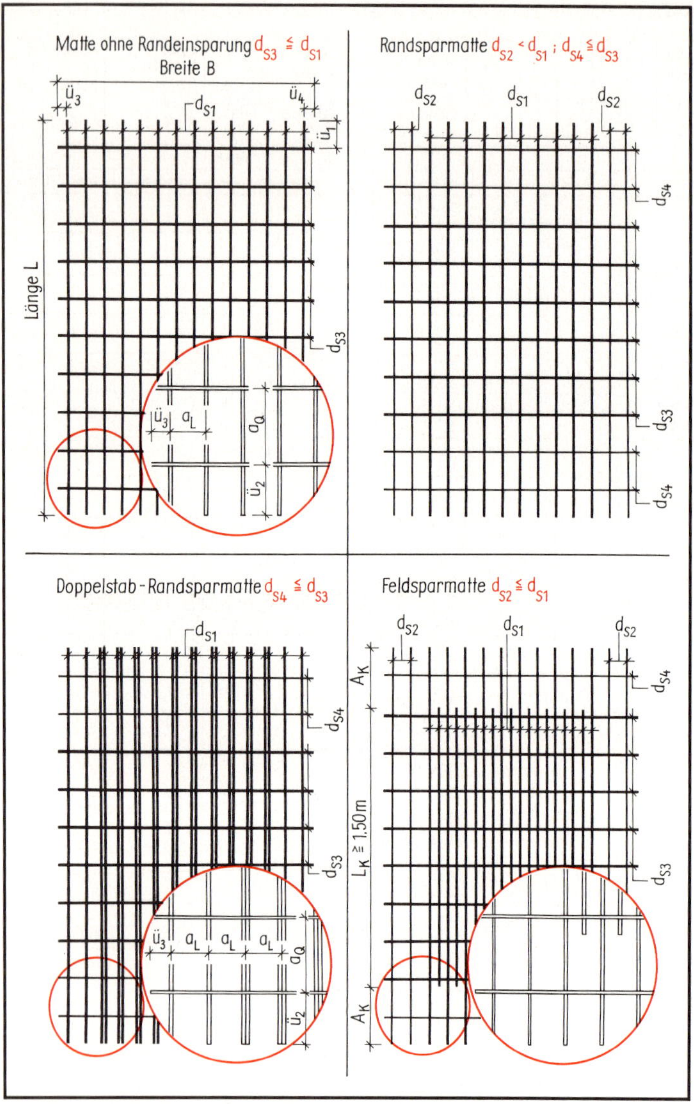

Bild 150.1 Betonstahlmatten

Wenn *eine* Matte von Auflager zu Auflager reicht, ist im Regelfall die Beanspruchung in der Mitte der Matte am größten. Hier werden mehr Stähle als am Rand der Matte benötigt.

- Feldsparmatten
  enthalten in der Längsrichtung kurze *und* lange Betonstahlstäbe (Bild 150.1).

Neben Lager- und Listenmatten gibt es noch Zeichnungsmatten, deren Aufbau so kompliziert ist, daß zu ihrer Fertigung eine Bewehrungszeichnung angefertigt werden muß.

Bezeichnung von Matten:
Lagermatten werden mit der Kurzbezeichnung nach Tabelle 149.1 bestellt.
Beispiel: Betonstahlmatte Q 377
Für *Listenmatten* wurde eine Schreibweise festgelegt, die es gestattet, den Aufbau der Matte ohne Zeichnung eindeutig festzulegen.
Zu diesem Zweck werden Kurzbezeichnungen verwendet (Bild 150.1):

L in m Länge der längsten Längsstäbe (Einfachstäbe, Doppelstäbe)

B in m Breite der Matte = Länge der Querstäbe

a_L in mm Achsabstand der Längsstäbe; im Regelfall $n \cdot 50$ mm bzw. $n \cdot 75$ mm mit $n = 1; 2; 3$ usw.

a_Q in mm Achsabstand der Querstäbe; im Regelfall $a_Q = 50$ mm; 75 mm; 100 mm

d_{s1} in mm Durchmesser der Längsstäbe im Innenbereich

d_{s2} in mm Durchmesser der Längsstäbe in den Randbereichen

d_{s3} in mm Durchmesser der Querstäbe im Mittelbereich

d_{s4} in mm Durchmesser der Querstäbe in den Randbereichen

d hinter Durchmesserangabe, z. B. 8d, bedeutet Doppelstab: 2 Stäbe vom Durchmesser 8 nebeneinander

$ü_1$, $ü_2$ in mm Überstand der Längsstäbe

$ü_3$, $ü_4$ in mm Überstand der Querstäbe

n_{links}, n_{rechts} Anzahl der Längsrandstäbe

$m_{Anf.}$, m_{Ende} Anzahl der Querrandstäbe

A_K in m Abstand der kürzeren Längsstäbe vom Mattenrand

L_K in m Länge der kürzeren Stäbe in Feldsparmatten

FeMa Feldsparmatte

Schreibweise zur Bestellung von Listenmatten:

$$\frac{a_L \cdot d_{s1}/d_{s2} - n_{links}/n_{rechts}}{a_Q \cdot d_{s3}/d_{s4} - m_{Anf.}/m_{Ende}} \quad \frac{L}{B} \quad \frac{ü_1}{ü_3} \quad \frac{ü_2}{ü_4}$$

Beispiel:

$$\frac{200 \cdot 6{,}0\,d/6{,}0 - 2/2}{250 \cdot 6{,}0/5{,}0 - 3/4} \quad \frac{6{,}1}{2{,}3} \quad \frac{150}{25} \quad \frac{150}{75}$$

Unterstützungskörbe. Aus den Betonstahlmatten werden auch Unterstützungskörbe (Bild 151.1) gebogen.

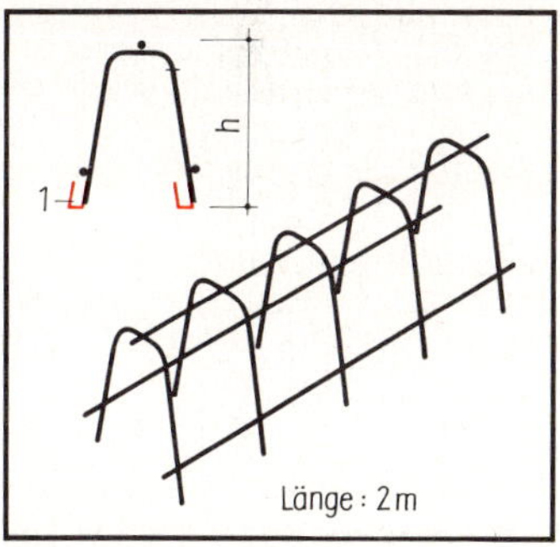

Bild 151.1 Unterstützungskorb aus einer abgebogenen Betonstahlmatte
1 Kunststoffumhüllung

Tabelle 152.1 Geschweißte Unterstützungskörbe siehe auch Bild 151.1

Bezeichnung	**Unterstützungshöhe** *h* in cm
A 8	8
A 9	9
A 10	10
A 11	11
A 12	12
A 13	13
A 14	14
A 15	15
A 16	16
A 17	17
A 18	18
A 19	19
A 20	20

Korblänge: 2 m

5

Die Unterstützungskörbe tragen die oben liegenden Bewehrungsmatten. Tabelle 152.1 nennt die Unterstützungskörbe, die auf Lager gehalten werden.

5.6 Holz

Norm: (Auswahl)
DIN 1052, T. 1 (4. 1988)
DIN 4070, T. 1 (1. 1958); T. 2 (10. 1963)
DIN 4074, T. 1 (9. 1989); T. 2 (12. 1958)

Holzschutz im Hochbau:
DIN 68 800, T. 1 (5. 1974); T. 2 (1. 1984) T. 3 (2. 1987) E; T. 4 (7. 1986) E T. 5 (5. 1978)

Im Bauwesen werden vor allem die Nadelhölzer Fichte, Kiefer und Tanne und in einem geringeren Umfang die Laubhölzer Eiche und Buche verwendet.

5.6.1 Eigenschaften

Aufbau. Holz ist ein natürlicher Baustoff. An seinem Querschnitt (Bild 153.1) ist das jährliche Wachstum zu erkennen. Im Frühjahr wächst das Holz schnell und bildet das helle, weichere Frühholz. In der zweiten Jahreshälfte entsteht das dunkle und festere Spätholz. Frühholz und Spätholz bilden zusammen einen Jahresring. An der Anzahl der Jahresringe kann das Alter der Bäume abgelesen werden.
In der Mitte des Stammes liegt die dünne, braune und weiche Markröhre. Im Innern des Stammes befindet sich das Kernholz. Die äußere Schicht sind das Splintholz. Bast und Borke bilden die Rinde.

Schlagreife. (Baumalter beim Fällen):
Kiefer: 60 bis 100 Jahre
Fichte: 120 Jahre
Buche: 120 Jahre
Eiche: 200 Jahre

Schwinden und Quellen. Das gefällte Holz enthält noch viel Wasser und muß vor der Verwendung getrocknet werden.

Holzfeuchte

$$u = \frac{m_u - m_o}{m_o} \cdot 100\,\%$$

m_u Masse des feuchten Holzes
m_o Masse des völlig trockenen (gedarrten) Holzes

Tabelle 153.1 nennt die Anhaltswerte für den Feuchtegehalt von Holz.
Holz trocknet an der Luft. Dabei schwindet es. Im Wasser und an feuchter Luft nimmt Holz Wasser auf und quillt.

Beim Schwinden und Quellen verändert Holz seine Maße und seine Form.

Holz ist nicht gleichmäßig aufgebaut. Das Holz in den einzelnen Richtungen am Stamm (Bild 153.2) schwindet und quillt unterschiedlich stark.

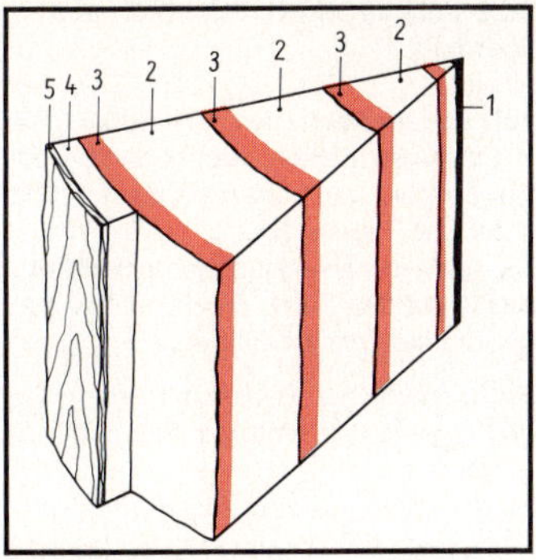

Bild 153.1 Aufbau von Holz
1 Mark; *2* helles Frühholz; *3* dunkles Spätholz; *4* Bast; *5* Borke

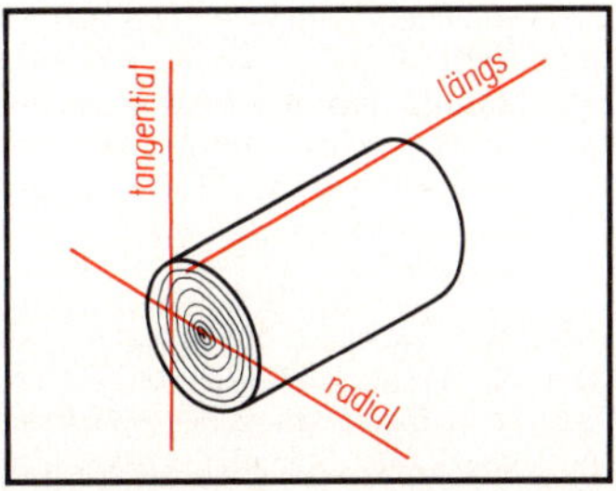

Bild 153.2 Schnittrichtung am runden Stamm

Tabelle 153.1 Feuchtegehalt *u* von Vollholz in Masse-%

Frisches Bauholz	$u > 30\,\%$
Halbtrockenes Bauholz	$u = 20\,\%...30\,\%$
Trockenes Bauholz	$u < 20\,\%$

Im Bauwerk sind folgende Mittelwerte zu erwarten:

Holz	
– in allseitig geschlossenen und geheizten Bauwerken	$u = 9\,\%$
– in allseitig geschlossenen Bauwerken ohne Heizung	$u = 12\,\%$
– in offenen, überdeckten Bauwerken	$u = 15\,\%$
– in Konstruktionen, die der Witterung ausgesetzt sind	$u = 18\,\%$

Beispiel:

Schwindmaß von Kiefernholz beim Trocknen von der Holzfeuchte $u = 35\,\%$ auf völlig trockenes Holz mit $u = 0\,\%$:

– in Längsrichtung: 0,4 %
– in radialer Richtung: 3,3...4,0 %
– in tangentialer Richtung: 7,5...8 %

Im Mittel wird mit folgenden Werten gerechnet:

5

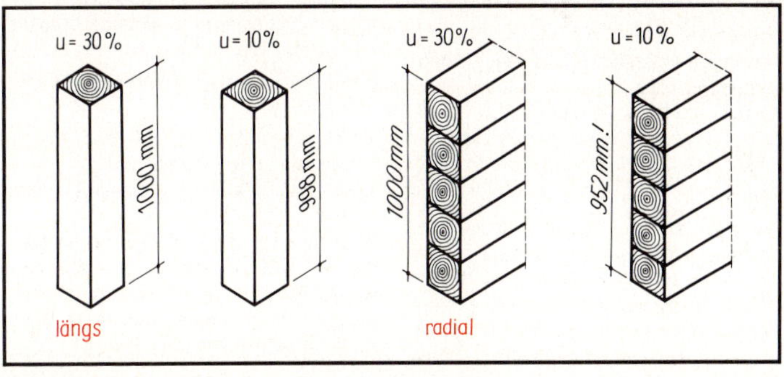

Bild 153.3 Schwinden von Holz in verschiedenen Richtungen
u Holzfeuchte

Bei einer Änderung der Holzfeuchte um 1% verändert Holz und Brettschichtholz seine Maße
in Längsrichtung um 0,1% und im Querschnitt um 0,24% (Bild 153.3).

Holz wird vor der Auslieferung entweder mehrere Jahre an der Luft (selten) oder im Schnellverfahren in Trockenkammer (häufig) getrocknet.

Festigkeit. Die Festigkeit des Holzes schwankt stark. Sie ist abhängig von der Güteklasse (Sortierklasse) des Holzes, von der Art des Holzes, von der Beanspruchungsrichtung.

Es werden folgende *Güteklassen* unterschieden:

GK I (S 13) Schnittholz von überdurchschnittlicher Tragfähigkeit
GK II (S 10) Schnittholz von üblicher Tragfähigkeit
GK III (S 7) Schnittholz von geringer Tragfähigkeit

Die Bezeichnung in ( ) ist die Sortierklasse. Sie wird neuerdings von DIN 4074, T. 1 (9. 1989) verwendet.

Eichen- und Buchenholz ist härter und fester als Nadelholz.

Die Druck- und Zugfestigkeit parallel zu den Jahresringen ($\sigma_{D\parallel}$; $\sigma_{Z\parallel}$) ist wesentlich größer als die Druck- und Zugfestigkeit rechtwinklig zu den Jahresringen ($\sigma_{D\perp}$; $\sigma_{Z\perp}$).

Tabelle 68.1 nennt die zulässigen Spannungen für Holz.
Weiterhin ist die Festigkeit von Rundholz mit unbeschädigten Jahresringen größer als die Festigkeit von Schnittholz.

Brandverhalten. Holz ist entflammbar. Holzteile mit einem kleinen Querschnitt haben keinen Feuerwiderstand. Balken und Brettschichtholz mit einem großen Querschnitt verkohlen im Falle eines Brandes an der Außenseite. Diese Schicht schützt das innenliegende Holz.

5.6.2 Vollholz, Brettschichtholz und Sperrholz

Vollholz. Im Bauwesen wird Schnittholz in Form von Balken, Kanthölzern, Bohlen, Brettern und Latten eingesetzt (Bild 155.1 und Tabelle 156.1).
Die größten Abmessungen der Vollholzprofile werden durch die Abmessungen der Baumstämme bestimmt.

Brettschichtholz. Balken mit einer Höhe größer als 30 cm sind nur selten im Angebot.
Einen Ausweg bietet das Brettschichtholz (Bild 155.1). Zur Herstellung von Brettschichtholz werden gehobelte Bretter miteinander verleimt. Die Bretter werden auch in der Länge gestoßen und im Stoß z. B. durch eine geleimte Keilzinkenverbindung kraftschlüssig miteinander verbunden. So ist es möglich, auch hohe Balken aus Holz anzufertigen. Brettschichtholz darf nur von Firmen hergestellt werden, die eine bauaufsichtliche Zulassung für diese Arbeiten besitzen.

Sperrholz. Sperrholz besteht aus Furnieren. Das sind Holzblätter von 0,5 mm bis 4,4 mm Dicke, die von geweichten und gedämpften Stämmen abgeschält werden. Die Furniere werden nach dem Abschälen ausgebessert und getrocknet. Dann werden sie mit den Faserrichtungen rechtwinklig zueinander zusammengelegt. Die Furniere werden miteinander verleimt und bilden das *Furniersperrholz* (Bild 155.1).

Furniersperrholz besteht aus mindestens drei Lagen Furnier.
Dicke des Furniersperrholzes: 4 mm bis 50 mm
Wenn als Mittellage Holzleisten verwendet werden, entsteht das *Stabsperrholz*. Zuerst werden die Holzleisten miteinander verleimt und dann werden die Deckfurniere aufgeleimt (Bild 155.1).

Stäbchensperrholz besteht in der Mittellage aus schmalen Furnierstreifen.

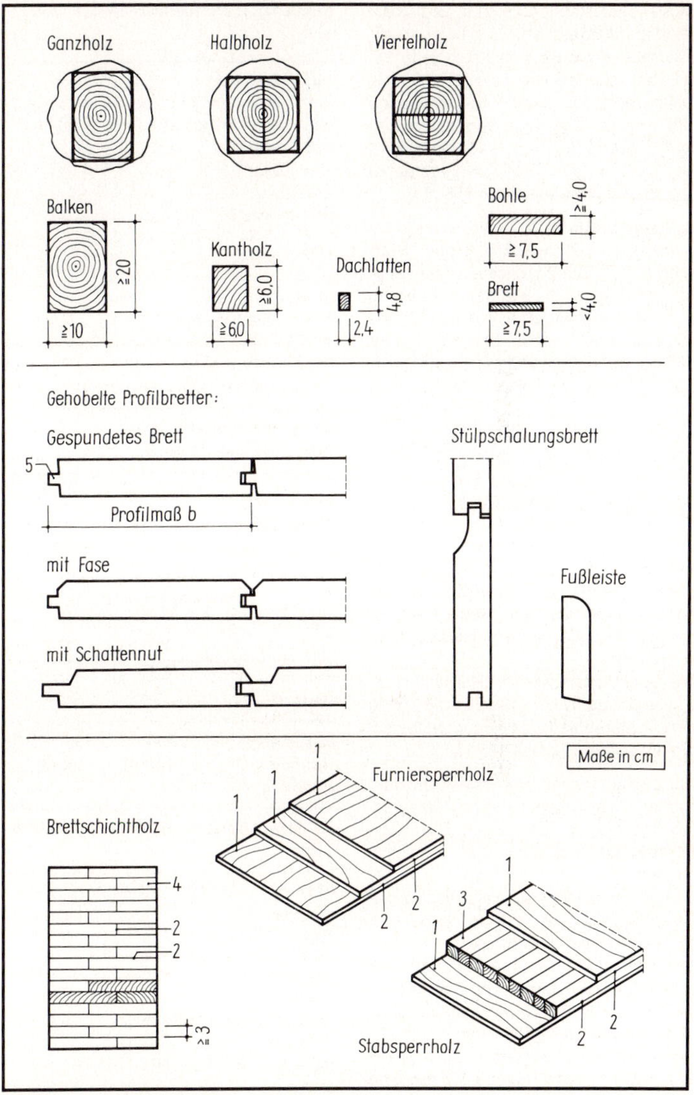

Bild 155.1 Profile aus Nadelholz
1 Furnier; *2* Leimschicht; *3* Leisten; *4* Bretter; *5* Feder

Dicke des Stabsperrholzes und Stäbchensperrholzes: 13...38 mm
Sperrholz zeichnet sich durch gute Festigkeit, geringe Schwind- und Quellmaße und durch eine hohe Formbeständigkeit aus. Sperrholz wird Holzwerkstoffklassen (Tabelle 156.2) zugeordnet, die eine unterschiedliche Feuchtebeständigkeit haben (Tabelle 158.1).

Holzspanplatten. Zur Herstellung von Holzspanplatten werden grobe Holzspäne mit Kunstharzleimen vermengt und dann gepreßt. Bei der Herstellung von *Flachpreßplatten* werden die Späne so eingestreut, daß sie etwa parallel zur Plattenebene liegen. Dadurch erhält die Spanplatte eine höhere Biegefestigkeit.
Strangpreßplatten werden dagegen so gefertigt, daß die Späne in einen Schacht gepreßt werden. Die Späne liegen dadurch rechtwinklig zur Plattenebene. Die Strangpreßplatten haben nur eine geringe Biegefestigkeit.
Sie werden als Vollplatten oder Röhrenplatten hergestellt. Zur Erhöhung der Festigkeit werden den Strangpreßplatten Furniere oder harte Holzfaserplatten aufgeleimt.
Die Spanplatten werden Holzwerkstoffklassen zugeordnet (Tabelle 156.2), die eine unterschiedliche Feuchtebeständigkeit haben (Tabelle 158.1).

Als Leime werden Harnstoff-Formaldehydharze verwendet. Auch bei der Auslieferung ist in der Spanplatte noch Formaldehyd enthalten, das allmählich verdampft.
Formaldehyd kann zu gesundheitlichen Beeinträchtigungen führen, z. B. Reizung von Augen und Nase.
Aus diesem Grunde muß die „Richtlinie über die Klassifizierung der Spanplatten bezüglich der Formaldehydabgabe" (4. 1980) berücksichtigt werden.
Diese Richtlinie schreibt vor, daß die Spanplatten danach zu *kennzeichnen* sind, wieviel Formaldehyd sie abgeben.

Tabelle 156.1 Vorzugsmaße für Nadelschnittholz

Kanthölzer in cm					
6/6	8/8	10/10	12/12	14/14	16/16
6/8	8/10	10/12	12/14	14/16	16/18
6/12	8/12		12/16		
	8/16				
Balken in cm					
10/20	12/20	16/20	18/22	20/20	
10/22	12/24			20/24	
Dachlatten in mm					
24/48	30/50	40/60			
Ungehobelte Bretter					
Dicke in mm: 16; 18; 22; 24; 28; 38					
Ungehobelte Bohlen					
Dicke in mm: 44; 48; 50; 63; 70; 75					

Tabelle 156.2 Kurzbezeichnung von Sperrholz und Spanplatten

	Holzwerkstoffklasse		
	20	100	100 G
Baufurniersperrholz	BFU 20	BFU 100	BFU 100 G
Baufurniersperrholz aus Buche	–	BFU-BU 100	BFU-BU 100 G
Bau-Stabsperrholz	BST 20	BST 100	BST 100 G
Baustäbchensperrholz	BSTAE 20	BSTAE 100	BSTAE 100 G
Flachpreßplatten	V 20	V 100	V 100 G
Beplankte Strangpreßplatten:			
Vollplatten	SV 1	SV 2	–
Röhrenplatten	SR 1	SR 2	–
Tafelbauart	TSV 1	TSV 2	–

5

In geschlossenen Innenräumen können Spanplatten mit der Kennzeichnung E 1 ohne Einschränkung eingebaut werden. Spanplatten mit der Kennzeichnung E 2 und E 3 müssen zur Verringerung der Formaldehydabgabe beidseitig beschichtet werden.

Ausführungsvorschriften in „Richtlinie über die Verwendung von Spanplatten hinsichtlich der Vermeidung unzumutbarer Formaldehydkonzentrationen in der Raumluft" (4. 1980).
Inzwischen gibt es auch Spanplatten, die völlig frei von Formaldehyd sind.

5.6.3 Holzschädlinge und Holzschutz

Holz ist ein organischer Baustoff, der von Pilzen, Bakterien und Insekten angegriffen und zerstört werden kann.

Pilzbefall. Der *echte Hausschwamm* ist der gefährlichste Pilz für das Holz. Er entwickelt sich im Bauwerk auf feuchtem Holz und wächst dann aber auf trockenem Holz weiter.
Vom Hausschwamm befallenes Holz wird braun und brüchig. Es verliert seine Form und Festigkeit. Auf dem Holz befindet sich der graue Pilzkörper. In das Holz dringen wurzelähnliche, bleistiftdicke Teile des Pilzes, das sog. Mycel, ein. Das Mycel wächst auch durch Mauerwerk hindurch.
Beim Auftreten von Hausschwamm ist ein Holzschutzfachmann hinzuzuziehen.
Bläuefäule entwickelt sich auf frischgeschnittenem, feuchtem Holz, das so dicht gelagert ist, daß nicht genügend Luft an das Holz herankommt. Der Pilz ernährt sich vom Inhalt der Holzzellen. Die Festigkeit des Holzes wird nicht geringer, aber das Holz wird bläulich. Holz der GK I bis III kann Bläueverfärbungen enthalten.
Rotfäule (auch Braunfäule genannt) wird durch verschiedene Pilze hervorgerufen, die auf dem Holz wachsen. Die Pilze bauen die festen und tragenden Bestandteile des Holzes ab. Es verliert an Volumen, verfärbt sich rotbraun und wird brüchig. Das Holz verliert seine Festigkeit. Daneben gibt es weitere holzzerstörende Pilze, die am Baum (Stammfäule), am gefällten (Lagerfäule) oder am eingebauten Holz (Hausfäule) dieses zerstören.

Insektenbefall. Insekten dringen sowohl in den Baum, in das gefällte als auch in das eingebaute Holz ein.
Sie fressen Gänge in das Holz (Fraßgänge). Diese Gänge können so dicht aneinander liegen, daß nur noch die Holzoberfläche vorhanden ist und das Holz im Innern zerfällt.
Der *Hausbock* ist ein Käfer. Er befällt trockenes Nadelholz. Die 2 mm bis 30 mm langen Larven fressen sich durch das Holz. Ihre Fraßgänge sind mit hellem Holzmehl gefüllt. Die Holzoberfläche enthält kleine Fluglöcher.
Nagekäfer (Anobia) haben 5 mm bis 8 mm lange Larven. Die Larven fressen Nadelholz und Laubholz. Die Jungkäfer nagen runde Fluglöcher in die Holzoberfläche, aus denen etwas Bohrmehl herausrieselt.

5

Die *Lagerung* des Holzes beeinflußt seine Qualität.

- Holz darf nicht unmittelbar auf feuchten Erdboden liegen.
- Holz ist luftig zu lagern.

Es sind waagerechte und senkrechte Kanäle zu schaffen, in denen die Luft strömt (Bild 158.1).

- Beim Stapeln sind die einzelnen Kanthölzer, Bretter usw. so zu unterstützen, daß keine Verkrümmungen eintreten.

Die Leisten, die die einzelnen Hölzer voneinander trennen, liegen deshalb genau übereinander.

- Der Holzstapel ist oben abzudecken.

An den Seiten ist eine Abdeckung nicht sinnvoll, da sonst die Luftströmung unterbrochen wird.

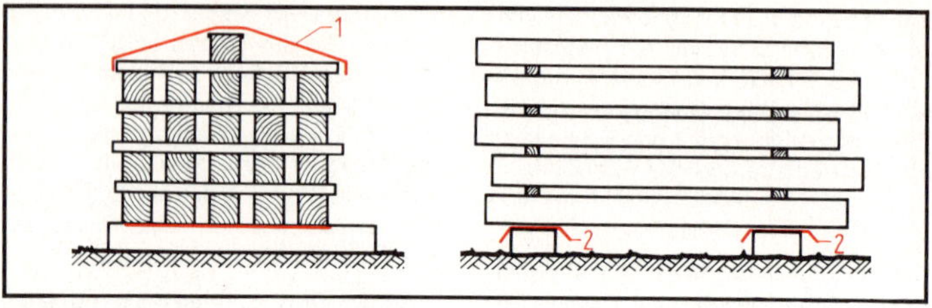

Bild 158.1 Holzstapel
1 Foliendichtung gegen Regen; *2* Folie gegen aufsteigende Feuchtigkeit

Beim *Einbau* sind ebenfalls die Besonderheiten des Holzes zu beachten:

- Das Holz ist möglichst mit dem Feuchtegehalt einzubauen, den es bei seiner Nutzung annehmen wird (Tabelle 153.1).
- Holz ist so einzubauen, daß es von strömender Luft berührt wird.

Dann kann die noch vorhandene Feuchtigkeit austrocknen und eventuell eingedrungenes Wasser wird wieder abgegeben.

5

- Bei Holz, das der Witterung direkt ausgesetzt ist, sollten die Fasern möglichst senkrecht verlaufen, damit das Regenwasser vom Holz weg geleitet wird.

Der *chemische Holzschutz* hat folgende Ziele:

- vorbeugender Schutz vor Insektenbefall
- vorbeugender Schutz vor Pilzbefall
- Herabsetzung der Entflammbarkeit
- Bekämpfung eines vorhandenen Insektenbefalls.

Die Holzschutzmittel sind wäßrige Salzlösungen oder ölige Lösungen. Sie werden durch Streichen, Tauchen oder andere Verfahren auf die Oberfläche oder in das Innere des Holzes gebracht.

Holzschutzmittel sind giftig.
Bei der Verwendung von Holzschutzmitteln ist die Anwendungsvorschrift und der Anwendungsbereich genau zu beachten.

Tabelle 158.1 Anwendung von Sperrholz und Spanplatten nach DIN 68 800, T. 2

Anwendungsbereich	Holzwerkstoffklasse
Raumseitige Beplankung von Wänden, Decken und Dächern in	
Wohngebäuden	
– allgemein	20
– in Bereichen starker Feuchtigkeit, z. B. in Duschen	100 G
– in Neubauten mit hoher Baufeuchte	100 G [1]
Gebäuden mit hoher Luftfeuchte, z. B. in Ställen	100 G
Außenbeplankung von Außenwänden	
Hohlraum zwischen Außenbeplankung und Wetterschutzschicht	
– vorhanden und ausreichend belüftet	100
– nicht vorhanden	100 G
Obere Beplankung von Dächern	100 G

[1]) Bei Baufurniersperrholz auch: 100

Anwendung der Holzwerkstoffklassen. Für Sperrholz und Spanplatten werden Anwendungsbereiche vorgeschrieben, damit die Verleimung dem zu erwartenden Feuchtegehalt widerstehen kann (Tabelle 158.1).

Sperrholz- und Spanplatten, die direkt der Witterung ausgesetzt sind, müssen durch Anstriche oder Holzschutzmittel zusätzlich geschützt werden.

5.7 Bauplatten und Dämmstoffe

5.7.1 Anwendung

Beispiele. Bauplatten und Dämmstoffe werden u. a. verwendet
zum Bau von nichttragenden Trennwänden,
zur Bekleidung von Wänden, Decken und den Innenseiten der Dachschrägen,
als Wärmedämmschicht in Wänden, Fußböden und Dächern,
als Schalldämmschicht von Wänden und Fußböden,
als Bekleidung von Stahl- und Holzkonstruktionen zur Erhöhung des Feuerwiderstandes,
als Putzträger,
als verlorene Schalung.
Die Wahl des Baustoffes wird u. a. von folgenden Eigenschaften der Bauplatten und Dämmstoffe bestimmt:
Bearbeitbarkeit (sägbar, schneidbar, nagelbar usw.)
Feuchtebeständigkeit,
Schalldämm-Maß,
Wärmeleitfähigkeit,
Verhalten bei Brandeinwirkung,
Verformung bei Belastung.

Dämmstoffe zur Trittschalldämmung. An Wänden und zwischen Balken oder Sparren werden Dämmstoffe kaum belastet. Unter einem schwimmenden Estrich muß die Dämmschicht jedoch die Lasten des Fußbodens tragen. Dabei wird sie etwas zusammengedrückt. Die Dicke von Dämmstoffen wird angegeben: d_L/d_B

d_L Dicke bei der Anlieferung
d_B Dicke bei der Belastung

Dämmstoffe zur Trittschalldämmung müssen sowohl ausreichend fest sein, um die Lasten tragen zu können, als auch federnd wirken, um den Trittschall zu dämmen.

5.7.2 Bauplatten

Holzwolle-Leichtbauplatten (HWL).

Norm:
Baustoff: DIN 1 101 (11. 1989)
Verarbeitung: DIN 1 102 (11. 1989)

Holzwolle-Leichtbauplatten bestehen aus langfasriger Holzwolle und Zement oder kaustisch gebranntem Magnesit als Bindemittel.
HWL-Platten sind schwer entflammbar.
Vorzugsmaße:

Dicken:	15 mm (HWL 15)
	25 mm (HWL 25)
	35 mm (HWL 35)
	50 mm (HWL 50)
	75 mm (HWL 75)
	100 mm (HWL 100)
Breite:	500 mm
Länge:	2000 mm

Typen (siehe auch Tabelle 163.1):
W; WD; WV; WB; WS

Mehrschicht-Leichtbauplatten (ML-Platten).

Norm: ↳ HWL-Platten

- Zweischalige ML-Platten: 5 mm Holzwolle mit Bindemittel + 10 bis 95 mm Kunststoff-Hartschaum (HS) oder 45 bis 95 mm Mineralfaserschicht (Min)
- Dreischichtige ML-Platten:
5 bis 7,5 mm Holzwolle mit Bindemittel + 15 bis 115 mm Kunststoff-Hartschaum (HS) oder
35 bis 85 mm Mineralfaserschicht (Min) + 5 bis 10 mm Holzwolle mit Bindemittel

Bezeichnung:
HS-ML 75/2: Zweischichtplatte von 75 mm Gesamtdicke mit Hartschaum
Min-ML 100/3: Dreischichtige Platte von 100 mm Gesamtdicke mit einer Mineralfaserschicht und zwei Deckschichten aus Holzwolle mit Bindemittel

5

Min-ML-Platten sind schwer entflammbar (B1). HS-ML-Platten gelten als normalentflammbar (B2).

Verwendung von HWL- und ML-Platten. HWL- und ML-Platten werden an massiven Wänden und Decken, an Holzprofilen von Wänden, Decken und Dachschrägen befestigt. Sie werden angenagelt oder angeschraubt. Die Verbindungsmittel müssen korrosionsgeschützt, z. B. verzinkt, sein.

An massive Innenwände oder an die Innenseite von massiven Außenwänden können HWL- und ML-Dreischichtplatten mit Dünnbettmörtel oder mit Mörtel P II und P III (↪ Tabelle 131.1) angesetzt werden. Der Mörtel wird in Form von Batzen oder Streifen auf die Rückseite der Platte aufgebracht. Danach wird die Platte an die Wand gedrückt und ausgerichtet.

Die sichtbare Oberfläche der HWL- und ML-Platten werden
verputzt,
mit hinterlüfteter Bekleidung aus Brettern, Schindeln oder Dachziegeln versehen,
mit Gipskartonplatten bekleidet.

Damit der Putz nicht reißt, sind folgende *Ausführungsregeln* einzuhalten:

■ Außenputz

Auf die Holzwolleschicht ist ganzflächig eine Putzbewehrung aufzubringen:
Verzinktes Drahtgewebe, Drahtdicke 1 mm, Maschenweite 20 mm bis 25 mm ist an den Platten zu befestigen und dann ist ein Spritzbewurf aufzutragen.
Glasfaser-Armierungsgewebe wird in den Unterputz gedrückt. Zuerst wird etwa 2/3 des Unterputzes angeworfen und grob abgezogen. Dann wird das Glasfasergewebe in den frischen Putz gedrückt. Danach wird frisch in frisch der restliche Unterputz angeworfen.

Bei Verwendung von Drahtgewebe können sowohl Baustellenmörtel als auch Werkmörtel verwendet werden. Für Glasfasergewebe ist ein Werkmörtel vorgeschrieben.

Der Außenputz besteht aus einem vollflächigen Spritzbewurf und zwei Lagen Putz nach Tabelle 132.1.
Vor dem Aufbringen der 1. Putzlage muß der Spritzbewurf erhärtet und trocken sein.

■ Innenputz

Beim Innenputz ist eine durchgehende Putzbewehrung nicht erforderlich. Auf jeden Fall sollte im Bereich der Plattenfuge ein Streifen von etwa 150 mm Breite aus Glasfasergewebe in den Unterputz gedrückt werden.

Zu den Mörtelgruppen ↪ Tabelle 132.2. Ausführliche Hinweise zur Verarbeitung (Befestigen, Putzen, Anbringen von Fliesen) ↪ DIN 1102 (11. 1989).

Gipskarton-Bauplatten (GKB).

Norm:
Baustoff: DIN 18 180 (9. 1989)
Verarbeitung: DIN 18 181 (9. 1990)
Befestigungsmittel, Stahlprofile für Unterkonstruktionen: DIN 18 182 (1. 1987)

Gipskarton-Bauplatten bestehen aus dünnen Gipsplatten, die von einem festhaftenden Karton ummantelt sind. Kantenausbildung ↪ Bild 162.1
Gipskarton-Bauplatten werden als nicht brennbar (A2) eingestuft.

Vorzugsmaße:
Dicken: 9,5...25 mm
Breite: 1 250 mm, aber auch 400 mm, 600 mm
Länge: 2 000...4 000 mm
Arten: Gipskarton-Bauplatten **(GKB)**
Gipskarton-Bauplatten, imprägniert **(GKBI)** mit verzögerter Wasseraufnahme
Gipskarton-Putzträgerplatten **(GKP)**
Gipskarton-Feuerschutzplatten **(GKF)**
Gipskarton-Feuerschutzplatten, imprägniert **(GKFI)** enthalten Zusätze zur Verbesserung des Zusammenhaltes der Platte bei Brandeinwirkung

Verarbeitung von GKB. Gipskarton-Bauplatten werden auf Unterkonstruktionen aus Metall oder Holz mit Schnellbauschrauben, Nägeln oder Klammern befestigt. Die Befestigungsmittel werden etwas versenkt und dann überspachtelt.

Zur Bekleidung von massiven Wänden werden Gipskartonplatten mit Ansetzgips befestigt. Verwendung der Bauplatte als Trockenputz (Bild 162.1).

Am Fuß der Wand stehen die Platten beim Ansetzen auf kleinen Brettchen. Die Platten werden mit Streifen oder Batzen aus Ansetzgips versehen, gegen die Wand gedrückt und mit einem Gummihammer ausgerichtet. Durch die etwa 10 mm dicke Fuge am Fuß der Wand und etwa 5 mm Fuge an der Decke strömt etwas Luft und trocknet den Ansetzgips aus.

Die Fugen sind erst nach dem Austrocknen des Ansetzgipses zu verspachteln.

Zum Verspachteln werden besondere Gipsarten angeboten. In den Gips an der Fuge kann ein schmaler Streifen aus Glasseidengewebe eingearbeitet werden.

Gipskarton-Verbundplatten (VB).

Norm:
DIN 18 184 (12. 1981)

VB-Platten bestehen aus einer Schicht Polystyrol-Hartschaum (PS) oder Polyurethan-Hartschaum (PUR) und einer Gipsplatte.

Vorzugsmaße:

- 9,5 mm Gipskarton
  + 20 mm oder 30 mm Dämmschicht
- 12,5 mm Gipskarton
  + 20 mm; 30 mm; 40 mm; 50 mm oder 60 mm Dämmschicht

Breite: 1 250 mm
Länge: 2 500 mm

Gipskarton-Verbundplatten werden als normalentflammbar (B2) eingestuft.

Damit Schall- oder Wärmebrücken vermieden werden, ist die Dämmschicht dicht an dicht zu verlegen, siehe z. B. Eckausbildung in Bild 162.1.

Tabelle 161.1 Kurzbezeichnungen von unterschiedlichen Eigenschaften von Dämmstoffen

Kurzzeichen	Eigenschaft	Anwendung
W	Wärmedämmstoff, nicht druckbelastbar	Dämmung von Wänden, Decken und Dächern
WL	Wärmedämmstoff, nicht druckbelastbar	Dämmschichten zwischen Sparren und Balken
WD	Wärmedämmstoff, druckbelastbar	Dämmschicht unter Dachhaut; nicht zur Trittschalldämmung geeignet
WV	Wärmedämmstoff, beanspruchbar auf Abreiß- und Scherbeanspruchung	Fassadenbekleidung mit Putz
WB	Wärmedämmstoff, beanspruchbar auf Biegung	Verkleidung von Fachwerk- und Ständerkonstruktionen bei Windbelastung
WS, WDH	Wärmedämmstoff, mit erhöhter Belastbarkeit	Fußböden unter Parkdecks, nicht zur Trittschalldämmung geeignet
WDS	Wärmedämmstoff, druckbelastbar	Dämmschicht unter Dachhaut von unbelüfteten Dächern, nicht zur Trittschalldämmung geeignet
T	Trittschalldämmstoff	Dämmschicht unter schwimmendem Estrich, z. B. in Wohnungen
TK	Trittschalldämmstoff mit geringer Zusammendrückbarkeit	Fertigteilestriche

5

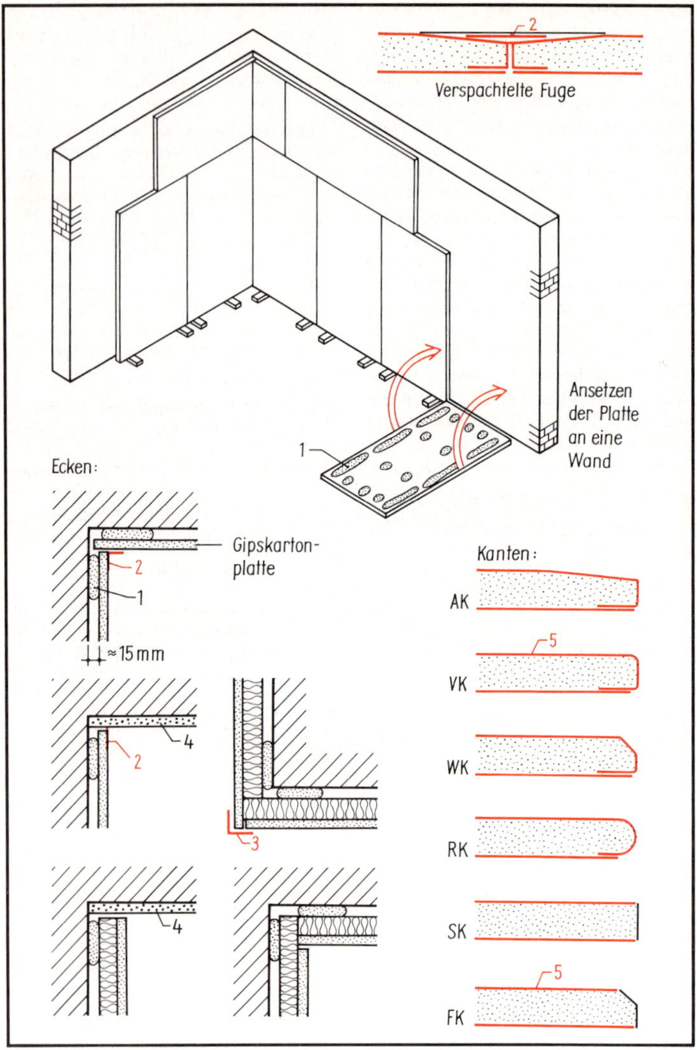

Bild 162.1 Gipskartonplatten; Kantenausbildung und Verwendung der Platten als Trockenputz
AK abgeflachte Kante; *VK* volle Kante; *WK* Winkelkante; *RK* runde Kante
geschnittene Kanten: *SK* scharfkantig und *FK* mit Fase
1 Ansetzgips; *2* Glasfaserbewehrungsstreifen; *3* Kantenschutz; *4* Naßputz; *5* Karton

5.7.3 Dämmstoffe

Tabelle 163.1 gibt einen Überblick über ausgewählte Kunststoffe, organische oder mineralische Fasern und andere Stoffe, die als Dämmstoffe im Bauwesen genutzt werden.

Ortschäume dienen zur Ausfüllung von Hohlräumen in Bauteilen aus Mauerwerk, Beton, Holz oder Stahl. *Schaumkunststoff* wird in Platten oder Bahnen angewendet. Sie sind mit Beschichtungen aus Papier, Metall- oder Kunststoffolien, Dach- oder Dichtungsbahnen versehen.

Vorzugsdicken: 20...100 mm

Zur Trittschalldämmung sind Schaumstoff-Hartplatten nicht geeignet. Sie sind hart, aber nicht federnd. Für die Trittschalldämmung werden Polystyrol-Partikel zu Platten oder Bahnen verschweißt oder verklebt. Dadurch entsteht eine Schicht, die ausreichend federnd ist.

Vorzugsmaße:

- Platten: Länge 1000 mm; Breite 500 mm
- Bahnen: Länge 5000 mm; Breite 1000 mm

Platten und Bahnen:

Dicke unter Belastung (d_B): 15 mm; 20 mm; 25 mm; 30 mm

Faserdämmstoffe bestehen vor allem aus mineralischen Fasern, die aus Glas-, Gesteins- oder Schlackenschmelzen gewonnen werden (Min).

Als pflanzliche Faserdämmstoffe (Pfl) kommen Kokosfasern, Torffasern oder Holzfasern zum Einsatz.

Perlite und *Vermiculite* sind natürliche Mineralien, die sich beim Erhitzen aufblähen und dabei viele Hohlräume bilden. Schüttdichte bei der Auslieferung: $<0{,}9$ kg/dm^3.

Beide Stoffe werden für Schüttungen in zweischaligen Wänden, als Zuschlag für Werkmörtel und mit Bitumen vermischt als Dämmplatten verarbeitet.

Tabelle 163.1 Dämmstoffe

	Norm	Bezeichnung			Schall- und Wärmedämmung	Trittschalldämmung	Typ
Schaumkunststoff	DIN 18159, T. 1 (6.78)	Ortschaum	Polyurethan	PUR	geeignet	nicht geeignet	
	DIN 18159, T. 2 (6.78)		Harnstoff-Formaldehydharz	UF	geeignet	nicht geeignet	
	DIN 18164, T. 1 (6.79)	Platten (P);	Phenolharz	PF	geeignet	nicht geeignet	
		Bahnen (B)	Polystyrol	PS	geeignet	nicht geeignet	W; WD; WS
			Polyurethan	PUR	geeignet	nicht geeignet	
	DIN 18164, T. 2 (6.79)		Polystyrol-Partikel	PS	geeignet	geeignet	T

Fortsetzung **Tabelle 163.1**

Gipskarton-Verbundplatten	DIN 18 184 (12.81)	Zweischicht-Platten	mit Polystyrol-Hartschaum	VBPS	geeignet	nicht geeignet	
			mit Polyurethan-Hartschaum	VBPUR	geeignet	nicht geeignet	
Faserdämmstoff	DIN 18 165, T. 1 (3.87)	Matten (M); Filze (F);	Mineralfasern	Min	geeignet	nicht geeignet	W; WL; WD; WV
			Pflanzliche Fasern	Pfl	geeignet	nicht geeignet	
	DIN 18 165, T. 2 (3.87)	Platten (P)	Mineralfasern	Min	geeignet	geeignet	T; TK
			Pflanzliche Fasern	Pfl	geeignet	geeignet	
		Granulat	Mineralfasern	Min	geeignet		
Holzwolle	DIN 1 101 (11.89)	Holzwolle-Leichtbauplatten		HWL	geeignet	bedingt geeignet[1])	W; WD; WV; WB; WS
Holzwolle-Verbundplatten	DIN 1 101 (11.89)	Mehrschicht-Bauplatten	mit Hartschaumschicht	HS-ML	geeignet	nicht geeignet	W; WD; WV; WB
			mit Mineralfaserschicht	Min-ML	geeignet	nicht geeignet	
Aufgeblähte Mineralien		Schüttungen	Perlite Korn $\leqq$ 6 mm		geeignet	nicht geeignet	
			Vermiculite Korn $\leqq$ 15 mm		geeignet	nicht geeignet	
Schaumglas	DIN 18 174, (1.81)	Platten			geeignet	nicht geeignet	WDS; WDH
Kork	DIN 18 161, T. 1 (12.76)	Platten	Backkork (BK) Imprägnierter Kork (IK)		geeignet	nicht geeignet	WD; WDS
		Matten			geeignet	geeignet	

[1]) Zusammen mit Mineralfasermatten geeignet

6. BAUGRUND, BAUGRUBEN UND GRÜNDUNGEN

6 BAUGRUND, BAUGRUBEN UND GRÜNDUNGEN

6.1 Baugrund

Norm:
DIN 1054 (11. 1976)
DIN 4020 (10. 1990)
DIN 4021 (3. 1988) E
DIN 4022, T. 1 (11. 1969)
DIN 18 196 (10. 1988)
DIN 18 300 (9. 1988)

6.1.1 Entstehung

In Deutschland ist an der Erdoberfläche zumeist gewachsener Boden (Lockergestein) vorhanden. Nur in wenigen Gebieten bildet Fels (Festgestein) die Erdoberfläche.

Der *gewachsene Boden* ist das Ergebnis einer langen erdgeschichtlichen Entwicklung. Durch Temperaturschwankungen, chemische Einwirkungen, durch Wind, durch strömendes und gefrierendes Wasser wurden die ursprünglich vorhandenen Festgesteine allmählich zerkleinert.

Große Teile Europas waren mehrfach von Eisgletschern bedeckt (Eiszeiten). Die Eisgletscher schoben große Mengen kleiner und großer Gesteinsbruchstücke vor sich her. Beim Tauen des Eises blieben die Gesteinstrümmer zurück.

Flüsse führten kleine und größere Gesteinsteilchen mit, schliffen sie allmählich rund und setzten sie bei schwacher Strömung wieder ab.

Pflanzenbewuchs und organische Ablagerungen von Flüssen und Seen brachten organische Bestandteile in den Boden: Wurzeln, Reste von Lebewesen.

In der Regel besteht der gewachsene Boden aus einzelnen, übereinander liegenden Bodenschichten.

In geschichtlicher Zeit veränderte der Mensch die Erdoberfläche. So wurden z. B. Geländevertiefungen (Mulden, Täler) und Seen mit Schutt und städtischem Abfall gefüllt. In Bergbaugebieten wurden Halden aufgeschüttet.

6.1.2 Untersuchung

Notwendigkeit. Alle Bauwerke übertragen ihre gesamte Last dem Baugrund. Das Bauwerk muß im Baugrund einen sicheren Stand haben. Große oder unterschiedliche Setzungen, Schiefstellungen und Gleitungen des Bauwerks sind zu vermeiden.

Bei der *Setzung* sinkt das Bauwerk etwas in den Baugrund ein (Bild 167.1).

Auf gewachsenem Boden aus Lockergestein sind Setzungen unvermeidbar. *Gleichmäßige* Setzungen des gesamten Bauwerks um 1 cm bis 2 cm rufen keine Schäden am Bauwerk hervor. Sie werden nicht bemerkt. Wenn sich jedoch die einzelnen Fundamente eines Bauwerks verschieden stark setzen, werden Risse am Bauwerk entstehen.

Bei einer Überbelastung des Baugrundes tritt ein *Grundbruch* ein (Bild 167.2). Das Lockergestein unter der Fundamentsohle weicht zur Seite: Das Fundament sinkt in den Boden. Zumeist kommt es dann zu einer Schiefstellung der Wände und zur Zerstörung des Bauwerks.

Um die Belastbarkeit des Baugrundes abschätzen zu können, muß die Zusammensetzung des Baugrundes vor Baubeginn bekannt sein.

Ziel und Ausführung. Durch Baugrunduntersuchungen sind festzustellen:

- Schichtenfolge
- Zusammensetzung der einzelnen Schichten
- Lagerungsdichte bei nichtbindigen Böden bzw. Konsistenz (Zustandsform) bei bindigen Böden
- Grundwasserstand.

Die Untersuchung muß vor allem den Zustand des Baugrundes *unter* der zukünftigen Gründungssohle erfassen.

Für einfache Bauten, die den Baugrund nur gering belasten (Last im Streifenfundament $\leqq$ 100 kN/m) genügt es, die Erfahrungen, die beim Bau benachbarter Bauwerke gemacht wurden, auszuwer-

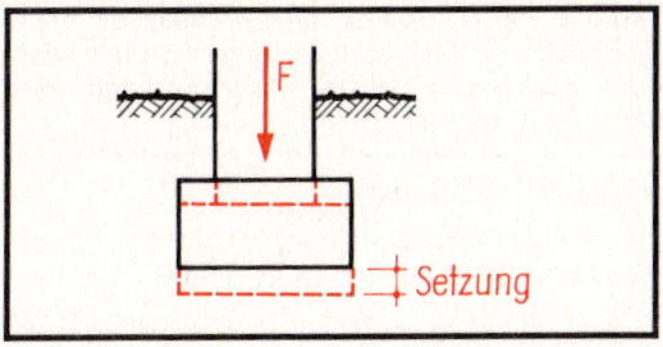

Bild 167.1 Fundament mit Setzung

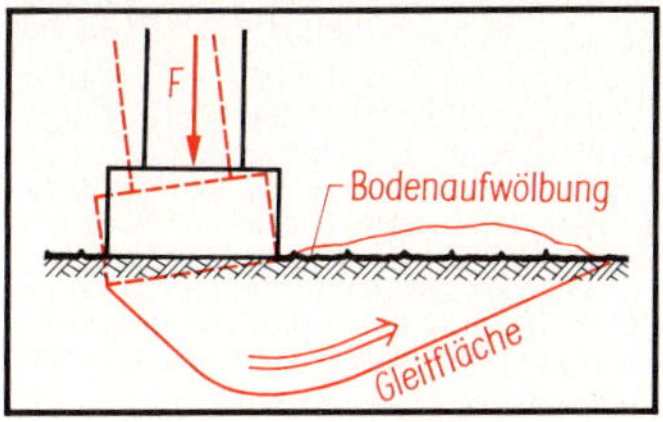

Bild 167.2 Fundament mit Grundbruch

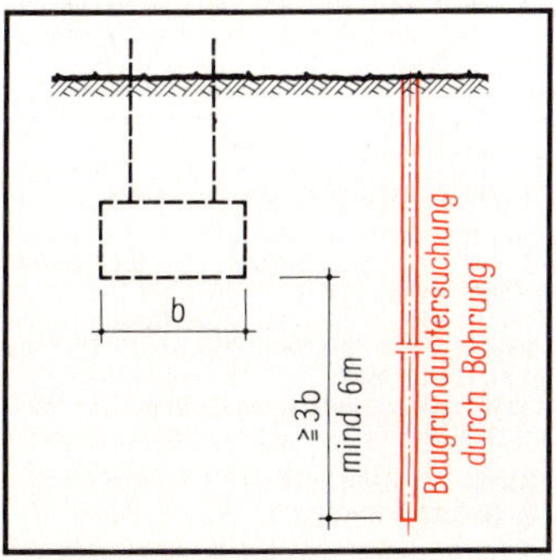

Bild 167.3 Tiefe der Baugrunduntersuchung bei größeren Bauwerken

ten und den im Gelände üblichen Grundwasserstand zu erfragen.
Bei größeren Bauwerken müssen genaue Untersuchungen des Baugrundes vorgenommen werden. Die Schichtenfolge und Zusammensetzung der Bodenschichten sind durch Untersuchungen zu ermitteln, die mindestens 6 m unter Gründungssohle reichen (Bild 167.3). Die Untersuchungen werden vor allem in Form von Bohrungen vorgenommen.
Mit Schürfgruben, Schlitzgrabungen und Schächten kann im allgemeinen nur der Baugrund erkundet werden, der nahe an der Oberfläche liegt.

6.1.3 Bodenarten

Bindige und nichtbindige Böden. Es werden nichtbindige oder grobkörnige Böden und bindige oder feinkörnige Böden unterschieden.

Grobkörnige Böden, wie Kies und Sand (Tabelle 167.1) enthalten nur einen geringen Anteil feinster Gesteinsteilchen. Der Anteil der Korngröße ≦ 0,06 mm beträgt weniger als 5 Masse-%.
Die Eigenschaften dieser Böden werden durch Wasser nicht verändert. Sie trocknen schnell wieder aus.
Grobkörnige Böden unterscheiden sich in der Kornzusammensetzung und in

Tabelle 167.1 Bodenarten

Bodenart	Kurzzeichen	Erläuterung
Ton	T	Korngröße ≦ 0,002 mm
Schluff	U	Korngröße > 0,002…0,06 mm
Sand	S	Korngröße > 0,06…2,0 mm
Kies	G	Korngröße > 2,0…63 mm
Steine	–	> 63 mm
Oberboden, Mutterboden	O	fruchtbarer Boden, ermöglicht Pflanzenwuchs
Mudde, Faulschlamm	F	organische Ablagerungen unter Wasser
Torf	H	Pflanzenreste
Auffüllung 1	A	Müll, Schlacke, Schutt
Auffüllung 2	[Bodenart]	Auffüllung mit der angegebenen Bodenart

der Lagerungsdichte: locker, mittel oder dicht.

Die *feinkörnigen Böden* enthalten >40% feinste Gesteinsteilchen mit einer Größe ≦0,06 mm. Die feinen Bestandteile binden viel Wasser. Diese Böden nehmen daher viel Wasser auf und trocknen nur langsam aus. Der Wassergehalt verändert die Konsistenz (Zustandsform) der bindigen Böden.

Die Zustandsform kann auf einfache Weise ermittelt werden; Feldversuche nach DIN 4022, T. 1 (11. 1969):

„*Breiig* ist ein Boden, der beim Pressen in der Faust zwischen den Fingern hindurchquillt.
Weich ist ein Boden, der sich leicht kneten läßt.
Steif ist ein Boden, der sich schwer kneten, aber in der Hand zu 3 mm dicken Röllchen ausrollen läßt, ohne zu reißen oder zu zerbröckeln.
Halbfest ist ein Boden, der beim Versuch, ihn zu 3 mm dicken Röllchen auszurollen, zwar bröckelt und reißt, aber noch feucht genug ist, um ihn erneut zu einem Klumpen formen zu können.
Fest (hart) ist ein Boden, der ausgetrocknet ist und dann meist heller aussieht. Er läßt sich nicht mehr kneten, sondern nur zerbrechen. Ein nochmaliges Zusammenballen der Einzelteile ist nicht mehr möglich."

6

Die im Baugrund vorhandenen Böden sind zumeist ein Gemenge verschiedener Korngrößen.

Beispiel:

Lehm ist ein Gemenge aus Kies, Sand und Ton oder aus Kies, Sand und Schluff.

Boden- und Felsklassen. Der *Arbeitsaufwand beim Lösen, Laden und Fördern* der einzelnen Böden ist unterschiedlich groß.

Tabelle 168.1 Boden- und Felsklassen nach DIN 18300 (9.1988) Einteilung der Böden nach dem *Arbeitsaufwand* beim Lösen, Laden, Fördern und Einbauen

Klasse 1: Oberboden
Oberste Schicht des Bodens, die neben anorganischen Stoffen, z. B. Kies-, Sand-, Schluff- und Tongemischen, auch Humus und Bodenlebewesen enthält.
Klasse 2: Fließende Bodenarten
Bodenarten, die von flüssiger bis breiiger Beschaffenheit sind und die das Wasser schwer abgeben.
Klasse 3: Leicht lösbare Bodenarten
Nichtbindige bis schwachbindige Sande, Kiese und Sand-Kies-Gemische mit bis zu 15% Beimengungen an Schluff und Ton (Korngröße kleiner als 0,06 mm) und mit höchstens 30% Steinen von über 63 mm Korngröße bis zu 0,01 m^3 Rauminhalt. Organische Bodenarten mit geringem Wassergehalt (z. B. feste Torfe).
Klasse 4: Mittelschwer lösbare Bodenarten
Gemische aus von Sand, Kies, Schluff und Ton mit mehr als 15% der Korngröße kleiner 0,06 mm. Bindige Bodenarten von leichter bis mittlerer Plastizität, die je nach Wassergehalt weich bis halbfest sind und die höchstens 30% Steine von über 63 mm Korngröße bis zu 0,01 m^3 Rauminhalt enthalten.
Klasse 5: Schwer lösbare Bodenarten
Bodenarten nach den Klassen 3 und 4, jedoch mit mehr als 30% Steinen von über 63 mm Korngröße bis zu 0,01 m^3 Rauminhalt. Nichtbindige und bindige Bodenarten mit höchstens 30% Steinen von über 0,01 m^3 bis 0,1 m^3 Rauminhalt. Ausgeprägt plastische Tone, die je nach Wassergehalt weich bis halbfest sind.
Klasse 6: Leicht lösbarer Fels und vergleichbare Bodenarten
Felsarten, die einen inneren, mineralisch gebundenen Zusammenhalt haben, jedoch stark klüftig, brüchig, bröckelig, schiefrig, weich oder verwittert sind, sowie vergleichbare feste oder verfestigte bindige oder nichtbindige Bodenarten (z. B. durch Austrocknung, Gefrieren, chemische Bindungen). Nichtbindige und bindige Bodenarten mit mehr als 30% Steinen von über 0,01 m^3 bis 0,1 m^3 Rauminhalt.
Klasse 7: Schwer lösbarer Fels
Felsarten, die einen inneren, mineralisch gebundenen Zusammenhalt und hohe Gefügefestigkeit haben und die nur wenig klüftig und verwittert sind. Festgelagerter, unverwitterter Tonschiefer, Nagelfluhschichten, Schlackenhalden der Hüttenwerke und dergleichen. Steine über 0,1 m^3 Rauminhalt.

6.1.4 Zulässige Bodenpressung

Die zulässige Belastung des Baugrundes ist abhängig von

- den Bodenarten unter der Gründungssohle
- der Lagerungsdichte bei nichtbindigen Böden (Bild 169.1)
- der Zustandsform bei bindigen Böden (Bild 169.2)
- der Gründungstiefe.

Die zulässige Bodenpressung wächst mit der Einbindetiefe *t* (Bild 169.3).

Für mittig belastete Fundamente wird die vorhandene Bodenpressung nach Bild 169.3 berechnet.
Forderung:
vorh. Bodenpressung ≦ zul. Bodenpressung
Tabelle 170.1 nennt Werte für die zulässige Bodenpressung.
Wenn die Werte nach Tabelle 170.1 nicht überschritten werden,
wird ein Grundbruch *nicht* eintreten,
werden die Setzungen höchstens 1 cm bis 2 cm betragen.

6.1.5 Frostfreie Gründungstiefe

Die Fundamentsohle muß den tragfähigen Baugrund erreichen und in frostfreier Tiefe liegen.

Im Regelfall wird der Frost nicht tiefer als 0,8 m in den Baugrund eindringen.
Frostfreie Tiefe ≧ 0,8 m unter Oberfläche Gelände
Wenn der Boden *unter* der Gründungssohle gefriert, kann es zu Frosthebungen kommen. Es bilden im Boden Eisschichten, die das Fundament mit großer Kraft anheben. Diese Erscheinung tritt vor allem bei bindigen Böden, z. B. bei Schluff, auf.
Untergeordnete Bauwerke, wie Garagen, Schuppen u. ä., können in geringerer Tiefe gegründet werden. Es muß dann aber darauf geachtet werden, daß das Wasser das Fundament nicht unterspülen kann.

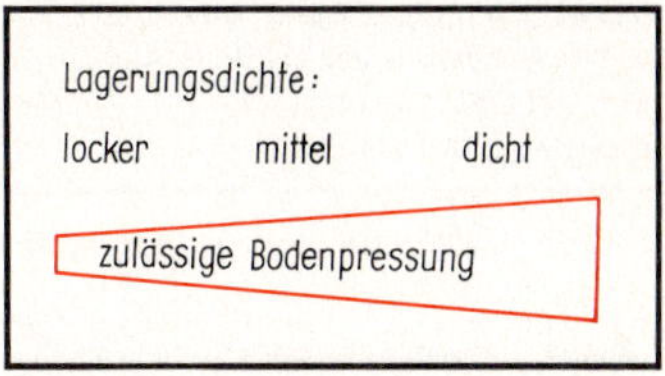

Bild 169.1 Nichtbindige Böden: Abhängigkeit der zulässigen Bodenpressung von der Lagerungsdichte

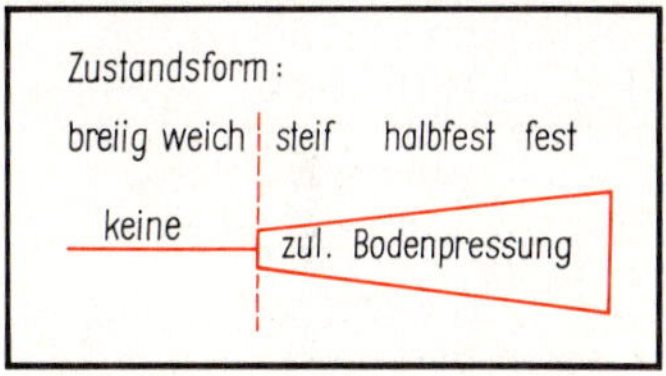

Bild 169.2 Bindige Böden: Abhängigkeit der zulässigen Bodenpressung von der Zustandsform

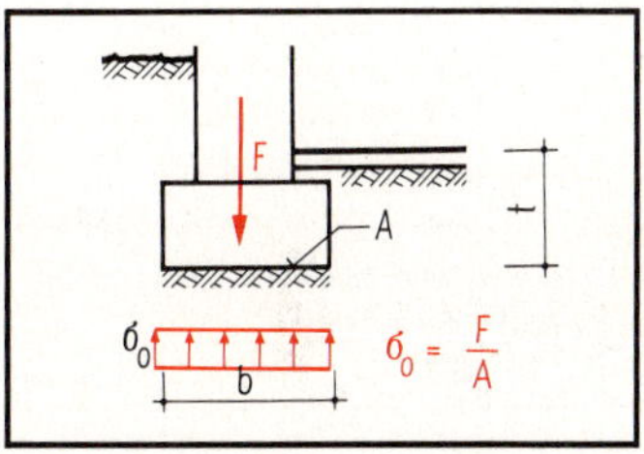

Bild 169.3 Mittig belastetes Fundament: Bodenpressung σ_0 und Einbindetiefe *t*

6.1.6 Wasser im Baugrund

Das im Baugrund vorhandene Wasser beeinflußt

- bei bindigen Böden die Konsistenz und Tragfähigkeit
- erforderliche Maßnahmen zur Bauwerksabdichtung
- die Form der Baugrube.

Tabelle 170.1 Zulässige Bodenpressung unter Streifenfundamenten in kN/m² (Auswahl) nach DIN 1054 (11.1976)
Ansatz nach Bild 169.3

	Nichtbindiger Boden, Lagerung mitteldicht:		
Kleinste Einbindetiefe *t* in m	Fundamentbreite *b* 0,5 m	1,0 m	1,5 m
0,5	200	300	400
1,0	270	370	470
1,5	340	440	540
	Schluff, steif bis halbfest:		
	Fundamentbreite *b* 0,5 m	1,0 m	1,5 m
0,5	130	130	130
1,0	180	180	180
1,5	220	220	220
	Gemischtkörniger Boden aus Sand + Kies + Ton, z. B. Geschiebelehm, Geschiebemergel:		
	Fundamentbreite 0,5 m bis 2,0 m Konsistenz steif	halbfest	fest
0,5	150	220	330
1,0	180	280	380
1,5	220	330	440
	Tonig schluffiger Boden:		
	Fundamentbreite 0,5 m bis 2,0 m Konsistenz steif	halbfest	fest
0,5	120	170	280
1,0	140	210	320
1,5	160	250	360

Wasser kommt im Baugrund in verschiedenen Formen vor (Bild 170.1).
Die Niederschläge fließen auf der Oberfläche ab (Oberflächenwasser). Ein Teil versickert im Boden (Sickerwasser). In der Tiefe staut sich das Sickerwasser über wasserundurchlässigen Schichten, die z.B. aus stark tonhaltigen Böden bestehen.
Das angestaute Wasser füllt alle Hohlräume des darüber liegenden grobkörnigen Bodens und bildet das Grundwasser. Das Grundwasser fließt langsam in tiefere Lagen. Es entwickelt einen Wasserdruck.
Aus dem Grundwasser steigt das Kapillarwasser nach oben. Je feinkörniger ein Boden ist, desto mehr Kapillaren enthält er und desto größer ist die kapillare Steighöhe.

Boden	Kapillare Steighöhe
Kies	etwa 5 cm
Feinsand	etwa 1,5 m
Lehm	mehrere Meter

In Kies steigt das Wasser nur wenige Zentimeter hoch. Kiesschichten werden daher als Sperre gegen aufsteigende Feuchtigkeit, z. B. unter Kellerfußböden, eingebaut.

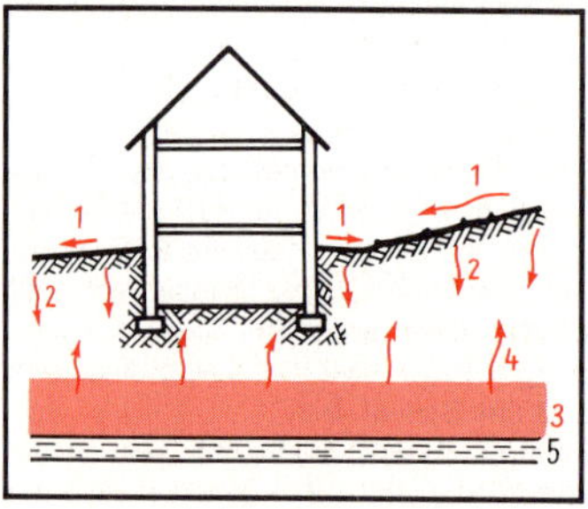

Bild 170.1 Wasser im Baugrund
1 Oberflächenwasser; *2* Sickerwasser; *3* Grundwasser; *4* Kapillarwasser; *5* stark tonhaltige, wasserundurchlässige Bodenschicht

6.2 Baugruben

Norm:
DIN 4124 (8. 1981)

Aufgaben. Mit Hilfe von Baugruben wird der tragfähige Baugrund freigelegt und es wird der erforderliche Arbeitsraum zur Herstellung des geplanten Bauwerks geschaffen.

Böschungen. Die Baugruben sind so anzulegen, daß

die Böschungen oder Baugrubenwände standsicher sind,

neben dem zukünftigen Bauwerk ein ausreichender Arbeitsraum verbleibt,

die Baugruben gefahrlos betreten und bei einem Unfall schnell geräumt werden können.

> Senkrechte Abschachtungen stellen eine große Gefahr dar. Sie können ins Rutschen kommen und Menschenleben gefährden.

Zur Vermeidung von Unfällen sind folgende Forderungen einzuhalten:

- Bis zu einer Tiefe von 1,25 m ist es zulässig, Baugruben in standsicheren Böden senkrecht abzuschachten (Bild 172.1; 1).
- Bei steifen bindigen Böden kann eine senkrechte Abschachtung bis zu einer Tiefe von 1,75 m verwendet werden, wenn die oberen 0,5 m unter 45° abgeböscht sind (Bild 172.1; 2).
- Böschungen dürfen bis zu einer Höhe von 5 m mit folgenden **Böschungswinkeln** hergestellt werden (Bild 172.1; 3 bis 5):

Nichtbindige Böden, wie Sand oder Kies, oder bindige Böden mit weicher Konsistenz:
Böschungswinkel ≦ **45°**
Bindige Böden mit steifer oder halbfester Konsistenz:
Böschungswinkel ≦ **60°**
Fels:
Böschungswinkel ≦ **80°**

Die vorstehenden Böschungswinkel setzen voraus, daß neben der Baugrube ein Streifen von mindestens 0,6 m Breite unbelastet bleibt. Auf diesem dürfen weder ausgeschachteter Boden noch Baustoffe gelagert werden.

Steilere Baugrubenböschungen und Böschungen für Baugruben mit einer Tiefe >5 m sind möglich. Ihre Standsicherheit muß vor Ausschachtbeginn vom Ingenieur durch Berechnungen überprüft werden.

Tiefere Baugruben erhalten mitunter *Bermen* (Bild 172.1; 6), um herab rollendes Material aufzufangen und um Arbeitsraum für Brunnen zur Grundwassersenkung zu schaffen.

Böschungen erfordern viel Platz *neben* dem Bauwerk.

Wenn dieser nicht vorhanden ist, werden *senkrechte Baugrubenwände* hergestellt. Der Boden neben der Baugrube drückt mit großen Kräften gegen die senkrechten Baugrubenwände (seitlicher Erddruck, Bild 172.1; 7).

Diese Wände werden

in tieferen Lagen des Baugrundes „eingespannt" (Bild 172.1; 7) oder

durch Absteifungen zur gegenüber liegenden Baugrubenwand gehalten (Bild 172.1; 8) oder

im verfestigten Baugrund neben der Baugrube verankert (Bild 172.1; 9).

> In der Baugrube muß an allen Stellen ein Arbeitsraum von mindestens 0,5 m Breite vorhanden sein (Bild 173.1).

Wasserhaltung. Bauwerke werden nach Möglichkeit im Trockenen errichtet. Ein hoher Grundwasserstand kann dazu führen, daß die Baugrube überflutet wird. In diesen Fällen ist das Grundwasser *vor* Ausschachtbeginn abzusenken.

Zu diesem Zweck werden neben der zukünftigen Baugrube oder auf den Bermen Brunnen gebohrt und das Grundwasser wird abgepumpt. Dabei sinkt der

6

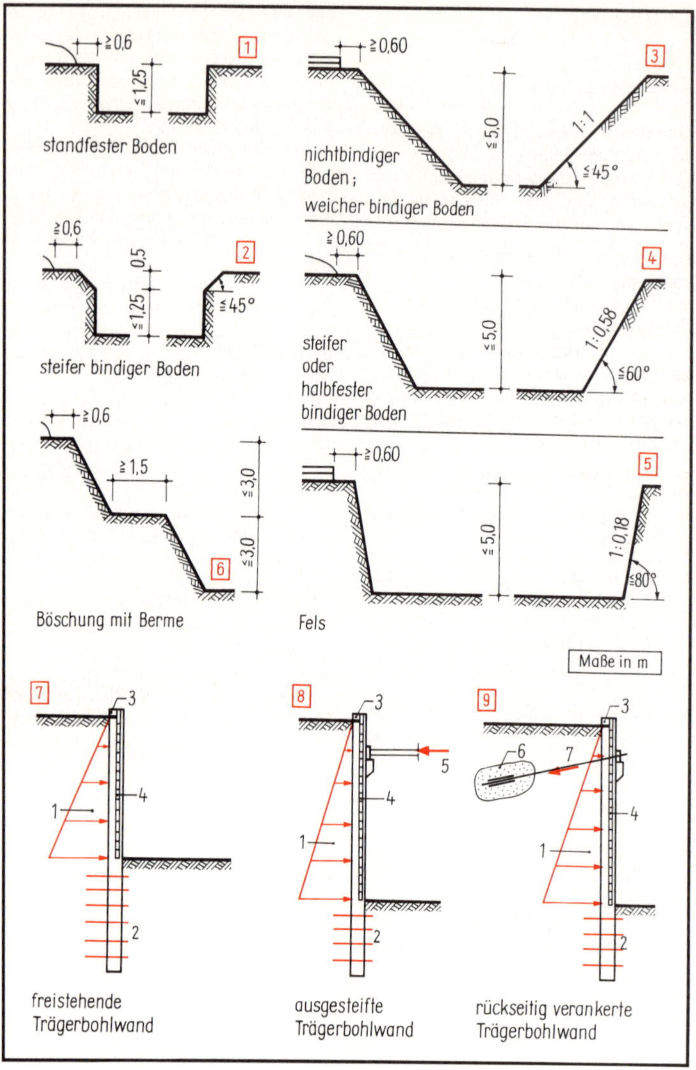

Bild 172.1 Baugrubenböschungen und Baugrubenwände
1 seitlicher Erddruck; *2* Einspannung im Baugrund; *3* I-Stahlprofil; *4* Ausfachung aus Holz; *5* Aussteifung; *6* verfestigter Boden; *7* Anker

6

Grundwasserspiegel im Bereich der Baugrube ab (Bild 173.2).

Schutz des Baumbestandes

Norm:
DIN 18920 (10.1988) E

Auch im Baustellenbereich sind Bäume und Büsche nach Möglichkeit zu erhalten. Durch Einhaltung folgender Regeln wird der Baumbestand geschützt:

- Der Wurzelbereich (Bild 173.3) ist mit einem etwa 1,8 m hohen Zaun zu umgeben, damit er nicht betreten und befahren werden kann.

Ist das nicht möglich, dann ist der Stamm eines jeden Baumes mit einem Schutz aus Bohlen zu versehen. Die Bohlen sind anzubinden, nicht anzunageln, damit der Stamm nicht beschädigt wird.

- Der Wurzelbereich von Bäumen darf nicht durch Mineralöle, Lösungsmittel oder Bindemittel geschädigt werden.
- Im Wurzelbereich sind nach Möglichkeit keine Baustoffe zu lagern. Wenn eine Lagerung von Baustoffen unbedingt erforderlich ist, dann sind die Baustoffe auf Bohlen zu legen.
- Im Wurzelbereich sind Baugruben und Gräben in Handarbeit auszuschachten.

Baugruben dürfen sich dem Stamm höchstens auf 2,5 m nähern.

- Beim Verlegen von Leitungen im Wurzelbereich dürfen keine Wurzeln durchtrennt werden, die dicker als 3 cm sind. Stärkere Wurzeln sind zu unterfahren.
- Bei abgesenktem Grundwasser sind die Bäume zu wässern.

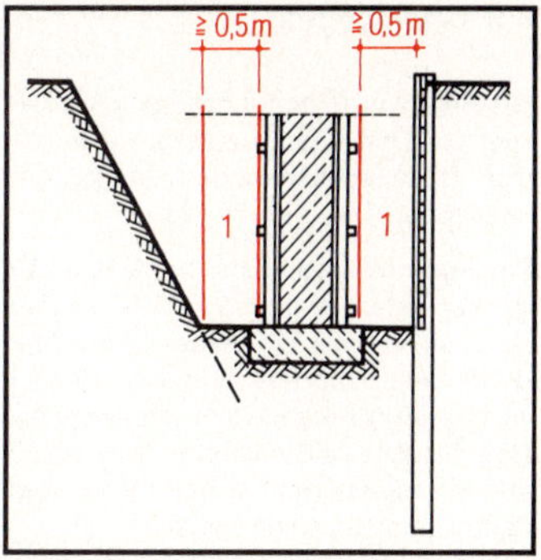

Bild 173.1 Erforderlicher Arbeitsraum *(1)* in Baugruben

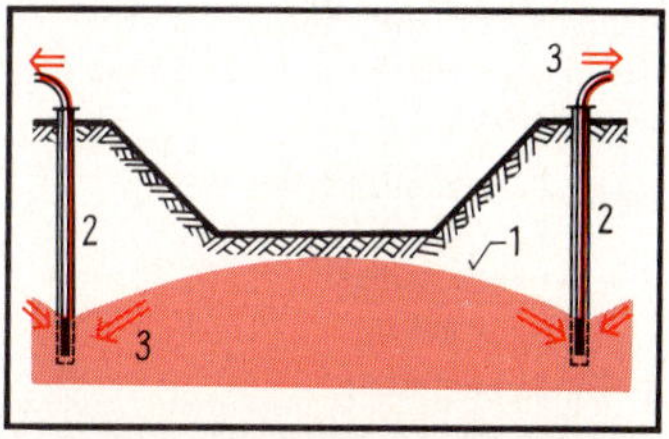

Bild 173.2 Baugrube mit Grundwasserabsenkung
1 Grundwasserspiegel; *2* Brunnen mit Unterwasserpumpe; *3* Fließrichtung des Wassers

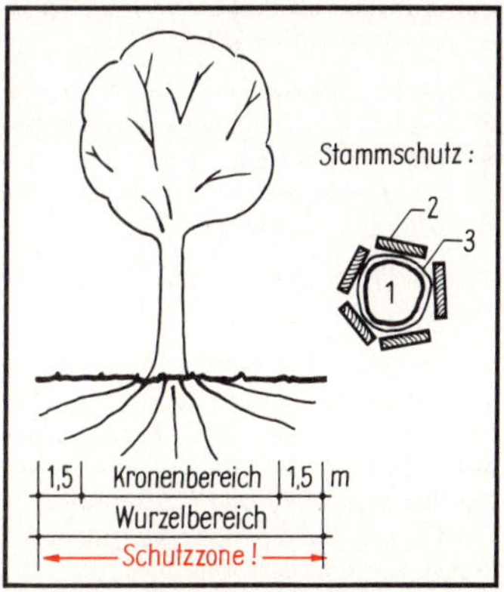

Bild 173.3 Schutzzone und Stammschutz an Bäumen
1 Stamm; *2* textile Schutzschicht; *3* angebundene Bohlen

6

6.3 Gründungen

Mit Hilfe von Gründungskonstruktionen wird die Last des Bauwerks auf tragfähige Bodenschichten des Baugrundes übertragen.

Flachgründungen. Sind tragfähige Bodenschichten in geringer Tiefe vorhanden, dann werden diese Schichten durch eine Baugrube freigelegt. Danach werden Fundamente aus unbewehrtem Beton oder aus Stahlbeton, früher auch aus Mauerwerk unmittelbar auf der tragfähigen Bodenschicht gestellt.

Die Sohlfläche der Fundamente muß so groß gewählt werden, daß die zulässige Bodenpressung (Tabelle 170.1) nicht überschritten wird.
Bei mittiger Belastung eines Streifenfundamentes gilt

$$\text{vorh. } \sigma_0 = \frac{\text{vorh. Auflast}}{b \cdot l} \leqq \text{zul. } \sigma_0$$

$$\text{erf. } b \geqq \frac{\text{vorh. Auflast}}{l \cdot \text{zul. } \sigma_0}$$

b Fundamentbreite

l Länge des Fundamentes

Im Regelfall wird bei Streifenfundamenten ein Abschnitt von $l = 1$ m betrachtet.
In Fundamenten aus unbewehrtem Beton muß der Lastausbreitungswinkel α eingehalten werden (Bild 174.1).

> Wenn unbewehrte Streifenfundamente zu flach ausgeführt werden (vorh. $\alpha <$ zul. α), dann kann das Fundament an der Unterseite reißen (Bild 174.1, unten).

Tabelle 175.1 nennt die zulässigen Werte für den Winkel α.

Auf der Baustelle wird nicht der Winkel α gemessen, sondern es wird von den Längen h und a ausgegangen (Bild 174.1).
Die Tabellen 175.2 und 175.3 geben Größtwerte für die Ausladung a in Abhängigkeit von der Höhe h,

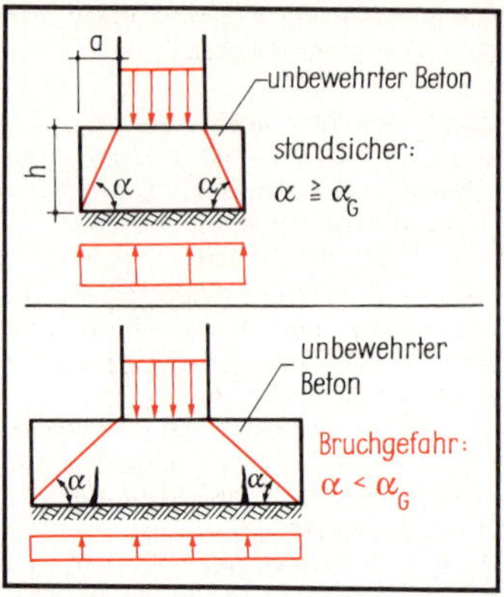

Bild 174.1 Bruchgefahr bei zu flachen Streifenfundamenten
Werte für α_G siehe Tabelle 175.1

Mindestwerte für die Fundamenthöhe h bei gegebener Ausladung a an.

Beispiele:

1. ges.: größte Ausladung $a = ?$
   geg.: Bodenpressung:
   $\sigma_0 \leqq 300$ kN/m²
   Fundamentbeton: B 10
   Fundamenthöhe: $h = 0{,}6$ m

   Lösung: Nach Tabelle 175.3
   $a \leqq 0{,}5 \cdot h$
   $a \leqq 0{,}5 \cdot 0{,}6 \text{ m} = 0{,}3 \text{ m}$

Die größte zulässige Ausladung ist $a = 30$ cm.

2. ges.: erforderliche Fundamenthöhe $h = ?$
   geg.: Bodenpressung:
   $\sigma_0 \leqq 300$ kN/m²
   Fundamentbeton: B 15
   Ausladung: $a = 0{,}25$ m

   Lösung: Nach Tabelle 175.2
   $h \geqq 1{,}6 \cdot a$
   $h \geqq 1{,}6 \cdot 0{,}25 \text{ m} = 0{,}4 \text{ m}$

Die Fundamenthöhe muß mindestens $h = 40$ cm betragen.

Tabelle 175.1 Lastausbreitungswinkel α_G bei Fundamenten aus unbewehrtem Beton nach DIN 1045 (7.1988)

Beton	Vorhandene Bodenpressung in kN/m² ≦ 100	≦ 200	≦ 300	≦ 400
B 5	58°	63°	63°	nicht zul.
B 10	48°	58°	63°	63°
B 15	45°	52°	58°	61°
B 25	45°	45°	50°	54°
B 35	45°	45°	45°	50°

Tabelle 175.2 Mindesthöhe *h* von Fundamenten aus unbewehrtem Beton
Vorgabe: Ausladung *a*, siehe Bild 174.1

Beton	Vorhandene Bodenpressung in kN/m² ≦ 100	≦ 200	≦ 300	≦ 400
B 5	$\geqq 1{,}6 \cdot a$	$\geqq 2{,}0 \cdot a$	$\geqq 2{,}0 \cdot a$	nicht zul.
B 10	$\geqq 1{,}1 \cdot a$	$\geqq 1{,}6 \cdot a$	$\geqq 2{,}0 \cdot a$	$\geqq 2{,}0 \cdot a$
B 15	$\geqq 1{,}0 \cdot a$	$\geqq 1{,}3 \cdot a$	$\geqq 1{,}6 \cdot a$	$\geqq 1{,}8 \cdot a$
B 25	$\geqq 1{,}0 \cdot a$	$\geqq 1{,}0 \cdot a$	$\geqq 1{,}2 \cdot a$	$\geqq 1{,}4 \cdot a$
B 35	$\geqq 1{,}0 \cdot a$	$\geqq 1{,}0 \cdot a$	$\geqq 1{,}0 \cdot a$	$\geqq 1{,}2 \cdot a$

Tabelle 175.3 Größte Ausladung *a* von Fundamenten aus unbewehrtem Beton
Vorgabe: Fundamenthöhe *h*, siehe Bild 174.1

Beton	Vorhandene Bodenpressung in kN/m² ≦ 100	≦ 200	≦ 300	≦ 400
B 5	$\leqq 0{,}63 \cdot h$	$\leqq 0{,}50 \cdot h$	$\leqq 0{,}50 \cdot h$	nicht zul.
B 10	$\leqq 0{,}91 \cdot h$	$\leqq 0{,}63 \cdot h$	$\leqq 0{,}50 \cdot h$	$\leqq 0{,}50 \cdot h$
B 15	$\leqq 1{,}00 \cdot h$	$\leqq 0{,}77 \cdot h$	$\leqq 0{,}63 \cdot h$	$\leqq 0{,}56 \cdot h$
B 25	$\leqq 1{,}00 \cdot h$	$\leqq 1{,}00 \cdot h$	$\leqq 0{,}83 \cdot h$	$\leqq 0{,}71 \cdot h$
B 25	$\leqq 1{,}00 \cdot h$	$\leqq 1{,}00 \cdot h$	$\leqq 1{,}00 \cdot h$	$\leqq 0{,}83 \cdot h$

Streifenfundamente (Bild 176.1) tragen z. B. Kellerwände. Die Fundamente bestehen fast immer aus unbewehrtem Beton. Blockfundamente aus unbewehrtem Beton oder *Einzelfundamente* aus Stahlbeton (Bild 176.1) werden durch Stützen aus Stahlbeton oder Stahl belastet.

Fertigteilstützen stehen häufig auf *Köcherfundamenten*, auch Hülsenfundament genannt (Bild 176.1).
Bauwerke, die mit ihrem Keller in das Grundwasser eintauchen, stehen auf einer durchgehenden Stahlbetonplatte (Bild 176.1). Diese Platte ermöglicht die Abdichtung gegen Grundwasser.

Tiefgründungen

Norm:
Rammpfähle: DIN 4026 (8. 1975)
Bohrpfähle: DIN 4014 (3. 1990)

Oft muß auf Gelände mit ungünstigem Baugrund gebaut werden.
So gibt es z. B. in den Städten zugeschüttete Flußläufe. Sie wurden im Zusammenhang mit der Gestaltung der Stadt in den vergangenen Jahrhunderten zugeschüttet. Der tragfähige Baugrund ist erst in größerer Tiefe vorhanden. Über diesem lagern Schichten aus Faulschlamm und die Anschüttung.
Der tragfähige Baugrund liegt so tief, daß das Ausschachten einer Baugrube zu unvertretbar hohen Kosten führen würde. In diesen Fällen werden Rammpfähle in den Boden gerammt oder Bohrpfähle im Baugrund hergestellt.

Rammpfähle aus Stahlbeton, Spannbeton, Stahl oder früher Holz werden so tief in den Baugrund vorgetrieben, daß sie mindestens 3 m in den tragfähigen Baugrund eindringen.

Bohrpfähle mit Durchmessern von 0,3 m bis 3,0 m werden direkt im Baugrund betoniert. Zuerst wird eine verrohrte oder bei standfestem Baugrund auch nicht verrohrte Bohrung niedergeführt, so daß sie mindestens 2,5 m in den die tragfähigen Bodenschichten eindringt. Dann wird die Bohrung mit bewehrtem oder unbewehrtem Beton gefüllt.

Die Pfahlköpfe werden durch Stahlbetonbalken oder -platten miteinander verbunden. Auf diesen stehen dann die aufgehenden Wände oder Stützen.

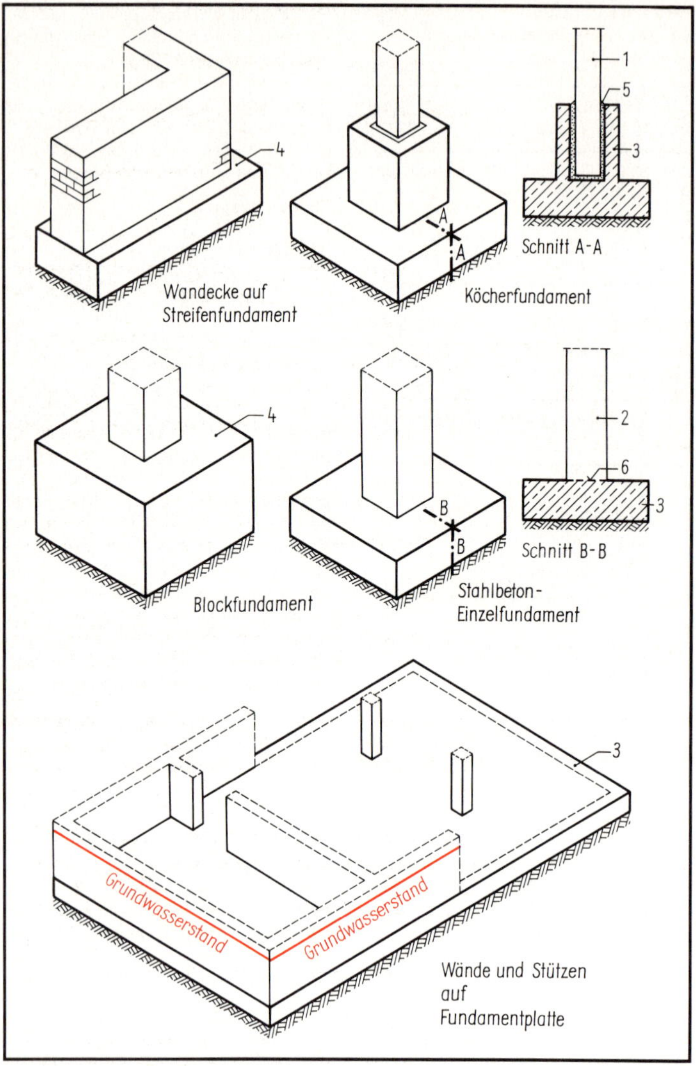

Bild 176.1 Flachgründungen
1 Fertigteilstütze; *2* Ortbetonstütze; *3* Stahlbeton; *4* unbewehrter Beton; *5* Vergußbeton; *6* Arbeitsfuge

6

7 MAUERWERKSBAU

7

7 MAUERWERKSBAU

7.1 Grundlagen

Norm: DIN 1053, Teil 1 (2. 1990)

Anwendung: Durch zweckmäßige Auswahl der Mauersteine und des Mörtels können die Anforderungen an

- die Tragfähigkeit,
- die Wärmedämmung und Wärmespeicherung,
- den Schall- und Feuchtigkeitsschutz,
- die Frost- und Witterungsbeständigkeit,
- die Feuerbeständigkeit

von Mauerwerk und an

- das Aussehen von Sichtmauerwerk

gut erfüllt werden.

Mauersteine, Arten und Abmessungen ↳ Abschnitt 5.1
Mörtel, Arten und Mischungsverhältnisse ↳ Abschnitt 5.4.1

Normung. Die wichtigsten Regeln zur Herstellung von Mauerwerk enthält DIN 1053.
DIN 1053 unterscheidet zwischen „Rezeptmauerwerk" und „Nachweismauerwerk".

Rezeptmauerwerk in ein Mauerwerk, dessen Tragfähigkeit an Hand der Steinfestigkeitsklasse, der Mörtelgruppe und der Dicke der Lagerfugen nach Erfahrungswerten festgelegt wird.

Beim *Nachweismauerwerk* wird die Tragfähigkeit an Probe- und Prüfkörpern aus Mauerwerk im Versuch ermittelt.
Für beide Arten von Mauerwerk gelten die gleichen Regeln für die Bauausführung.

Standsicherheit. Hohe Bauteile aus Mauerwerk, z. B. hohe Wände, sind einzeln stehend nicht standsicher. Es besteht die Gefahr, daß sie bei Windbelastung (Bild 179.1) umkippen oder infolge senkrecht wirkender Lasten ausknicken (Bild 180.1; [1]).

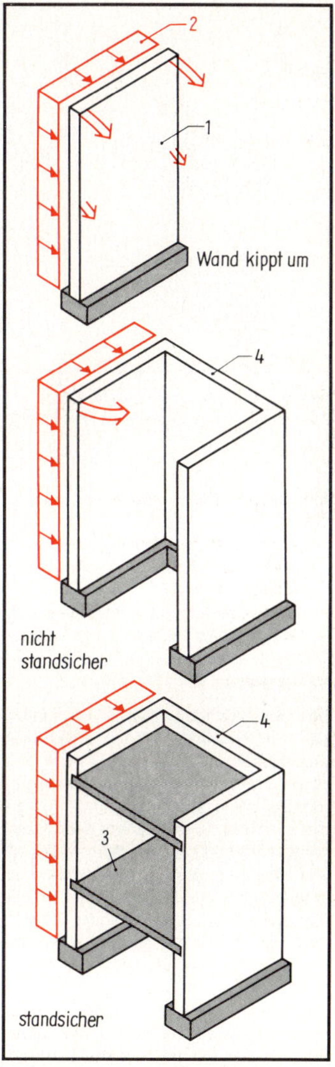

Bild 179.1 Wände bei Windeinwirkung
1 Wand aus Mauerwerk; *2* Winddruck; *3* aussteifende Massivdecke; *4* aussteifende Wand

7

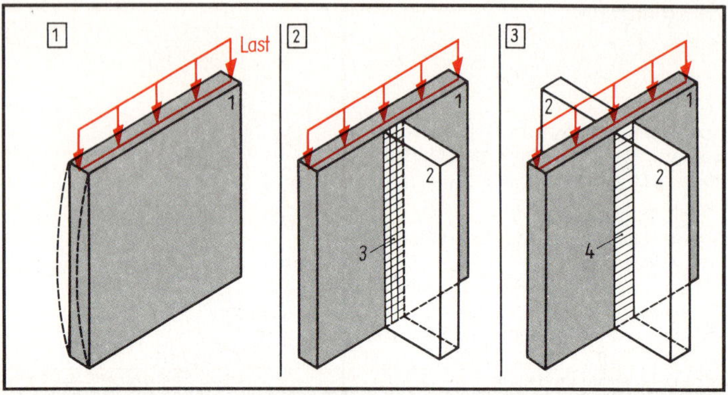

Bild 180.1 Aussteifung tragender Wände
1 tragende Wand; *2* aussteifende Wand; *3* zug- und druckfester Anschluß; *4* druckfester Anschluß

Ein *standsicheres Bauwerk* entsteht erst, wenn

- annähernd rechtwinklig zueinander stehende Wände sich gegenseitig aussteifen *und*
- Massivdecken oder Holzbalkendekken mit Anker eine feste Verbindung zwischen Wand und Decke herstellen.

Die aussteifenden Wände verhindern, daß die tragenden Wände ausknicken oder kippen.
Wenn an einer tragenden Wand auf beiden Seiten aussteifende Wände vorhanden sind und diese einander gegenüberstehen (Bild 180.1; [3]), dann wirken im Wandanschluß *nur Druckkräfte*. Sind die Wandachsen der aussteifenden Wände nur geringfügig gegeneinander versetzt (Bild 180.2), dann gilt die tragende Wand auch noch als zweiseitig ausgesteift.
Aussteifende Wände, die jedoch nur auf einer Wandseite stehen oder deren Wandachsen um mehr als drei Wanddikken gegeneinander versetzt sind, müssen im Wandanschluß *Druck- und Zugkräfte* aufnehmen.

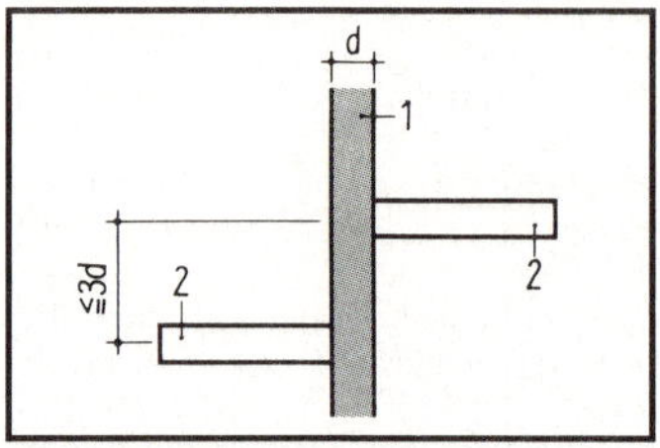

Bild 180.2 Tragende Wände *(1)*, deren aussteifende Wände *(2)* etwas versetzt sind, gelten als zweiseitig ausgesteift.

Die liegende Verzahnung (Bild 181.1; [1]) und die stehende Verzahnung mit Vorlage (Bild 181.1; [2]) müssen gleichzeitig mit der tragenden Wand hochgemauert werden. Dieser Anschluß ist druck- und zugfest.

Verband im Wandanschluß ↪ Abschnitt 7.4.2.4

Die aussteifenden Wände behindern das Mauern der tragenden Wand. Sie ragen in den Arbeitsraum vor der zu mauernden Wand hinein. Deshalb wird in vielen

7

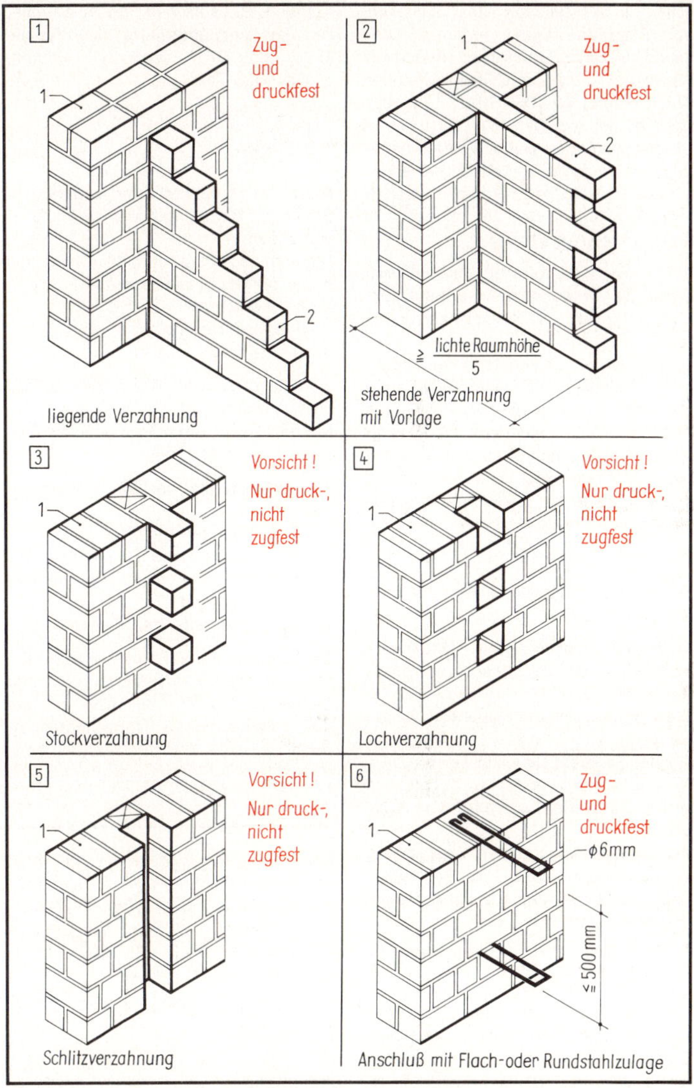

Bild 181.1 Wandanschluß: Auszusteifende Wand – aussteifende Wand
1 tragende Wand; *2* aussteifende Wand

Fällen die aussteifende Wand erst *nach* der tragenden Wand errichtet: Stehende Verzahnung mit einer wirksamen Wandlänge < 0,2 · lichte Raumhöhe oder Stockverzahnung (Bild 181.1; [3]) oder Lochverzahnung (Bild 181.1; [4]).
Die aussteifenden Wände werden nachträglich an diese Verzahnungen angeschlossen. Auch bei vollfugigem Mauern entstehen nur druckfeste, keine druck- und zugfesten Anschlüsse.

Ein druck- und zugfester Anschluß wird durch die Verwendung von Rundstahlbügeln oder Flachstahlankern erreicht.
Diese werden im Abstand von höchstens 500 mm eingemauert und ragen aus der tragenden Wand heraus (Bild 181.1; [6]). Später wird die aussteifende Wand errichtet, und die Rundstahlbügel oder Flachstahlanker werden in die Lagerfugen dieser Wand eingelegt.

Achtung!: Stahl rostet im Mörtel.

Es muß nichtrostender Stahl verwendet werden.

Zulässige Spannungen. Mauerwerk kann vor allem Druckbeanspruchungen widerstehen.
Die Tragfähigkeit von Mauerwerk ist abhängig von
- der Steinfestigkeitsklasse,
- der Mörtelgruppe,
- der Dicke der Lagerfuge

und von
- der materialgerechten Verarbeitung der Mauersteine auf der Baustelle.

Damit das Mauerwerk seine volle Tragfähigkeit erreicht, muß es
- vollfugig und
- im Regelverband

gemauert werden.
Die Tragfähigkeit von Wänden und Pfeilern aus Mauerwerk wird in statischen Berechnungen überprüft. Dabei werden die in den Tabellen 67.1 und 67.2 genannten Grundwerte der zulässigen Spannungen verwendet.

Achtung: Bei schlanken Bauteilen müssen die Spannungswerte nach Tabelle 67.1 und 67.2 verringert werden, ↪ DIN 1053, Teil 1.

7.2 Fugen

Arten. Im Mauerwerk sind Lagerfugen, Stoßfugen und Längsfugen (Bild 182.1) vorhanden.
Die Eigenschaften und die Dicke des Fugenmörtels beeinflussen die
- Festigkeit und
- Wärmedämmung

des Mauerwerks.

Normalmörtel leitet die Wärme schnell ab (Wärmebrücke).
Mörtel, Arten und Mischungsverhältnisse ↪ Abschnitt 5.4.1.2

Zur Verbesserung der Wärmedämmung dienen:
- Fugen aus Leichtmörtel,
- dünne Lagerfugen (Dünnbettfugen),
- Stoßfugen mit nur teilweiser Vermörtelung und
- Stoßfugen ohne Vermörtelung.

Leichtmörtel ist ein Werk-Trocken-Mörtel oder Werk-Frisch-Mörtel mit einer Dichte $\leqq 1{,}5\ g/cm^3$, der eine bessere Wärmedämmung als Normalmörtel erreicht.

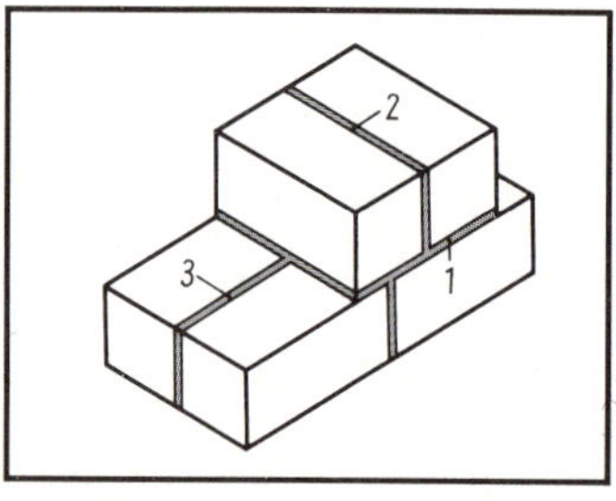

Bild 182.1 Fugen
1 Lagerfugen; *2* Stoßfugen; *3* Längsfugen

7

Dünnbettmörtel ist ein Werk-Trocken-Mörtel mit einem Größtkorn ≦ 1 mm.

Fugendicke. Fugen ermöglichen es, Maß- und Formabweichungen der einzelnen Mauersteine auszugleichen.

Lagerfugen:

Der Mörtel in der Lagerfuge gibt dem einzelnen Stein ein sicheres Auflager.
Fugendicke:
12 mm (Normalmörtel, Leichtmörtel)
1 bis 3 mm (Dünnbettmörtel)

Dünnbettfugen können nur angewendet werden, wenn die Maßabweichungen der einzelnen Mauersteine ≦ 1 mm sind, sog. Plansteine.

Längsfugen:

Fugendicke:
10 mm (Normalmörtel, Leichtmörtel)
Bei Verwendung großformatiger Steine sind im Mauerwerk keine Längsfugen mehr vorhanden.

Stoßfugen:

Bei der Ausführung der Stoßfugen können vier Grundformen unterschieden werden:

1. Durchgehend vermörtelte Stoßfuge (Bild 183.1; 1)
   Fugendicke:
   10 mm (Normalmörtel, Leichtmörtel)
   Diese Ausführung ist der Regelfall bei kleinformatigen Steinen.
2. Teilweise vermörtelte Stoßfuge oder Stoßfuge mit Luftkammer (Bild 183.1; 2)
   Fugendicke:
   10 mm (Normalmörtel, Leichtmörtel)
   Herstellung: Der Mörtel wird nur auf die Stoßflanken aufgetragen. Dann wird der großformatige Stein auf dem Mörtelbett der Lagerfuge gegen den bereits verlegten Stein geschoben. Die Stirnseitennuten bleiben ungefüllt (Luftkammer).
3. Knirschvermauerung mit Mörteltasche (Bild 183.1; 3)

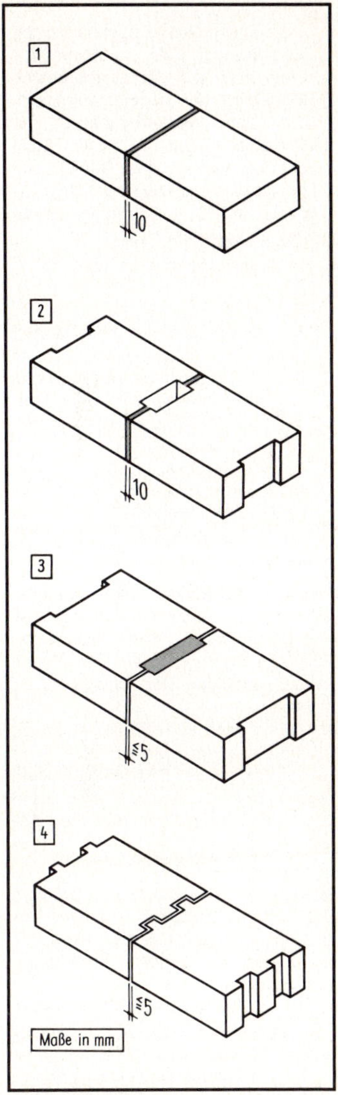

Bild 183.1 Stoßfugen

7

Fugendicke:
≦ 5 mm (trocken, d. h. ohne Mörtel)
Herstellung: Der großformatige Stein wird auf dem vorbereiteten Mörtelbett der Lagerfuge knirsch, d. h. ohne Mörtelzugabe an der Stirnseite gegen den letzten Stein der Wand geschoben. Die Stirnseitennut wird mit Mörtel gefüllt (Mörteltasche). Die Knirschfuge bleibt leer und wird überputzt.

4. Trockene Knirschfuge (Bild 183.1; [4])
Fugendicke:
≦ 5 mm (trocken, d. h. ohne Mörtel)
Herstellung: Mauersteine, die im Bereich der Stoßfuge Verzahnungen aufweisen, können auch ohne Mörtel in der Stoßfuge knirsch aneinander geschoben werden.
Auch in diesem Fall muß das Mauerwerk verputzt werden, damit kein Schlagregen eindringen kann und die Schalldämmung gewährleistet wird.

Fugen in Sichtmauerwerk. Fugen beeinflussen das Aussehen und die Witterungsbeständigkeit von Mauerwerk. Schmutzablagerungen an den Fugen sind zu vermeiden. Der Schlagregen ist abzuleiten.
Die Fugen nach Bild 185.1; [1] und [3] erfüllen diese Forderungen.
Bei den Fugen nach Bild 185.1; [2] kann Regenwasser eindringen und es kann zu Frostabsprengungen kommen. Außerdem wird sich an diesen Fugen Schmutz und Staub ansammeln.

Herstellung: Bei *sofortigem Verfugen* wird vollfugig gemauert und nachdem der Mörtel „angezogen hat", wird die Fugenoberfläche geglättet und dabei verdichtet.
Zu diesem Zweck wird der Mörtel in der Fuge mit einem etwa 20 mm langen Kunststoffschlauch (Durchmesser etwa 1,5 · Fugenbreite) oder mit einem Fugeneisen in die Fuge gedrückt und dabei geglättet.

Beim *nachträglichen Verfugen* wird zuerst das Mauerwerk aufgemauert. Der noch nicht erhärtete Fugenmörtel wird mit einem Hartholzstab (Bild 185.3) oder mit einer Fugenkelle 15 bis 20 mm tief ausgekratzt. Wird hierzu die Dreieckskelle verwendet, entsteht keine genügend tiefe, saubere Auskratzung.
Bevor das Mauerwerk verfugt werden soll, wird es gründlich angenäßt. Die Fuge wird von Staub und losen Teilchen gereinigt. Danach wird der Fugenmörtel erdfeucht bis schwach plastisch in die Fugen gedrückt.
Als Fugenmörtel für Sichtmauerwerk wird Mörtel der Gruppe II oder IIa oder spezieller Werk-Trocken-Mörtel, der auch weiß oder farbig hergestellt wird, verwendet.

Achtung: Das Fugenbild bestimmt das Aussehen des Sichtmauerwerks!
Lagerfugen müssen genau waagerecht verlaufen und gleichmäßig dick sein.
Stoßfugen müssen genau senkrecht übereinander stehen.

7.3 Abmessungen

Schichtdicken. Mauersteine werden in den Steinhöhen

5,2 cm (DF)
7,1 cm (NF)
11,3 cm (z. B. 2 DF)
23,8 cm (z. B. 8 DF)
hergestellt.

Mit 1,2 cm dicken Lagerfugen ist es möglich, Schichten aus Mauerwerk von 25 cm Höhe zu mauern (Bild 185.2).

Ausnahme:
Steine im Format 1 DF
Dicke der Lagerfuge: 1 cm

Bei Verwendung von Dünnbettmörtel sind die Lagerfugen nur 1 bis 3 mm dick. Für dieses Mauerwerk müssen Plan-

7

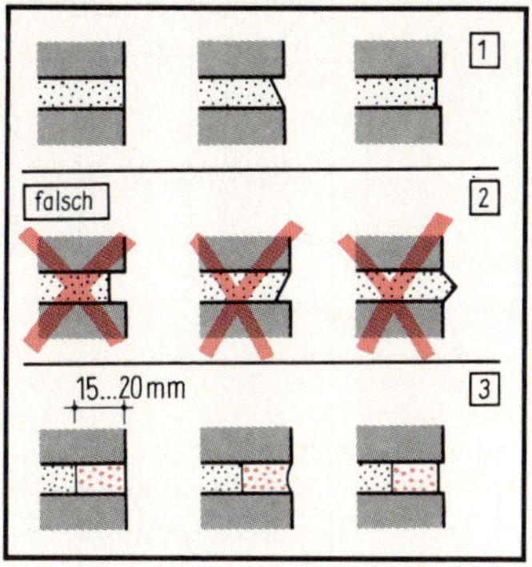

Bild 185.1 Fugen bei Sichtmauerwerk
[1]; [2] bei sofortigem Verfugen; [3] bei nachträglichem Verfugen

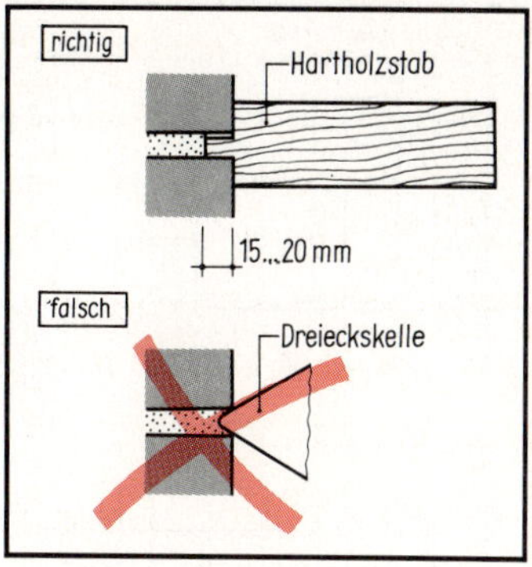

Bild 185.3 Fugen sind 15 bis 20 mm tief auszukratzen.

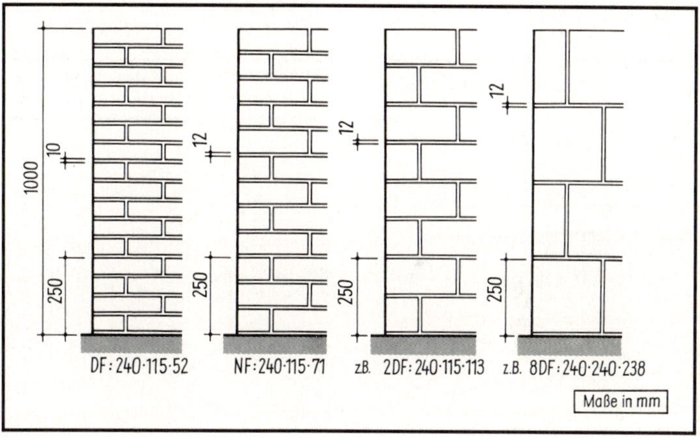

Bild 185.2 Schichthöhen

steine verwendet werden, die sehr maßgenau sind.

Die Kalksand-Plansteine oder Porenbeton (Gasbeton-)-Plansteine haben eine Höhe von 12,4 cm bzw. von 24,9 cm.

Es gibt auch großformatige Plansteine mit Höhen von 49,8 cm bzw. 62,3 cm.

Abweichung im Altbau:

3 Ziegelschichten im Reichsformat 25 cm · 12 cm · 6,5 cm sind nicht 25 cm, sondern nur 23,1 cm hoch.

1 m Mauerwerk ≙ 13 Schichten!

Ziegel im Reichsformat ↪ Abschnitt 5.1.2.6

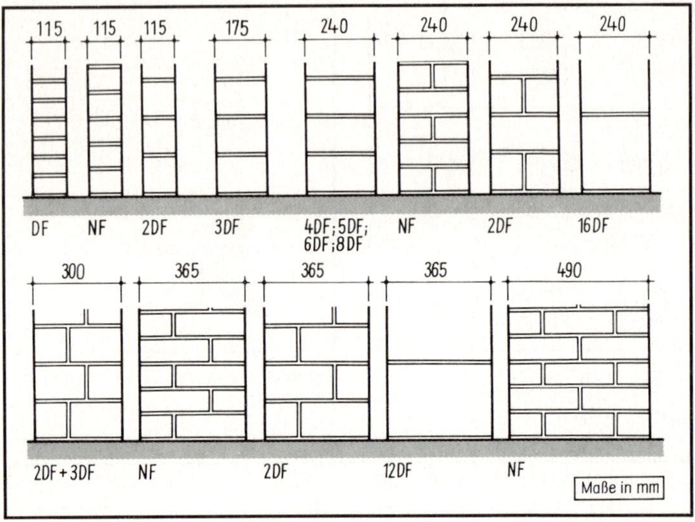

Bild 186.1 Wanddicken (Beispiele); Trennwände

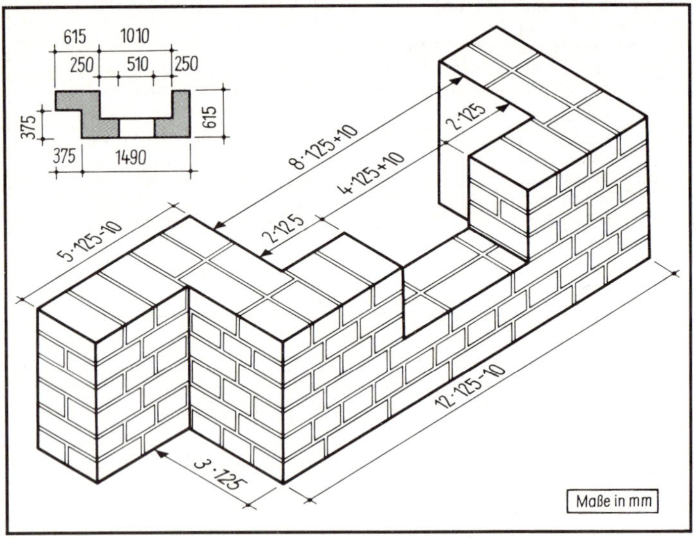

Bild 186.2 Maße an Wänden (Beispiele)

7

Wanddicken. Tragende Wände müssen mindestens 11,5 cm dick sein. Für tragende Wände werden die Wanddicken 11,5 cm; 17,5 cm; 24 cm; 30 cm und seltener auch 49 cm verwendet (Bild 186.1).

Abweichung im Altbau:

Durch die *frühere* Verwendung des Reichsformates entstanden folgende Wanddicken: 12 cm; 25 cm; 38 cm und 51 cm.

Außenmaße, Öffnungsmaße, Vorsprungsmaße. Die Abmessungen von Wänden sollten nach Möglichkeit und Berücksichtigung des Grundmaßes 12,5 cm festgelegt werden.

Maßordnung ↪ Abschnitt 2.1

Bei Mauerwerk mit Stoßfugen von 1 cm Dicke entstehen die in Tabelle 187.1 genannten Maße. Bei Außenmaßen ist eine Fuge abzuziehen. Bei Öffnungsmaßen ist eine Fugenbreite zuzufügen.
Mauersteine, die mit Stoßfugen $\leqq$ 5 mm vermauert werden (Bild 183.1; [3] und [4]), sind 24,7 cm; 37,2 cm; 49,7 cm lang, so daß auch bei diesen Steinen die Forderung

Steinlänge + Fugenbreite = $x \cdot 12{,}5$ cm

erfüllt wird.

Tabelle 187.1 Mauerwerksmaße
Beispiele ↪ Bild 186.2

	Baurichtmaß	**Nennmaß** (Maß auf der Zeichnung)
Außenmaß	$x \cdot 12{,}5$ cm	$x \cdot 12{,}5$ cm − 1 cm
Vorsprungsmaß	$x \cdot 12{,}5$ cm	$x \cdot 12{,}5$ cm
Öffnungsmaß	$x \cdot 12{,}5$ cm	$x \cdot 12{,}5$ cm + 1 cm

x = ganze Zahl, z. B.: x = 1; 2; 3 usw.

7.4 Verbände

7.4.1 Arten und Regeln

Die zweckmäßige Anordnung der Steine im Mauerwerk wird Verband genannt. Der Verband beeinflußt
- die Tragfähigkeit und
- das Aussehen

des Mauerwerks.

Verbandsregeln für Mauerwerk aus künstlichen Steinen

1. Die Stoß- und Längsfugen von übereinander liegenden Schichten müssen um das Überbindemaß *ü* versetzt sein (Bild 187.1 und Tabelle 187.2).

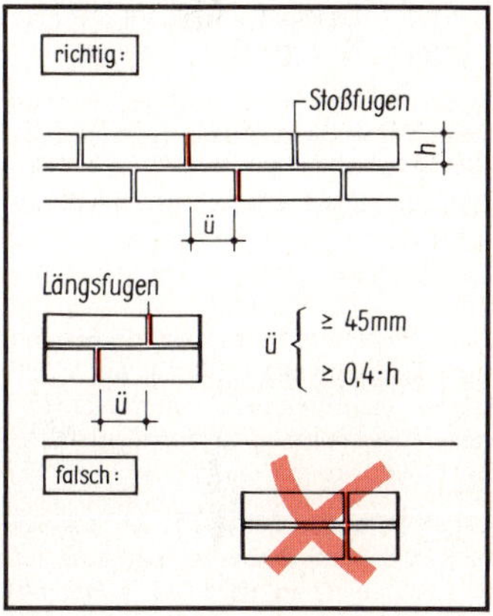

Bild 187.1 Überbindemaß *ü*

Tabelle 187.2 Überbindemaß *ü* von Mauersteinen

Steinhöhe	**Überbindemaß *ü***
5,2 cm	4,5 cm
7,1 cm	4,5 cm
11,3 cm	4,5 cm
23,8 cm	9,5 cm

7

2. Die Mauersteine *einer Schicht* sollen von gleicher Höhe sein. Die Lagerfuge geht durch.
   Begründung: Mauerwerk setzt sich bei Belastung. Mauerwerk mit einer größeren Anzahl von Lagerfugen setzt sich stärker als solches mit weniger Lagerfugen. Dadurch können größere Steine bei voller Belastung des Mauerwerks brechen (Bild 188.1).
3. In Mauerwerk mit Längsfugen sollen keine Steine eingebaut werden, deren Höhe größer als ihre Breite ist (Bild 188.2).
   Begründung: Bei voller Belastung kann die hohe Längsfuge auseinander platzen.
4. Die Steine sind so zu vermauern, daß möglichst wenig Teilstücke (Bild 189.1) gebraucht werden.

Teilstücke von kleinformatigen Steinen werden mit dem Maurerhammer geschlagen.
Großformatige Steine werden mit Steinspaltgeräten (sog. Steinspaltern), mit Trennschleifern oder mit Steinsägen getrennt.
Bei großformatigen Steinen können auch kleinformatige Steine als „Teilstücke" verarbeitet werden. Einige Hersteller liefern bei großformatigen Steinen Teilstücke mit.

Regelverbände. *Läufer* liegen parallel zur Wandachse. Binder werden quer zur Wandachse verlegt (Bild 189.2). Bei *mittigem Läuferverband* (Bild 189.2; [1]) beträgt das Überbindemaß $ü = \frac{1}{2}$ Steinlänge. Beim *schleppenden Läuferverband* $ü = \frac{1}{4}$ Steinlänge.
Der Binderverband (Bild 189.2; [3]) wird vor allem zum Vermauern großformatiger Steine genutzt.
Läufer und Binder zusammen ergeben den Blockverband und den Kreuzverband.
Im *Blockverband* (Bild 189.2; [4]) liegen die Läufer jeder Schicht genau übereinander.

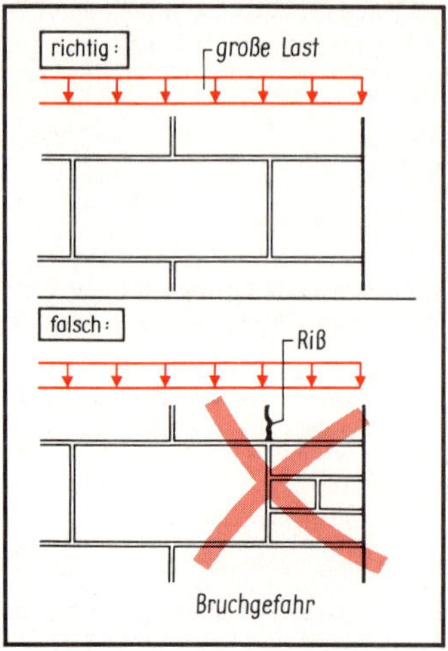

Bild 188.1 Alle Mauersteine in einer Schicht sollen gleiche Höhe haben.

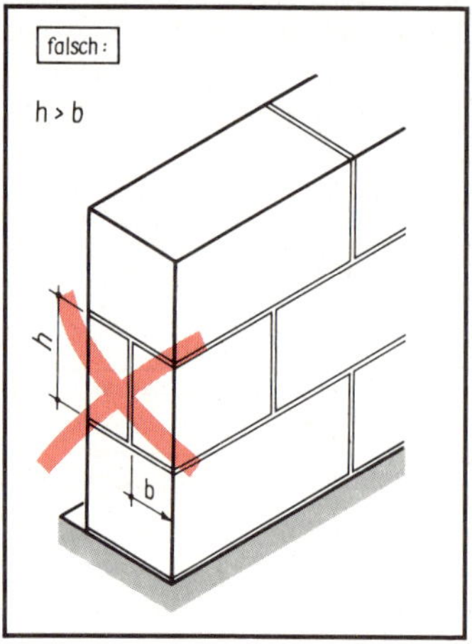

Bild 188.2 Bei *nebeneinander stehenden* Steinen ist es nicht zulässig, die Steine hochkant $h > b$ zu vermauern.

7

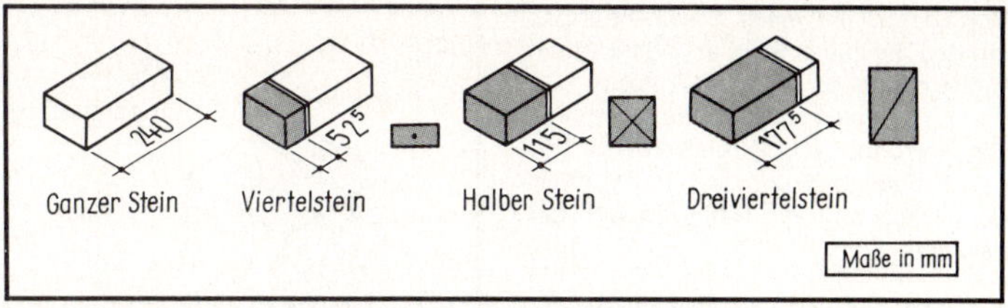

Bild 189.1 Teilstücke von Mauersteinen im Format DF; NF und 2 DF

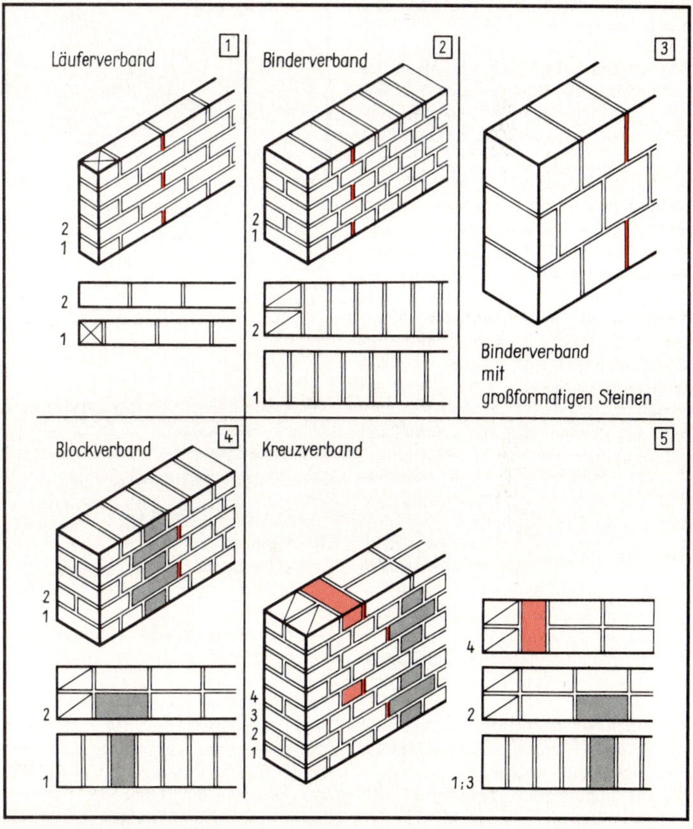

Bild 189.2 Verbände aus Mauersteinen

Zur Herstellung eines *Kreuzverbandes* werden die Läufer in jeder 2. Schicht um ½ Stein versetzt (Bild 189.2; [5]).
Im Läuferverband, Binderverband, Blockverband und Kreuzverband tritt keine Fugendeckung auf. Diese Verbände werden als Regelverband bezeichnet.

Sparverbände. Um die Verbandsregeln einzuhalten, müssen ¾, ½ und ¼ Steine eingebaut werden. Beim Schlagen kleinformatiger Teilstücke entstehen viele nicht weiter verwendbarer Bruchstücke.
Sparverbände lassen eine *teilweise* Fugendeckung zu. Dadurch wird es möglich, das Mauerwerk mit weniger Teilstücken herzustellen (Bild 190.1).

Achtung: Sparverbände entsprechen nicht den Anforderungen nach DIN 1053, Teil 1.
Sie sollten daher nur für gering belastetes Mauerwerk verwendet werden.

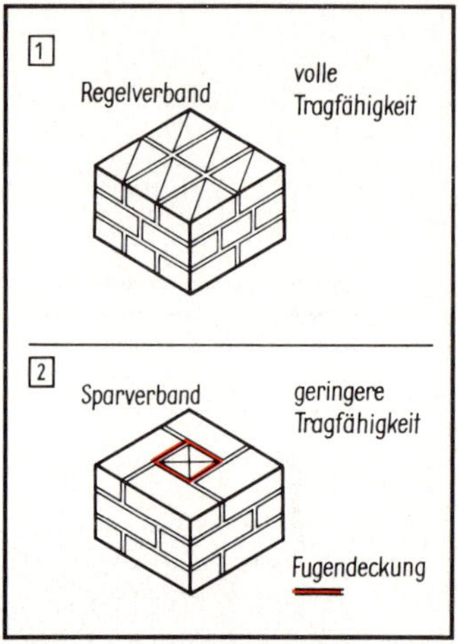

Bild 190.1 Pfeiler (36,5 cm · 36,5 cm) im Regelverband und im Sparverband.
Steinverbrauch je Schicht
Regelverband: sechs ¾ Steine
Sparverband: vier ganze Steine + ein ½ Stein

Verbände für Sichtmauerwerk. Sichtmauerwerk schafft sehr dekorative Oberflächen. Es muß jedoch sorgfältig gemauert werden, da jeder Fehler im Fugenbild und jeder beschädigte Stein sichtbar bleiben. Bei der Herstellung von Sichtmauerwerk ist zu beachten:

1. Die Steine müssen eine gleichmäßige oder eine gleichmäßig gemischte Färbung haben.
   Es ist zweckmäßig, die Steine nicht Lieferung für Lieferung zu vermauern, sondern die Steine in einer Lieferung anzufordern und beim Vermauern zu vermischen.
2. Die Lagerfugen müssen genau waagerecht liegen und gleichmäßig dick sein.
3. Stoßfugen in übereinanderliegenden Schichten müssen genau lotrecht übereinander stehen.
4. Die Fugen sind sorgfältig zu verschließen (↪ Abschnitt 7.2 Fugen).

Für kleinformatige Mauersteine werden neben dem Kreuz- und Blockverband auch historische Verbände verwendet, die ein besonderes Fugenbild ergeben.

Dazu gehören der
- holländische Verband (Bild 192.1);
- gotische oder polnische Verband und
- der märkische oder wendische Verband (Bild 191.1).

Diese Verbände führen zu einer teilweisen Fugendeckung. Die einzelnen Schichten des Mauerwerks des gotischen und des märkischen Verbandes können auch gegeneinander verschoben werden. Es entstehen dann etwas veränderte Fugenbilder (Bild 191.2).

7

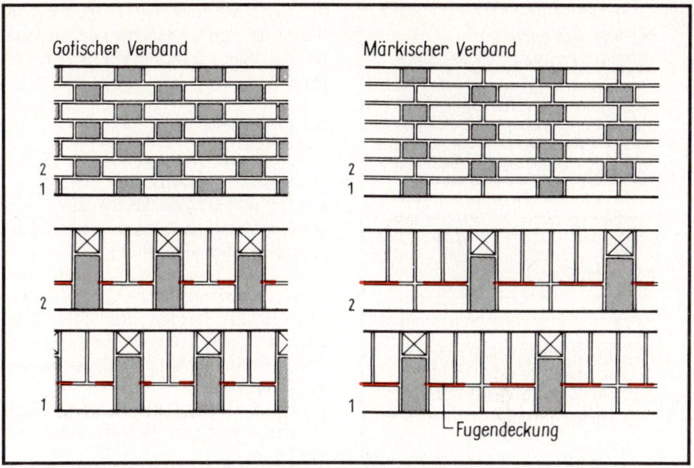

Bild 191.1 Historische Verbände für Sichtmauerwerk

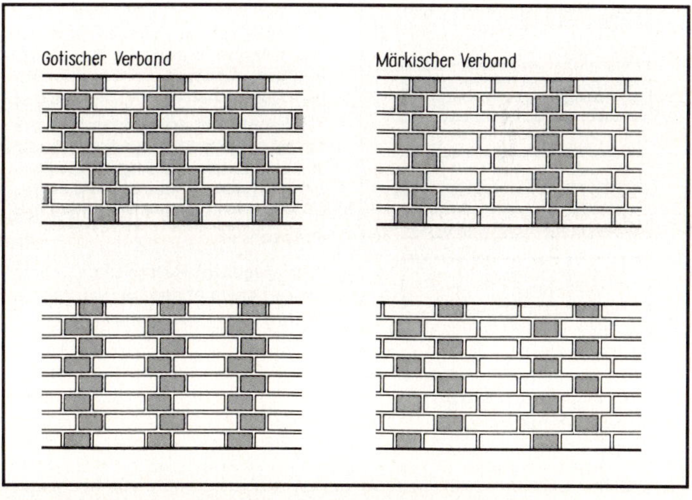

Bild 191.2 Weitere Ausführungen vom gotischen und märkischen Verband

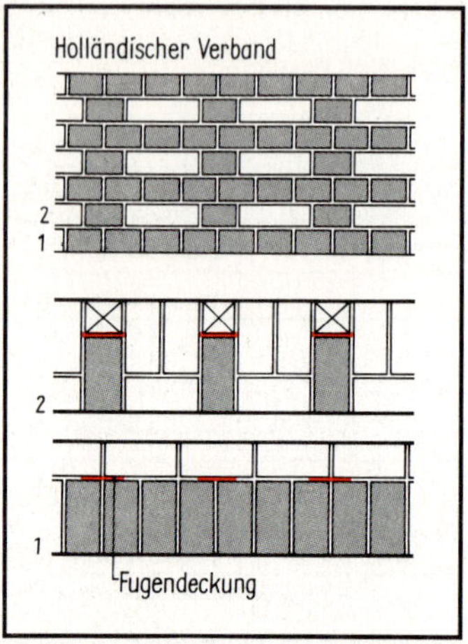

Bild 192.1 Historische Verbände II

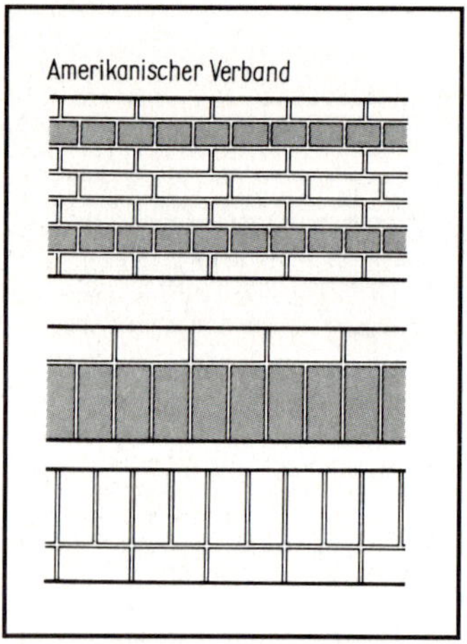

Bild 192.2 Amerikanischer Verband mit Fugendeckung in den Längsfugen

In vielen Konstruktionen werden auf der Sichtseite Verblendsteine und im Inneren der Wand gewöhnliche Steine vermauert.

Bei Anwendung des

- gotischen oder des
- märkischen Verbandes

werden je 1 m² Wandfläche etwa 10% *weniger Verblendsteine* als beim Kreuz- oder Blockverband benötigt.

Beim *amerikanischen* Verband (Bild 192.2a) werden drei oder mehr Läuferschichten übereinander verlegt. Dadurch entsteht eine Fugendeckung in der Längsfuge.
Für den amerikanischen Verband ist die kleinste Anzahl von Verblendsteinen erforderlich.

Bei großformatigen Steinen überdeckt 1 Stein häufig bereits die Wandbreite. Hier kann nur der Binderverband angewendet werden.

Zierverbände. Bei Sichtmauerwerk werden teilweise Zierverbände (Bild 193.1) verwendet, die das Fugenbild verändern und teilweise besondere Schattenwirkungen hervorrufen.
Die kleinformatigen Steine werden hochkant vermauert (Rollschicht, Zahnschicht, Schränkschicht), einzelne Steine werden zurückgesetzt (Zahnschicht) oder die Steine werden schräg zur Wandachse verlegt (Schränkschicht, Stromschicht).

Schrägliegende Rollschichten werden auch als obere Abdeckung von Wänden, die im Freien stehen, eingebaut.

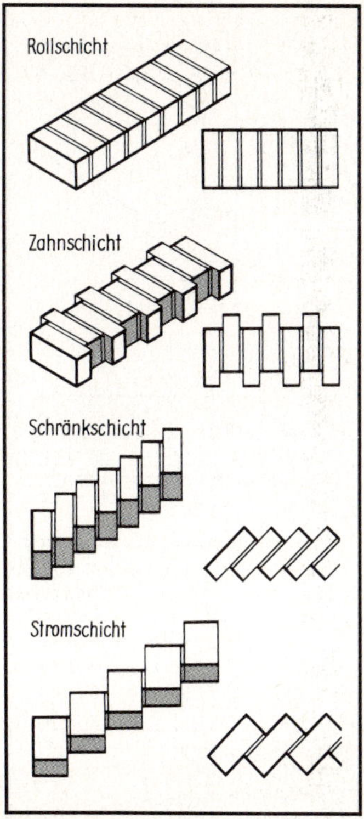

Bild 193.1 Zierverbände

7.4.2 Wände

Der Verband wird vom Steinformat und von der Wanddicke bestimmt.
Kleinformatige Steine: Kreuzverband, Blockverband und bei ½-Stein-dicken Wänden auch Läuferverband.

Großformatige Steine:
Binderverband, Läuferverband

In dickeren Wänden aus kleinformatigen Steinen liegen Binder und Läufer in einer Schicht.

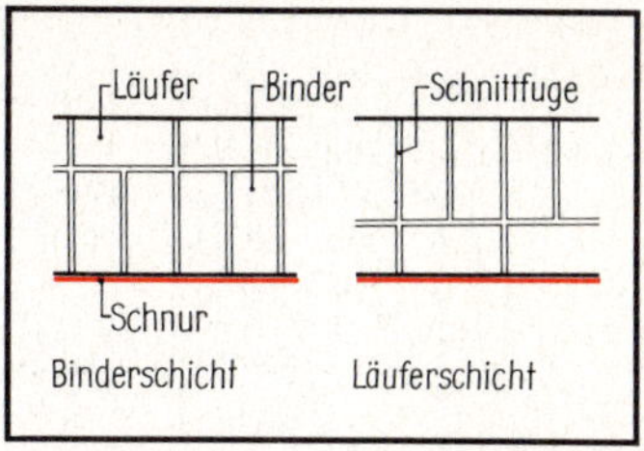

Bild 193.2 Bezeichnungen im Verband von Wänden

Achtung: Das Überbindemaß *ü* ist nicht nur in Längsrichtung der Wand, sondern auch in Querrichtung zu sichern (Querverband). Deshalb sind möglichst viele Steine als Binder zu vermauern.
Bezeichnung der Schichten ↪ Bild 193.2.

7.4.2.1 Verband am Wandende

Regelverbände. Am Wandende müssen immer Teilstücke vermauert werden.
Bei *kleinformatigen Steinen* wird beim Läuferverband in jeder 2. Schicht ein ½-Stein eingesetzt (Bild 194.1; [1]).
Bei 24 cm; 36,5 cm und 49 cm dicken Wänden endet die Läuferschicht mit soviel ¾-Steinen wie die Wand in Köpfen dick ist.

Wanddicke:
24 cm : Bild 189.2; [4]
36,5 cm: Bild 194.1; [7]
49 cm : Bild 194.1; [8]

Mit dieser Ausführung entsteht der Blockverband.
Wird ein Kreuzverband gefordert, dann müssen ergänzende Binder eingelegt werden.

24 cm dicke Wand:
Ein Binder zusätzlich in jeder 4. Läuferschicht (Bild 189.2; [5]).

36,5 cm dicke Wand:
Eine Binderzulage in jeder 3. und 4. Schicht (Bild 195.1).

7

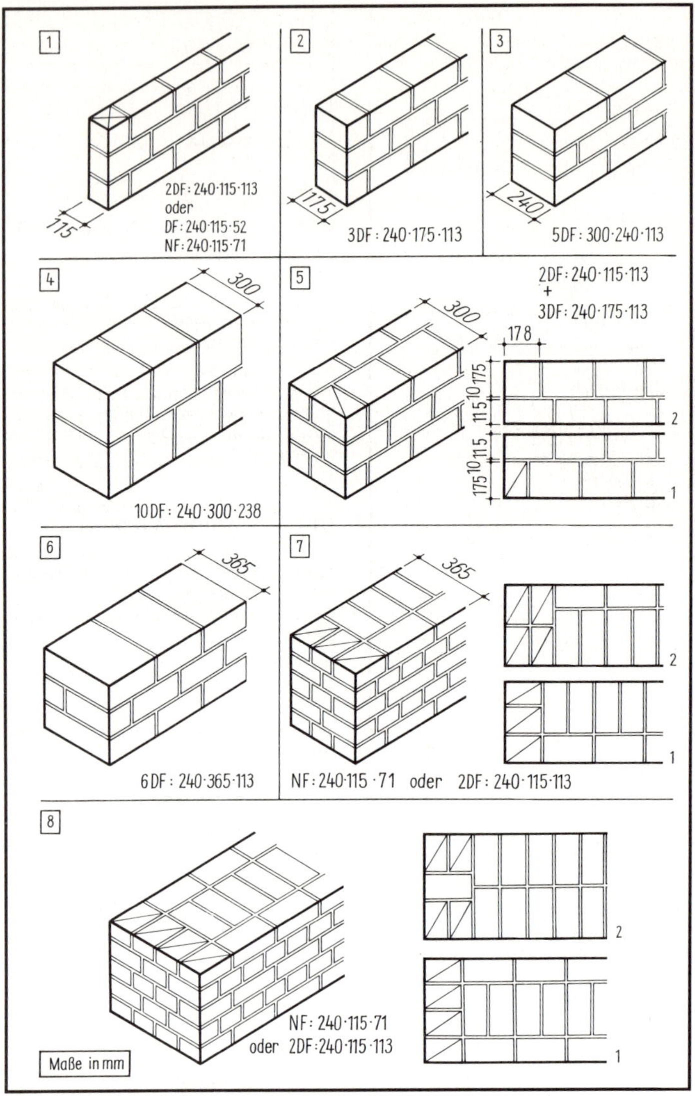

Bild 194.1 Verbände am Wandende

7

Die Ausführung des Wandendes mit ¾-Steinen in der Läuferschicht an beiden gegenüberliegenden Wandenden setzt voraus, daß die Wandlänge durch 12,5 cm teilbar ist.

Beispiel (Bild 195.2; [2]):
111,5 cm + 1 cm (Fugenanteil)
= 112,5 cm
112,5 cm : 12,5 cm = 9

Oder mit anderen Worten:
Die Wand ist 9 Köpfe lang.

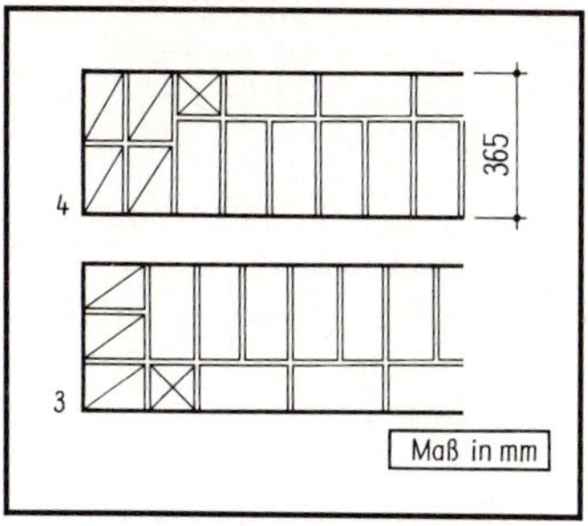

Bild 195.1 Wandende mit Kreuzverband Schicht 1 und 2 Bild 194.1; [7]

Wenn die Wand nun um ¼-Stein kürzer oder länger ist, d. h. die Wandlänge keine ganze Anzahl von Köpfen ergibt, dann muß der *umgeworfene Verband* (Bild 195.2; [1]) angewendet werden.
An einem Wandende werden die ¾-Steine wie bei einer Läuferschicht und am anderen Wandende wie bei einer Binderschicht angeordnet. In der folgenden Schicht wird der Verband „umgeworfen".

Eine Besonderheit stellt die 30 cm dicke Wand dar, die aus 2-DF-Steinen und 3-DF-Steinen errichtet wird (Bild 194.1; [5]). Das Überbindemaß *ü* im Wandinneren ist geringer als bei Wänden, die nur aus NF-Steinen oder nur aus 2-DF-Steinen bestehen (Bild 196.1). Trotzdem wird die Forderung erfüllt:
$ü \geqq 0{,}4 \cdot$ Steinhöhe, aber mindestens 4,5 cm.
Bei dem in Bild 194.1; [5] dargestellten Verband ist keine Schnittfuge vorhanden, d. h. keine Stoßfuge erstreckt sich über die ganze Wandbreite. Das verbessert die Wärmedämmung und verhindert das Eindringen von Schlagregen (Sichtmauerwerk).

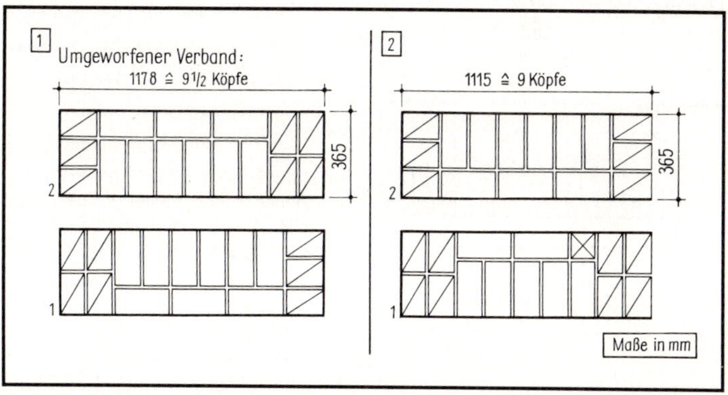

Bild 195.2 Bei kürzeren Wänden, deren Länge nicht durch eine ganze Anzahl von Köpfen gebildet werden kann, wird der *umgeworfene Verband* angewendet.

7

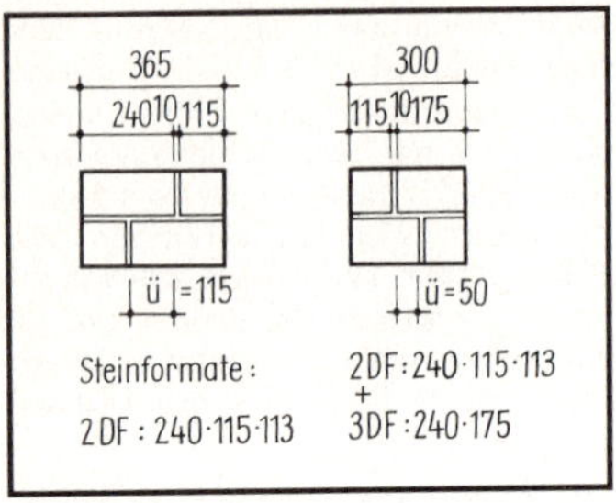

Bild 196.1 Überbindemaß *ü* im Wandinnern

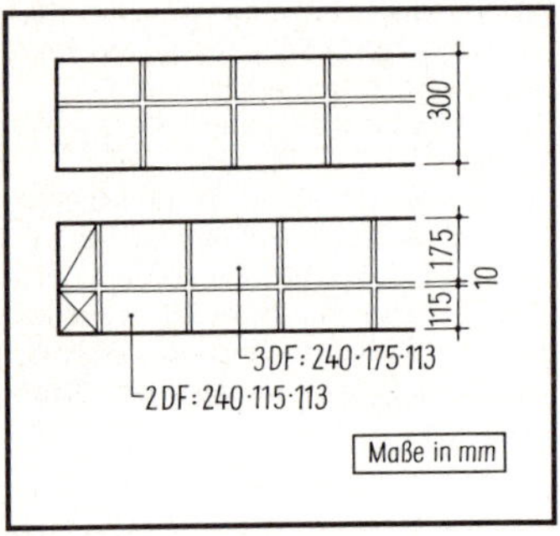

Bild 196.2 Wandende der 30 cm dicken Wand

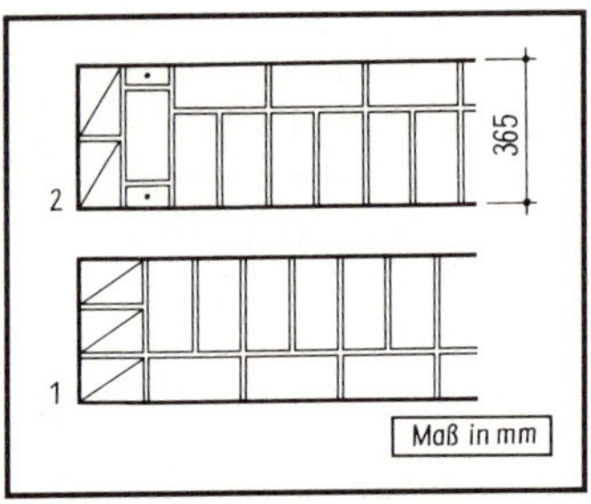

Bild 196.3 Regelverband mit $\frac{1}{4}$ Steinen am Wandende

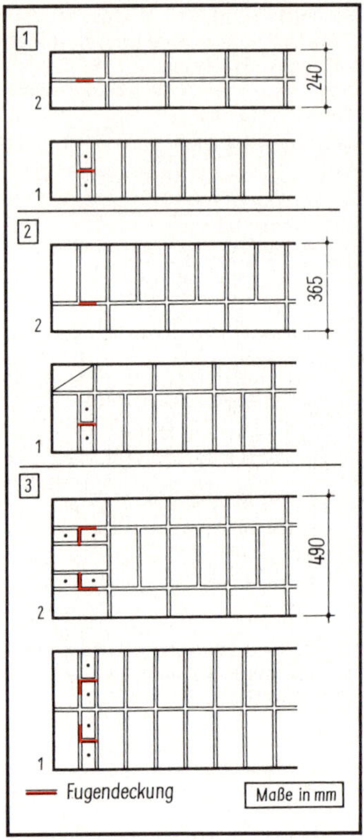

Bild 196.4 Sparverbände am Wandende

Bild 196.2 zeigt eine Verbandslösung mit Schnittfugen. Dieser Verband läßt sich leichter an den Verband anderer Wände anschließen.

Auch bei *großformatigen Steinen* müssen am Wandende Teilstücke eingebaut werden: Bild 194.1; [2]; [3]; [4] und [6]. Zumeist wird in Längsrichtung der Wand ein Überbindemaß $\ddot{u} = \frac{1}{2} \cdot$ Steinlänge gewählt: Mittiger Verband.
Es ist aber auch ein schleppender Ver-

band mit einem Überbindemaß $ü = \frac{1}{4} \cdot$ Steinlänge möglich. Bei 11,3 cm hohen Steinformaten können 2-DF-Steine als Teilstücke verwendet werden: Bild 194.1; [6].

Achtung: Steine gleicher Festigkeit verwenden!

Wenn das Mauerwerk nur gering belastet ist, werden bei 23,8 cm hohen Steinen auch zwei Schichten von 2-DF-Steinen übereinander vermauert. Dadurch erhöht sich jedoch die Anzahl der Fugen ↳ Abschnitt 7.4.1; Regel 2.

Sparverbände. Die Regelverbände kleinformatiger Steine enthalten am Wandende mehrere $\frac{3}{4}$-Steine in jeder Schicht. Beim Schlagen dieser Steine fallen $\frac{1}{4}$-Steine an. Um auch diese Teilstücke verwenden zu können, werden Verbände mit $\frac{1}{4}$-Steinen gemauert.
Der Verband nach Bild 196.2 enthält keine Fugendeckung und das Überbindemaß $ü \geqq 4{,}5$ cm wird auch eingehalten. Die $\frac{1}{4}$-Steine an der Wandaußenseite stellen jedoch Schwachpunkte im Mauerwerk dar. Die Sparverbände nach Bild 196.4 enthalten außerdem geringe Fugendeckungen.

7.4.2.2 Verbände am Anschlag

An Tür- und Fensteröffnungen endet die Wand mit einem Anschlag, der den dichten Einbau der Tür oder des Fensters erleichtert. Bei kleinformatigen Steinen sind die Anschläge $\frac{1}{2}$- oder $\frac{1}{4}$-Steine breit.
Bild 198.1 zeigt Beispiele für den Verband von kleinformatigen Steinen bei einseitigem und beidseitigem Anschlag. Die Verbände werden ähnlich wie beim geraden Wandende gebildet.

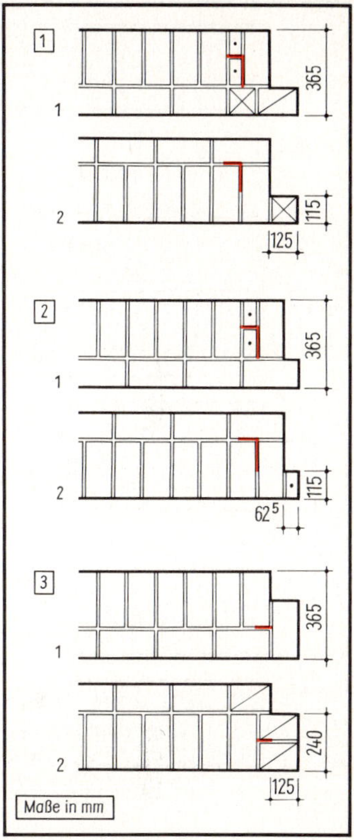

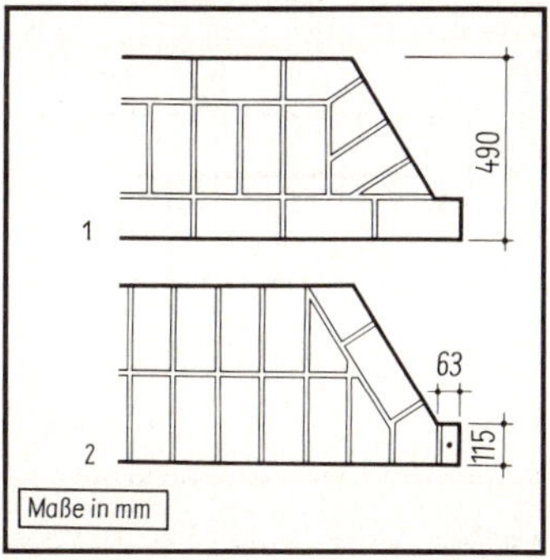

Bild 197.1 Sparverbände am Fenster- und Türanschlag
Bild 197.2 Anschlag mit schräger Leibung

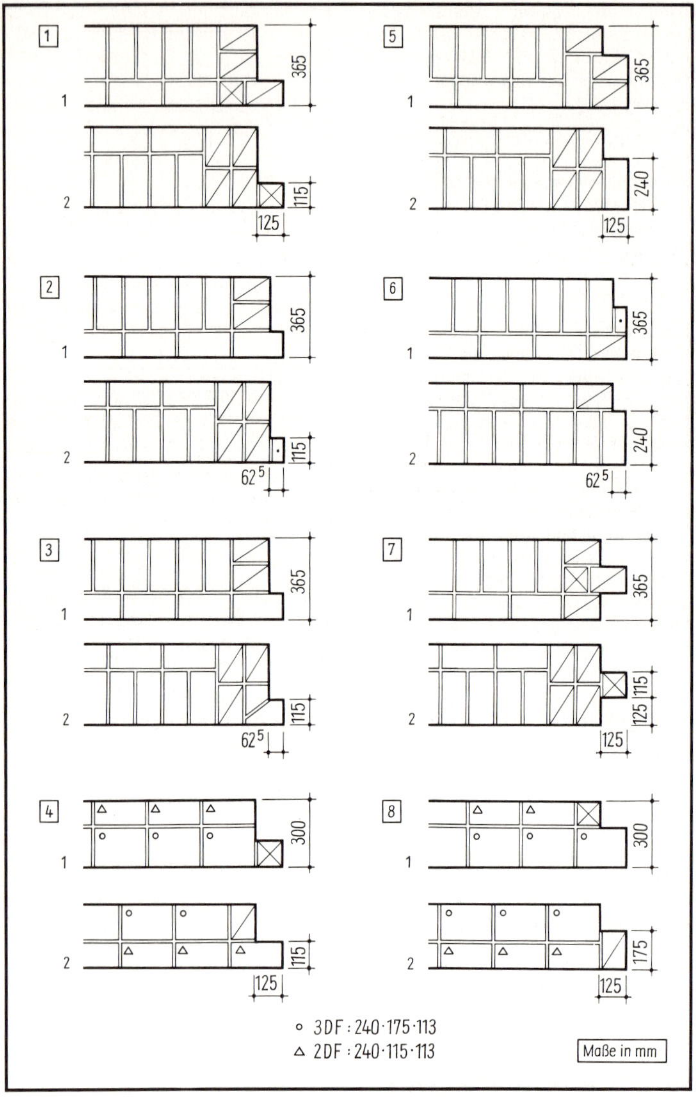

Bild 198.1 Verbände am Fenster- und Türanschlag – kleinformatige Steine

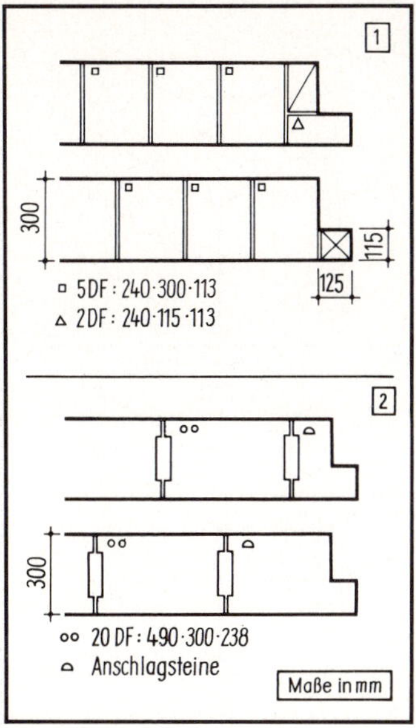

Bild 199.1 Verbände am Anschlag – großformatige Steine

Besonderheiten

Der *¼-Stein im Anschlag* ist für Sichtmauerwerk nicht geeignet (Bild 198.1; [2]). Der schräg geschlagene ¾-Stein nach Bild 198.1; [3] schafft ein einwandfreies Fugenbild.

Einige Fenster von dicken Wänden im Altbau haben *schräge Leibungen*, damit mehr Licht in das Gebäude gelangt.
Auch Haustüren werden in schräge Leibungen gesetzt.
Wenn die Steine an der Leibung schräg geschlagen eingebaut werden, dann wird die Leibungsfläche sehr ungleichmäßig. Besser ist die Ausführung nach Bild 197.2. An der Leibung liegen vor allem glatte Steinflächen. Nur wenige Bruchflächen werden sichtbar.

Bei *großformatigen Steinen* werden im Anschlag entweder 2-DF-Steine eingemauert (Bild 199.1; [1]) oder es werden vom Hersteller Anschlagsteine (Bild 199.1; [2]) mitgeliefert, die gegebenenfalls vor dem Einbau noch zu trennen sind.

7.4.2.3 Verbände an Wandecken

Rechtwinklige Wandecke. In der Wandecke stoßen zwei Wände zusammen. Die Verbände sind denen am Wandende sehr ähnlich.

Für alle Steinformate gilt:
In der Wandecke sind Kreuzfugen zu vermeiden (Bild 199.2). Sie führen in der nächsten Schicht zur Fugendeckung.

Zum Mauern mit *kleinformatigen Steinen* werden in einer Schicht die Steine der einen Wand als Läuferschicht und die der anderen Wand als Binderschicht gelegt.

Ausnahme: Bei einer Wandecke von zwei 11,5 cm dicken Wänden (Bild 200.1; [1]) stoßen in jeder Schicht zwei Läuferschichten zusammen.

Bei dickeren Wänden wird die Läuferschicht als Wandende ausgeführt und geht bis zur Ecke durch (Bild 200.1; [3] und [5]). Mit dieser Anordnung entsteht ein Blockverband.

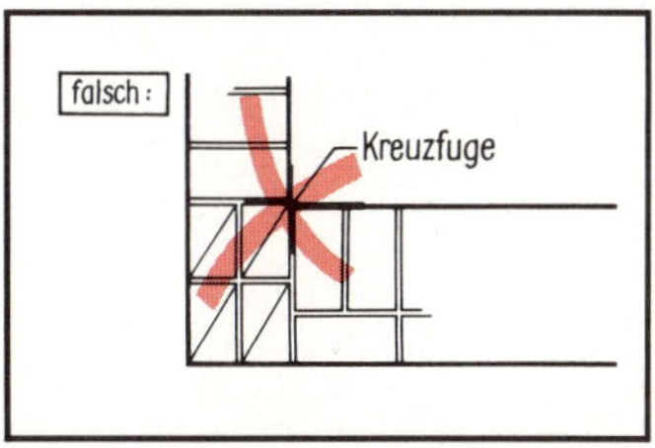

Bild 199.2 In der Wandecke sind *Kreuzfugen* nicht zweckmäßig.

7

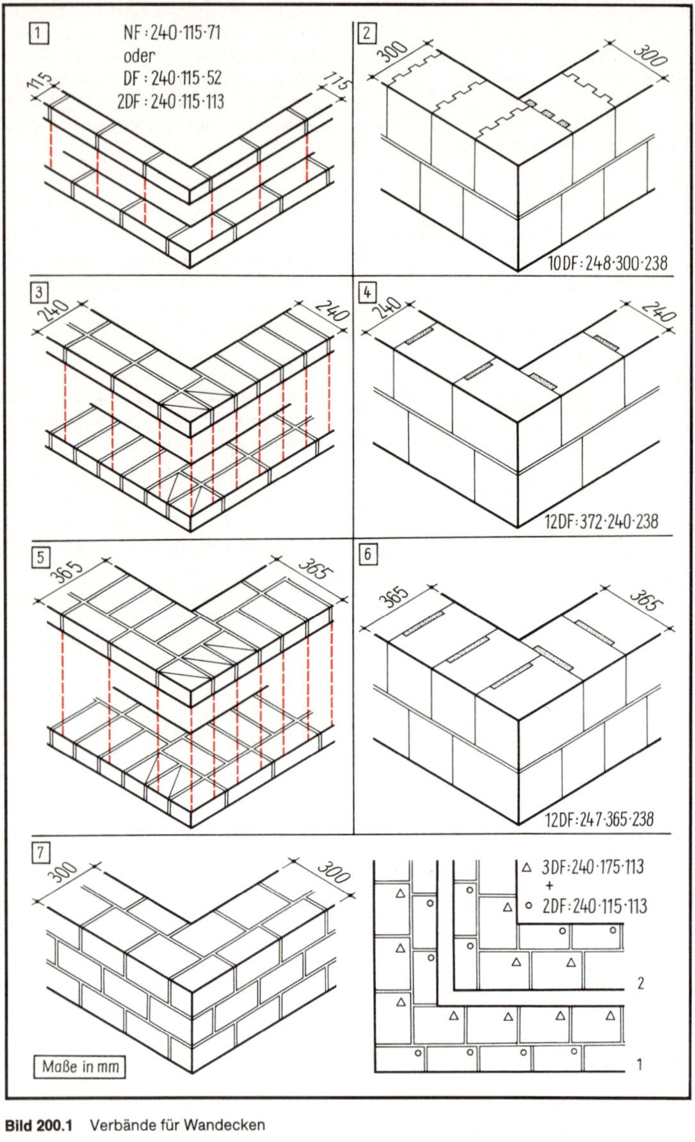

Bild 200.1 Verbände für Wandecken

Wenn ein Kreuzverband erreicht werden soll, müssen wie beim Wandende (Bild 189.2; [5] und 195.1) zusätzliche Binder eingelegt werden.

Für 30 cm dicke Wände, die aus 2-DF- + 3-DF-Steinen errichtet werden sollen, können zwei Verbände gewählt werden: In dem in Bild 200.1; [7] dargestellten Verband

- tritt keine Schnittfuge auf und es
- sind keine Teilsteine erforderlich.

Der leichter zu mauernde Verband nach Bild 201.2

- enthält Schnittfugen und es werden
- Teilsteine benötigt.

In beiden Fällen entsteht in der Ansicht ein mittiger Läuferverband.

Bei *großformatigen* Steinen gibt es mehrere Ausführungen, bei denen die Wandecke keine Teilsteine erfordert (Bild 200.1; [2]; [4] und [6]).
Bei anderen Formaten, z. B. Bild 201.1, müssen Teilstücke eingesetzt werden. In der Praxis werden auch zwei 2-DF-Steine übereinander eingefügt.

Großformatige Steine werden häufig mit Knirschfuge vermauert (↪ Abschnitt 7.2 Fugen).
Bei der Verzahnung (Bild 200.1; [2]) ist ein Wandendestein erforderlich. Wird dieser vom Hersteller nicht mitgeliefert,

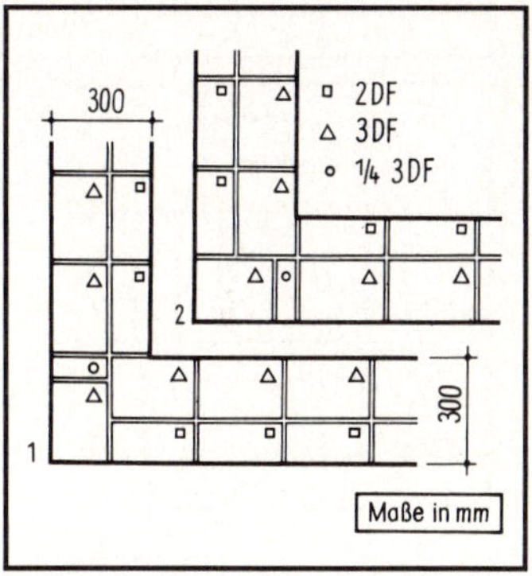

Bild 201.2 Eckverband an 30 cm dicken Wänden mit Schnittfugen

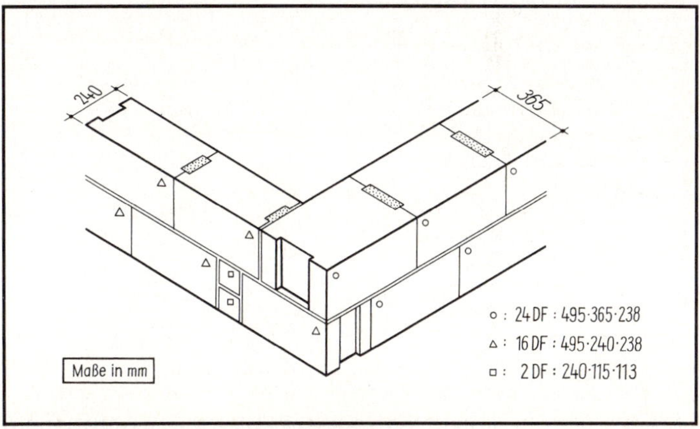

Bild 201.1 Wandecke mit unterschiedlichen Steinformaten

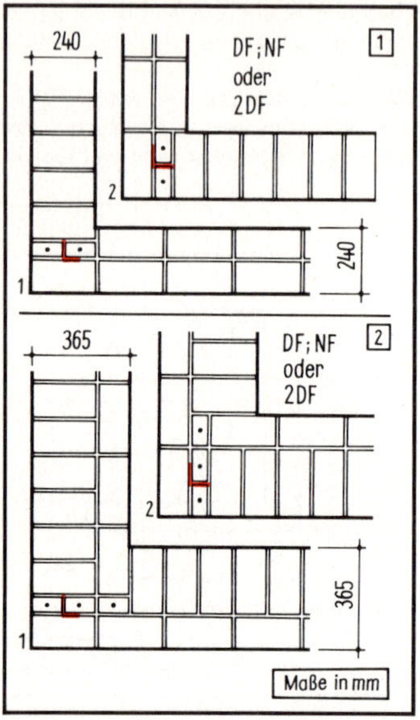

Bild 202.1 Sparverband an rechtwinkligen Wandecken mit geringen Fugendeckungen

dann wird ein Stein mit beidseitiger Verzahnung eingebaut und die an der Wandecke sichtbar werdenden Nuten werden überputzt.

Stößt eine Verzahnung seitlich gegen eine glatte Ziegelfläche, dann werden die Nuten mit Mörtel gefüllt (Bild 200.1; 2).

Ähnlich wird mit *einseitiger* (Bild 200.1; 4 und 6) oder *beidseitiger* Mörteltasche gearbeitet (Bild 201.1).

Achtung: In einer Wandecke sind keine Steine unterschiedlicher Steinhöhen zusammenzuführen.

Beispiel:

Steinhöhe in Wand 1: 11,3 cm
Steinhöhe in Wand 2: 23,8 cm
In Wand 1 entsteht die doppelte Anzahl von Lagerfugen. Diese Wand wird sich mehr setzen. Es können Risse entstehen.

Beim *Sparverband* (Bild 202.1) tritt eine geringe Fugendeckung auf. Dieser Verband kann so aufgefaßt werden, daß

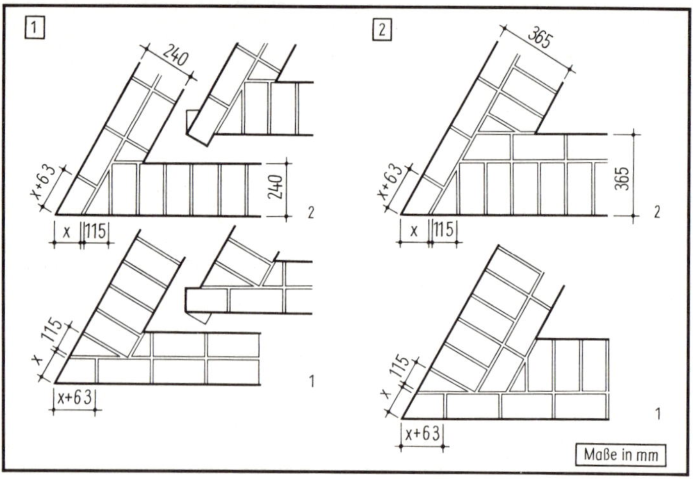

Bild 202.2 Spitzwinklige Wandecke mit Steinformaten DF; NF oder 2 DF

nicht die gesamte Läuferschicht, sondern nur der äußere Stein der Läuferschicht bis zum Wandende geführt wird. Und die Läuferschicht endet mit einem ganzen Stein.

Spitzwinklige Wandecke. Bei der spitzwinkligen Wandecke werden in einer Schicht die Steine der einen Wand als Läuferschicht und die der anderen Wand als Binderschicht vermauert.

In jeder Schicht wird der äußere Stein der Läuferschicht bis zur Wandecke geführt (Bild 202.2). Alle Stoßfugen liegen rechtwinklig zur jeweiligen Wandachse. An der spitzen Ecke befindet sich keine Fuge. Es sind möglichst große Teilsteine zu verwenden.

Bei *Sichtmauerwerk* muß der Eckstein mit einem Trennschleifer o. ä. genau geformt werden.

Für den Winkel von 45° werden auch Formziegel angeboten.

Es ist auch möglich, den Eckstein mit geradem Ende zu verlegen (Bild 202.2; [1] oben). Dann wird die Ecke am Bauwerk besonders betont.

Stumpfwinklige Wandecke. Es gelten die gleichen Regeln wie bei der Ausführung der spitzwinkligen Wandecke.

Die äußeren Steine der Läuferschicht gehen bis zur Ecke usw. (Bild 203.1). Bei *Sichtmauerwerk* können die Steine auch gerade durchgeführt werden. Dann ragen die Steinecken etwas vor (Bild 203.1; [2] oben). Für den Winkel von 135° gibt es Formziegel als Ecksteine.

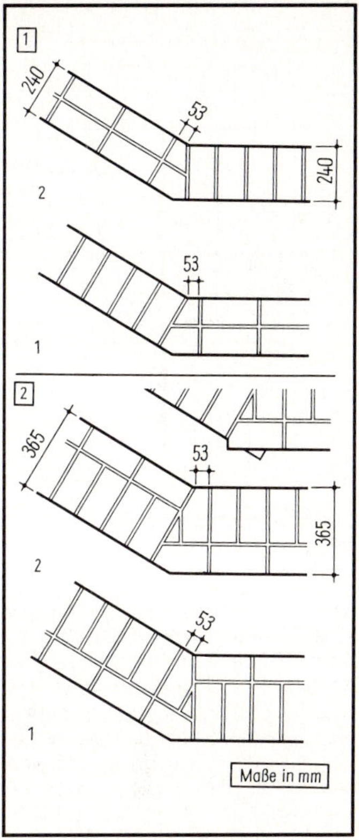

Bild 203.1 Stumpfwinklige Wandecke mit Steinformaten DF; NF oder 2 DF

7.4.2.4 Wandeinbindungen

In der Verbindung tragende Wand – aussteifende Wand – wirken

- bei einseitigem Anschluß Druck- und Zugkräfte und
- bei beidseitigem Anschluß nur Druckkräfte.

↳ Abschnitt 7.1 Grundlagen

An Hand von statischen Berechnungen wird entschieden, in welcher Weise der Wandanschluß auszuführen ist. Bei der Bauausführung sind die Vorgaben der Ausführungszeichnung einzuhalten.

Der günstigste Wandanschluß entsteht, wenn die tragende Wand und die aussteifende Wand gleichzeitig im Verband hochgemauert werden. Die liegende Verzahnung (Bild 181.1; [1]) erfüllt diese Forderung.

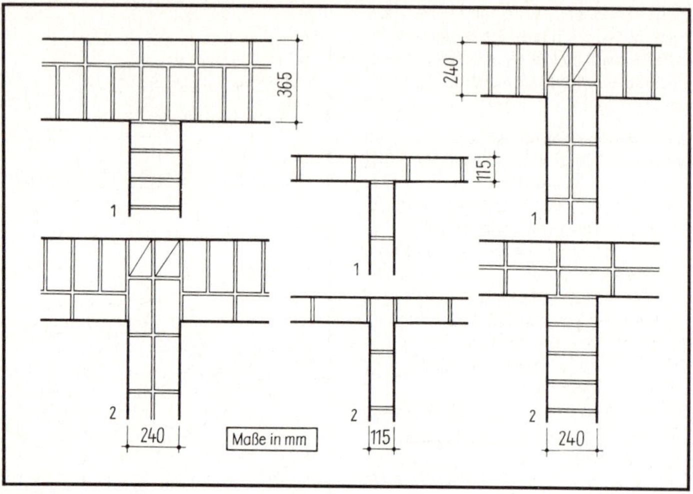

Bild 204.1 Verbände am Wandanschluß I; Format NF oder 2 DF

Bild 204.1 zeigt Verbände im Wandanschluß. Das Überbindemaß (Tabelle 187.2) muß auch hier eingehalten werden.

Achtung: Bei unterschiedlichen Steinhöhen kommt es zu ungünstigen Wirkungen. Eine Wand mit kleineren Steinhöhen enthält eine größere Anzahl von Lagerfugen als Wand mit größeren Steinhöhen. Die größere Anzahl von Lagerfugen führt zu größeren Setzungen. Im Anschluß beider Wände kann ein Riß entstehen.

Die spätere Einbindung der aussteifenden Wand mit Hilfe einer Stockverzahnung (Bild 181.1; 3) oder Lochverzahnung (Bild 181.1; 4) erzeugt nur eine druckfeste Verbindung. Sie kann also nur in ausgewählten Fällen zur Anwendung kommen.

Eine besondere Verbindung ist der Stumpfstoß mit eingelegtem Rundstahlbügel (Bild 181.1; 6) oder mit Flachstahlanker.

Bei Verwendung von Flachstahlankern ergibt sich folgender *Arbeitsablauf:*

Der Flachstahlanker wird in den Fugenmörtel der tragenden Wand eingelegt (Bild 205.3; 1).

Abstand der Anker:

Gebäude bis zu zwei Stockwerken: 50 cm
Gebäude bis zu 4 Stockwerken: 25 cm

Um Unfälle zu vermeiden, wird der Flachstahlanker nach unten abgebogen (Bild 205.3; 2). Der Arbeitsraum vor der tragenden Wand wird durch keine aussteifende Wand eingeengt. Wenn der Bauablauf es zuläßt, wird die aussteifende Wand errichtet. Der Flachstahlanker wird hochgebogen und in das Mörtelbett der aussteifenden Wand eingelegt (Bild 205.3; 2). Als Mörtel wird MG IIa, MG III und Dünnbettmörtel verwendet.

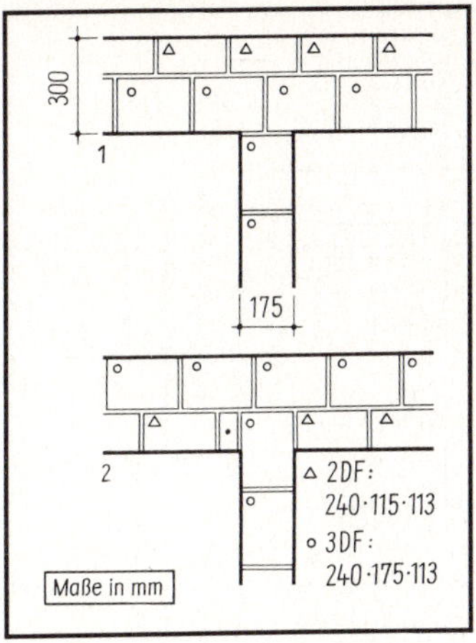

Bild 205.1 Verbände am Wandanschluß II

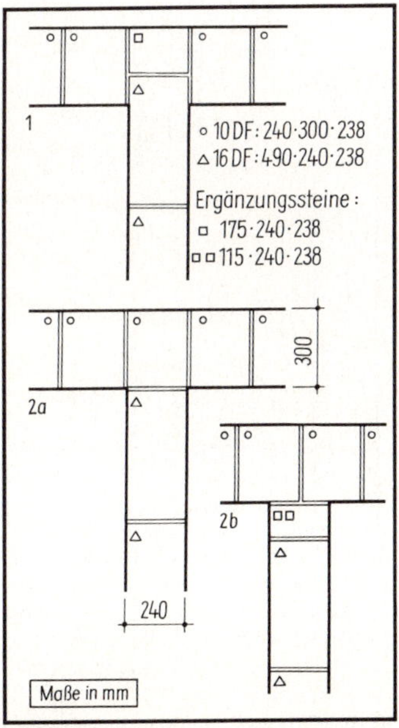

Bild 205.2 Verbände am Wandanschluß III

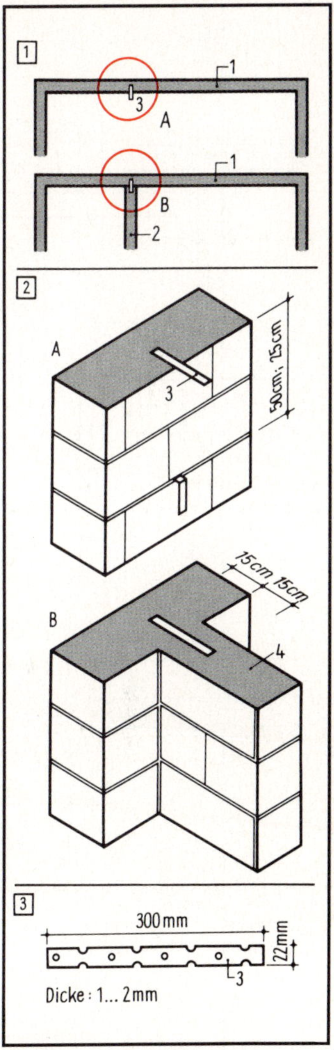

Bild 205.3 Wandanschluß mit Flachstahlanker (Stumpfstoß)

1 Außenwand; *2* aussteifende Wand; *3* Anker aus nichtrostendem Stahl; *4* Fugenmörtel

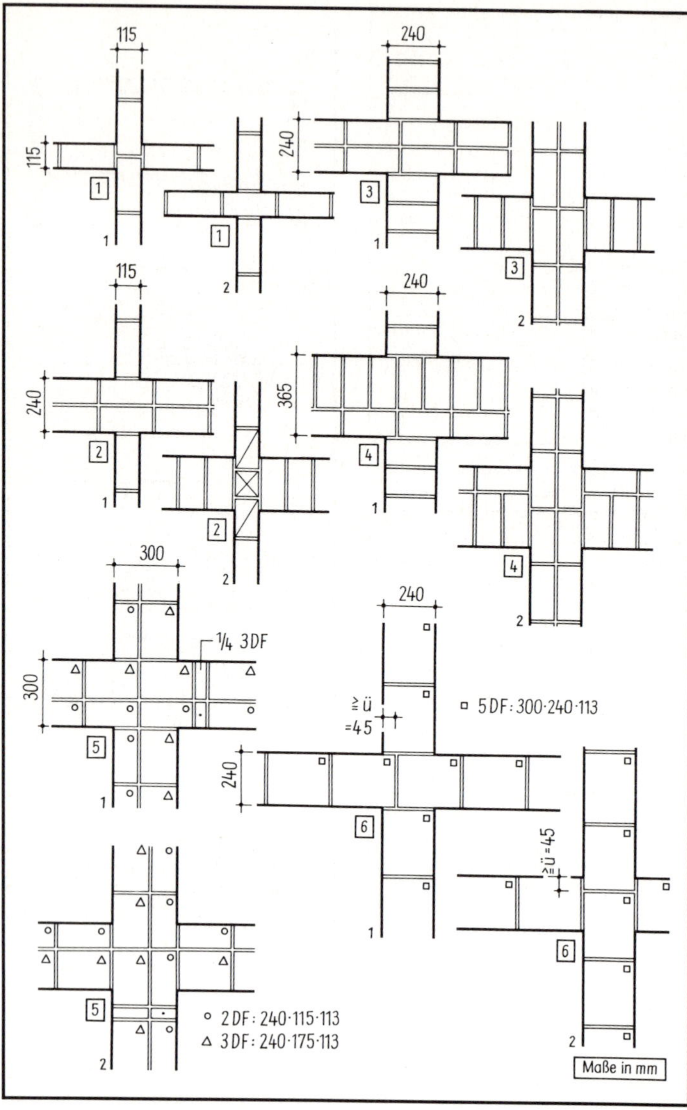

Bild 206.1 Verbände an Wandkreuzungen

7.4.2.5 Verbände an Wandkreuzungen

An Wandkreuzungen aus Wänden mit *kleinformatigen Steinen* wird die Wand mit der Läuferschicht durchgeführt. Die Steine der Binderschicht der anderen Wand stoßen gegen die Steine der Läuferschicht (Bild 206.1; 2; 3 und 4).
Das Überbindemaß $ü = 4{,}5$ cm wird durch Überdeckungen mit einem ¼-Stein vom Format DF; NF oder 2-DF gewährleistet.
Ausnahme: Bei der Kreuzung von zwei 11,5 cm dicken Wänden durchdringen sich zwei Läuferschichten.

Kreuzfugen in den Wandecken führen zur Fugendeckung
↪ Abschnitt 7.4.2.3 Verbände an Wandecken

Für 30 cm dicke Wände, die aus 2 DF + 3 DF-Steinen bestehen, kann der in Bild 206.1; 5 dargestellte Verband mit Schnittfuge gewählt werden. Wenn ¼-Stein eingefügt wird, entstehen in allen 4 Wandabschnitten mittige Läuferverbände.
Wird der ¼-Stein nicht eingemauert, dann bilden sich an zwei Wandabschnitten schleppende Läuferverbände.

Bei *großformatigen Steinen* kann der Verband nach Bild 206.1; 6 ausgeführt werden.
Das Überbindemaß ist einzuhalten. In dem dargestellten Beispiel mit 11,3 cm hohen Stein beträgt es $ü = 4{,}5$ cm.
Bei 23,8 cm hohen Steinen ist $ü = 9{,}5$ cm. Die Mittelfuge ist dann zur Mitte der Wand zu verschieben.

7.4.2.6 Verbände an Wandvorlagen

Wandvorlagen werden eingebaut zur

– Verstärkung der Wand unter Trägerauflagern zur Erhöhung der Tragfähigkeit der Wand;

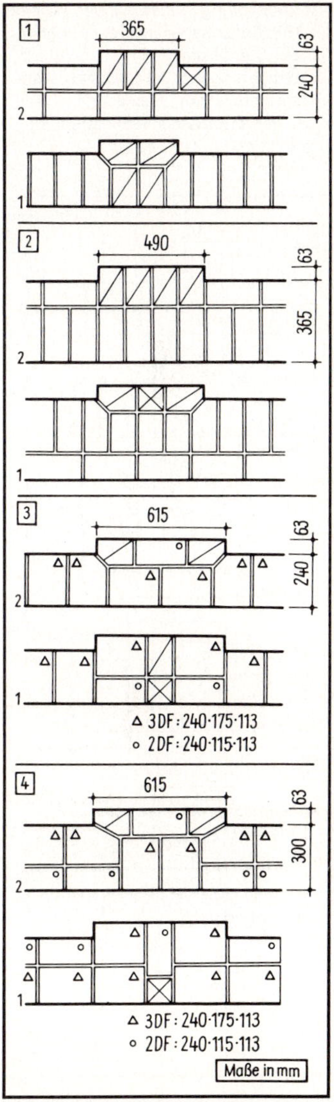

Bild 207.1 Verbände an 62,5 mm dicken Wandvorlagen; Baustellenmaß: 63 mm

- Verstärkung freistehender Wände (Einfriedungsmauern) zur Erhöhung der Standsicherheit;
- Gliederung von Wandflächen, insbesondere von Fassaden (*Lisene* = hervortretender Wandstreifen).

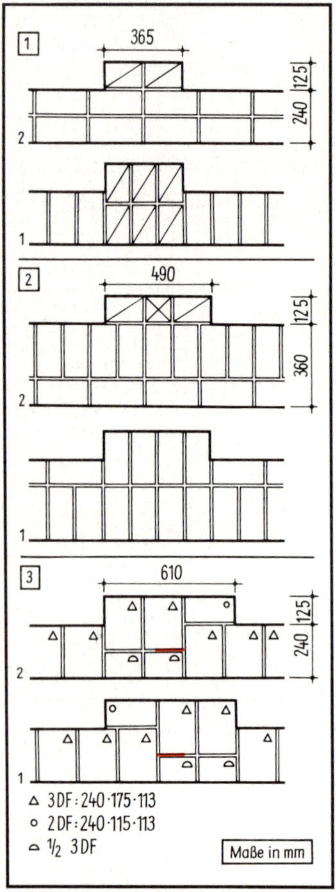

Bild 208.1 Verbände an 125 mm dicken Wandvorlagen

Die Wand wird um 6,3 cm (¼-Stein), 12,5 cm (½-Stein) und 1 Stein im Format NF oder 2 DF verstärkt. Bei der 6,3 cm dicken Vorlage (Beispiele in Bild 207.1) werden an der Außenseite der Wand keine ¼-Steine eingemauert. ¼-Steine an einer Wandaußenseite sind immer Schwachstellen und sollten daher vermieden werden.

Durch schräg geschlagene ¾-Steine kommt eine ausreichende Einbindung zustande.

Bei 12,5 cm dicken Vorlagen geht die Läuferschicht durch und die Binderschicht reicht bis in die Vorlage hinein (Bild 208.1; [1] und [2]). Bild 208.1; [3] zeigt einen bequem zu verarbeitenden Verband aus Steinen im Format 2 DF + 3 DF, bei dem jedoch im Inneren der Wand eine geringe Fugendeckung vorhanden ist.

Der Verband nach Bild 208.2 ergibt eine pfeilerartige Verstärkung einer freistehenden Wand (Einfriedungsmauer). Die Läuferschicht geht durch und die Binderschicht ragt in die Vorlage hinein.

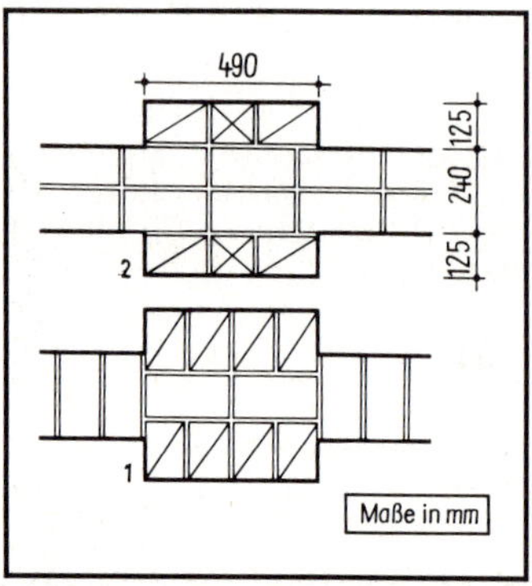

Bild 208.2 Beidseitige Wandvorlage (pfeilerartige Verstärkung)

7.4.2.7 Verbände an Wandnischen

Wandnischen (Bild 209.1) führen zu einer Schwächung der Wand. An der Schildwand verringert sich die Wärmedämmung und die Schalldämmung. In Nischen von Außenwänden sind daher zusätzliche Maßnahmen zur Wärmedämmung vorzusehen.
Wenn die Schildwand mindestens 1-Stein-dick ist, bleibt das Fugenbild in der Außenansicht erhalten (Bilder 209.2; 209.3).

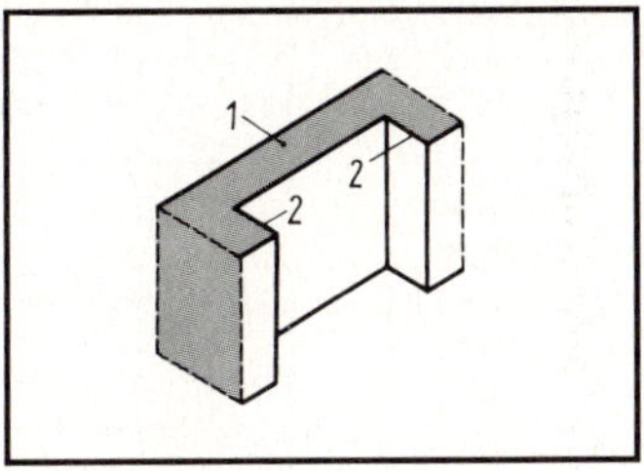

Bild 209.1 Wandnische
1 Schildwand, bei Fenstern auch Brüstungswand; *2* Leibung

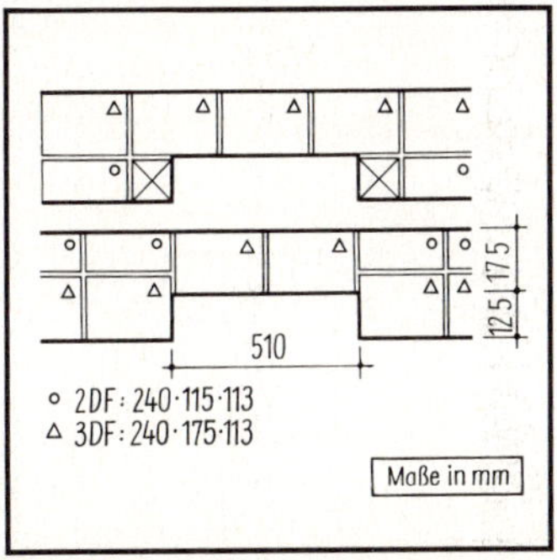

Bild 209.2 Verbände an Wandnischen in einer 30 cm dicken Wand

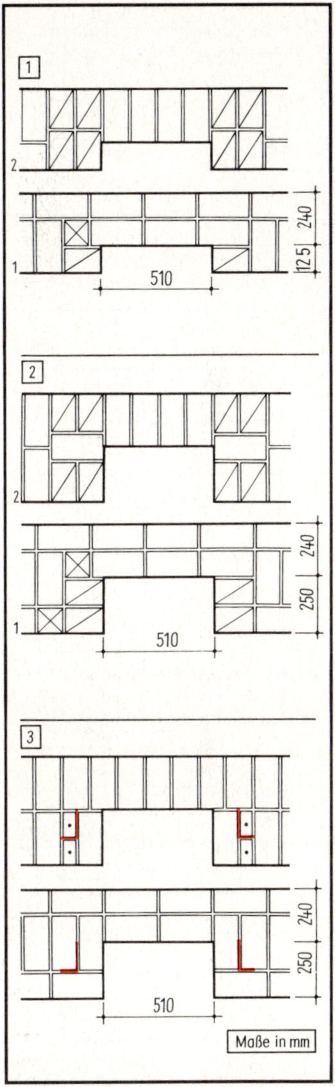

Bild 209.3 Verbände an Wandnischen für Steine im Format DF, NF und 2 DF

7

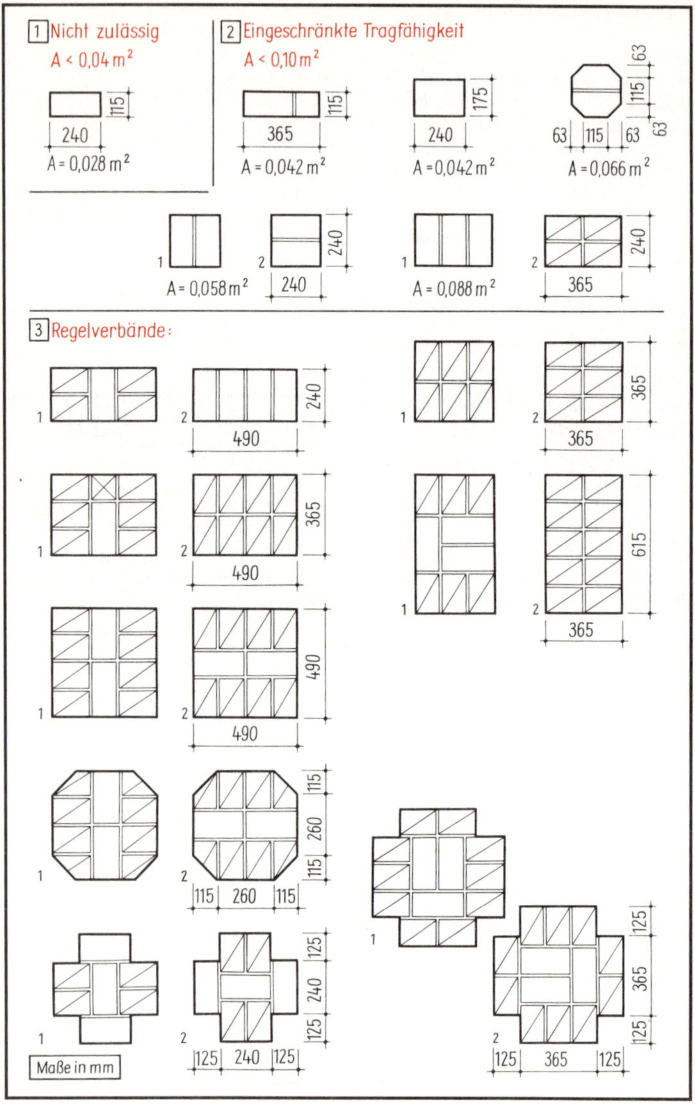

Bild 210.1 Pfeilerquerschnitte: Verbände und Abmessungen; Steinformate: DF, NF und 2 DF

7.4.3 Pfeiler

Die *Tragfähigkeit* von Pfeilern ist abhängig von

- der Steinfestigkeit,
- der Mörtelgruppe,
- der Querschnittsfläche,
- der Schlankheit und dem
- Verband.

Die *Querschnittsfläche* darf ein Mindestmaß nicht unterschreiten.

Es ist nicht zulässig, Pfeiler, deren Querschnittsfläche $A < 0{,}04\,m^2$ beträgt, zu belasten (Bild 210.1; [1]).

Pfeiler mit einer Querschnittsfläche $A < 0{,}10\,m^2$ haben nur eine verminderte Tragfähigkeit (Bild 210.1; [2]).

Die *Schlankheit* ist bei Pfeilern das Verhältnis h/d (Bild 211.1).

Je schlanker ein Pfeiler ist, desto geringer ist seine Tragfähigkeit.
Pfeiler mit einer Schlankheit $h/d > 25$ dürfen nicht gebaut werden.

Der *Verband* kann als Regelverband oder als Sparverband ausgeführt werden. Pfeiler, die ihre volle Tragfähigkeit erreichen sollen, müssen im Regelverband gemauert werden.
Beim Regelverband darf keine Fugendeckung vorhanden sein und die geforderten Werte zum Überbindemaß müssen eingehalten werden.
An den in Bild 210.1; [3] dargestellten Verbänden ist zu erkennen, daß beim Regelverband viele ¾-Steine vermauert werden müssen. Einige Schichten bestehen nur aus ¾-Steinen.
Um den Steinabfall zu verringern, werden Sparverbände angewendet (Bild 212.1; [1] und [2]). Bei den Sparverbänden tritt teilweise Fugendeckung auf.
Sparverbände können nur dort angewendet werden, wo die Pfeiler gering belastet werden.

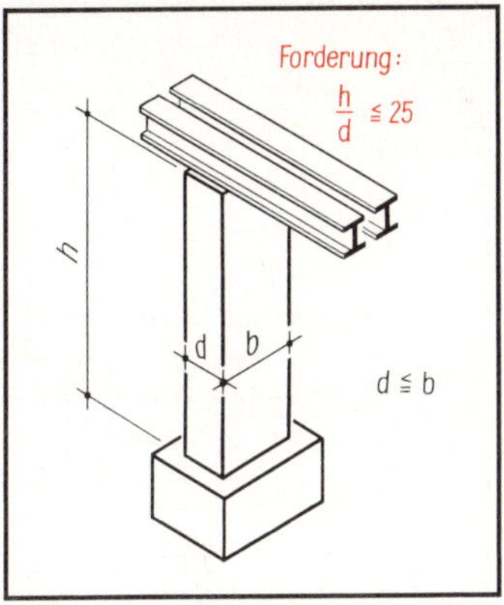

Bild 211.1 Das Verhältnis *h/d* wird Schlankheit genannt

Pfeiler sind hochbelastete Bauteile. Ihre Tragfähigkeit wird in statischen Berechnungen ermittelt. Vollbelastete Pfeiler müssen im Regelverband gemauert werden.

Der Vorteil der Sparverbände besteht darin, daß die Anzahl der benötigten ¾-Steine geringer wird und auch ¼-Steine eingemauert werden (Bild 212.1; [1]).

Eine besondere Form ist der *Schornsteinverband* (Bild 212.1; [2]).
Es entsteht in der Ansicht ein einwandfreies Fugenbild, aber im Inneren ist in jeder Schicht eine lange umlaufende Fugendeckung vorhanden.

Der Verband nach Bild 212.1; [3] ist ein Sonderfall. Es ist keine Fugendeckung vorhanden und das Überbindemaß ist größer als gefordert: $ü \geqq 0{,}4 \cdot h$ und $ü \geqq 45$ mm. Die außenliegenden ¼ Steine stellen jedoch Schwachstellen dar. Dieser Verband ist daher zu vermeiden.
Bei Sichtmauerwerk werden auch Formziegel verwendet (Bild 213.1).

7

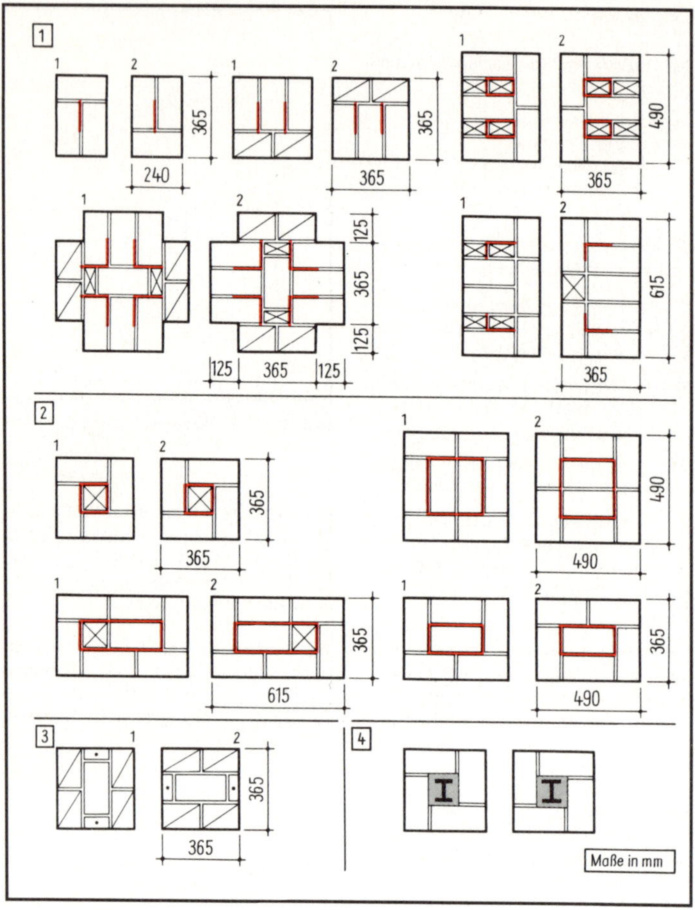

Bild 212.1 Spar- und andere Verbände für Pfeiler mit den Steinformaten DF, NF oder 2 DF

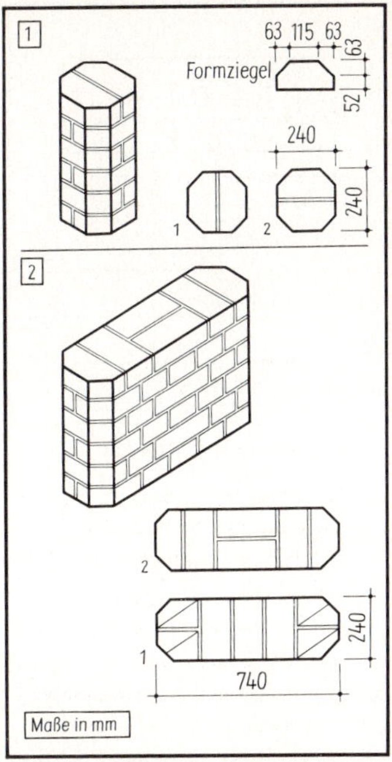

Bild 213.1 Pfeiler mit Formziegeln

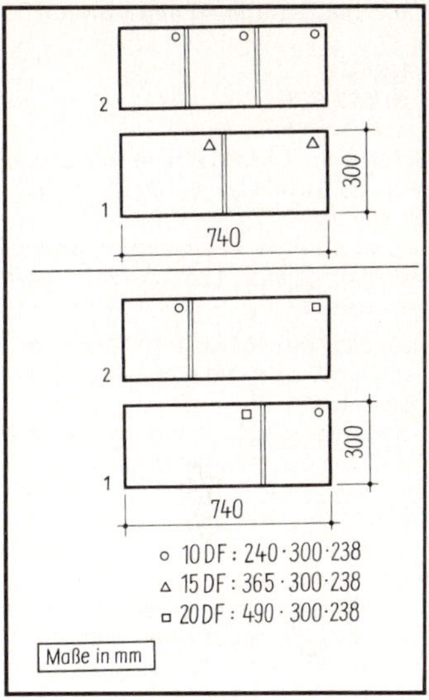

Bild 213.2 Pfeiler aus großformatigen Steinen

Der Pfeiler nach Bild 213.1; 1 hat eine Querschnittsfläche $A = 0{,}066\ m^2 < 0{,}10\ m^2$. Er hat daher nur eine verminderte Tragfähigkeit.

Großformatige Steine werden vor allem zum Bau von Pfeilern zwischen Fensteröffnungen (Fensterpfeiler) verwendet (Bild 213.2).

Torpfeiler (Bild 213.3) werden in besonderer Weise beansprucht. Die Eigenlast des Torflügels führt zu einer Biegebeanspruchung des Torpfeilers. Mauerwerk hat aber keine Biegezugfestigkeit und es besteht die Gefahr, daß der Torpfeiler umkippt. Daher ist es zweckmäßig, im Pfeiler ein Stahlprofil einzumauern (Bild 212.1; 4), das im Fundament verankert ist.

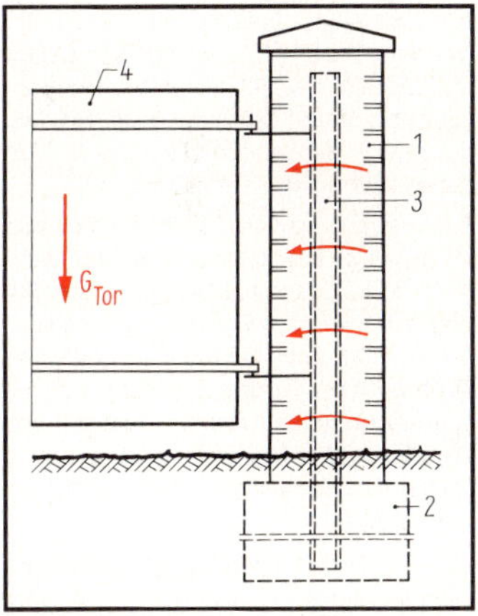

Bild 213.3 Torpfeiler
1 gemauerter Pfeiler; *2* Blockfundament; *3* eingemauertes I-Stahlprofil; *4* Torflügel;
Querschnitt siehe Bild 212.1; 4

7

7.5 Schlitze und Aussparungen

Norm:
DIN 1053, Teil 1 (2. 1990)

Schlitze und Aussparungen haben die Aufgabe, Rohrleitungen und Kabel aufzunehmen.
Die Schlitze und Aussparungen werden mit Mörtel gefüllt und überputzt oder nur verkleidet.

Aussparungen (Bilder 214.1; 214.2) werden beim Errichten des Mauerwerks frei gelassen.
Bei kleinformatigen Steinen werden die Aussparungen mit Verbänden gemauert, die auch bei Wandnischen (Bild 209.3) üblich sind.
Bei großformatigen Steinen werden auch Anschlagsteine zur Herstellung von Aussparungen verwendet. Die in Bild 214.1; [2] dargestellte Lösung kann nur in Wandbereichen geringer Beanspruchung angewendet werden. Sie steht im Widerspruch zum Abschnitt 7.4.1; Regel 3.
Für Aussparungen in Sichtmauerwerk können auch Formsteine eingesetzt werden (Bild 214.2). Auch diese Lösung muß bereits bei der statischen Berechnung der Wand berücksichtigt werden, da die Restwanddicke nach Tabelle 215.1 nicht eingehalten wird.

Zur Herstellung von *Schlitzen* wird das Mauerwerk zuerst aufgemauert, dann wird der Schlitz mit Hilfe von Fräsen, Sägen oder Elektrohämmern herausgearbeitet. Mit Fräsen kann die vorgesehene Tiefe und Breite des Schlitzes am besten eingehalten werden. Hämmer erschüttern den Verbund der Steine und führen zu ungleichmäßig tiefen und breiten Schlitzen.

Jeder Schlitz beeinträchtigt mehr oder weniger stark die Standsicherheit und Tragfähigkeit der Wand.
Waagerechte oder schräge Schlitze gefährden im besonderen Maße die Wand.

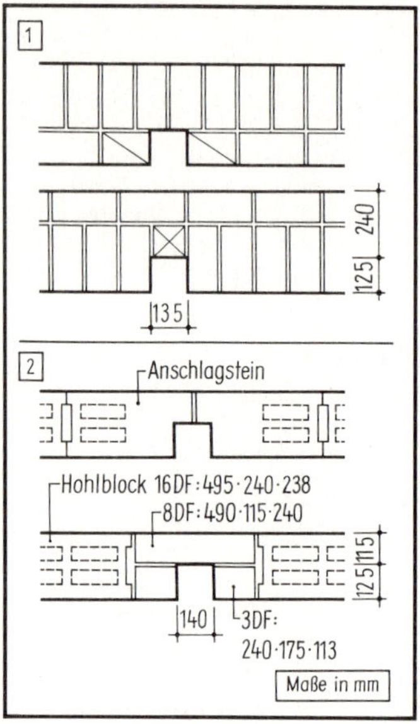

Bild 214.1 Verbände an Wandaussparungen

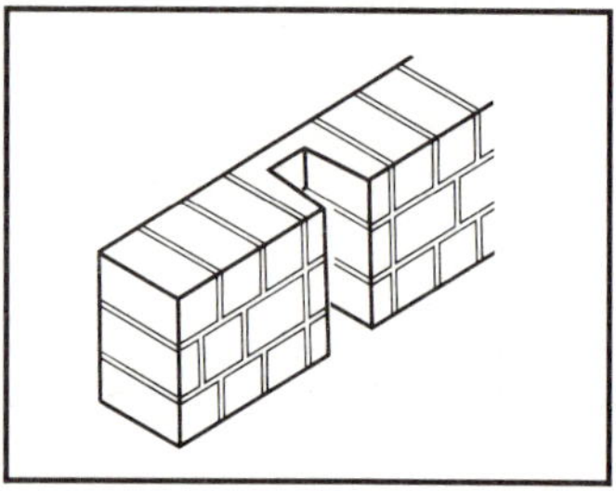

Bild 214.2 Wandaussparung mit Kalksandformsteinen

Waagerechte oder schräge Schlitze dürfen nur in der Nähe der Rohdecke angebracht werden, Abstand zur Rohdecke ≦ 0,4 m.

7

Im mittleren Bereich (Bild 216.1) dürfen keine waagerechten oder schrägen Schlitze hergestellt werden.
Senkrechte Schlitze oder Aussparungen können sich über die gesamte Wandhöhe erstrecken.
Es ist zulässig, senkrechte Schlitze im unteren Wandbereich, Höhe über Rohdecke ≦ 1,0 m, breiter und tiefer auszuführen. In den Tabellen 215.1; 216.1 sind die zulässigen Maße für Schlitze und Aussparungen genannt, die *ohne zusätzliche statische Berechnungen* angebracht werden dürfen.

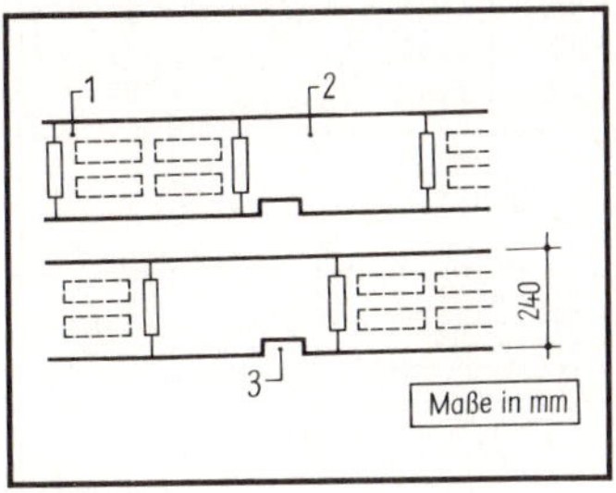

Bild 215.1 Schlitz in Wänden aus Zweikammer-Hohlblocksteinen
1 Hohlblock 16 DF (495 mm · 240 mm · 238 mm); *2* Vollblock 16 DF; *3* gefräster Schlitz

Tabelle 215.1 Zulässige Maße in mm von gemauerten Aussparungen in Wänden, ↪ Bild 215.2

Wanddicke d	**Breite der Aussparung** b	**Restwanddicke** d_{Rest}	**Abstand von Aussparung zu Aussparung**	**Abstand von Aussparung zur nächsten Wandöffnung**
≧ 115	nicht zul.	–	–	–
≧ 175	≦ 260	≧ 115	≧ Breite der Aussparung	≧ 2fache Breite der Aussparung, aber mindestens 365
≧ 240	≦ 385	≧ 115		
≧ 300	≦ 385	≧ 175		
≧ 365	≦ 385	≧ 240		

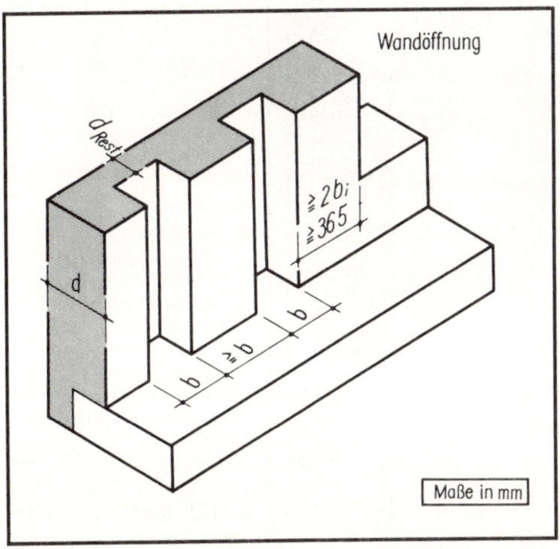

Bild 215.2 Zulässige Maße für im Verband gemauerte Aussparungen
d Wanddicke
d_{Rest} Restwanddicke
b Breite der Aussparung

Tabelle 216.1 Zulässige Maße in mm von nachträglich hergestellten Schlitzen in Wänden

Wanddicke d	Waagerechte oder schräge Schlitze[1]) Schlitzlänge l = bel. Schlitztiefe t_3	l = 1,25m Schlitztiefe t_3	Senkrechte Schlitze Schlitztiefe t_2	Schlitzbreite b_2	Abstand zu Wandöffnungen
≧ 115	nicht zul.	nicht zul.	≦ 10	≦ 100	
≧ 175	nicht zul.	≦ 25[3])	≦ 30	≦ 100	
≧ 240	≦ 15	≦ 25[3])	≦ 30[2])	≦ 150	≧ 115
≧ 300	≦ 20	≦ 30[3])	≦ 30[2])	≦ 200	
≧ 365	≦ 20	≦ 30[3])	≦ 30[2])	≦ 200	

Tabelle 216.2 Zulässige Gesamtbreite von senkrechten Schlitzen und Aussparungen je 2 m Wandlänge

Wanddicke d	Zul. Ges.-breite der senkrechten Schlitze und Aussparungen je 2 m Wandlänge
≧ 115	–
≧ 175	≦ 260
≧ 240	≦ 385
≧ 300	≦ 385
≧ 365	≦ 385

←

1) Nicht zulässig im mittleren Wandbereich, siehe Bild 216.1
2) Im unteren Wandbereich: Schlitzbreite $b_1 \leqq 120$ mm bei einer Schlitztiefe $t_1 \leqq 80$ mm.
3) Abstand von der Öffnung ≧ 490 mm
Abstand vom nächsten waagerechten Schlitz ≧ 2fache Schlitzlänge

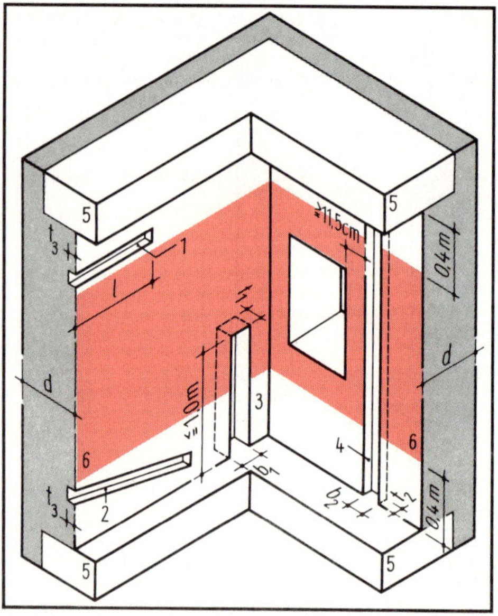

Bild 216.1 Zulässige Maße für nachträglich hergestellte Schlitze, siehe auch Tabelle 216.1
1 waagerechter Schlitz; *2* schräger Schlitz; *3* senkrechter Schlitz im unteren Wandbereich; *4* senkrechter Schlitz in beliebiger Lage; *5* Rohdecke; *6* mittlerer Wandbereich
d Wanddicke
t_1; t_2; t_3 Schlitztiefe
b_1; b_2 Schlitzbreite
l Schlitzlänge

Für Schlitze und Aussparungen, deren Maße die Werte nach Tabellen 215.1; 216.1 und 216.2 überschreiten, sind zusätzliche statische Berechnungen erforderlich, um die Standsicherheit und Tragfähigkeit der Wand nachzuweisen.

Wände, die aus Steinen mit großen Hohlräumen errichtet worden sind, werden durch Schlitze gefährdet.

Wände aus Langlochziegeln dürfen keine waagerechten oder schrägen Schlitze erhalten. Auch bei nichttragenden Trennwänden wird durch Schlitze die Standsicherheit der Wand stark beeinträchtigt.

Bei Wänden aus Zweikammerhohlblocksteinen (↪ Abschnitt 5.1.2.9) besteht die Gefahr, daß durch den Schlitz die äußere Wandung einer großen Kammer völlig zerstört wird. Deshalb sind Schlitze in Zweikammerhohlblocksteinen zu vermeiden. Im Bereich von Schlitzen sind Vollblöcke einzubauen (Bild 215.1).

7.6 Einschalige und zweischalige Außenwände

7.6.1 Aufgaben der Außenwände

Außenwände müssen

- tragfähig und standsicher sein (↪ Abschnitt 7.1);
- die Wärme dämmen (↪ Abschnitt 4.2);
- den Schall dämmen (↪ Abschnitt 4.3).

Weiterhin muß die Innenwandfläche trocken bleiben. Die Außenfläche muß witterungsbeständig sein und das gewünschte Aussehen haben.

Außenwände sind dem Schlagregen ausgesetzt. Der Wind drückt den Regen gegen die Wand und preßt Wasser in Risse und Fugen.

Steine und Fugenmörtel nehmen mit ihren Kapillaren Wasser auf. Steine und Wärmedämmstoffe verlieren bei Durchfeuchtung einen Teil ihrer Wärmedämmfähigkeit. Unter ungünstigen Umständen führt der Schlagregen sogar zu einer Durchfeuchtung der Innenwand.

Außenwände müssen so aufgebaut sein, daß bei Einwirkung von Schlagregen ihre Wärmedämmfähigkeit nicht verringert wird, die Innenwände trocken bleiben und das Aussehen der Wand nicht beeinträchtigt wird.

7.6.2 Wahl der Baustoffe

Die innenliegenden Steine werden vor allem nach ihrer Tragfähigkeit (Festigkeitsklasse) und nach der erforderlichen Wärmedämmung ausgewählt.

Steine, die der Witterung ausgesetzt sind, müssen
frostbeständig sein
das Regenwasser abweisen und
schnell wieder austrocknen.

Für Sichtmauerwerk werden u. a. verwendet:

- Vormauerziegel und Klinker
- Kalksandvormauersteine und Kalksandverblender.

Vormauerziegel und *Klinker* unterscheiden sich in der Wasseraufnahme und Wasserabgabe.

Vormauerziegel enthalten Kapillaren und Poren. Sie nehmen Wasser auf und geben es schnell wieder ab. Die Wand „atmet".

Klinker haben eine gesinterte Oberfläche. Es sind kaum Kapillaren vorhanden. Klinker weisen Wasser ab und nehmen nur geringe Wassermengen auf. In Klinkermauerwerk vorhandenes Wasser wird vor allem über die Fugen wieder abgegeben.

Vormauerziegel und Klinker sind für Sichtmauerwerk geeignet. Für Mauerwerk, das schnell wieder austrocknen muß, empfiehlt sich jedoch die Verwendung von Vormauerziegeln.

Die unterschiedliche Wasseraufnahme

von Vormauerziegeln und Klinkern ist auch beim Vermauern zu beachten.
Stark saugende Vormauerziegel sind vor dem Vermauern anzunässen, da sie sonst dem Mörtel zu viel Wasser entziehen: Der Mörtel schwindet und löst sich stellenweise vom Ziegel. Es entstehen Absetzrisse, die Regenwasser hindurchlassen. Klinker werden auf einem steiferen Mörtel vermauert, da sie dem Mörtel kaum Wasser entziehen.
Kalksandvormauersteine und *Kalksandverblender* sind stark saugfähig. Auch sie müssen vor dem Vermauern gegebenenfalls angenäßt werden.
Sichtmauerwerk aus Kalksandsteinen kann durch eine farblose Imprägnierung geschützt werden. Die Imprägnierung verringert die Wasseraufnahme bei Regen und schützt vor Verschmutzung. Die Imprägnierung sollte erst aufgebracht werden, wenn das Sichtmauerwerk sich gesetzt hat.
Alle Steine müssen beim Mauern ganzflächig auf ein Mörtelbett aufgelegt und zügig gegen den letzten Stein geschoben werden. Danach ist der Stein nicht mehr zu verrücken. Ein späteres Ausrichten einzelner Steine führt dazu, daß sich der Stein vom Mörtel löst; es entstehen feine Risse, die das Eindringen von Regenwasser ermöglichen.
Für Sichtmauerwerk, das dem Schlagregen ausgesetzt ist, sollte MG II verwendet werden.
7
Zum Verfugen ist MG II oder III zu wählen. Der Fugenmörtel sollte möglichst wenig Poren enthalten. Wenn der Sand (Korngröße bis 2 mm) vorwiegend aus Körnern von nahezu gleicher Größe besteht, dann sind Hohlräume unvermeidlich. Der Anteil der Hohlräume kann durch Zugabe von Gesteinsmehl, z. B. Traßpulver, verringert werden.

Mischungsverhältnis:

1 Rtl Portlandzement : 1 Rtl Traß : 4 Rtl Sand (Korngröße 0 bis 2 mm)
Zuviel Zement führt zu Schwindrissen.

7.6.3 Einschalige Außenwände

Einschalige Außenwände mit Außenputz (Bild 219.1; [1]).

Steine: Keine Anforderung an Frostbeständigkeit

Tragende Wandteile: Das Mauerwerk ist auf der gesamten Wandbreite tragend.

Putz: mehrlagiger Putz; je nach Standort (↪ Abschnitt 5.4.1.3) als Putz ohne besondere Anforderungen, als wasserhemmender oder als wasserabweisender Putz ausgeführt

Mindestdicke Mauerwerk: 240 mm
Die einschaligen Wände mit Außenputz sind eine bewährte Konstruktion, wenn der Putz mehrlagig aufgebracht wird.

Der Putz
- behindert bzw. verhindert das Eindringen des Schlagregens (Schlagregenbremse),
- dichtet eventuell vorhandene Fugen im Mauerwerk und verbessert so die Schall- und Wärmedämmung der Wand,
- schafft das Aussehen der äußeren Wandoberfläche (Glattputz, Kratzputz usw.).

Einschalige Außenwände mit Verblendmauerwerk (Bild 219.1; [2]).

Steine:
Verblendung (außenliegende Steine): frostbeständige und witterungsbeständige Steine erforderlich
Hintermauerung (innenliegende Steine): keine Anforderungen an Frostbeständigkeit

Tragende Wandteile: Gesamte Wand trägt, auch Verblendung!

Mindestdicke: 310 mm
(Da Längsfuge 20 mm dick, übliche Wanddicke + 10 mm!)

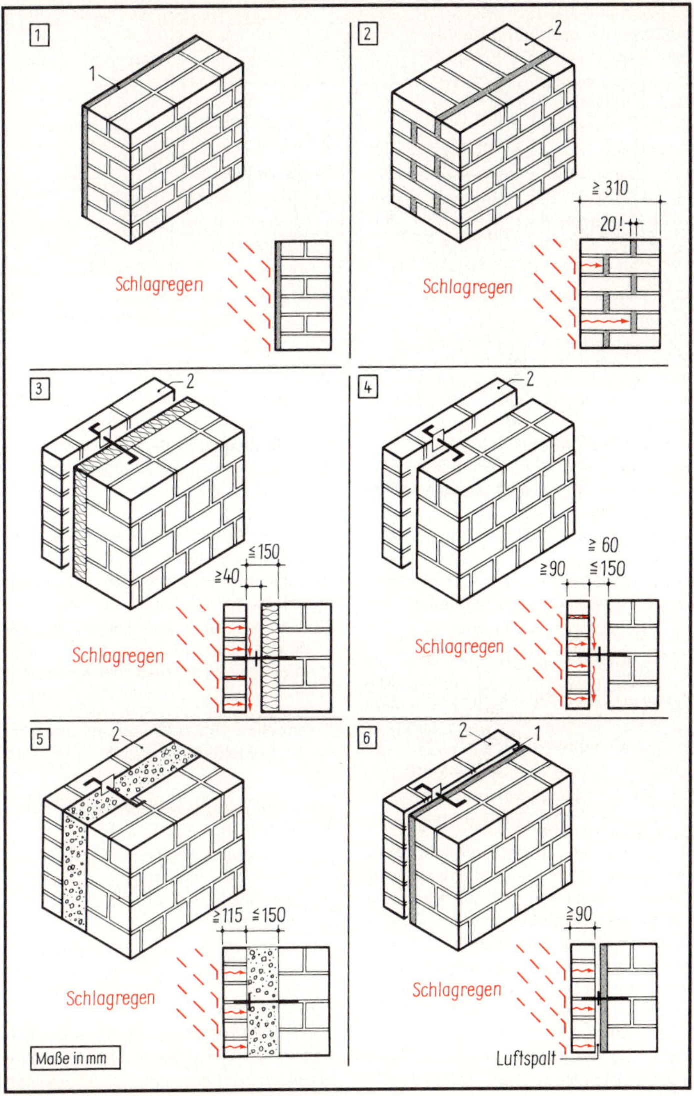

Bild 219.1 Ein- und zweischalige Außenwände
1 Putz; *2* Verblendmauerwerk

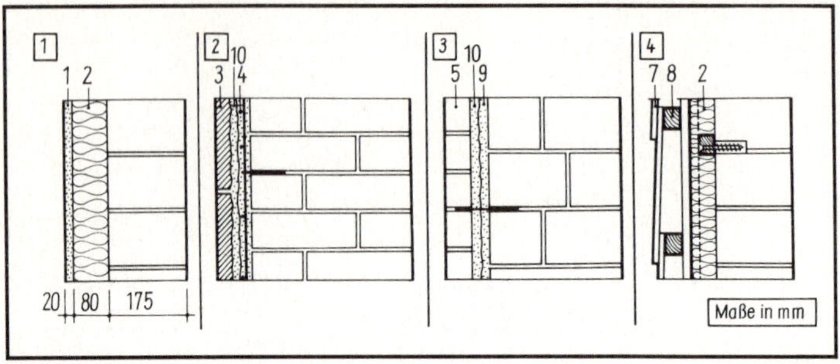

Bild 220.1 Wandbekleidungen
1 Außenputz mit Glasfasergewebe verstärkt; *2* Wärmedämmstoff; *3* Natursteinplatten, keramische Platten; *4* bewehrter Unterputz; *5* Riemchen; *6* nichtrostender Anker; *7* Platten aus Schiefer oder Faserzement; *8* Lattung; *9* Unterputz; *10* Ansetzmörtel

Zusätzliche Forderungen:
1. Mindestens zwei Steinreihen gleicher Höhe in Längsrichtung nebeneinander.
2. Versetzte Längsfuge von 20 mm Dicke
3. Sorgfältiges Verfugen des Verblendmauerwerks (↳ Abschnitt 7.2)

Die 20 mm dicke Längsfuge wirkt als Schlagregenbremse. Nur wirksam bei sorgfältiger Ausführung. Nester und Schwindrisse in der Längsfuge können zur Durchfeuchtung der Wand führen.
Wenn der Mörtel beim Vermauern der einzelnen Steine auf die Seitenflächen der Steine gegeben wird, entsteht *keine* 20 mm dicke, *hohlraumfreie* Fuge.

Durch Erfahrung bestätigte **Ausführung**: Die Steine werden mit *kellengerechtem Mörtel* vermauert. Die 20 mm dicke Längsfuge bleibt leer.
Nachdem die Steine *einer* Schicht verlegt sind, wird die Längsfuge mit *fließfähigem Mörtel* ausgegossen. Der Mörtel in der Längsfuge wird durch Stochern verdichtet. Es wirkt sich günstig aus, wenn der Mörtel der Längsfuge Sandkörner bis 4 mm enthält. Dadurch vermindert sich die Gefahr von Schwindrissen.

Die Längsfuge darf jeweils nur von einer Schicht ausgegossen werden, da sonst Hohlräume entstehen.

Für das Verblendmauerwerk ist der Block- oder Kreuzverband zu wählen, da bei diesen Verbänden die Längsfuge schichtweise versetzt ist.
Bei Verwendung von Ziegeln ist die Wahl von Vormauersteinen zweckmäßig, da diese schneller austrocknen.

Einschalige Außenwände mit vermörtelter Bekleidung (Bild 220.1; 2 und 3).

Zur Bekleidung von Außenwänden werden verwendet:
- keramische Fliesen
- keramische Platten
- Naturwerksteinplatten
- Betonwerksteinplatten
- Riemchen oder Sparverblender (Ziegel mit einer Dicke von 30 bis 65 mm).

Die Platten und Fliesen werden von der Mörtelhaftung gehalten. Rauhigkeiten, Rippen und Rillen an den Innenseiten der Platten und Fliesen vergrößern die Haftung.

7

Falsche Ausführungen führen dazu, daß sich die Platten oder Fliesen nach einigen Tagen vom Mörtel lösen und abfallen.

Mögliche Ausführung:

1. Spritzbewurf (Zementmörtel 1:3; Sandkörnung 0 bis 3 mm) vollflächig auf Wand auftragen. Trockene Wände vorher annässen. Mindestens 12 Stunden erhärten lassen.
2. Unterputz (Zementmörtel 1:4) auftragen, einebnen und mit rauher Oberfläche belassen.
3. Fliesen oder Platten in Ansetzmörtel (Zementmörtel 1:5) verlegen.

Bei ungünstigem Untergrund, wie

- unebener Wandoberfläche, die einen Unterputz mit Dicken >25 mm erfordert;
- glattem, kaum saugfähigem Untergrund;
- Mauerwerk aus verschiedenen Steinen (Mischmauerwerk);
- Mauerwerk aus Steinen geringer Festigkeit

empfiehlt es sich, vor dem Auftragen des Unterputzes Betonstahlmatten mit geringem Stabdurchmesser an der Wand zu befestigen (bewehrter Unterputz).
Zur Verankerung von Riemchen oder Sparverblendern (Bild 220.1; [3]) werden Drahtanker aus *nichtrostendem Stahl* eingemauert. Durchmesser: 4 mm; 5 Anker je 1 m^2 Mauerwerk.

Einschalige Außenwände aus Gas-(Poren-)beton. Außenwände aus Gas-(Poren-)beton müssen einen Schutz gegen Schlagregen erhalten. Das kann durch einen mehrlagigen Putz (↪ Abschnitt 5.4.1.3) oder durch Auftragen von Beschichtungen erfolgen. Hier ist es zweckmäßig, die Angebote der Hersteller auszuwerten. Die Beschichtungen müssen Wasser abweisen, Wasserdampf durchlassen und über Jahrzehnte witterungsbeständig sein.

Einschalige Außenwände mit Thermohaut (Bild 220.1; [1]). Als Thermohaut wird eine Schichtenfolge bezeichnet, die aus einer dicken Wärmedämmschicht (40 mm bis 120 mm) und einer wasserabweisenden Putzschicht besteht.

Wärmedämmschicht: Mineralfaserplatten, Hartschaumplatten o. ä.
Die Wärmedämmschicht wird auf die Wand geklebt und zusätzlich mit Dübeln befestigt.

Putz: Mehrlagige Putze mit Einlagen von Glasseidengewebe
Diese Konstruktion setzt Erfahrungen bei der Auswahl der Baustoffe voraus und sollte daher nur von Spezialfirmen ausgeführt werden.

Wände mit hinterlüfteten Bekleidungen (Bild 220.1; [4]). Diese Wände bilden den Übergang zu den zweischaligen Wänden. Auf der Wand wird ein Lattengerüst befestigt, das die Bekleidung aus Schindeln, Faserzementplatten oder Dachpfannen trägt. Der Raum zwischen der Lattung wird mit Wärmedämmstoff gefüllt. Zwischen Bekleidung und Wärmedämmschicht verbleibt eine *Luftschicht*: Die Bekleidung ist hinterlüftet.
Der Schlagregen wird von der Bekleidung abgewiesen. Eventuell eingedrungenes Regenwasser erreicht *nicht* den Wärmedämmstoff und kann schnell wieder verdunsten.

7.6.4 Zweischalige Außenwände

Allgemeine Konstruktionsregeln. Die zweischaligen Wände bestehen aus zwei voneinander getrennten Einzelwänden:
- der Außenschale (Verblendschale, geputzte Vormauerschale),
- der Innenschale (Hintermauerschale).

7

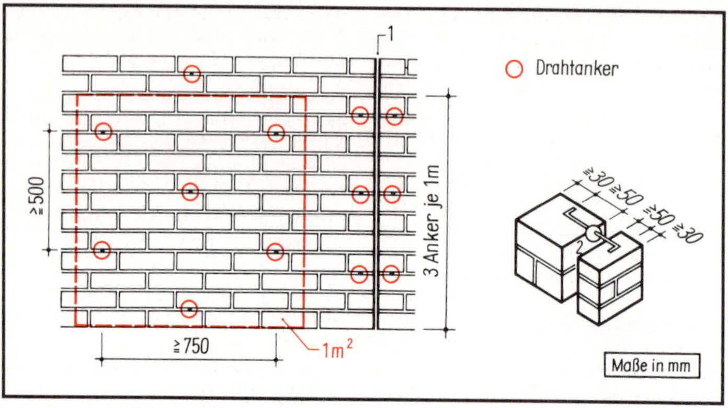

Bild 222.1 Drahtanker aus nichtrostendem Stahl – Lage im zweischaligen Mauerwerk
1 senkrechte Dehnungsfuge der äußeren Schale; *2* Kunststoffscheibchen

Steine:
- Außenschale als Verblendschale: Frostbeständige Steine
- geputzte Außenschale: Keine Anforderungen an die Frostbeständigkeit der Steine
- Innenschale: Keine Anforderungen an die Frostbeständigkeit der Steine.

Steinhöhe: Die beiden Schalen setzen sich unabhängig von einander. Es können daher für die Außenschale andere Steinarten und Steinhöhen verarbeitet werden als zum Bau der Innenschale verwendet wurden.

7

Tragende Wandteile:
Außenschale: Nicht durch Auflasten beansprucht; trägt nur Eigenlast.
Innenschale: Tragendes Mauerwerk (Tragschale)

Mindestmaße:
Außenschale: Dicke ≧ 90 mm; im Regelfall 115 mm
Innenschale: Dicke ≧ 115 mm; statischer Nachweis erforderlich

Standsicherheit:
Innenschale: Aussteifung durch Decken und Wände (↪ Abschnitt 7.1)
Außenschale: Verankerung an der Innenschale

Die Außenschale wird durch *Drahtanker* mit der standfesten Innenschale verbunden. Die Drahtanker bestehen aus *nichtrostendem* Stahl und müssen die Maße nach Bild 222.1 einhalten.

Im Regelfall müssen mindestens 5 Drahtanker je 1 m² Außenschale vorhanden sein, siehe Tabelle 223.1.

Es gibt mehrere Formen der Anker, auch für Dünnbettfugen. Alle Anker müssen bauaufsichtlich zugelassen sein.

Bild 223.1 zeigt zwei mögliche Ausführungen. Anker nach Bild 223.1; [1] werden mit einem Haken geliefert und müssen auf das gewünschte Maß umgebogen werden. Diese Anker werden bereits beim Mauern in die Lagerfuge der Innenschale eingelegt. Wenn die Innen-

Tabelle 223.1 Erforderliche Anzahl und erforderliche Durchmesser von Drahtankern aus *nichtrostendem* Stahl für zweischaliges Mauerwerk

	Anzahl der Drahtanker je 1 m² Wandfläche mindestens	**Durchmesser der Drahtanker** mindestens
Abstand der Mauerwerksschalen 0...70 mm *und* Höhe des Wandbereiches über Gelände ≦ 12 m	5	3 mm
Abstand der Mauerwerksschalen über 70 mm...120 mm *oder* Höhe des Wandbereiches über Gelände > 12 m	5	4 mm
Abstand der Mauerwerksschalen über 120 mm...150 mm	7 *oder* 5	4 mm 5 mm

Außerdem *zusätzlich* an allen freien Rändern der Außenschale, z. B. neben oder unter Fensteröffnungen, neben Dehnungsfugen und am oberen Rand der Außenschale: 3 Anker je 1 m Randlänge

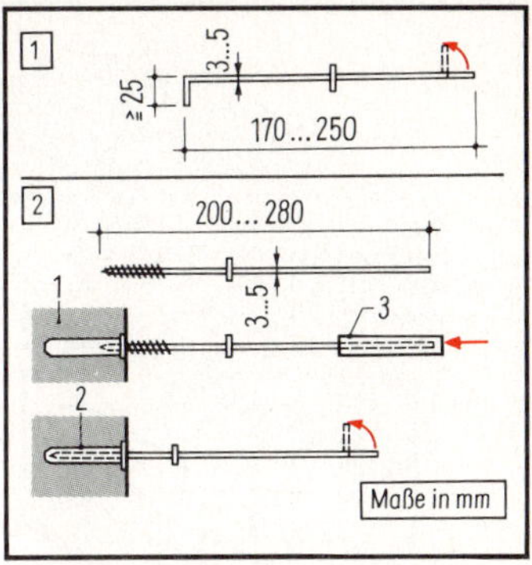

Bild 223.1 Drahtanker aus nichtrostendem Stahl mit Tropfscheibe
[1] zum Einlegen; [2] zum Einschlagen
1 Mauerwerk aus Vollsteinen oder Beton; *2* Dübel; *3* Einschlaghülse

Bild 223.2 Nicht mehr zulässige Ankerform

schale bereits vorhanden ist, dann werden Löcher gebohrt, Dübel eingesetzt und der Drahtanker wird eingeschlagen (Bild 223.1; [2]) oder eingeschraubt.
Alle Anker müssen Vorrichtungen haben, die dafür sorgen, daß am Anker entlang fließendes Wasser abtropft. Das wird häufig durch *dicht sitzende* Kunststoffscheiben erreicht. Früher wurde zu diesem Zweck der Anker mit einem Knick versehen; er hat sich nicht bewährt und ist nicht mehr zugelassen (Bild 223.2).

Aufstandsflächen:

Die *Innenschalen* müssen als tragende Wände mit ihrer gesamten Breite auf tragfähigen Unterlagen (Fundamente, Wände darunter liegender Geschosse o. ä.) stehen.

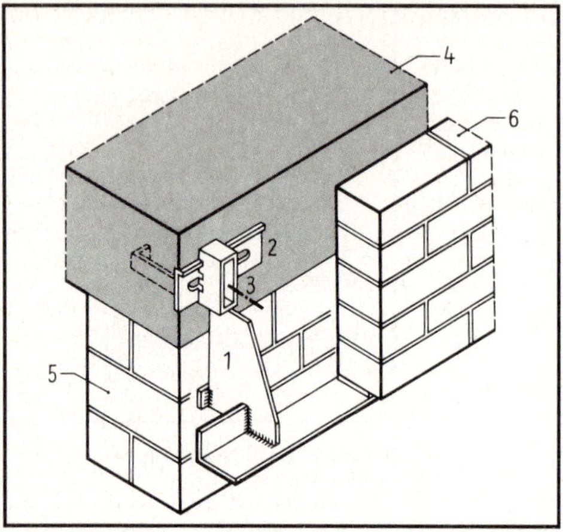

Bild 224.1 Abfangkonsole aus nichtrostendem Stahl (vereinfachte Darstellung)
1 Konsole; *2* einbetonierte Verankerung mit Langloch; *3* Schraube mit Mutter und Scheibe; *4* Stahlbetondecke; *5* tragende Innenschale aus Mauerwerk; *6* Außenschale

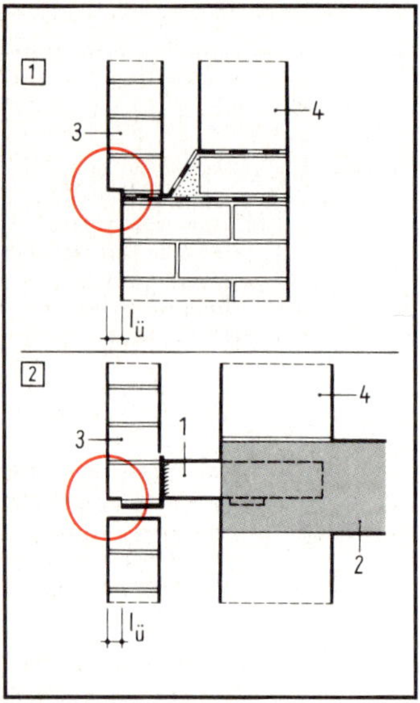

Bild 224.2 Überstand $l_ü$ der Steine der Außenschale; Maße für $l_ü$ siehe Text
1 Abfangung; *2* monolithische Decke; *3* Außenschale; *4* Innenschale

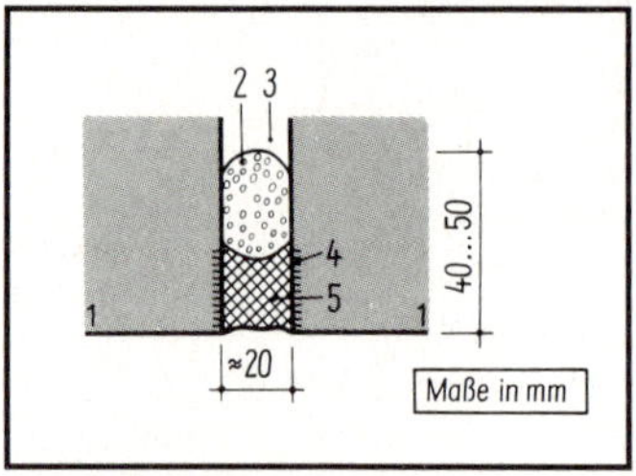

Bild 224.3 Dehnungsfuge im Mauerwerk der Außenschale
1 Steine der Außenschale; *2* Schaumstoffschnur; *3* Hohlraum, ungefüllte Fuge; *4* Haftgrundierung; *5* Fugendichtstoff

Die *Außenschalen* sind in der Regel nur ein bis zwei Geschosse hoch. Die Außenschalen höherer Bauwerke stehen auf Abfangungen, die z.B. an den monolithischen Decken befestigt sind (Bild 224.1). Diese Abfangungen werden von verschiedenen Herstellern angeboten und haben unterschiedliche Formen. In jedem Fall bedürfen sie einer bauaufsichtlichen Zulassung.

Die Steine der Außenschale dürfen etwas vorkragen (Bild 224.2):

- Wenn die Außenschale mit einer Dicke ≧ 115 mm nicht höher als zwei Geschosse ist, bzw. im Abstand von zwei Geschossen abgefangen wird, dann genügt eine Aufstandsfläche, deren Breite ⅔ der Dicke der Außenschale ist.

  Beispiel:

  Dicke der Außenschale: 115 mm
  Mindestbreite der Aufstandsfläche: 80 mm
  Vorkragung: $l_ü = 35$ mm
- Außenschalen mit Dicken <115 mm dürfen maximal $l_ü = 15$ mm über die Vorderkante der Aufstandsfläche hinausreichen.

Auf jeden Fall muß verhindert werden, daß die Außenschale von der Aufstandsfläche abrutscht. Deshalb ist die erste Ankerreihe so tief wie möglich anzubringen.

Dehnungsfugen:

Die Innenschalen sind nur geringem Temperaturwechsel ausgesetzt. Auf die Außenschale wirkt die Sonneneinstrahlung und der Frost ungehindert ein.

Außenschalen sind so einzubauen, daß Längenänderungen infolge großer Temperaturunterschiede möglich sind.

Die Außenschale wird daher in einzelne Felder aufgeteilt. Zwischen zwei benachbarten Feldern muß eine Dehnungsfuge verbleiben, Breite 20 mm (↪ Bild 222.1). Die Dehnungsfuge muß

- die Längenänderungen der Außenschale ermöglichen,
- bei allen möglichen Längen und Temperaturzuständen dicht sein und das Regenwasser abweisen.

Bild 224.3 zeigt eine mögliche Lösung zur Ausführung der Dehnungsfugen. Beim Mauern wird ein Streifen Schaumkunststoff von 20 mm Dicke eingelegt. Er dient als Lehre für den Abstand von 20 mm und verhindert, daß Mörtel aus den Lagerfugen in die Dehnungsfuge quillt.

Nach dem Mauern wird der Streifen entfernt und in die Dehnungsfuge wird eine Schaumstoffschnur mit rundem Querschnitt gedrückt. Der vordere Teil der Fuge wird mit Haftgrundierung eingestrichen und es wird ein Fugendichtstoff eingebracht. Dieser Fugendichtstoff muß wetterfest, dauerelastisch und alterungsbeständig sein.

Der Innenraum der Dehnungsfuge bleibt leer.

Dehnungsfugen an Gebäudeecken: Bild 226.1; [5]

Dehnungsfugen unter einem Fenster: Bild 226.1; [4]

Belüftungs- und Entwässerungsöffnungen. Unter ungünstigen Umständen kann an der Innenseite der Außenschale Wasser herabrinnen oder an den Drahtankern entlang fließen und an der Abtropfscheibe abtropfen. Dieses Wasser muß nach außen geleitet werden. Dazu werden am Fuß der Außenschale *Entwässerungsöffnungen* vorgesehen.

Bei zweischaligen Wänden mit dickeren Luftschichten zwischen den Schalen entsteht eine positive Wirkung, wenn die Luft strömen kann. Die strömende Luft beschleunigt das Austrocknen der Wand und verringert bei starker Sonneneinstrahlung die Aufheizung der Außenschale.

Um die Strömung der Luft zu ermöglichen, werden am oberen Rand der Außenschale *Entlüftungsöffnungen* eingebaut. Am Fuß der Außenschale erfolgt die Belüftung durch die Entwässerungsöffnungen.

Um Öffnungen zu erhalten, werden

- besondere Belüftungssteine eingebaut oder
- die Stoßfugen zwischen den Steinen am Fuß bzw. am oberen Rand der Außenschale nicht vermörtelt.

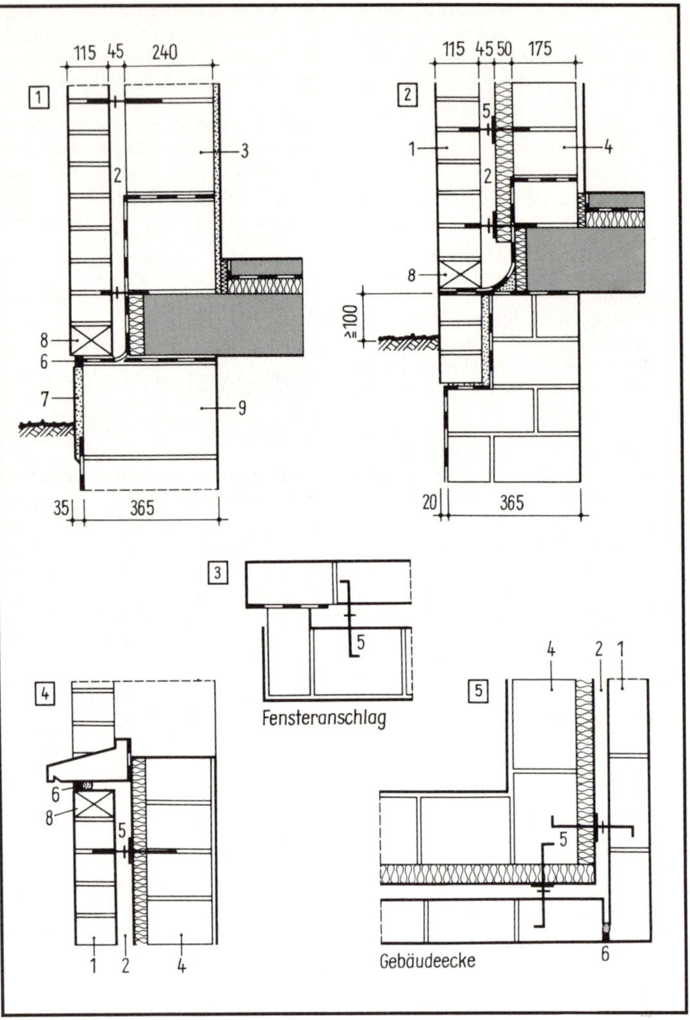

Bild 226.1 Knotenpunkte an mehrschaligen Wänden
1 Außenschale aus Vormauersteinen oder Verblendsteinen; *2* Luftschicht; *3* tragende Innenschale aus Gas- (Poren-)beton; *4* tragende Innenschale aus Ziegeln oder Kalksandsteinen; *5* Drahtanker mit Abtropfscheibe und Krallenplatte; *6* dauerelastischer *Fugendichtstoff*; *7* Sockelputz; *8* Belüftungsöffnungen; *9* Kellerwand

Die Entwässerungs- und Belüftungsöffnungen dürfen nicht durch Mörtelreste verschlossen werden.

Um sicher zu gehen, wird häufig in der 1. und 2. Steinreihe von unten jede 2. Stoßfuge unvermörtelt gelassen.

Feuchtigkeitsschutz. Bei allen zweischaligen Wänden ist zu sichern, daß eventuell in der Wand vorhandenes Wasser *nach außen* abgeleitet wird.
Deshalb
- beginnt die Luftschicht erst 100 mm über der Geländeoberfläche,
- werden Abdichtungen im Bereich der Luftschicht mit einem Gefälle nach außen verlegt (Bild 226.1; [1] und [2]).

Die Außenschale kann durchfeuchtet sein. Sie darf daher an keiner Stelle der Wand unmittelbar die Innenschale oder andere innenliegende Bauteile berühren.
Am Fensteranschlag muß eine wasserundurchlässige Sperrschicht die Außenschale von der Innenschale und vom Fensterrahmen trennen (Bild 226.1; [3]).

Außenwände mit Luftschicht (Bild 219.1; [4]).
Dicke der Luftschicht:
60 mm bis 150 mm
Ausnahme: 40 mm, wenn zumindest von einer Schale der herausquellende Fugenmörtel beim Mauern glattgestrichen wird.
Entwässerungs- und Lüftungsöffnungen:
zusammen mindestens 3,75 cm^2 je 1 m^2 Wandfläche.

Die Außenwand mit Luftschicht ist eine bewährte Konstruktion, die schnell wieder austrocknen kann. Die erforderliche Wärmedämmung muß durch die Steine der Innenschale erreicht werden.
Im Regelfall ist die Außenschale 115 mm dick und wird im Läuferverband gemauert.

Beim Mauern höher gelegener Wandbereiche ist der Luftschlitz der darunter liegenden Wandbereiche sorgfältig abzudecken, damit kein Mörtel hinein fällt und dort Mörtelbrücken (Mörtelbrücken = Feuchtigkeitsbrücken) bildet oder die Entwässerungsöffnungen verschließt.

Weitere Details ↪ Abschnitt: Allgemeine Konstruktionsregeln, S. 221.

Zweischalige Außenwände mit Luftschicht und Wärmedämmung (Bild 219.1; [3]).
Lichter Abstand der Steinschalen:
$\leqq$ 150 mm
Dicke der Luftschicht:
$\geqq$ 40 mm
Entwässerungs- und Lüftungsöffnungen:
zusammen mindestens 3,75 cm^2 je 1 m^2 Wandfläche.

Die zweischalige Außenwand mit Luftschicht und Wärmedämmung ist eine bewährte Konstruktion. Als Wärmedämmstoffe werden platten- oder mattenförmige Mineralfaserdämmstoffe oder Platten aus Schaumkunststoff eingebaut.
Die Wärmedämmstoffe können mit Hilfe der Drahtanker befestigt werden. Hierzu werden große Scheiben auf die Drahtanker geschoben und gegen die Wärmedämmstoffe gepreßt. Dabei verklemmen sich die Scheiben auf dem Drahtanker und halten die Wärmedämmung. Abtropfscheiben sind zusätzlich erforderlich!
An die Steine der Außenschale sind keine besonderen Anforderungen zu stellen, da die strömende Luftschicht die Feuchtigkeit abführt.

Weitere Details ↪ Abschnitt: Allgemeine Konstruktionsregeln, S. 221.

Zweischalige Außenwände mit Kerndämmung (Bild 219.1; [5]).
Dicke der Außenschale:
$\geqq$ 115 mm

7

Lichter Abstand der Steinschalen:
$\leqq$ 150 mm
Entwässerungsöffnungen:
mindestens 2,5 cm^2 je 1 m^2 Wandfläche.

Bei der zweischaligen Außenwand mit Kerndämmung ist keine oder keine ausreichend breite Luftschicht vorhanden. In der Wand vorhandenes Wasser muß durch die Außenschale abgegeben werden, die Steine müssen also wasserdampfdurchlässig sein.

Für die Außenschale dürfen keine glasierten Steine verwendet werden.

Die Entwässerungsöffnungen am Fuß der Außenschale werden zur Sicherheit eingebaut. Die Wärmedämmstoffe müssen wasserabweisend sein.

Herstellungsformen der zweischaligen Wand mit Kerndämmung:

1. Die Wärmedämmplatten werden mit Hilfe der Drahtanker an der Innenschale befestigt. Die Außenschale wird dicht vor der Wärmedämmschicht aufgemauert. Zwischen Wärmedämmschicht und Außenschale verbleibt ein fingerbreiter Spalt, der erforderlich ist, um den Stein fassen zu können.
2. Die Innenschale wird errichtet. Dann werden einige Schichten der Außenschale hochgemauert und der Zwischenraum wird mit körnigen Wärmedämmstoffen, z. B. Mineralfasergranulat, Blähperlit, Polystyrolschaumstoff, gefüllt. Dabei ist darauf zu achten, daß die Wärmedämmstoffteilchen nicht durch die Öffnungen am Fuß der Außenschale herausrieseln oder diese Öffnungen verstopfen.
3. Die Innenschale wird errichtet. Davor wird abschnittsweise die Außenschale aufgeführt und der Zwischenraum wird mit feuchtigkeitsbeständigen Kunststoffen ausgeschäumt.

Weitere Details ↳ Abschnitt: Allgemeine Konstruktionsregeln, S. 221.

Zweischalige Außenwände mit innenliegender Putzschicht (Bild 219.1; [6]).

Entwässerungsöffnungen:
mindestens 2,5 cm^2 je 1 m^2 Wandfläche.

Auf die Innenschale wird eine dichte Putzschicht aus MG II aufgebracht. Erst danach wird die Außenschale gemauert. Zwischen Außenschale und Putzschicht verbleibt ein fingerbreiter Luftspalt, damit die Steine der Außenschale vom Maurer gefaßt werden können.

Die innenliegende Putzschicht muß das eindringende Regenwasser aufhalten. Sie muß auch am Drahtanker dicht sein. Die Drahtanker behindern das Putzen der Wand. Wenn die Drahtanker nachträglich eingesetzt werden, entsteht kein dichter Anschluß am Anker.

Die Luftschicht ist zu schmal, um strömen zu können. In der Wand vorhandenes Wasser muß über die Außenschale abgegeben werden. Deshalb sind für die Außenschale keine Klinker oder glasierten Steine zu verwenden.

Da der Abstand der Schalen sehr klein ist, kann der Durchmesser der Drahtanker auf 3 mm verringert werden.

Weitere Details ↳ Abschnitt: Allgemeine Konstruktionsregeln, S. 221.

7.7 Ausfachungen

Ausfachungen sind Wände, die zwischen den Stielen und Riegeln von Holzfachwerken, zwischen den Stützen und Trägern von Stahlbeton- oder Stahlskelettbauwerken stehen (Bild 229.1).

Ausfachungen gehören zu den nichttragenden Wänden. Wenn sie entfernt werden, bleibt die Tragfähigkeit und Standsicherheit des Bauwerkes erhalten.

Sie werden nur durch Eigenlast und Wind belastet.

Ausfachungen bestehen aus Ziegeln, Gas-(Poren-)betonsteinen oder Kalksandsteinen.

Als Mörtel wird vor allem Mörtel der Gruppe II und IIa verwendet.

Ausnahme: In alten Fachwerkhäusern bestehen die Ausfachungen oft aus Lehm auf Strohwickel oder Weidengeflecht. Die Holzverbindungen des alten Fachwerkes haben sich gelockert und es ist möglich, daß die Ausfachung doch zur Aussteifung des Gebäudes beiträgt.

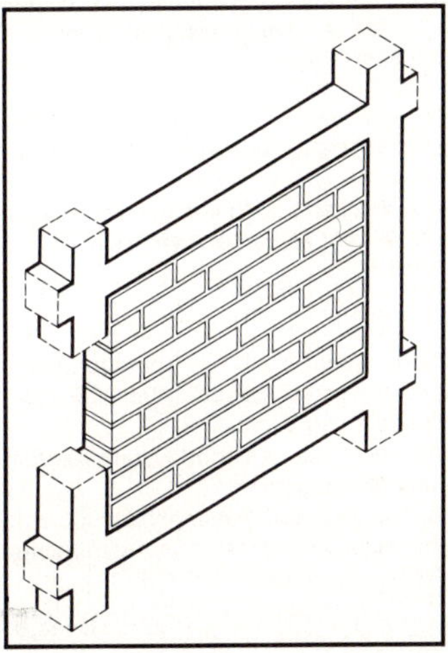

Bild 229.1 Ausfachung

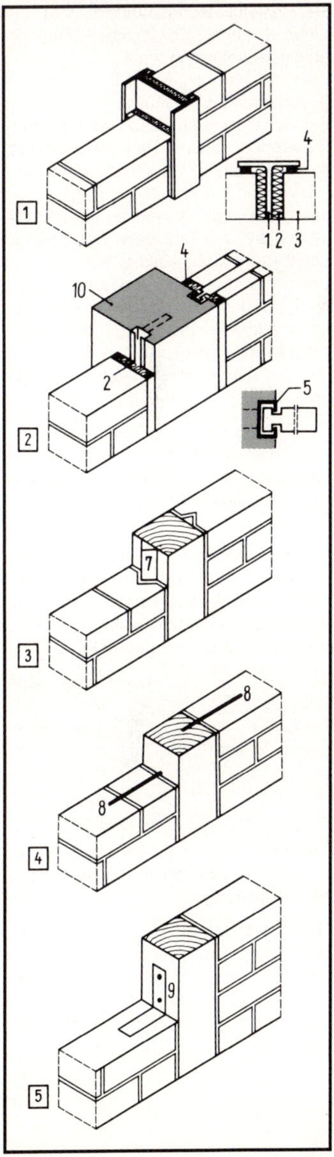

Bild 229.2 Seitliche Befestigung von Ausfachungen

[1] Ausfachung zwischen I-Stahlprofilen;
[2] Ausfachung zwischen Stahlbetonstützen;
[3] bis [5] Ausfachungen zwischen den Holzstielen von Holzfachwerkhäusern

1 I-Stahlprofil; *2* festgestopfte Mineralfasern; *3* Steine der Ausfachung; *4* dauerelastischer Fugendichtstoff; *5* U-förmige Mauerschiene; *6* eingehängter Flachstahlanker, 3 mm dick; *7* Dreikantleiste aus Holz; *8* nichtrostender Rundstahl, Durchmesser: 5 mm; *9* nichtrostender Stahlwinkel; *10* Stahlbetonstütze

Bei Instandsetzungsarbeiten sind sie daher – wenn erforderlich – nur vorsichtig zu entfernen.

Ausfachungen müssen seitlich an den tragenden Bauteilen verankert werden, damit standfeste Wände entstehen.

Beim seitlichen Anschluß an I-Profile (Bild 229.2; 1) und beim Anschluß an Stahlbetonstützen (Bild 229.2; 2) wird eine Schicht aus Mineralfasern eingestopft. Dadurch erhält die Ausfachung die Möglichkeit, ihre Länge zu ändern. Das I-Profil umfaßt die Steine und sichert so die Standfestigkeit der Ausfachung.

Bei Stahlbetonstützen kann z. B. eine Hohlschiene einbetoniert werden, in die Flachstahlanker, Dicke etwa 3 mm, aus nichtrostendem Stahl eingehängt werden.

Bei Holzfachwerken wurde früher der Anschluß nach Bild 229.2; 3 ausgeführt. Eine Dreikantleiste aus Holz wurde auf den Holzstiel genagelt und die Steine wurden eingekerbt.

Günstiger ist die Ausführung nach Bild 229.2; 4, bei der nichtrostende Stahlstäbe von 4 mm bis 6 mm Durchmesser in Bohrungen gesteckt werden, oder es werden Winkel aus nichtrostendem Stahl mit verzinkten Breitkopfnägeln am Stiel befestigt.

7

Die Ankerbleche oder Stahlstäbe liegen im Abstand von 250 mm in den Fugen der Ausfachung.

Die Ausfachungen sind oft nur 115 mm dick. Damit entsprechen sie nicht den heutigen Anforderungen an die Wärme- und Schalldämmung. Sie müssen also durch zusätzliche Dämmschichten ergänzt werden.

7.8 Überdeckung von Wandöffnungen

In Außen- und Innenwänden, über Tür oder Fensteröffnungen mit und ohne Anschlag sind die Öffnungen mit Bauteilen zu überdecken, die

- die Wandlasten aufnehmen und zu den seitlichen Auflagern leiten,
- die Wärmedämmung der Wand nicht verringern,
- einen guten Putzuntergrund bilden oder unmittelbar als Sichtmauerwerwerk dienen.

7.8.1 Kräfte im Auflager

Alle Überdeckungen können auf zwei typische Formen zurück geführt werden:

- Balken (Stürze)
- Bogen.

Balken (Bild 231.1; 1) schaffen einen waagerechten oberen Abschluß der Wandöffnung.
Die Balken über Wandöffnungen werden auch Stürze genannt.
Sie werden auf Biegung beansprucht. Im Auflager wirken nur senkrechte Kräfte.

Bogen (Bild 231.1; 2) ergeben eine gekrümmte Öffnungsüberdeckung. Sie bestehen fast immer aus Mauerwerk. In ihnen entwickeln sich Druckkräfte, die nahezu rechtwinklig zu den Lagerfugen des Bogens wirken.
Im Auflager (Widerlager) ruft der Bogen waagerechte und senkrecht gerichtete Kräfte hervor.

Bogen erzeugen einen Gewölbeschub (Bild 231.1; 2).

Das Widerlager muß dem Gewölbeschub widerstehen. Deshalb muß das Mauerwerk im Widerlager ausreichend breit sein. Wenn das nicht der Fall ist, schiebt der Bogen das Widerlager zur Seite und stürzt ein.

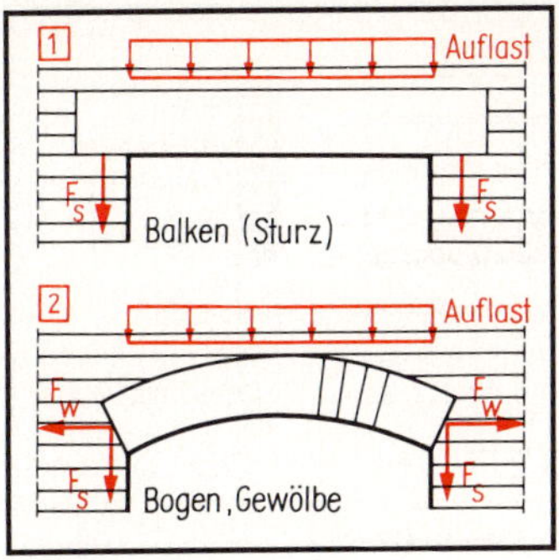

Bild 231.1 Kräfte, mit denen Balken und Bogen auf die Lager einwirken
F_s senkrechte Kraft; F_w waagerechte Kraft (Gewölbeschub)

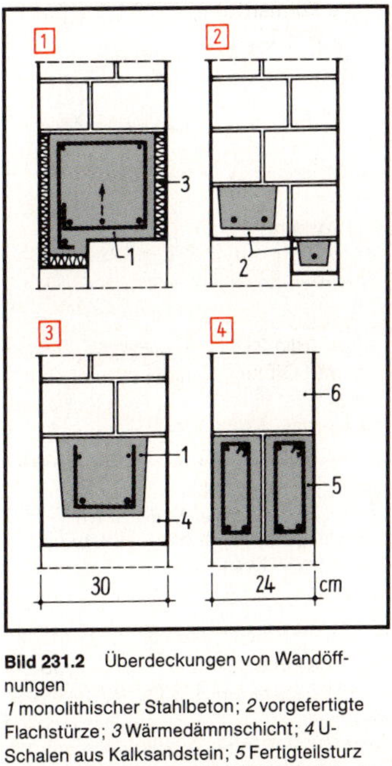

Bild 231.2 Überdeckungen von Wandöffnungen
1 monolithischer Stahlbeton; *2* vorgefertigte Flachstürze; *3* Wärmedämmschicht; *4* U-Schalen aus Kalksandstein; *5* Fertigteilsturz aus Stahl-Leichtbeton; *6* Leichtbetonsteine (Bims)

7.8.2 Stürze

Stürze werden aus verschiedenen Baustoffen hergestellt, z. B. aus
Stahlbeton, monolithisch oder Fertigteil,
Stahlträgern (I-Profile).

Monolithische Stahlbetonstürze. Mit dieser Konstruktion (Bild 232.2; 1) können große Wandöffnungen überbrückt und große Lasten getragen werden. Es ist jedoch eine Schalung erforderlich. Die Wärmedämmschichten verhindern, daß der Sturz eine höhere Wärmeleitfähigkeit als das Wandmauerwerk hat.
Außerden dienen die Dämmschichten, die häufig aus Holzwolle-Leichtbauplatten bestehen, als Putzträger.

Fertigteilstürze aus Stahl-Leichtbeton. Fertigteile (Bild 232.2; 4) können sofort belastet werden. Das beschleunigt den Bauablauf. Stürze können von Hand verlegt werden. Da sie aus Leichtbeton sind, haben sie den gleichen Wärmedämmwert wie die Wand aus wärmedämmendem Leichtbeton, z. B. Bimsbeton.

Stahlbetonstürze in U-Schalen. U-Schalen aus Ziegel, Kalksandstein, Porenbeton oder Leichtbeton ersetzen die Schalung und geben der Wand ein gleichmäßiges Aussehen und einen einheitlichen Putzuntergrund.

Flachstürze. Sie bestehen aus mehreren flachen U-Schalen aus Ziegel oder Kalksandstein und einem Stahlbetonkern (Bild 232.2; 2). Sie werden vorgefertigt. Nach ihrem Einbau wird das Wandmauerwerk hochgeführt. Es wirkt mit dem Flachsturz zusammen: Die Bewehrung des Flachsturzes trägt die Zugbeanspruchung und, das Mauerwerk über dem Sturz wirkt als Druckzone (Bild 232.1).
Anforderungen an die Ausführung nach „Richtlinie für die Bemessung und Ausführung von Flachstürzen“ vom Aug. 1977:

- Größte Stützweite: 3,00 m

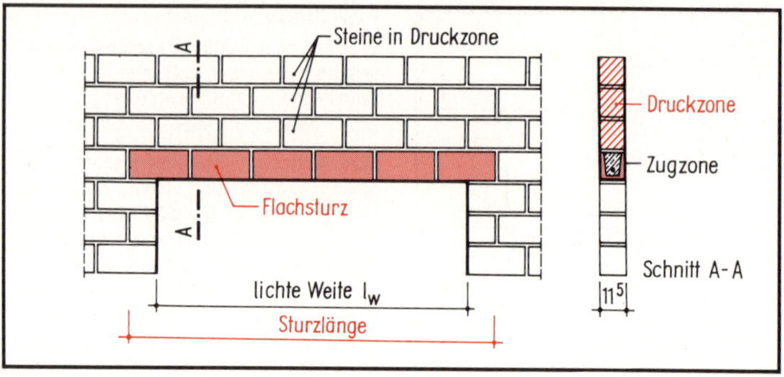

Bild 232.1 Flachsturz

- Jeder Flachsturz muß mindestens 6,0 cm hoch und 11,5 cm breit sein.
- Mauerwerk in der Druckzone:
  Ziegel oder Kalksandsteine: Steinfestigkeit ≧ 12
  Mörtel: MG II oder MG III
  Vollfugige Lager- und Stoßfugen, keine Knirschvermauerung
- Flachstürze dürfen nicht unmittelbar durch Deckenbalken belastet werden.
- Bei lichten Weiten $l_w \geqq 1{,}25$ m ist *eine* Hilfsstütze, bei $l_w \geqq 2{,}5$ m sind *zwei* Hilfsstützen aufzustellen. Sie können 7 Tage nach Herstellung des Mauerwerks (Druckzone) entfernt werden.

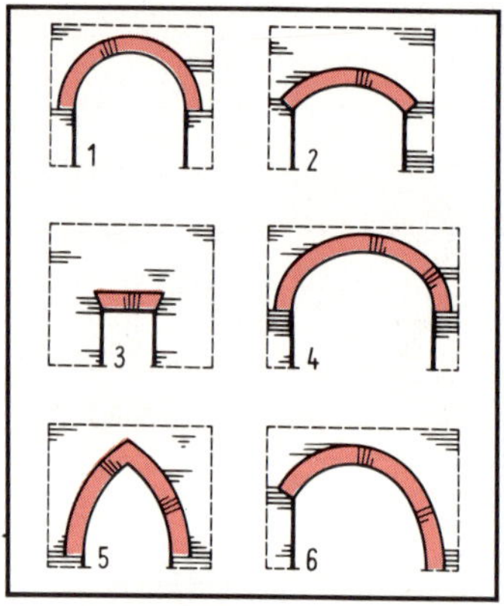

Bild 232.2 Bogenformen
1 Rundbogen; *2* Segmentbogen; *3* scheitrechter Bogen; *4* Korbbogen; *5* Spitzbogen; *6* ansteigender Bogen

7.8.3 Bogen

Bogenformen: Bild 232.2
Geometrische Konstruktion der Bogen: Bild 3.2.1
Bezeichnungen am Bogen: Bild 233.1

Lage der Steine und Fugenbreite. Die *Mittelachse* der Steine zeigt zum Bogenmittelpunkt (Bild 233.2; 1). Das muß nach „Augenmaß" gemacht werden und wird zumeist ungenau.

Genauer ist die in Bild 233.2; 2 dargestellte Arbeitsweise:
Im Mittelpunkt wird eine Rolle angebracht.
Rollendurchmesser = Steinhöhe.
Eine Schnur wird dann an *die Außenseite* der Steine gelegt.

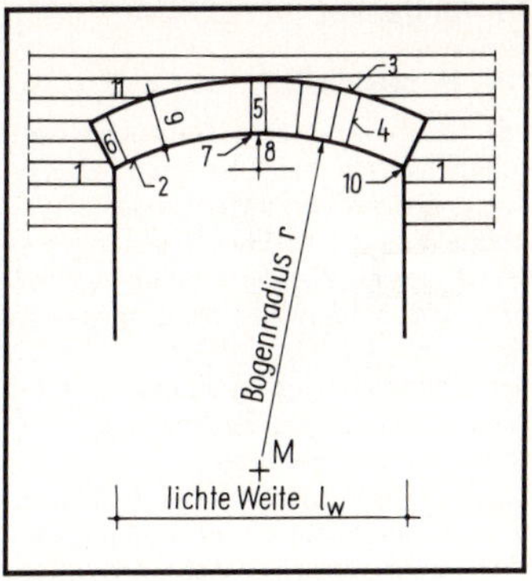

Bild 233.1 Bezeichnungen am Bogen oder Gewölbe
1 Widerlager; *2* Leibung; *3* Rücken; *4* Lagerfuge; *5* Schlußstein; *6* Anfängerstein; *7* Scheitel; *8* Stich, Höhe; *9* Dicke des Bogens; *10* Kämpfer; *11* Hintermauerung

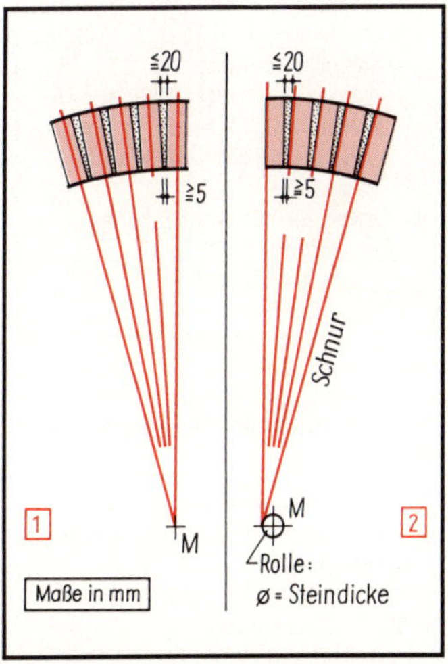

Bild 233.2 Ausrichtung der Steine eines Bogens zum Bogenmittelpunkt

Tabelle 233.1 Mindestwerte für den Bogenradius *r*

Bogendicke	Steinhöhe 5,2 cm	7,1 cm	11,3 cm
11,5 cm	44 cm	59 cm	91 cm
24,0 cm	92 cm	122 cm	189 cm
36,5 cm	139 cm	185 cm	288 cm
Steinformat	DF	NF	2 DF

Forderungen:

Fugendicke an der Leibung ≧ 5 mm
Fugendicke am Rücken ≦ 20 mm
Mörtel MG III

Die Forderungen zur Fugendicke können nicht erfüllt werden, wenn der Bogenradius zu klein ist.

Arbeitsablauf. Es wird ein Lehrbogen (Schalung) als Holz hergestellt und in der Öffnung auf Keile gestellt. Auf dem Lehrbogen wird der Bogenmittelpunkt festgelegt. Mit Hilfe einer Schnur wird die Lage der einzelnen Steine auf dem Lehrbogen aufgezeichnet. Der Schlußstein liegt immer in der Mitte. Deshalb ist eine *ungerade Anzahl* von Steinen im Bogen anzuordnen.
Es wird vom Widerlager ausgehend gemauert. Als letztes wird der Schlußstein eingesetzt. Es ist zweckmäßig, nach etwa einer Stunde die Keile etwas zu lockern. Der Lehrbogen sinkt um einige Millimeter herab und der Bogen „setzt" sich. Nach 5 bis 8 Tagen kann der Lehrbogen entfernt werden.

Segmentbogen. Richtwerte für den Bau von Segmentbogen ohne statischen Nachweis:

Stichhöhe $h = \frac{l_w}{6} \dots \frac{l_w}{12}$

Bogendicke	lichte Weite
24 cm	≦ 1,3 m
36,5 cm	≦ 1,6 m

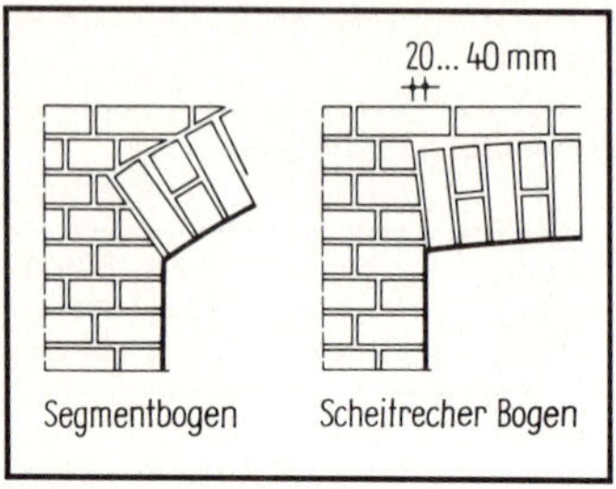

Bild 234.1 Widerlager von Segmentbogen und scheitrechten Bogen

Am Segmentbogen gilt für den Bogenradius folgende Gleichung:

$$r = \frac{h}{2} + \frac{l_w^2}{8 \cdot h}$$

l_w lichte Weite
h Stichhöhe
Widerlagerausbildung ↪ Bild 234.1

Scheitrechte Bogen. Sie ergeben eine nahezu waagerechte Überdeckung.
Richtwerte:

Stichhöhe $h = \frac{l_w}{50}$

Bogendicke	lichte Weite
24 cm	≦ 0,90 m
36,5 cm	≦ 1,30 m

Widerlagerausbildung ↪ Bild 234.1

Für scheitrechte Bogen wird keine Bogenlehre, sondern eine waagerechte Schalung verwendet. Eine Schicht aus Sand bildet die Form für die notwendige Stichhöhe.

Es gibt auch Ausführungen, bei denen die Lagerfugen und Widerlagerfugen genau senkrecht stehen. Diese Konstruktion ist kein selbsttragender Bogen, sondern eine Bekleidung.
Die Steine werden mit nichtrostenden Drahtankern am dahinterliegenden Sturz befestigt.

7.9 Ringanker

7.9.1 Notwendigkeit

Das Mauerwerk eines Gebäudes wird unterschiedlich stark erwärmt. Es ändert ungleichmäßig seine Länge.
Infolge unterschiedlicher Belastungen in den einzelnen Wandabschnitten „setzt“ sich das Mauerwerk nicht gleichmäßig.
Der Baugrund wird verschieden stark belastet. Es kommt zu Setzungen von unterschiedlicher Größe.
Durch diese Vorgänge treten im Mauerwerk Zugkräfte auf, die zu Rissen führen können. Um Risse im Mauerwerk zu vermeiden, sind in die Außenwände und in die Querwände *Ringanker* einzulegen.

DIN 1045 (2.1990) fordert Ringanker

- „bei Bauten, die mehr als zwei Vollgeschosse haben oder länger als 18 m sind,
- bei Wänden mit vielen oder besonders großen Öffnungen, besonders dann, wenn die Summe der Öffnungsbreiten 60 % der Wandlänge oder bei Fensterbreiten von mehr als ⅔ der Geschoßhöhe 40 % der Wandlänge übersteigt,
- wenn die Baugrundverhältnisse es erfordern.“

Ringanker müssen eine *Zugkraft* von 30 kN aufnehmen können.

7.9.2 Ausführungsbeispiele für Ringanker

Ringanker aus Stahlbeton. Sie bestehen aus monolithischem Beton und zwei Bewehrungsstäben (Bild 235.1; [1] bis [3]).
Gerippter Betonstahl
III S oder IV S: 2 ∅ 10
Glatter Betonstahl
I G: 2 ∅ 12

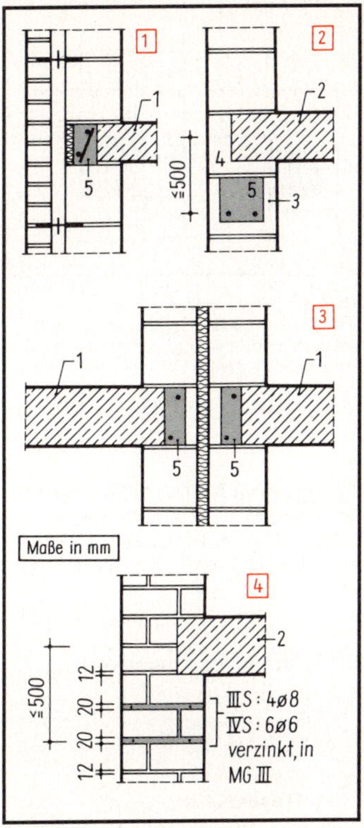

Bild 235.1 Ringanker in Wänden
1 Deckenfertigteil; *2* monolithische Decke; *3* U-Schale; *4* L-Schale; *5* Ringanker

Der glatte Betonstahl wird nur noch auslaufend verwendet.

Bild 235.1; 1: Ringanker in einer zweischaligen Außenwand neben Deckenfertigteilen.

Bild 235.1; 3: Ringanker in Querwänden, hier Trennwänden zwischen Reihenhäusern.

In diesen Beispielen liegt der Ringanker *neben* der Decke. Er kann aber auch bis zu 0,5 m *unterhalb* der Decke eingebaut werden.

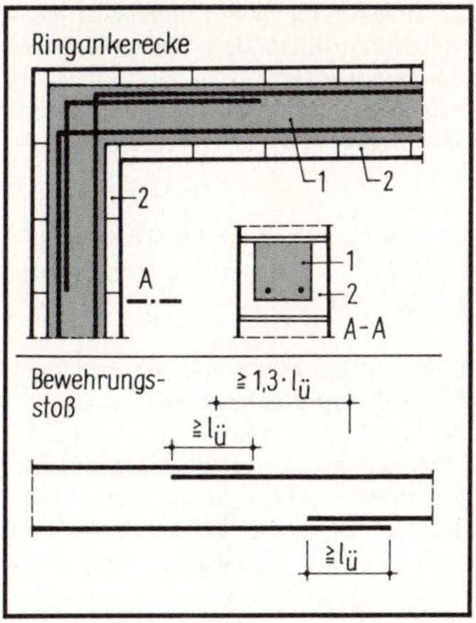

Bild 235.2 Bewehrungsführung im Ringanker
1 Ringanker; *2* U-Schalen
$l_ü$ Übergreifungslänge

Tabelle 235.1 Übergreifungslänge $l_ü$ von Ringankerbewehrungen, Bild 235.2

Stahl	d_s	Beton B 15	B 25
Rippenstahl ohne Haken: III S; IV S	10 mm	≧ 60 cm	≧ 47 cm
Glatter Rundstahl mit Halbkreishaken: I G[1])	12 mm	≧ 38 cm	≧ 30 cm

1) aus St 37-2, nur noch auslaufend

Bild 235.1; 2: Ringanker in U-Schale unterhalb der Decke. Die U-Schale erspart die Schalung und ergibt einen gleichmäßigen Putzuntergrund.

Die Bewehrung des Ringankers muß nach den Regeln des Stahlbetonbaus gestoßen werden.
Im Stoß werden die Zugkräfte von einem Bewehrungsstab zum anderen übertragen.

In Ringankern sind die Bewehrungsstöße versetzt anzuordnen (Bild 235.2).

Tabelle 235.1 nennt die Mindestwerte für die Übergreifungslänge $l_ü$.

Ringanker aus bewehrtem Mauerwerk. Bewehrtes Mauerwerk (↳ Abschnitt 7.10) enthält Lagerfugen bis zu 20 mm Dicke und Bewehrungsstäbe bis zu 8 mm Durchmesser.
↳ Bild 235.1; 4: Ringanker aus bewehrtem Mauerwerk unterhalb einer Massivdecke.

7.9.3 Ringbalken

Ringanker wirken mit Massivdecken zusammen. Wenn keine Massivdecke vorhanden ist oder diese auf einer Gleitschicht liegt, muß statt des Ring*ankers* ein Ring*balken* eingebaut werden.
Der Ringbalken muß Zug- und Biegebeanspruchungen widerstehen.
Er besteht aus einer Balkenbewehrung aus mindestens 4 Bewehrungsstäben und aus Bügeln.

Bild 236.1; 1: Ringbalken unter einer massiven Dachdecke.
Die Dachdecke unterliegt großen Temperaturschwankungen (Sonneneinstrahlung, Frost). Dadurch ändert sie ihre Länge. Eine Gleitschicht ermöglicht die Längenänderungen. Unter der Decke muß ein Ringbalken liegen.

Bild 236.1; 2: Holzbalkendecken haben nur eine geringe Steifigkeit. Ein Ringbalken unter der Decke steift das Gebäude aus und wirkt mit den Längs- und Querwänden zusammen.

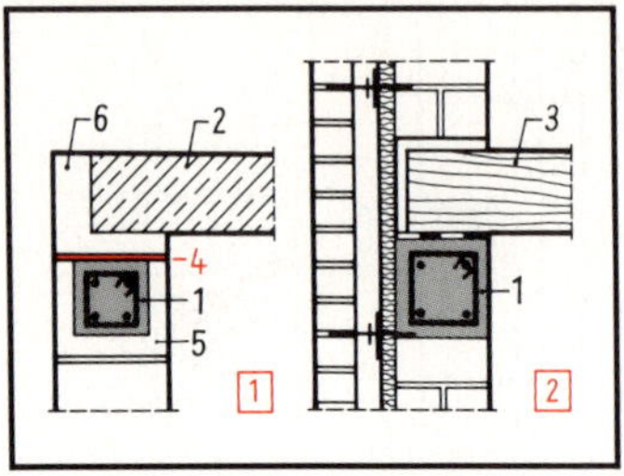

Bild 236.1 Ringbalken in Wänden
1 Ringbalken; *2* Massivdachdecke; *3* Holzbalken einer Holzbalkendecke; *4* Gleitschicht; *5* U-Schale; *6* L-Schale

Die Abmessungen der Ringbalken sind das Ergebnis einer statischen Berechnung. Deshalb können keine allgemeingültigen Richtwerte angegeben werden.

7.10 Bewehrtes Mauerwerk

Norm:
DIN 1053, T. 3 (2.1990)

7.10.1 Tragverhalten

Mauerwerk hat
eine ausreichende Druckfestigkeit, aber rechtwinklig zur Lagerfuge keine und parallel zur Lagerfuge nur eine sehr geringe Zugfestigkeit.

Deshalb wird Mauerwerk vor allem für Bauteile genutzt, in denen nur Druckbeanspruchungen auftreten (Bild 237.1; 1). Bei der Beanspruchung nach Bild 237.1; 2 wirkt das Mauerwerk ähnlich wie eine senkrecht stehende Stahlbetonplatte. Die waagerecht gerichtete Belastung kann von Bodenschichten (seitlicher Erddruck), von Schüttgütern in Silos oder vom Wind hervorgerufen werden.

7

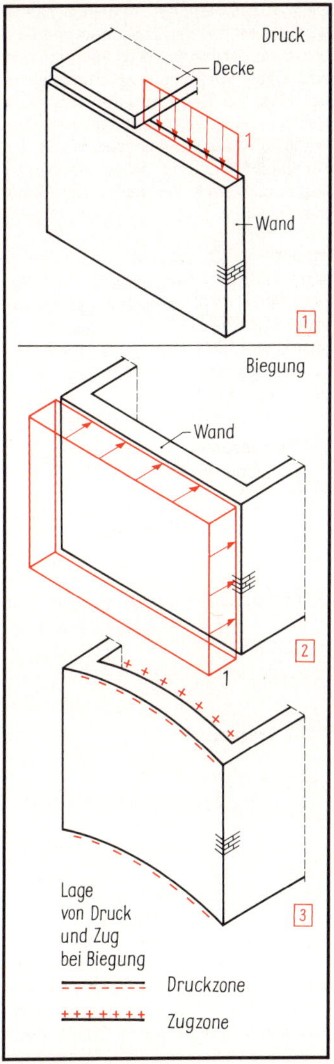

Bild 237.1 Biegebeanspruchung von Mauerwerk mit Druck- und Zugzone
1 Belastung

Die Wand verbiegt sich und es bilden sich Druck- und Zugzonen aus (Bild 237.1; 3). Unbewehrtes Mauerwerk kann nur geringe Belastungen dieser Art tragen.
Seine Tragfähigkeit wird erheblich gesteigert, wenn in der Zugzone eine Stahlbewehrung eingelegt wird.
Dann entsteht ein Verbundbaustoff, der ähnlich wie Stahlbeton (↪ Abschnitt 8) wirkt.

In bewehrtem Mauerwerk nimmt das Mauerwerk die Druckbeanspruchung und die Stahlbewehrung die Zugbeanspruchung auf.

7.10.2 Ausführung

Die Bewehrung liegt entweder in der Lagerfuge (Bild 238.1) oder in besonderen Formsteinen.

Allgemeine Regeln zur Ausführung von bewehrtem Mauerwerk:

- Die Bewehrung darf nur in Mörtel MG III oder MG IIIa liegen.
- Es ist gerippter Betonstahl zu verwenden.
- Mindestdicke der Wand: 11,5 cm
- Bei horizontal liegender Bewehrung müssen Lagerfugen und Stoßfugen *vollfugig* gemauert werden. Eine Knirschvermauerung mit mörtelfreien Stoßfugen ist nicht zulässig.
- Mindestbewehrung bei waagerecht liegender Bewehrung: 4 ⌀6 je 1 m Wandhöhe.

Korrosionsschutz: Die Steine schützen den Bewehrungsstahl *nicht* vor Korrosion. Die Mörtelschichten sind zu dünn, um einen jahrzehntelangen Schutz zu gewährleisten.
Ungeschützter Bewehrungsstahl, d. h. Betonstahl III S und IV S, darf daher nur zum Bau trockener Innenwände verwendet werden.
Für alle anderen Wände ist Bewehrungsstahl einzubauen, der mit einem besonderen Korrosionsschutz versehen ist.

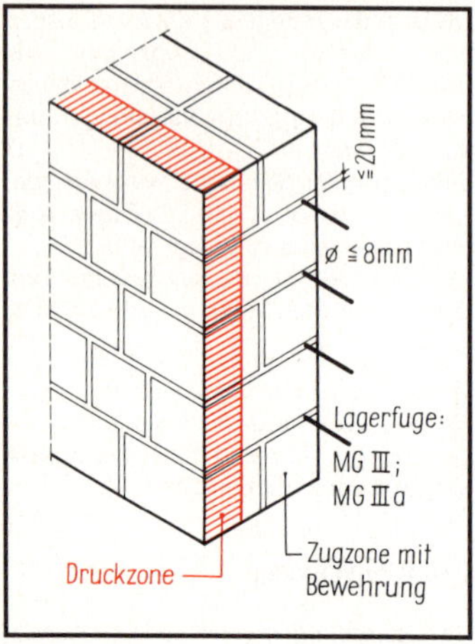

Bild 238.1 Mauerwerk mit bewehrten Lagerfugen

Hersteller bieten zu diesem Zweck *verzinkten* Bewehrungsstahl an.

Wenn die Bewehrung in der *Lagerfuge* liegt (Bild 238.1), sind außerdem zu beachten:

- Dicke der Lagerfuge ≦ 20 mm
- Stahldurchmesser ≦ 8 mm
- Betonüberdeckung = Abstand zwischen Stahl und Wandaußenfläche ≧ 30 mm

Bei der Beanspruchung nach Bild 238.1 befindet sich die Bewehrung in der Zugzone, also nur auf *einer* Seite der Wand.
Mitunter wird eine Bewehrung eingelegt, um das Mauerwerk allgemein vor Rissen zu schützen. Dann ist es sinnvoll, die Bewehrung auf beiden Wandseiten anzuordnen.
Die Hersteller bieten für die verschiedenen Wanddicken zwei miteinander verbundene Bewehrungsstäbe an. Dadurch wird auch die Lage der Bewehrungsstäbe in der Fuge gesichert.

Beim Ausrichten der einzelnen Steine wird der Mörtel der Lagerfuge gedrückt und quillt seitlich aus der Lagerfuge heraus. Dabei wird auch der Rundstahl in der Fuge zur Seite geschoben und die Betondeckung verringert sich.
Wenn an jeder Seite der Wand ein Rundstahl liegt und beide miteinander verbunden sind, verrutscht der Rundstahl nicht.

Auch Ringanker können aus bewehrtem Mauerwerk hergestellt werden (Bild 235.1; [4]). Da der Ringanker auf Zug beansprucht wird, müssen die Rundstähle immer auf beiden Seiten der Wand vorhanden sein. Für jeden Ringanker sind mindestens
2 × 2 mit d_s = 8 mm aus Betonstahl III S oder
2 × 3 mit d_s = 6 mm aus Betonstahl IV S einzulegen.
Am gemauerten Ringanker sind die Lagerfugen nicht 12 mm sondern 20 mm dick.

Früher wurden als Bewehrung von Mauerwerk auch Flachstähle verwendet.

7

8 STAHLBETONBAU

8 STAHLBETONBAU

8.1 Wirkungsweise

8.1.1 Bestandteile

Stahlbeton ist ein *Verbundbaustoff*. Beton wirkt mit Stahl zusammen und ergibt einen Baustoff mit besonderen Eigenschaften.

- Beton: ausreichende Druckfestigkeit; nur geringe Zugfestigkeit; witterungsbeständig; als Frischbeton leicht formbar
- Betonstahl: hohe Druck- und Zugfestigkeit; rostet an der Luft; geringe Feuerbeständigkeit
- Stahlbeton: ausreichende (Biege-)Druckfestigkeit und (Biege-)Zugfestigkeit; als Frischbeton leicht formbar; hohe Feuerbeständigkeit; bei sorgfältiger Konstruktion und Ausführung witterungsbeständig

Stahlbeton ist aus B 25 oder festeren Betonen herzustellen.
Bauteile, die ständig trocken bleiben, können auch aus B 15 bestehen.

Als Betonstahl wird gerippter Betonstahl

BSt 420 S = III S
BSt 500 S = IV S
BSt 500 M = IV M
eingebaut.

Auslaufend kann glatter Rundstahl der Qualität St 37-2 (BSt 220 G = I G) verwendet werden.
Durchmesser:
III S und IV S: 6...28
IV M: 4...12
I G (St 37-2): 8; 10; 12; 14; 16; 20; 25; 28

↳ Abschnitt 5.5.3.

8.1.2 Tragverhalten

Viele Bauteile werden auf Biegung beansprucht, so Balken, Platten, Freiträger. Dabei bilden sich Druck- und Zugzonen aus (Bild 240.1; 1).

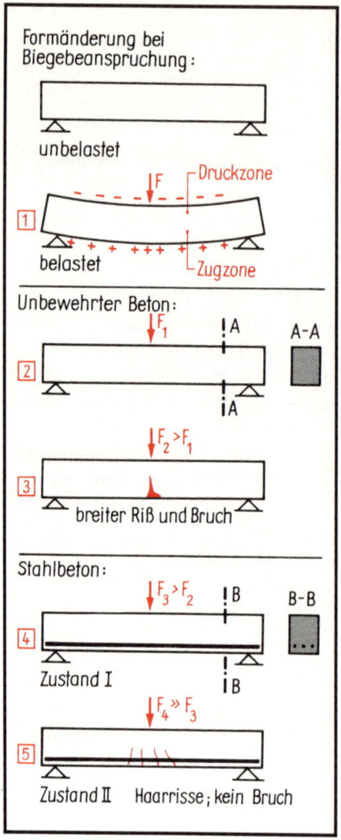

Bild 240.1 Formänderung bei Biegung und Tragverhalten von unbewehrtem Beton und Stahlbeton bei Biegebeanspruchung, z.B. von einem Balken

Unbewehrter Beton kann bei Biegebeanspruchung nur geringe Lasten tragen (Bild 240.1; 2).
Bei etwas höheren Lasten überschreitet die Biegezugbeanspruchung die Zugfestigkeit des Betons. Es entsteht ein breiter Riß und das Bauteil bricht schlagartig zusammen (Bild 240.1; 3).

Biegeträger dürfen nicht aus unbewehrtem Beton bestehen.

Im *Stahlbeton* umhüllt der Beton den Betonstahl und es kommt zu einem festen Verbund zwischen beiden Stoffen.

Im Stahlbeton liegen die Stahlstäbe vor allem in der Zugzone.

Bei einer Biegebeanspruchung (Bild 240.1; 4) wird der Beton und der Stahl gedehnt: Zustand I. Es treten noch keine Risse auf.
Bei einer weiteren Steigerung der Belastung (Bild 240.1; 5) reißt der Beton in der Zugzone. Es bilden sich feine Haarrisse. Die Stahlstäbe überbrücken die Risse und halten das Bauteil zusammen: Zustand II.

Die Stahlstäbe im Stahlbeton werden Bewehrung genannt. Sie werden vor allem auf Zug beansprucht.

Das Tragverhalten von Stahlbeton wurde in vielen Versuchen erforscht. Dabei wurde festgestellt, daß sich in der Nähe der Auflager Schrägrisse bilden (Bild 241.1; 1). Aufgebogene Stäbe und Bügel überbrücken diese Schrägrisse.

Aufgebogene Bewehrungsstäbe und Bügel erhöhen die Tragfähigkeit (Bild 241.1; 2 und 3).

8.1.3 Verankerung der Bewehrungsstäbe

In den Bewehrungsstäben wirken große Zugkräfte.
Deshalb muß jeder Stab im Beton verankert sein.
Wenn die Verankerung nicht fest genug ist, gleitet der Stab im Beton und das Bauteil verliert seine Tragfähigkeit.
Rippen auf dem Betonstahl,
Haken und *Schlaufen* oder
aufgeschweißte Querstäbe
übertragen die Kräfte vom Betonstahl auf den Beton (Bild 241.2) und verhindern, daß der Betonstahl im Beton rutscht.

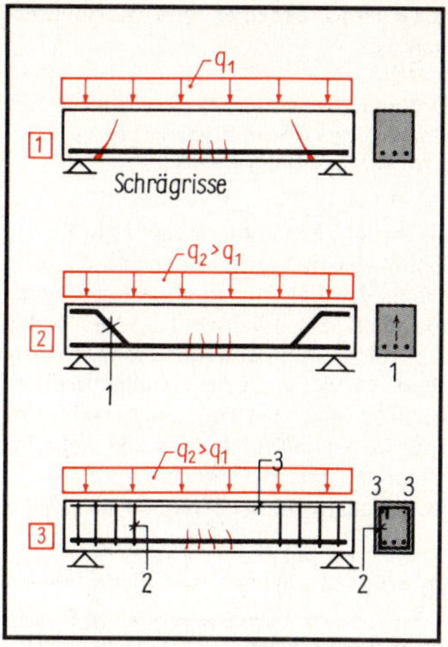

Bild 241.1 Aufgebogene Stäbe und Bügel verhindern breite Schrägrisse und erhöhen die Tragfähigkeit.
1 aufgebogener Tragstab; *2* Bügel; *3* Montagestab aus Stahl zur Lagesicherung der Bügel

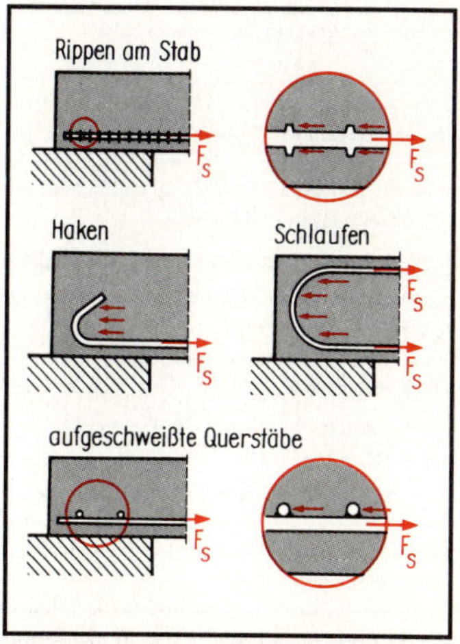

Bild 241.2 Verankerung der Bewehrungsstäbe

8.1.4 Betondeckung und Korrosionsschutz

Betonstahl rostet an der Luft. Der Beton umhüllt die Bewehrungsstäbe und verhindert, daß diese rosten.

Nach dem Erhärten verbleibt im (Fest-) Beton Kalkhydrat (↪ Abschnitt 5.2.3.1). Wenn Wasser in den Beton eindringt, löst sich das Kalkhydrat und es bildet sich eine stark basische Lösung (pH-Wert > 12,5). In dieser chemischen Umgebung rostet der Betonstahl nicht, obwohl Wasser und Luft in die äußeren Betonschichten eindringen.
Das Kalkhydrat wird jedoch allmählich abgebaut. An der Oberfläche des Bauteils erfolgt eine Carbonatisierung:

$$Ca(OH)_2 + H_2O + CO_2 \rightarrow CaCO_3 + 2\,H_2O$$

Kalkstein ($CaCO_3$) ist chemisch neutral. Der Beton reagiert nicht mehr basisch, der pH-Wert wird kleiner. An den Außenseiten der Bauteile bildet sich eine Schicht aus carbonatisiertem Beton (Bild 243.1), die im Verlauf der Jahrzehnte dicker wird. Wenn die Schicht den Betonstahl erreicht, beginnt er zu *rosten.*

Um das zu verhindern,

- muß der Stahlbeton eine Mindestmenge Zement enthalten (↪ Abschnitt 5.4.2.2);

Tabelle 242.1 Betondeckung für Bauteile aus Stahlbeton nach DIN 1045

Umweltbedingungen	**Stabdurchmesser** d_s in mm	**Mindestmaße für B ≧ 25 min** c in cm	**Nennmaße für B ≧ 25 nom** c in cm
Bauteile in geschlossenen Räumen, z. B. in Wohnungen (einschl. Küche, Bad und Waschküche)	bis 12	1,0	2,0
	14; 16	1,5	2,5
	20	2,0	3,0
	25	2,5	3,5
Bauteile, die ständig trocken sind.[1]	28	3,0	4,0
Bauteile, zu denen die Außenluft häufig oder ständig Zugang hat, z. B. offene Hallen und Garagen	bis 20	2,0	3,0
Bauteile, die ständig unter Wasser oder im Boden verbleiben	25	2,5	3,5
Dächer mit einer wasserdichten Dachhaut für die Seite, auf der die Dachhaut liegt	28	3,0	4,0
Bauteile im Freien			
Bauteile in geschlossenen Räumen mit sehr hoher Luftfeuchte, z. B. in gewerblichen Küchen, Bädern	bis 25	2,5	3,5
Bauteile, die wechselnder Durchfeuchtung ausgesetzt sind	28	3,0	4,0
Bauteile, die besonders korrosionsfördernden Einflüssen ausgesetzt sind	bis 28	4,0	5,0

1) Für diese Bedingungen ist auch die Verwendung von B 15 möglich. Dann gilt: $d_s \leqq 12$ mm; min c = 1,5 cm; nom c = 2,5 cm, weiter wie oben

8

- muß die Betondeckung ausreichend dick sein (Tabelle 242.1);
- muß der Beton an den Außenseiten der Bauteile besonders sorgfältig verdichtet werden.

In Bauteilen, die einer häufig wechselnden Durchfeuchtung ausgesetzt sind, ist die Rostgefahr groß.

Weitere Aufgaben: Die Betondeckung

- ermöglicht das Zusammenwirken von Stahl und Beton. Der Beton muß den Betonstahl umhüllen und einen festen Verbund herstellen. Für größere Stahldurchmesser ist eine größere Betondeckung erforderlich.
- erhöht den Feuerwiderstand des Bauteils. Die Betondeckung verzögert im Falle eines Brandes eine unzulässige Erwärmung des Stahles (↪ Abschnitt 5.5.1).
- schafft eine Sichtbetonfläche. Rostende Betonstähle oder andere Eisenreste (z. B. Bindedraht) in der Nähe der Oberfläche des Bauteils färben diese braun (Rostflecken).

Das Nennmaß der Betondeckung nom *c* wird auf der Zeichnung angegeben. Es bestimmt die Wahl der Abstandhalter (Bild 254.1).

Zwischen den Abstandhaltern hängen die Stahlstäbe etwas durch. Auch an diesen Stellen darf das Mindestmaß der Betondeckung min *c* in keinem Fall unterschritten werden.

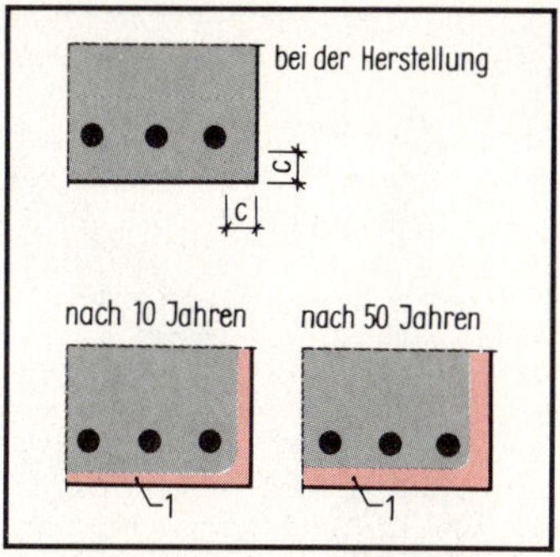

Bild 243.1 Die Betondeckung *c* schützt den Betonstahl vor Korrosion.
1 Carbonatisierter Beton

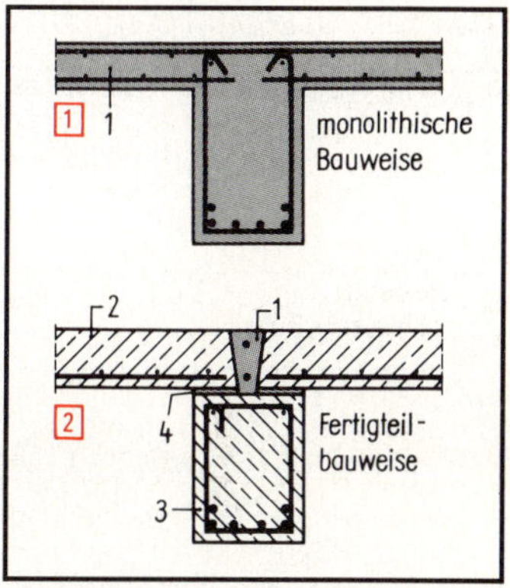

Bild 243.2 Anschluß Balken – Platte bei verschiedenen Bauweisen
1 Ortbeton; *2* Fertigteilplatte; *3* Fertigteilbalken; *4* Beton- oder Mörtelfuge

8.2 Konstruktionsformen im Stahlbetonbau

Monolithische Bauwerke werden am Ort der späteren Nutzung aus Ortbeton errichtet. Die Bewehrungen der einzelnen Bauteile reichen ineinander.

Beispiel:

Plattenbalken nach Bild 8.5; 1

Balken und Platten werden in einem Arbeitsgang betoniert. Die Plattenbewehrung kreuzt die Bügelbewehrung des Balkens.

Stahlbetonfertigteile werden im Betonwerk hergestellt, als transportfähiges Bauteil zur Baustelle gefahren und dort mit Hilfe von Kranen zu einem Bauwerk zusammengesetzt.

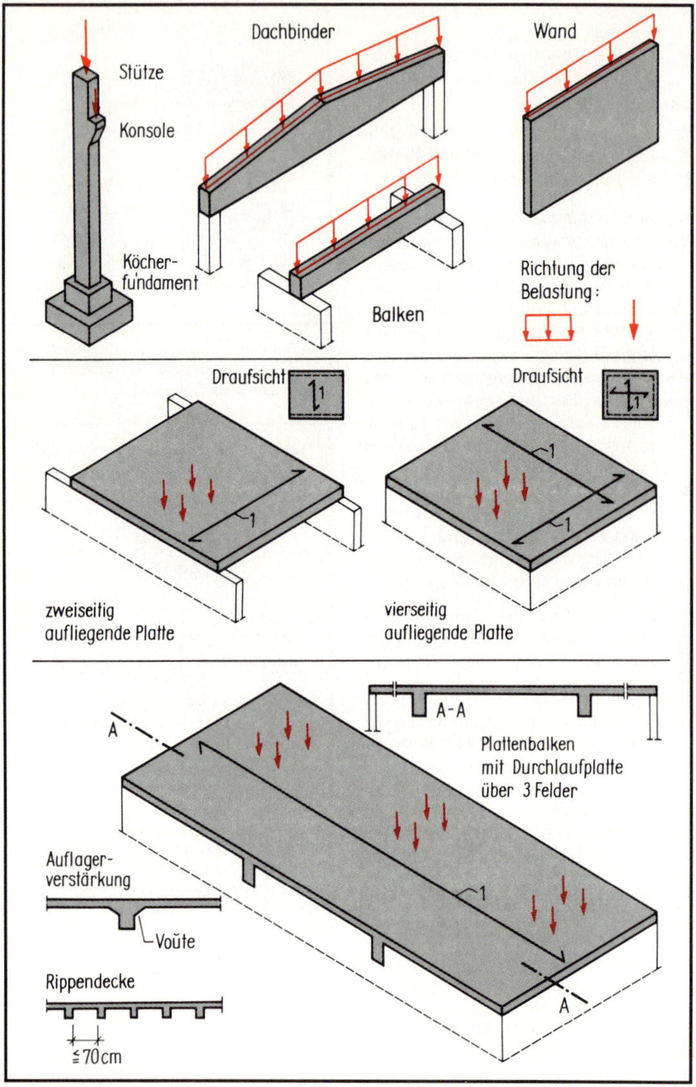

Bild 244.1 Bauteile aus Stahlbeton
1 Spannrichtung der Plattenbewehrung

Beispiel:
Platte auf Balken nach Bild 243.2; 2.
Die Fertigteilplatte liegt auf einer etwa 20 mm dicken Beton- oder Mörtelschicht (MG III).
Der Raum zwischen den Plattenfertigteilen wird mit Ortbeton gefüllt und es wird eine Bewehrung eingelegt, die die Deckenfertigteile zusammenhält.
Schmale Fertigteile, die nur gering belastet werden, können auch ohne Beton- oder Mörtelfuge verlegt werden.

Die Form der Bauteile aus Stahlbeton paßt sich dem vorgesehenen Zweck gut an. Bild 244.1 zeigt häufig verwendete Konstruktionsformen für Bauteile aus Stahlbeton.

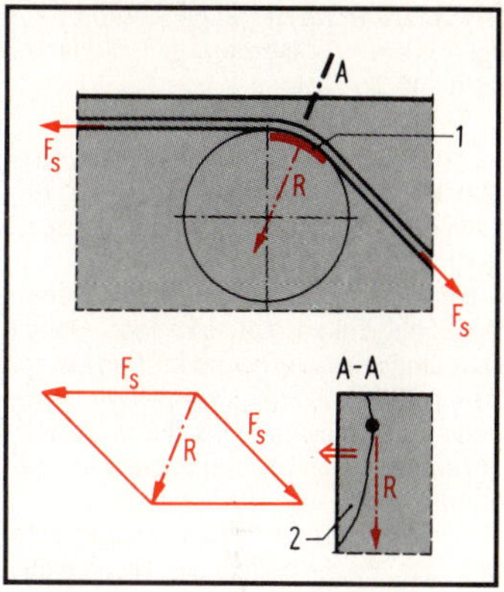

Bild 245.1 Kräfte an einer Aufbiegung
F_s Zugkraft im Bewehrungsstab; *R* resultierende Kraft;
1 gedrückter Bereich; *2* Abplatzung

8.3 Herstellung der Bewehrung

8.3.1 Biegerollendurchmesser

In den Bewehrungsstäben wirken große Zugkräfte.

An allen Aufbiegungen, Haken und in den Bügelecken übertragen die Bewehrungsstäbe große Druckkräfte auf den Beton.

Die Größe der gedrückten Fläche hängt vom Durchmesser der Biegerolle ab. Bei Verwendung kleiner Biegerollen wird sie klein. Wenn die Kraft *R* nur auf eine kleine Fläche einwirkt, besteht die Gefahr, daß der Beton zerdrückt wird oder seitlich abplatzt (Bild 245.1).
Aus diesem Grund müssen beim Biegen von einzelnen Bewehrungsstäben und von Bewehrungsmatten Mindestwerte für den Biegerollendurchmesser eingehalten werden (Tabellen 245.1; 246.1

Zu kleine Biegerollen führen zu Schäden am Beton.

Zur zeichnerischen Darstellung der erforderlichen Biegerollendurchmesser ↳ Bild 28.1.

Tabelle 245.1 Mindestwerte der Biegerollendurchmesser d_{br} für Haken, Schlaufen und Bügel ↳ Bild 246.1
nach DIN 1045 (7.1988)

Stabdurchmesser d_s	Betonstahl III; IV	Betonstahl I
$d_s < 20$ mm	$d_{br} \geqq 4d_s$	$d_{br} \geqq 2{,}5d_s$ 1)
$d_s = 20 \ldots 28$ mm	$d_{br} \geqq 7d_s$	$d_{br} \geqq 5d_s$ 1)

1) Zur Zeit nicht genormt

8.3.2 Hakenformen

Es werden Haken und Winkelhaken unterschieden (Bild 246.2).

Das freie Hakenende, das ist der Abstand vom Ende der Krümmung bis zum Stabende, muß *mindestens* 5 d_s lang sein.

Auch in den Bügeln wirken Zugkräfte.

8

Die Verankerung der Bügel erfordert sogar ein längeres Hakenende (Bild 246.2).

Auf den Bewehrungszeichnungen oder Stahllisten einiger Firmen wird das Hakenmaß als Außenmaß eingetragen (Bild 258.1).
Erfahrungsgemäß treten beim Biegen Ungenauigkeiten auf und der Haken wird länger als vorgegeben. Das ist zulässig. Ein zu kurzes Hakenende ist jedoch zu vermeiden, da dadurch die Verankerung des Bewehrungsstabes gefährdet wird.
In anderen Firmen wird vorausgesetzt, daß der Facharbeiter die Hakenmaße kennt und einhält.

Tabelle 246.1 Mindestwerte der Biegerollendurchmesser d_{br} für Aufbiegungen, rechtwinkligen Abbiegungen usw. ↪ Bild 246.1 nach DIN 1045 (7.1988)

Betondeckung, rechtwinklig zur Krümmungsebene	Betonstahl III; IV	Betonstahl I
> 5 cm und $> 3d_s$	$d_{br} \geqq 15d_s$ 2)	$d_{br} \geqq 10d_s$ 1)
$\leqq 5$ cm oder $\leqq 3d_s$	$d_{br} \geqq 20d_s$	$d_{br} \geqq 10d_s$ 1)

1) Zur Zeit nicht genormt
2) Kann auf $d_{br} \geqq 10d_s$ verringert werden, wenn der Achsabstand der Bewehrungsstäbe und die seitliche Betondeckung rechtwinklig zur Krümmungsebene $\geqq 10$ cm und $\geqq 7d_s$ sind.

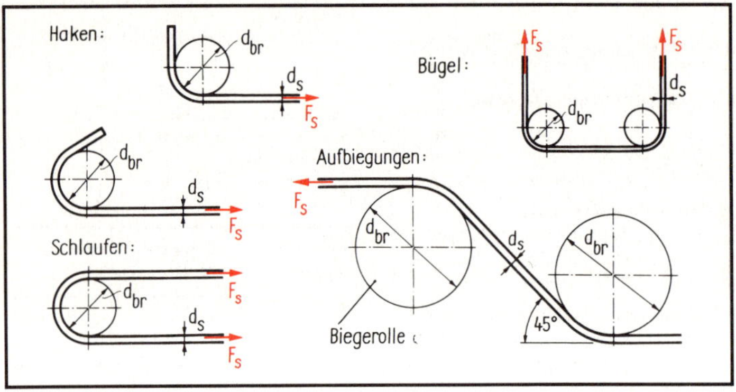

Bild 246.1 Biegerollendurchmesser, ↪ Tabelle 245.1/246.1

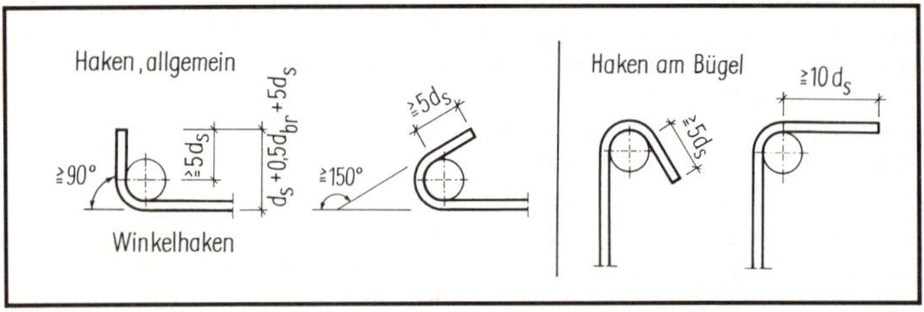

Bild 246.2 Hakenmaße, Biegerollendurchmesser ↪ Tabelle 245.1

8.3.3 Einzelstabbewehrung

Die Bewehrungsführung wird vom Tragwerkplaner (Ingenieur) festgelegt und in Bewehrungszeichnungen dargestellt (↳ Abschnitt 1.9.3). Die Bewehrungsstäbe werden auf dem Biegeplatz
auf Länge geschnitten,
gebogen,
gebündelt,
zur Baustelle transportiert und dort gelagert und eingebaut (verlegt).

Auf den Bewehrungszeichnungen werden die Stahlsorten, Durchmesser und Biegemaße vorgegeben (↳ Bild 30.2)

> Biegemaße sind Außenmaße (↳ Bild 30.1).
> Ausnahme: schräge Aufbiegungen (↳ Bild 29.2)

Zwangsmaße müssen genau eingehalten werden, d. h. sie dürfen nicht länger als vorgegeben sein. Sie werden auf der Zeichnung in ( ) gesetzt. Wenn Bewehrungsstäbe mit Zwangsmaßen zu lang gebogen werden, dann passen sie z. B. nicht in die Bügel oder die Betondeckung wird zu klein.

Die einzelnen Biegeformen (Bild 247.1) werden aus geraden Stäben gebogen.

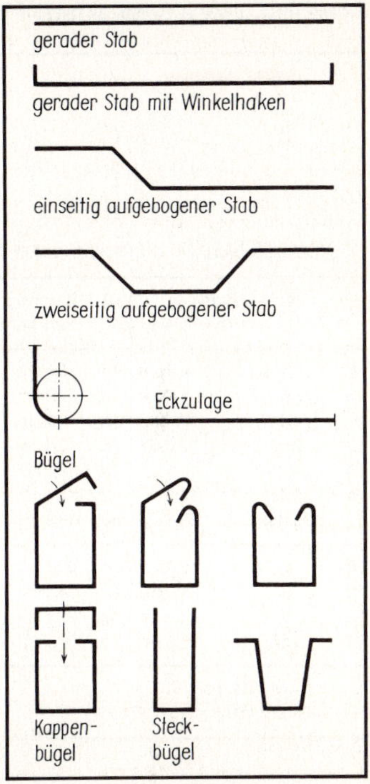

Bild 247.1 Häufige Biegeformen

> Schnittlänge = Summe der Teillängen + Hakenzuschläge − Abzug für 90°-Abbiegungen

Die Länge der schrägen Aufbiegung, auch Schmiege genannt, wird nach Bild 247.2 berechnet.
Bei der Berechnung des Hakenzuschlages (Tabelle 248.1) ist zu beachten, daß die Winkelhaken der Bügel länger sind.

Rechtwinkelabbiegungen sollten durch einen Abzug berücksichtigt werden (Tabelle 248.2).

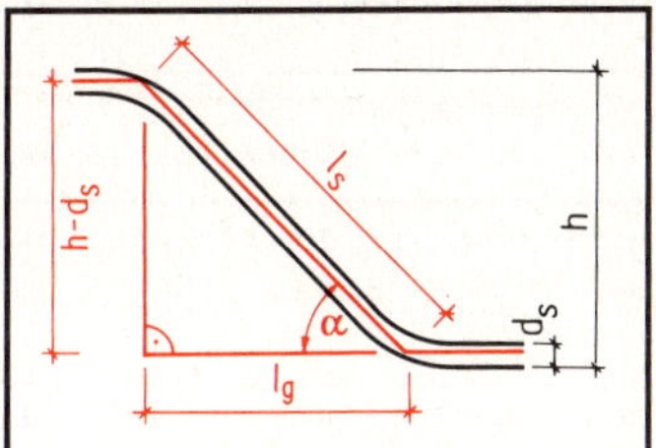

α	l_s	l_g
30°	$2\cdot(h-d_s)$	$1{,}73\cdot(h-d_s)$
45°	$1{,}41\cdot(h-d_s)$	$1{,}0\cdot(h-d_s)$
60°	$1{,}15\cdot(h-d_s)$	$0{,}57\cdot(h-d_s)$

Bild 247.2 Berechnung der Länge der schrägen Aufbiegung (Schmiege)

Tabelle 248.1 Hakenzuschläge zur Schnittlängenberechnung

Haken, allgemein

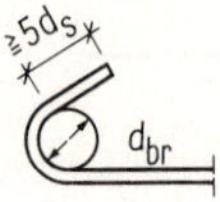

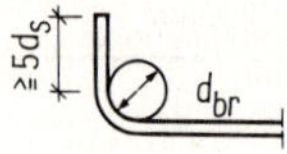

Winkelhaken für Bügel

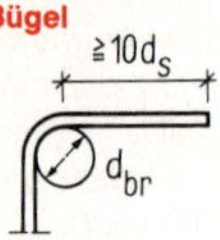

	Betonstahl I[1]		**Betonstahl III; IV[2]**		**Betonstahl III; IV[2]**		**Betonstahl III; IV[2]**	
d_s	d_{br}	Zuschlag für 1 Haken	d_{br}	Zuschlag für 1 Haken	d_{br}	Zuschlag für 1 Haken	d_{br}	Zuschlag für 1 Haken
6	$2{,}5d_s$	4,5 cm	$4d_s$	5,5 cm	$4d_s$	4,0 cm	$4d_s$	7,0 cm
8	$2{,}5d_s$	6,0 cm	$4d_s$	7,0 cm	$4d_s$	5,0 cm	$4d_s$	9,0 cm
10	$2{,}5d_s$	7,5 cm	$4d_s$	9,0 cm	$4d_s$	6,0 cm	$4d_s$	11,0 cm
12	$2{,}5d_s$	9,0 cm	$4d_s$	10,5 cm	$4d_s$	7,5 cm	$4d_s$	13,5 cm
14	$2{,}5d_s$	10,5 cm	$4d_s$	12,0 cm	$4d_s$	8,5 cm	$4d_s$	16,0 cm
16	$2{,}5d_s$	12,0 cm	$4d_s$	14,0 cm	$4d_s$	10,0 cm	$4d_s$	18,0 cm
18	$2{,}5d_s$	13,5 cm	$4d_s$	15,5 cm	$4d_s$	11,0 cm	$4d_s$	20,0 cm
20	$5d_s$	19,0 cm	$7d_s$	22,0 cm	$7d_s$	14,0 cm	–	–
22	$5d_s$	21,0 cm	$7d_s$	24,5 cm	$7d_s$	15,0 cm	–	–
25	$5d_s$	23,5 cm	$7d_s$	27,5 cm	$7d_s$	17,0 cm	–	–
28	$5d_s$	26,5 cm	$7d_s$	31,0 cm	$7d_s$	19,0 cm	–	–

1) BSt 220 oder St 37-2
2) BSt 420 S oder BSt 500 S

Tabelle 248.2 Abzug für Rechtwinkelabbiegungen, Bild 249.1

	Nur für Bügel, ↪ Tabelle 245.1						
d_s	d_{br} $2{,}5d_s$	$d_{br} = 4d_s$	$d_{br} = 5d_s$	$d_{br} = 7d_s$	$d_{br} = 10d_s$	$d_{br} = 15d_s$	$d_{br} = 20d_s$
6	1,1 cm	1,2 cm	1,4 cm	1,6 cm	2,0 cm	2,7 cm	3,3 cm
8	1,4 cm	1,7 cm	1,8 cm	2,1 cm	2,7 cm	3,5 cm	4,4 cm
10	1,8 cm	2,1 cm	2,3 cm	2,7 cm	3,4 cm	4,4 cm	5,5 cm
12	2,1 cm	2,5 cm	2,7 cm	3,3 cm	4,0 cm	5,3 cm	6,6 cm
14	2,5 cm	2,9 cm	3,2 cm	3,8 cm	4,7 cm	6,2 cm	7,7 cm
16	2,8 cm	3,3 cm	3,6 cm	4,4 cm	5,4 cm	7,0 cm	8,8 cm
18	3,2 cm	3,7 cm	4,1 cm	4,9 cm	6,0 cm	8,0 cm	9,9 cm
20	–	–	–	–	6,7 cm	8,9 cm	11,0 cm
22	–	–	–	–	7,4 cm	9,7 cm	12,1 cm
25	–	–	–	–	8,4 cm	11,0 cm	13,8 cm
28	–	–	–	–	9,4 cm	12,4 cm	15,0 cm

Tabelle 249.1 Betonstabstahl, Querschnittsfläche und Metergewicht

d_s in mm	**Nennquerschnitt** in cm²	**Nenngewicht je 1 m** in kg/m
4,0	0,126	0,099
4,5	0,159	0,125
5,0	0,196	0,154
5,5	0,238	0,187
6	0,283	0,222
8	0,503	0,395
10	0,785	0,617
12	1,13	0,888
14	1,54	1,21
16	2,01	1,58
18	2,54	2,00
20	3,14	2,47
22	3,80	2,98
25	4,91	3,85
28	6,16	4,83
32	8,04	6,31

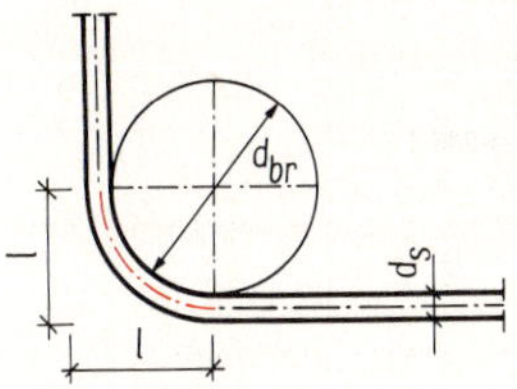

$$\text{erf. Abzug} = 2l - \frac{90°}{360°} \cdot \pi\,(d_{br} + d_s)$$

$$= 2\left(\frac{d_{br}}{2} + d_s\right) - 0{,}79\,(d_{br} + d_s)$$

$$= 0{,}21\,d_{br} + 1{,}21\,d_s$$

Bild 249.1 Ansatz zur Berechnung des Abzuges für *eine* Rechtwinkelabbiegung

Bei *Paßstäben,* deren Einbaulänge genau eingehalten werden muß, empfiehlt es sich, für je zwei 45° Aufbiegungen 1 cm bis 2 cm abzuziehen. Es ist aber zweckmäßig, diesen Abzug an der jeweiligen Biegemaschine durch eine Probebiegung zu überprüfen.

Die Bewehrungsstäbe werden nach einer *Bewehrungszeichnung* oder nach einer *Biegeliste* (Tabelle 250.1) gebogen. Einige Biegelisten enthalten auch die Gewichtsangaben je Biegeposition. Auf anderen Biegelisten wird die Biegeform durch Buchstaben gekennzeichnet: A1 oder C2 o. ä. Dadurch wird die elektronische Datenverarbeitung erleichtert, ↪ ausführlich in DIN 1356, T. 10 (2. 1991).

Beispiele zur Schnittlängenberechnung:

Pos. ① nach Tabelle 250.1:
Schnittlänge = Einbaulänge + zwei Hakenzuschläge nach Tabelle 248.1
Schnittlänge = 650 + 2 · 14
= 678 cm

Pos. ② nach Tabelle 250.1:
Schnittlänge = Teillänge 1 + Teillänge 2 − ein Abzug für eine Rechtwinkelabbiegung nach Tab. 248.2
Schnittlänge = 180 + 260 − 8,9
= 431 cm

Pos. ③ Bügel nach Tabelle 250.1:
Schnittlänge = Summe der Teillängen + zwei Zuschläge für Rechtwinkelhaken nach Bild 248.1 − drei Abzüge für Rechtwinkelabbiegungen nach Tabelle 248.2
Schnittlänge
= 2 · 30 + 2 · 50 + 2 · 13,5
− 3 · 2,5
= 180 cm

Pos. ④ nach Tabelle 250.1:
Schnittlänge = Teillänge 1 + Teillänge 2 + Länge der schrägen Abbiegung
Schnittlänge = 170 + 63 + 340
= 573 cm

Wenn der Bewehrungsstab ein Paßstab ist, dann ist es zweckmäßig, für die zwei 45°-Aufbiegungen 1,0...2,0 cm von der Schnittlänge abzuziehen.

Tabelle 250.1 Biegeliste

Pos. Nr.	Anzahl	d_s mm	Beton-stahlsorte	Schnitt-länge m	Biegerollendurchmesser Haken, Bügel	Biegerollendurchmesser Aufbiegungen	Biegeform (unmaßstäblich) Maße in cm	Gesamtlänge in m für d_s 12	20	25	
①	10	20	III S	6,78	$7d_s$				67,80		
②	15	20	III S	4,31		$15d_s$			64,65		
③	20	12	III S	1,80	$4d_s$			36,00			
④	2	25	III S	5,73		$15d_s$				11,46	
							Gesamtlänge aller Pos.	36,00	132,45	11,46	
							Metergewicht in kg/m	0,888	2,47	3,85	
							Gewicht in kg je d_s	32	327	44	
							Gesamtgewicht	403 kg			

8.3.4 Mattenbewehrung

Bewehrungsmatten werden mit Stabdurchmessern ≦12 mm und verschiedenen Achsabständen im Mattenwerk hergestellt, ↪ Abschnitt 5.5.3.
Ebene Bewehrungsmatten (Bild 251.2) werden z. B. zur Bewehrung von Platten und Wänden eingebaut.
Abgebogene Matten ergeben z. B. Bügelmatten (Bild 251.2).

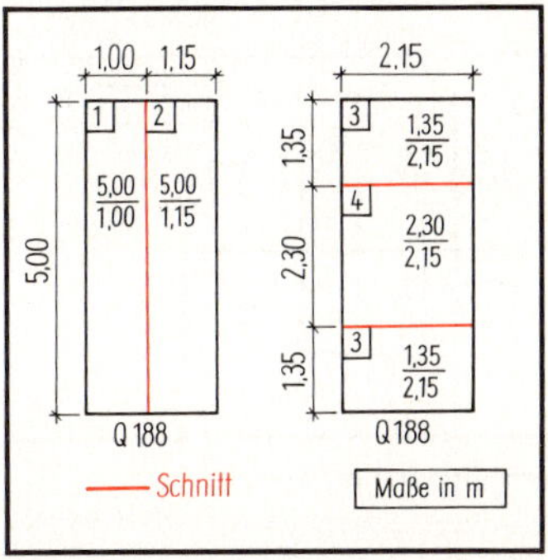

Bild 251.1 Schneideskizzen zur Teilung von Lagermatten
Aufbau der Matte Q 188 ↪ Tabelle 149.1.

Mit Hilfe von Bolzenschneidern oder elektrohydraulischen, handgeführten Schneidegeräten können einzelne Mattenstäbe getrennt werden.
Schneidemaschinen teilen mit einem Schnitt alle Längs- oder alle Querstäbe der Matte.
Lagermatten (↪ Tabelle 149.1) oder andere Matten werden zurechtgeschnitten, um für die jeweilige Konstruktion zu passen (Bild 251.1).

Es ist nicht möglich, *einzelne* Mattenstäbe aufzubiegen und benachbart liegende Stäbe gerade weiter zu führen.
Es können jedoch *alle* Längsstäbe oder alle Querstäbe einer Matte zur gleichen Form gebogen werden (Bild 251.2).

Matten enden zumeist mit einem geraden Stabende oder mit aufgeschweißten Querstäben nahe am Stabende. Es kommen auch Matten mit Haken vor, z. B. Bügelmatten nach Bild 252.2.

Je kleiner der Biegerollendurchmesser ist, desto größer ist die Beanspruchung der Schweißverbindung beim Biegen. Deshalb sind beim Biegen von Matten folgende *Regeln* einzuhalten:

- Die Biegerollendurchmesser nach Tabellen 245.1; 246.1 gelten nur, wenn die Schweißstellen minde-

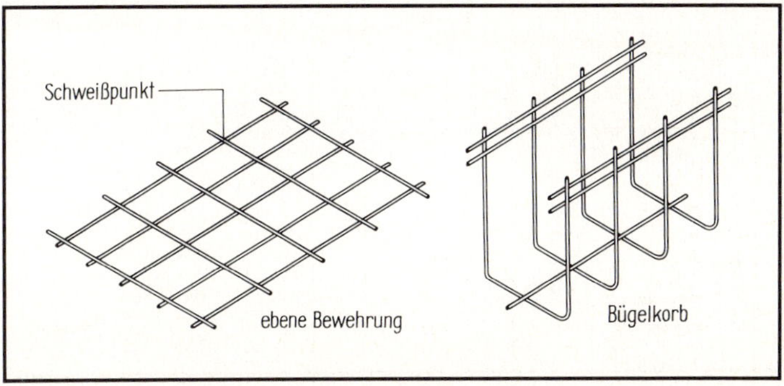

Bild 251.2 Häufige Verwendung von Bewehrungsmatten

8

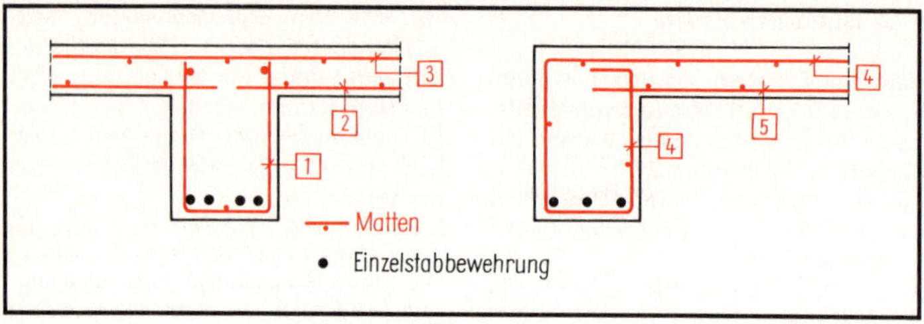

Bild 252.1 Bügelmatten und ebene Matten an Plattenbalken

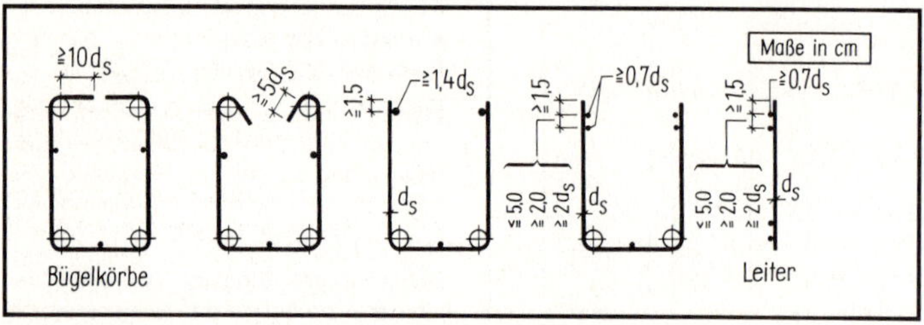

Bild 252.2 Haken und aufgeschweißte Querstäbe an Bügelkörben aus Matten

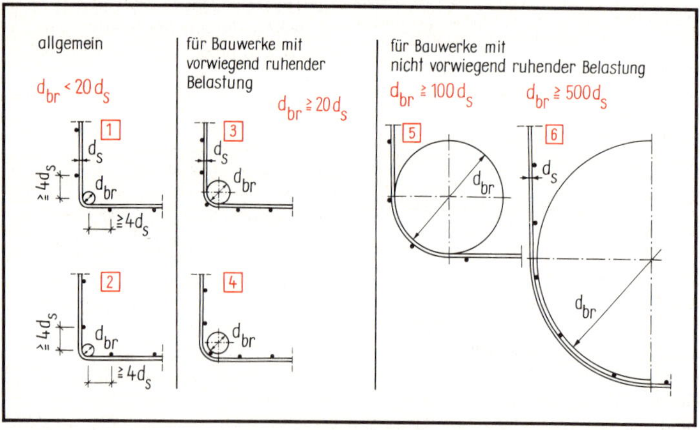

Bild 252.3 Biegerollendurchmesser beim Biegen von Bewehrungsmatten

stens 4 d_s vom Krümmungsbeginn entfernt sind (Bild 252.3; [1] und [2]).

- Bei Matten für Bauwerke mit vorwiegend *ruhenden* Lasten können die Schweißstellen im Krümmungsbereich liegen, wenn der Biegerollendurchmesser $d_{br} \geqq 20\, d_s$ ist (Bild 252.3; [3] und [4]).
- Matten für Bauwerke mit vorwiegend *nicht ruhenden* Lasten sind mit sehr großen Biegeradien zu biegen (Bild 252.3; [5] und [6]). Dazu dienen Spezialmaschinen der Mattenwerke.

8.4 Einbau der Bewehrung

8.4.1 Allgemeine Regeln

Bauteile aus Stahlbeton erreichen nur dann die geplante Tragfähigkeit, wenn die Bewehrungsstäbe allseitig von Beton umhüllt sind und beide Stoffe fest aneinander haften.

- Bewehrungsstäbe dürfen beim Einbau nicht durch Lehm, Schnee, Eis, Bitumen, Anstriche oder Öle verunreinigt sein.

Diese Stoffe trennen den Stahl vom Beton.

- Auf Bewehrungsstäben darf Flugrost, aber kein Blattrost vorhanden sein.

Flugrost schafft eine rauhe Oberfläche und verbessert dadurch sogar den Verbund zwischen Stahl und Beton.
Blattrost bildet eine bröcklige Schicht zwischen beiden Stoffen.
Eventuell vorhandener *Blattrost* muß vor dem Einbau entfernt werden.

- Zwischen parallel liegenden Bewehrungsstäben muß ein lichter Abstand von mindestens 2 cm und mindestens d_s verbleiben.

Ausnahmen: Doppelstäbe von Bewehrungsmatten (↳ Tabelle 149.1) und Stabbündel (↳ Bild 259.1).

Rechtwinklig zueinander liegende Bewehrungsstäbe können sich berühren.
Die Tragfähigkeit der Bauteile aus Stahlbeton hängt auch davon ab, ob die Bewehrungsstäbe im *erhärteten Beton* eine zweckmäßige Lage einnehmen.

- Die in der Bewehrungszeichnung vorgegebenen Stahlsorten, Durchmesser, Biegemaße und Stababstände sind unbedingt einzuhalten.

Vor dem Betonieren ist die Bewehrung vom Bauleiter oder einem fachkundigen Vertreter abzunehmen.

- Die einzelnen Bewehrungsstäbe und Matten sind so zu befestigen, daß sie beim Betonieren nicht verrutschen können.

Die einzelnen Bewehrungsstäbe werden durch *Bindedraht* oder mit vorgefertigten *Stahlverbindern* miteinander verbunden.
Die Dicke der Betondeckung wird durch *Abstandhalter* aus Beton, Kunststoff oder nichtrostendem Stahlblech gesichert (Bild 254.1). Die Abstandhalter verbleiben beim Betonieren im Beton.

Die Abstandhalter werden nach dem Nennmaß der Betondeckung nom *c* ausgewählt.

Es muß verhindert werden, daß die obenliegende Bewehrung beim Betonieren herunter getreten wird. Das verhindern *Stützböcke* oder *Stützbügel* (Bild 254.1). S-Haken und U-Haken aus Bewehrungsstahl halten die Wandbewehrungen auf Abstand.
Die Bewehrung von Bauteilen, die unmittelbar auf dem Baugrund hergestellt werden, ist besonders zu schützen. Vor dem Betonieren ist der Baugrund mit einer *Sauberkeitsschicht* aus Beton abzudecken (Bild 254.2).
Wenn diese ausreichend fest ist, wird die Bewehrung verlegt. Die Abstandhalter liegen und die Stützböcke stehen auf der Sauberkeitsschicht.
Die Bewehrung muß so angeordnet werden, daß es möglich ist, den Frischbeton einzubringen und zu verdichten.

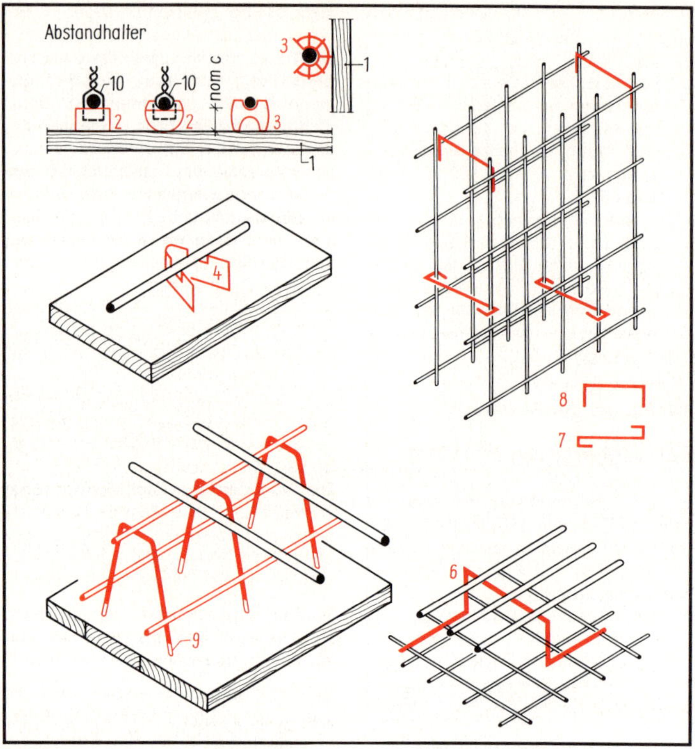

Bild 254.1 Abstandhalter aus Beton, Kunststoff, Stahlblech und Betonstahl
1 Schalung; *2* Beton; *3* Kunststoff-Formteile; *4* nichtrostendes Stahlblech; *5* Unterstützungskorb (Bügelmatte, abgebogen); *6* Stützbügel aus Betonstahl; *7* S-Haken aus Betonstahl; *8* U-Haken aus Betonstahl; *9* Kunststoffschuh als Korrosionsschutz; *10* Bindedraht

8

- Die obenliegende Bewehrung muß Rüttellücken enthalten, durch die ein Innenrüttler in den Frischbeton eingeführt werden kann (Bild 255.1).

Der Rüttler soll die Bewehrung nicht berühren. Deshalb muß zwischen den Bewehrungsstäben ein lichter Abstand von mindestens 5 cm vorhanden sein.

Der Mindestabstand richtet sich nach dem Durchmesser des vorhandenen Innenrüttlers.

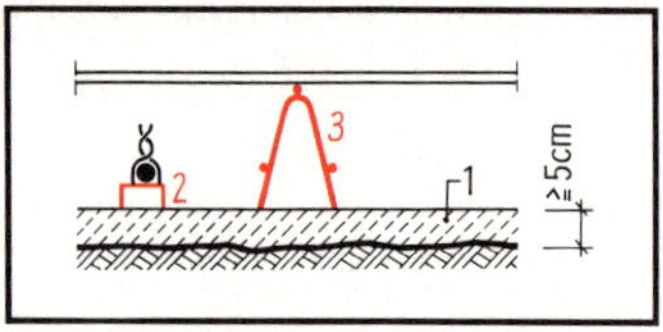

Bild 254.2 Stahlbetonbauteil, auf dem Baugrund hergestellt
1 Sauberkeitsschicht aus Beton; *2* Abstandhalter; *3* Stützbock

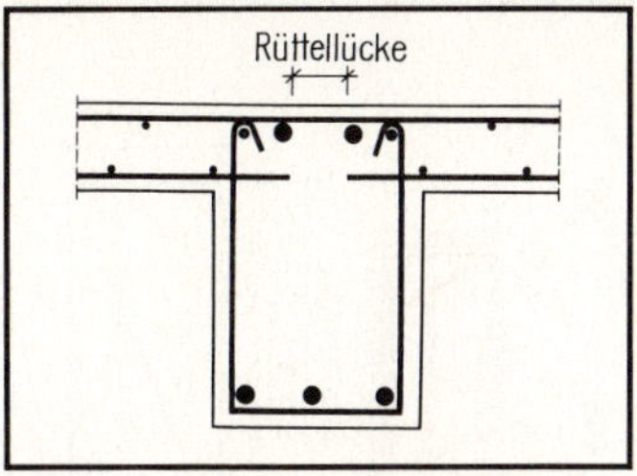

Bild 255.1 Rüttellücke an einem Plattenbalken

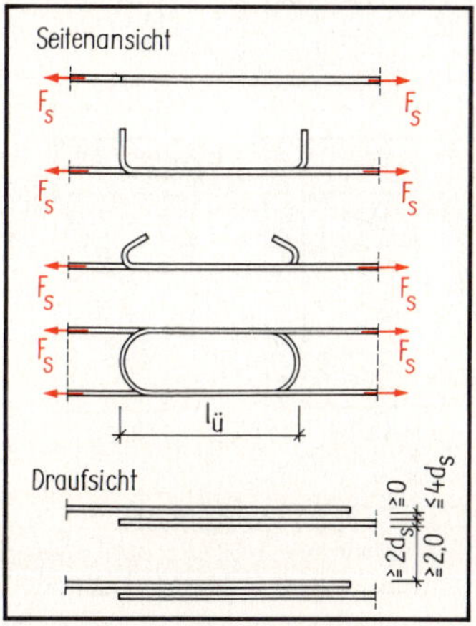

Bild 255.2 Stoß bei Einzelstabbewehrung
$l_ü$ Übergreifungslänge

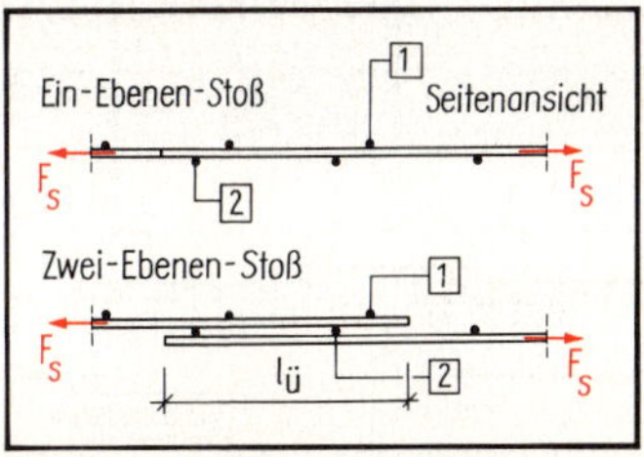

Bild 255.3 Stoß von Bewehrungsmatten
$l_ü$ Übergreifungslänge

8.4.2 Bewehrungsstoß

Die Maße der Einzelstabbewehrung und der Matten werden durch die Transportmöglichkeiten (Straßenverkehr) und durch die erforderliche Handhabbarkeit eingeschränkt.
Deshalb ist es erforderlich, Bewehrungen auf der Baustelle zu *stoßen.*
Im Bewehrungsstoß werden die Zugkräfte von einem Bewehrungsstab zum anderen übertragen.

Bewehrungsstöße werden ausgeführt als Übergreifungsstoß
- der Einzelstabbewehrung (Bild 255.2)
- der Mattenbewehrung (Bild 255.3)

Schraub- und Schweißverbindungen
- der Einzelstabbewehrung.

Bewehrungsstöße dürfen nur nach den Vorgaben der Bewehrungszeichnung ausgeführt werden.

Auf den Bewehrungszeichnungen werden z. B. vorgeschrieben:
Lage der Stöße
Übergreifungslänge $l_ü$
zusätzliche Querbewehrung oder
zusätzliche Bügelbewehrung am Stoß.

8.5 Ausgewählte Bauteile aus Stahlbeton

8.5.1 Platten

Allgemeine Anforderungen.

Auflagertiefe
auf Mauerwerk, auf B 5 oder B 10: ≧ 7,0 cm
auf Stahl, auf B 15…B 55: ≧ 5,0 cm
auf Träger aus Stahlbeton oder Stahl, wenn die Träger nicht zur Seite ausweichen können: ≧ 3,0 cm

Plattendicke, allgemein: ≧ 7,0 cm
Platten, die nur zu Ausbesserungszwecken betreten werden ≧ 5,0 cm

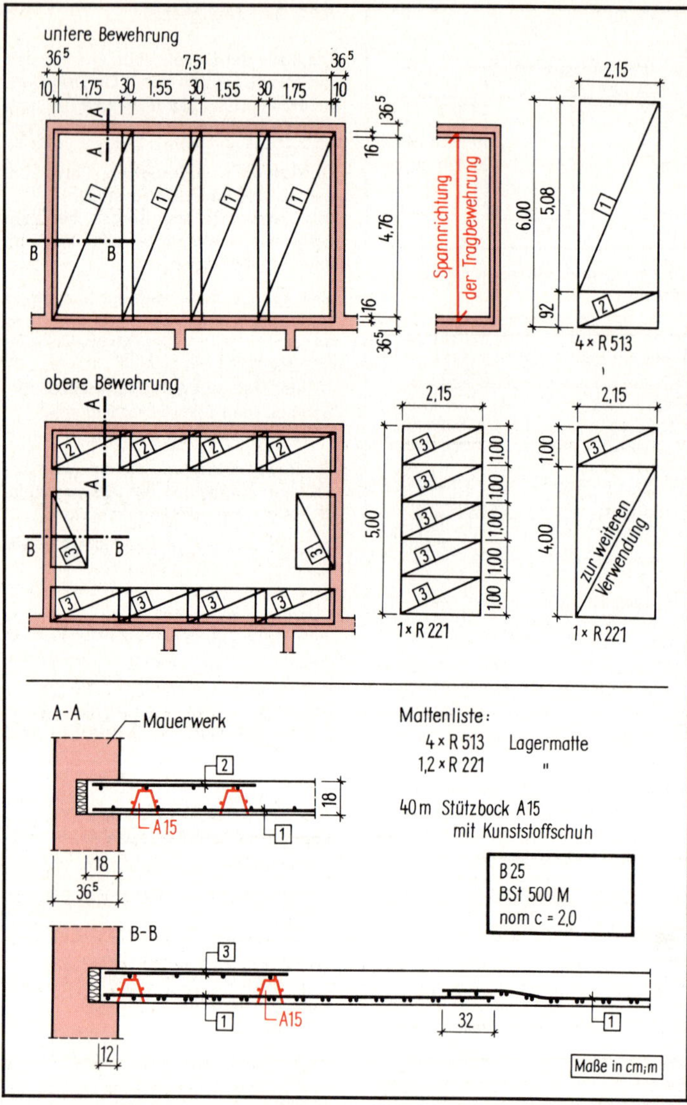

Bild 256.1 Einfeldplatte mit Mattenbewehrung

Platten, die von PKW befahren werden: ≧10,0 cm
Platten, die von schweren Fahrzeugen befahren werden: ≧12,0 cm

Einachsig bewehrte Platten (Bild 244.1): Diese Platten leiten die Lasten zu zwei Auflagern. Die Tragbewehrung reicht von Auflager zu Auflager (Spannrichtung).

Anforderungen an die Tragbewehrung:

Plattendicke *d*	**Achsabstand** *s*
$d \geqq 25$ cm	$s \leqq 25$ cm
15 cm $< d <$ 25 cm	$s \leqq d$
$d \leqq 15$ cm	$s \leqq 15$ cm

Auf der Tragbewehrung liegt die Querbewehrung. Die Querschnittsfläche der Querbewehrung beträgt mindestens 20 % der Querschnittsfläche der Tragbewehrung.
Die Querbewehrung hat die Aufgabe,
die Lasten auf mehrere Tragstäbe zu verteilen (Verteiler),
Risse parallel zur Tragbewehrung zu verhindern,
die Lage der Tragstäbe beim Betonieren zu sichern.

Querbewehrung:
Achsabstand ≦ 33 cm
Durchmesser III S und IV S: mind. 6 mm
IV M (Matten): mind. 4,5 mm

Zweiachsig bewehrte Platten:
Bei diesen Platten liegt die Tragbewehrung in zwei rechtwinklig zueinander verlaufenden Spannrichtungen (Bild 244.1). Die Last wird zu drei oder vier Auflagern abgetragen.
Eine Querbewehrung entfällt.

Bewehrungsbeispiel. Platten sind flächige Bauteile, die vorwiegend mit Betonstahlmatten (↳ Abschnitt 5.5.3) bewehrt werden. Bild 256.1 zeigt eine

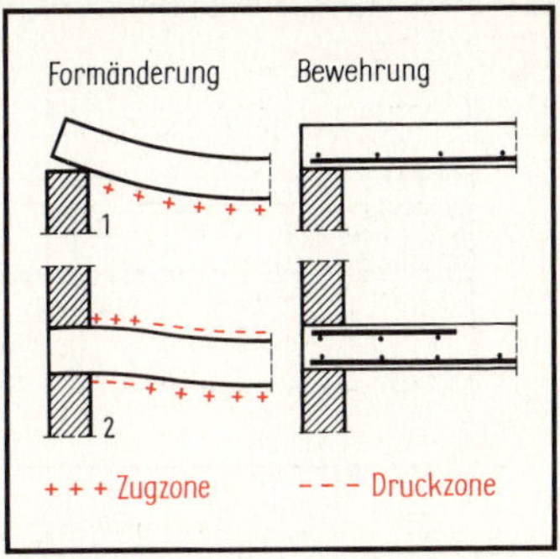

Bild 257.1 Verteilung der Druck- und Zugzonen am Auflager von Platten
1 frei aufliegend; *2* in Mauerwerk liegend

Einfeldplatte. Die Tragbewehrung liegt in Richtung der kleineren lichten Weite. Die Matten [1] reichen von Auflager zu Auflager.
Die Platte hat auch schmale *seitliche* Auflager. Sie dienen nicht zur Lastableitung, sondern zur Aussteifung der Wände.

Das Mauerwerk ist nicht fest genug, um eine Einspannung zu erzeugen. Es behindert aber trotzdem die freie Drehbarkeit der Platte am Auflager (Bild 257.1). Es muß daher damit gerechnet werden, daß in der Nähe des Auflagers an der *Oberseite* der Platte Zugzonen entstehen.
Deshalb wird hier eine geringe Bewehrung eingelegt: Matten [2] und [3] in Bild 256.1.
Die Mattenbewehrung liegt auf Stützböcken, die unmittelbar auf der Schalung stehen. Kunststoffschuhe am Stützbock verhindern Rostflecke an der Plattenunterseite.

Die Lagermatten (Tabelle 149.1) müssen zugeschnitten werden. Um Reste zu vermeiden, wurde der kleinere Teil der Matte R 513 als Matte [2] verwendet.

8

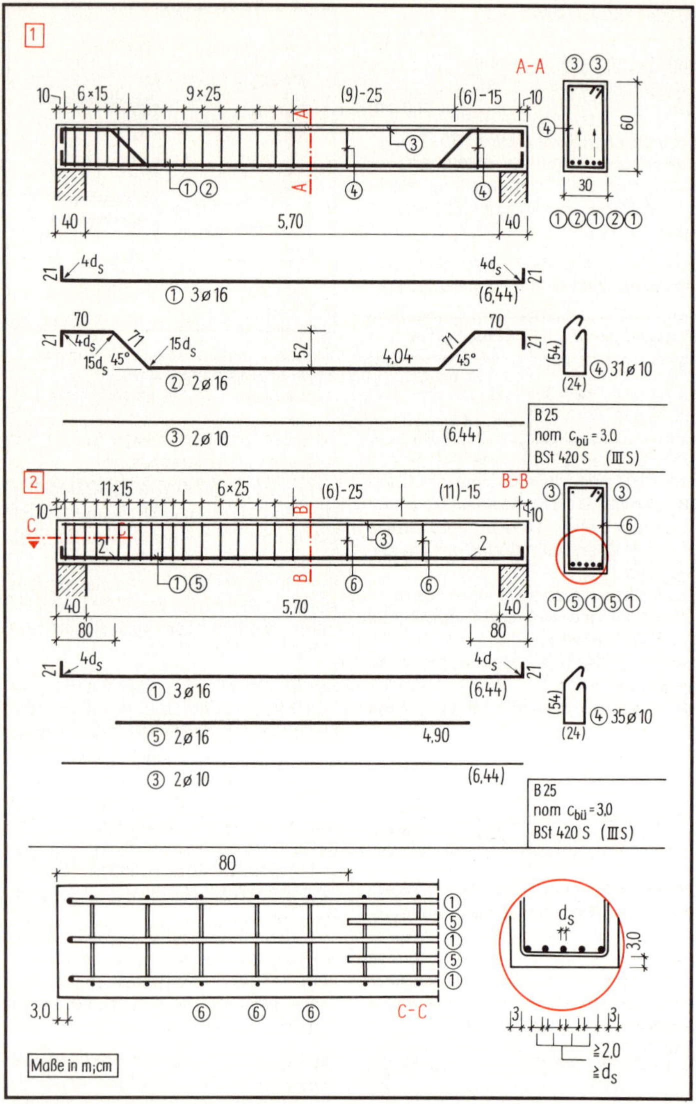

Bild 258.1 Zwei Beispiele zur Balkenbewehrung

8.5.2 Balken

Bewehrungsbeispiel. Balken sind schlanke Bauteile, die vorwiegend auf Biegung beansprucht werden.

Die Balkenbewehrung besteht aus
Tragstäben,
Bügeln und
Montagestäben.

Bild 258.1 zeigt zwei Beispiele zur Balkenbewehrung.

Die Tragstäbe werden in folgenden *Formen* verwendet:

- gerade Tragstäbe, die von Auflager zu Auflager reichen, mit und ohne Haken ①
- gerade Tragstäbe, die vor dem Auflager enden ⑤ (Schnitt C-C in Bild 258.1)
- aufgebogene Tragstäbe ②

Der *lichte Abstand* zwischen den Tragstäben darf den Wert 2 cm **und** den Wert d_s nicht unterschreiten.

Zur Rüttellücke der oberen Bewehrung ↪ Bild 255.1.
Die Bügel [4] können auch eine andere Form haben (Bild 247.1). Montagestäbe [3] dienen zur Lagesicherung der Bügel beim Betonieren.
Die Betondeckung nom $c_{bü}$ bezieht sich auf die Bügel.

> Betondeckung der Tragstäbe = nom $c_{bü}$ + Bügeldurchmesser

In der in Bild 258.1, in der linken Balkenhälfte, gewählten Darstellungsweise wird jeder Bügel gezeichnet. Um den Arbeitsaufwand beim Zeichnen zu senken, werden nur einzelne Bügel gezeichnet (Darstellung in der rechten Balkenhälfte) ↪ Abschnitt 1.9.3.
Mit Bügelmatten (Bilder 251.2; 252.2) wird der Arbeitsaufwand beim Biegen und Verlegen der Bewehrung verringert.

Sonderformen. Zur Anordnung der

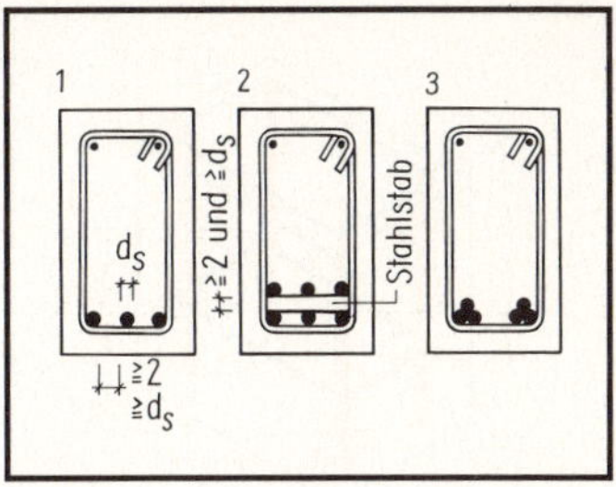

Bild 259.1 Lage der Tragbewehrung von Balken
1 einlagig; *2* zweilagig; *3* in Form von Stabbündeln

Tragbewehrung in Balken können drei Formen unterschieden werden (Bild 259.1). Bei der *einlagigen Bewehrung* und der *zweilagigen Bewehrung* muß jeder Stahl von Beton umhüllt sein. Es ist aber auch zulässig, zwei oder drei Rippen-Bewehrungsstäbe zu einem *Stabbündel* zusammenzufassen. Im Bewehrungsbündel berühren sich die Bewehrungsstäbe.

> Stabbündel dürfen nur dann angewendet werden, wenn die Bewehrungszeichnung es vorsieht.

8.5.3 Stützen

Allgemeine Anforderungen. Stützen sind schlanke Bauteile, auf die vor allem Druckkräfte einwirken (Bild 244.1).
Bezeichnungen: Bild 260.1

Zur Bewehrung von Stützen gehören Längsstäbe, die auf Druck beansprucht werden, und Bügel.

Mindestabmessungen bügelbewehrter Stützen:

stehend aus Ortbeton hergestellt:
$d \geqq 20$ cm; $d_s \geqq 12$ mm
liegend betoniert, z.B. Fertigteilstützen:
$d \geqq 14$ cm; $d_s \geqq 10$ mm

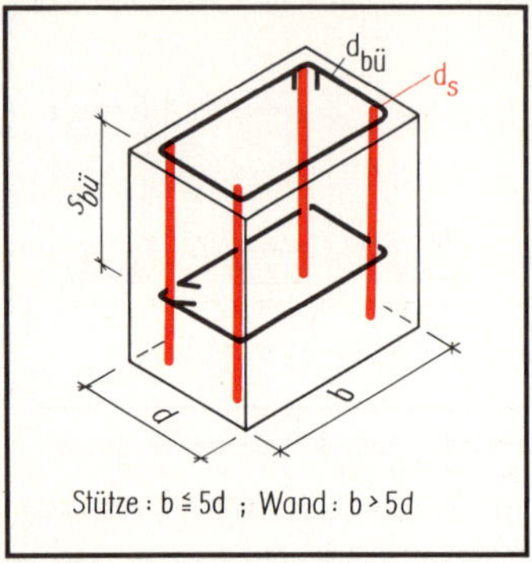

Bild 260.1 Bezeichnungen an Stützen

Bügeldurchmesser:
$d_{bü} \geqq 5$ mm
wenn $d_s > 20$ mm, dann
$d_{bü} \geqq 8$ mm

Bügelabstand:
$s_{bü} \leqq d$ und
$s_{bü} \leqq 12\,d_s$

Die Längsstäbe werden gedrückt. Bügel verhindern, daß sie ausknicken. In den Bügeln wirken Zugkräfte. Die *Haken* an der Außenseite der Stütze sind Schwachstellen der Konstruktion. Sie sind daher beim Einbau (Verlegen) versetzt anzuordnen.

Bewehrungsbeispiel. Bild 261.1 zeigt die Bewehrung einer monolithischen Stütze, die auf einem Plattenfundament steht und von einer Plattenbalkendecke und einer weiteren Stütze belastet wird. Diese Konstruktion kann nicht in einem Arbeitsgang betoniert werden. *Arbeitsfugen* befinden sich zwischen
Plattenfundament und Stütze,
Stütze und Plattenbalkendecke,
Plattenbalkendecke und Stütze aus dem Obergeschoß.

Bewehrungsstäbe überbrücken die Arbeitsfugen. Im Plattenfundament wird eine Anschlußbewehrung angeordnet, die in die Stütze hineinreicht.
Die Stützenbewehrung durchdringt die Bewehrung des Plattenbalkens und endet erst im Obergeschoß.
Im Stoßbereich der Längsbewehrung wird der Bügelabstand verringert.

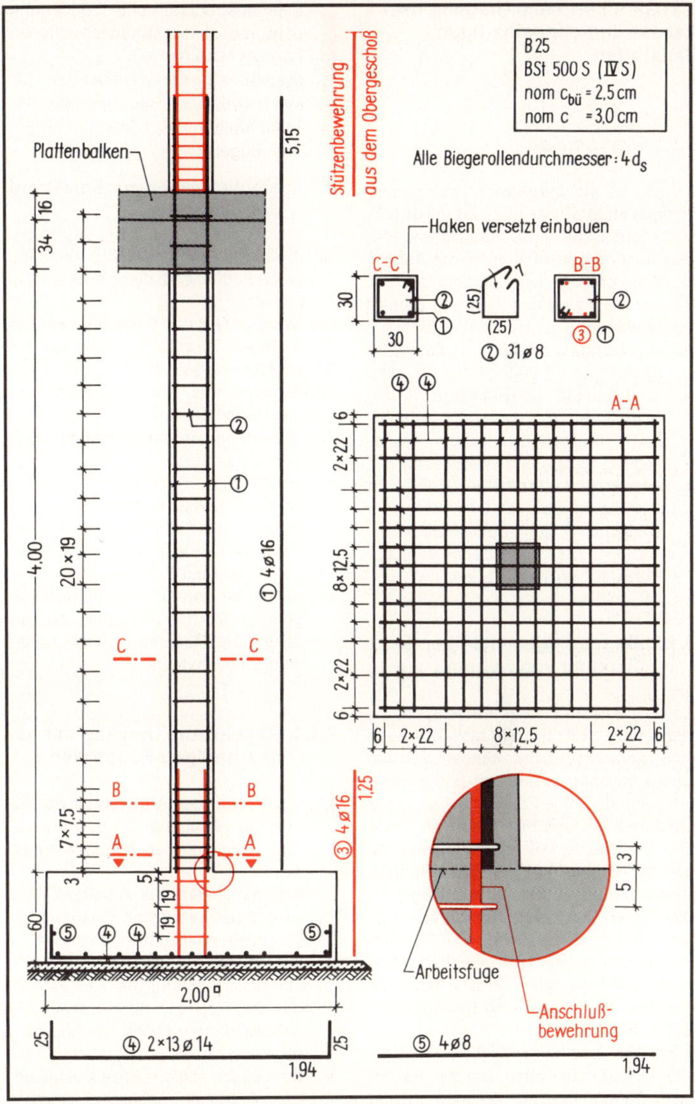

Bild 261.1 Monolithische Stahlbetonstütze mit Plattenfundament und Plattenbalkendecke

9 ANHANG

9.1 Gefahren beim Umgang mit Asbest und asbesthaltigen Baustoffen

9.1.1 Vorkommen

Asbest ist ein biegsames, weißgraues fasriges Mineral, das nicht brennbar und außerdem witterungsbeständig ist. Wegen dieser Eigenschaften wurde Asbest in den vergangenen Jahrzehnten zur Herstellung von Baustoffen und Bauteilen verwendet:

- schwachgebundene Baustoffe (Rohdichte < 1 000 kg/m³) wie Spritzasbest, asbesthaltige Putze, Asbestmatten, -gewebe, -schnüre und -verstopfmassen zum Brandschutz, Schall- und Wärmeschutz
- Asbestzementprodukte (Rohdichte 1 400 kg/m³ bis 2 100 kg/m³) wie Wellplatten zur Dacheindeckung, Platten zur Fassadenbekleidung, Rohre für Wasserleitungen.

9.1.2 Gesundheitsschädigende Wirkung von Asbest

Asbest enthält feinste Fasern, die so klein sind, daß sie mit bloßen Augen nicht bemerkt werden können. Die Fasern schweben in der Luft und werden eingeatmet. Einige Fasern bleiben in der Lunge zurück und bilden dort die Ursache für Krebserkrankungen. Zwischen der Asbesteinwirkung und der Erkrankung können Jahrzehnte vergehen.

Die Fasern lösen sich vom schwachgebundenen asbesthaltigen Baustoff durch strömende Luft, mechanischen Verschleiß (Abrieb), Erschütterungen und beim Verarbeiten und Bewegen des Baustoffes.

Auch von den zementgebundenen festen Asbestbaustoffen werden Fasern beim Sägen, Bohren, Zerbrechen und Abwerfen freigesetzt.

Eine besonders hohe Gefährdung geht von den schwachgebundenen Asbestbaustoffen aus.
Mit Asbestfasern verunreinigte Luft kann schwere Schädigungen der Gesundheit hervorrufen.

9.1.3 Möglichkeiten zur Sanierung der Gebäude

Alle Gebäude, die schwach gebundene Asbestbaustoffe enthalten, müssen saniert werden.

Die Dringlichkeit der Sanierung wird an Hand eines Formblattes (Muster auf Seite 263) eingeschätzt oder durch Messungen des Fasergehaltes der Raumluft ermittelt.

Zur Sanierung werden folgende Maßnahmen ausgeführt:

- vollständige Beseitigung der asbesthaltigen Baustoffe
- staubdichte Beschichtung der am Bauwerk verbleibenden asbesthaltigen Tafeln und Schichten
- räumliche Trennung der asbesthaltigen Schichten und Bauteile von den genutzten Räumen durch staubdichte Trennwände

9.1.4 Regeln zum Umgang mit asbesthaltigen Baustoffen

- Vor Beginn der Arbeiten ist die zuständige Baubehörde zu informieren. Dazu gehören folgende *Angaben*:
  Art und Umfang der Arbeiten
  Anzahl der beteiligten Personen
  vorgesehene Schutzmaßnahmen
  vorgesehene Abfallbehandlung einschließlich schriftliche Bestätigung der Deponie zur Bereitschaft, die asbesthaltigen Abfälle zu übernehmen.
- Es müssen alle am Asbest arbeitenden Personen geschützt werden, und es muß verhindert werden, daß

Formblatt für die Bewertung der Dringlichkeit einer Sanierung

Zeile	Gruppe	Asbestprodukte – Bewertung der Dringlichkeit einer Sanierung	Bewertung*	Bewertungszahl
		Gebäude: . . . . Raum: . . . . Produkt:		
	I	**Art der Asbestverwendung**		
1		Spritzasbest	○	20
2		Asbesthaltiger Putz	⊗	10
3		Leichte asbesthaltige Platten	○	5
4		Sonstige asbesthaltige Produkte	○	5–20
	II	**Asbestart**		
5		Blauasbest	○	2
6		Sonstiger Asbest (weiß, grau)	⊗	0
	III	**Struktur der Oberfläche des Asbestprodukts**		
7		Aufgelockerte Faserstruktur	○	10
8		Feste Faserstruktur ohne oder mit nicht ausreichend dichter Oberflächenbeschichtung	⊗	4
9		Beschichtete, dichte Oberfläche	○	0
	IV	**Oberflächenzustand des Asbestprodukts**		
10		Starke Beschädigungen	○	6
11		Leichte Beschädigungen	⊗	3
12		Keine Beschädigungen	○	0
	V	**Beeinträchtigung des Asbestprodukts von außen**		
13		Produkt ist durch direkte Zugänglichkeit (Fußboden bis Greifhöhe) Beschädigungen ausgesetzt	○	10
14		Am Produkt werden gelegentlich Arbeiten durchgeführt . .	○	10
15		Produkt ist mechanischen Einwirkungen ausgesetzt	○	10
16		Produkt ist Erschütterungen ausgesetzt	⊗	10
17		Produkt ist starken klimatischen Wechselbeanspruchungen ausgesetzt	○	10
18		Produkt liegt im Bereich stärkerer Luftbewegungen	⊗	10
19		Im Raum mit dem asbesthaltigen Produkt sind starke Luftbewegungen vorhanden	○	7
20		Am Produkt kann bei unsachgemäßem Betrieb Abrieb auftreten	○	3
21		Das Produkt ist von außen nicht beeinträchtigt	○	0
	VI	**Raumnutzung**		
22		Regelmäßig von Kindern, Jugendlichen und Sportlern benutzter Raum	○	25
23		Dauernd oder häufig von sonstigen Personen benutzter Raum	⊗	20
24		Zeitweise benutzter Raum	○	15
25		Nur selten benutzter Raum	○	8
	VII	**Lage des Produkts**		
26		Unmittelbar im Raum	○	25
27		Im Lüftungssystem (Auskleidung oder Ummantelung undichter Kanäle) für den Raum	○	25
28		Hinter einer abgehängten undichten Decke oder Bekleidung	⊗	25
29		Hinter einer abgehängten dichten Decke oder Bekleidung, hinter staubdichter Unterfangung oder Beschichtung, außerhalb dichter Lüftungskanäle	○	0
30		**Summe der Bewertungspunkte**		72
31		**Sanierung:** unverzüglich erforderlich (Dringlichkeitsstufe I)	○	≧80
32		mittelfristig erforderlich (Dringlichkeitsstufe II)	○	70–79
33		langfristig erforderlich (Dringlichkeitsstufe III)	○	<70

* Zutreffendes bitte ankreuzen. Wurden innerhalb einer Gruppe mehrere Bewertungen angekreuzt, darf bei der Summenbildung (Zeile 30) nur eine – die höchste – Bewertungszahl berücksichtigt werden.

Asbestfasern in andere Räume gelangen.

- Die Arbeit am Asbest ist so zu gestalten, daß nach Möglichkeit kein Staub entsteht. Ist das nicht möglich, dann müssen die Arbeiten in abgeschlossenen Räumen erfolgen, müssen die Arbeitenden spezielle Schutzbekleidung und Atemschutzmasken tragen und
  muß die Luft, bevor sie ins Freie gelangt, gereinigt werden.
- Für kleine Objekte können die Schutzmaßnahmen etwas verringert werden. Dann ist nach Möglichkeit feucht zu arbeiten.
- Bei Entfernung der asbesthaltigen Baustoffe
  sind alle Bauteile abzuschrauben und nicht abzubrechen,
  sind alle asbesthaltigen Baustoffe feucht zu halten,
  ist asbesthaltiger Schutt nicht abzuwerfen.
- Beim Transport ist zu sichern, daß kein Asbeststaub verweht wird. Es müssen geschlossene Behälter verwendet werden:
  Für feinkörnige Abfälle und Asbestgewebe: Kunststoffsäcke
  Für feste und plattenförmige Abfälle: mit Planen abgedeckte Container.
- Asbest darf nur auf den dafür vorgesehenen Deponien abgelagert werden.

Die Beseitigung von Spritzasbest ist besonders gefährlich.
Sie darf nur von Firmen ausgeführt werden,
deren Mitarbeiter nachgewiesen **sachkundig** sind und
die die notwendige **Sicherheitstechnik** (Absaugvorrichtungen, Schutzbekleidungen, Luftschleusen, Transportbehälter) besitzen.

Wichtige Vorschriften zum Umgang und zur Beseitigung asbesthaltiger Baustoffe

1. Richtlinie für die Bewertung und Sanierung schwach gebundener Asbestprodukte in Gebäuden
vom Mai 1989
abgedruckt z. B. in den Amtsblättern oder Ministerialblättern der einzelnen Bundesländer

2. Technische Regeln für Gefahrenstoffe (TRGS)[1]) TRGS 519: Asbest – Abbruch-, Sanierungs- und Instandhaltungsmaßnahmen, Ausgabe 1990

3. Regelwerk der Berufsgenossenschaften[1])
– Verzeichnis geprüfter Atemschutzgeräte
– Schutz gegen gesundheitsgefährlichen mineralischen Staub
– Atemschutz-Merkblatt

[1]) Zu beziehen bei Carl Heymanns Verlag KG, Luxemburger Str. 449, 5000 Köln 41

9.2 Stichwörterverzeichnis

9

9

9.3 Ausgewählte genormte Abkürzungen

Formelzeichen ↳ Seite 38
Einheiten und Vorsätze zu Einheiten ↳ Seite 35ff.
Mathematische Zeichen ↳ Seite 40

[1]) nicht genormt, aber verbindlich